Nachhaltig mobil

Johannes Weyer
(Hrsg.)

Nachhaltig mobil

Wie das Ruhrgebiet die
Verkehrswende schaffen kann

Hrsg.
Johannes Weyer
Technische Universität Dortmund
Dortmund, Nordrhein-Westfalen,
Deutschland

ISBN 978-3-658-45235-3   ISBN 978-3-658-45236-0 (eBook)
https://doi.org/10.1007/978-3-658-45236-0

Die Deutsche Nationalbibliothek verzeichnet diese Publikation in der Deutschen Nationalbibliografie; detaillierte bibliografische Daten sind im Internet über https://portal.dnb.de abrufbar.

© Der/die Herausgeber bzw. der/die Autor(en), exklusiv lizenziert an Springer Fachmedien Wiesbaden GmbH, ein Teil von Springer Nature 2025

Das Werk einschließlich aller seiner Teile ist urheberrechtlich geschützt. Jede Verwertung, die nicht ausdrücklich vom Urheberrechtsgesetz zugelassen ist, bedarf der vorherigen Zustimmung des Verlags. Das gilt insbesondere für Vervielfältigungen, Bearbeitungen, Übersetzungen, Mikroverfilmungen und die Einspeicherung und Verarbeitung in elektronischen Systemen.
Die Wiedergabe von allgemein beschreibenden Bezeichnungen, Marken, Unternehmensnamen etc. in diesem Werk bedeutet nicht, dass diese frei durch jede Person benutzt werden dürfen. Die Berechtigung zur Benutzung unterliegt, auch ohne gesonderten Hinweis hierzu, den Regeln des Markenrechts. Die Rechte des/der jeweiligen Zeicheninhaber*in sind zu beachten.
Der Verlag, die Autor*innen und die Herausgeber*innen gehen davon aus, dass die Angaben und Informationen in diesem Werk zum Zeitpunkt der Veröffentlichung vollständig und korrekt sind. Weder der Verlag noch die Autor*innen oder die Herausgeber*innen übernehmen, ausdrücklich oder implizit, Gewähr für den Inhalt des Werkes, etwaige Fehler oder Äußerungen. Der Verlag bleibt im Hinblick auf geografische Zuordnungen und Gebietsbezeichnungen in veröffentlichten Karten und Institutionsadressen neutral.

Planung/Lektorat: Cori Antonia Mackrodt
Springer VS ist ein Imprint der eingetragenen Gesellschaft Springer Fachmedien Wiesbaden GmbH und ist ein Teil von Springer Nature.
Die Anschrift der Gesellschaft ist: Abraham-Lincoln-Str. 46, 65189 Wiesbaden, Germany

Wenn Sie dieses Produkt entsorgen, geben Sie das Papier bitte zum Recycling.

Vorwort und Danksagung

„Die UA Ruhr macht mobil" – das war das Motto des Projekts InnaMoRuhr, das von 2020 bis 2023 an den drei UA Ruhr-Universitäten Bochum, Dortmund und Duisburg-Essen durchgeführt wurde. Es hat eine Vielzahl von Erkenntnissen zur Mobilität im Ruhrgebiet generiert, und es hat versucht, Neues in Form von Realexperimenten zu erproben.

All das wäre nicht möglich gewesen, ohne die Unterstützung einer Vielzahl von Menschen und Organisationen, denen an dieser Stelle für ihr Engagement gedankt sei.

Zuallererst gilt der Dank den Rektorinnen und Rektoren der drei UA Ruhr-Universitäten Duisburg-Essen, Bochum und Dortmund, die das Projekt von Beginn an unterstützt und so den Weg für eine Förderung durch das Land NRW bereitet haben, namentlich:

- Prof. Dr. Ulrich Radtke (bis 2022) und Prof. Dr. Barbara Albert (seit 2022) an der Universität Duisburg-Essen;
- Prof. Dr. Axel Schölmerich (bis 2021) und Prof. Dr. Martin Paul (seit 2021) an der Ruhr-Universität Bochum;
- Prof. Dr. Ursula Gather (bis 2020) und Prof. Dr. Manfred Bayer (seit 2020) an der TU Dortmund.

Unser Dank gilt insbesondere ihrer Bereitschaft, ein Rundschreiben an alle UA Ruhr-Angehörigen mit Bitte um Teilnahme an einer Befragung zu versenden, was uns einen Datenschatz von über 10.000 verwertbaren Datensätzen verschafft hat.

Darüber hinaus haben uns mehrere Abteilungen der drei Universitäten insbesondere bei der Planung und Durchführung der drei dezentralen Realexperimente unterstützt:

- an der Universität Duisburg-Essen die damalige Prorektorin für Forschung, Prof. Dr. Barbara Buchenau, sowie die Forschungsförderung, vertreten durch Susanne Schwedt;
- das Dezernat 5 der Ruhr-Universität Bochum, insbesondere Ina Schwarz (ehemals Dezernentin Bau und Liegenschaften), Sawssan Hanafi (Abteilungsleiterin Infrastrukturelles Gebäudemanagement) und Christopher Clemens (Sachgebietsleiter Campuslogistik);
- der damalige Kanzler der TU Dortmund, Albrecht Ehlers, und sein Team sowie das Nachhaltigkeitsbüro mit Henning Moldenhauer und Team.

Ohne den Support der UA Ruhr-Geschäftsstelle wäre InnaMoRuhr nicht das geworden, was es geworden ist. Unser Dank gilt insbesondere Hans Stallmann, Kathrin Kraushaar und Jürgen Hein, zudem Elke Hochmuth, die uns im Rahmen des Kompetenzfelds Metropolenforschung (KoMet) mehrfach ermöglicht hat, unsere Zwischenergebnisse mit fachkundigem Publikum zu diskutieren.

Das Verkehrsministerium des Landes NRW, mittlerweile Umwelt-, Naturschutz- und Verkehrsministerium (MUNV), hat das Projekt InnaMo Ruhr als Verbundprojekt der drei UA Ruhr-Universitäten gefördert und damit diese standort- und disziplinübergreifende Kooperation ermöglicht. Dafür und auch für die wichtigen Impulse und Anregungen, die wir von dort erhalten haben, sei an dieser Stelle gedankt.

Zudem haben die beiden Verkehrsminister Hendrik Wüst und Oliver Krischer dem Projekt mit ihren Besuchen Sichtbarkeit verschafft – einmal zur Übergabe des Förderbescheids am 27. Juli 2020 (H. Wüst) und einmal zur Eröffnung des Fahrradhubs an der TU Dortmund am 5. Oktober 2022 (O. Krischer). Auch das Heimatministerium in Person des Parlamentarischen Staatssekretärs Josef Hovenjürgen war vor Ort, als es um den Start des E-Carsharing-Services an der Ruhr-Uni Bochum ging.

Am Reallabor und den drei dezentralen Realexperimenten hat eine Reihe von Partnern aus den Verkehrsunternehmen und der Verkehrswirtschaft mitgewirkt, insbesondere:

- das Unternehmen NAVIT (vormals RYDES), insbesondere Jule Twelkemeier und Philipp Stachow, die den Beschaffungs- und Onboarding-Prozess für das Mobilitätsbudget tatkräftig unterstützt haben;

- die Firmen Witte Automotive GmbH und MHC Mobility, die das schlüssellose Zugangssystem bzw. Fahrzeuge für das Bochumer E-Carsharing zur Verfügung gestellt haben;
- die Firmen Kienzler (Sebastian Hildbrand), NextBike/TIER (Philipp Kleinschnittger) und Yepli (Raphael Blaha), die am Betrieb des Dortmund Fahrradhubs beteiligt waren, sowie der VRR (Mychael Zyweck, Mona Sendtko), die Dortmunder Verkehrsbetriebe DSW21 (Heinz-Josef Pohlmann) und die Stadt Dortmund (Barbara Brunsing, Andreas Meißner), ohne die vieles nicht möglich gewesen wäre.

Ein großer Dank geht auch an das Beratungshaus Foresight Solutions in Frankfurt/M., das uns bei der Durchführung der Szenario-Workshops unterstützt hat, insbesondere an Bernhard Albert, Edeltraud Kruse und Carsten Hesse, sowie an das SOKO Institut für Sozialforschung & Kommunikation in Bielefeld, insbesondere an Frederik Knirsch und Waldemar Murawski.

Sieben Professor:innen von sechs Instituten an vier Standorten der drei UA Ruhr-Universitäten haben an dem Projekt mitgewirkt und durch ihr profundes Wissen, ihr internationales Renommee sowie ihr weit verzweigtes Netzwerk zum Gelingen beigetragen: Frank Kleemann (UDE), Pedro J. Marrón (UDE), Heike Proff (UDE), Michael Roos (RUB), Constantinos Sourkounis (RUB), Petra Stein (UDE) sowie Johannes Weyer (TU).

Last not least, aber eigentlich zuallererst müssen die Mitarbeitenden der drei Universitäten erwähnt werden, die als Solisten gestartet und im Laufe der drei Jahre zu einer schlagkräftigen Truppe zusammengewachsen sind, die in der Lage ist, eigenständig zu arbeiten und in interdisziplinärer Kooperation Ergebnisse zu generieren, die zur nachhaltigen Transformation von Mobilität und Verkehr beitragen. Dies waren (und sind):

- Marcus Handte, Lisa Drees, Timo Leontaris und Sebastian Willen an der Universität Duisburg-Essen;
- Marvin Siegmann und Philipp Spichartz an der Ruhr-Universität Bochum;
- Fabian Adelt, Kay Kohaupt-Cepera, Sebastian Hoffmann, Julius Konrad und Marlon Philipp an der TU Dortmund.

Es bleibt zu hoffen, dass es auch in Zukunft möglich sein wird, derartige Forschungsverbünde nicht nur zustande zu bringen, sondern auch über einen längeren

Zeitraum aufrecht zu erhalten. Denn in drei Jahren kann man eine Menge erreichen; die eigentlichen Früchte erntet man jedoch erst, wenn sie reif sind. Und das dauert ein Weilchen ...

Dortmund/Menden (Sauerland)   Johannes Weyer
im Mai 2024

Inhaltsverzeichnis

Nachhaltig mobil. Beiträge der Ruhrgebiets-Universitäten zur Bewältigung der Klimakrise 1
Johannes Weyer

Konzeption der Befragung zum Mobilitätsverhalten der UA Ruhr-Angehörigen 35
Sebastian Willen und Petra Stein

Mobilitätspraktiken und Mobilitätsbedarfe. Ergebnisse einer Befragung von Angehörigen der UA Ruhr-Universitäten 45
Johannes Weyer

Mobilität zwischen den Standorten der Universitätsallianz Ruhr 81
Johannes Weyer

Homeoffice während der Corona-Pandemie. Deskriptive Ergebnisse einer Befragung von Beschäftigten der UA Ruhr 89
Timo Leontaris und Frank Kleemann

Studium während der Corona-Pandemie. Deskriptive Ergebnisse einer Befragung von Studierenden der UA Ruhr 115
Timo Leontaris und Frank Kleemann

Zahlungsbereitschaft von Studierenden für ein universitäres, integriertes und nachhaltiges Mobilitätsangebot 135
Lisa Drees, Heike Proff, Pedro José Marrón und Marcus Handte

Partizipative Gestaltung von Zukunftsszenarien nachhaltiger Mobilität. Ergebnisse der Szenario-Workshops im Projekt InnaMoRuhr 155
Johannes Weyer, Bernhard Albert, Fabian Adelt,
Kay Kohaupt-Cepera, Carsten Hesse, Sebastian Hoffmann,
Luca Köppen, Edeltraud Kruse und Marlon Philipp

Das Reallabor als Testfeld nachhaltiger Mobilität. Ergebnisse dreier Realexperimente im Projekt InnaMoRuhr 211
Kay Kohaupt-Cepera, Elvira Domracev, Marcus Handte,
Sebastian Hoffmann, Luca Husemann, Lisa Drees,
Pedro José Marrón, Marlon Philipp, Timo Leontaris, Michael Roos,
Marvin Siegmann, Constantinos Sourkounis, Philipp Spichartz,
Sebastian Willen, Johannes Weyer und Heike Proff

Mit dem Rad oder mit dem Auto zur Uni? Ein soziologisches Modell zur Erklärung des Mobilitätsverhaltens 279
Johannes Weyer und Sebastian Hoffmann

Agentenbasierte Modellierung und Simulation komplexer Systeme. Der Simulator SimCo als Tool zur Analyse der Mobilität im Ruhrgebiet 305
Johannes Weyer, Fabian Adelt und Marlon Philipp

Herausgeber- und Autorenverzeichnis

Über den Herausgeber

Johannes Weyer, Dr. phil., ist seit 2022 Seniorprofessor für nachhaltige Mobilität an der Fakultät Sozialwissenschaften der TU Dortmund.

Autorenverzeichnis

Fabian Adelt Dipl.-Inf. Technische Universität Dortmund, Dortmund, Deutschland

Bernhard Albert Dr. phil. Foresight Solutions, Frankfurt, Deutschland

Elvira Domracev Universität Duisburg-Essen, Duisburg, Deutschland

Lisa Drees Dr. rer. pol. Ruhr-Universität Bochum, Bochum, Deutschland

Marcus Handte Dr. rer. nat. habil. Universität Duisburg-Essen, Essen, Deutschland

Carsten Hesse M.A. Foresight Solutions, Frankfurt, Deutschland

Sebastian Hoffmann M.Sc. Technische Universität Dortmund, Dortmund, Deutschland

Luca Husemann Universität Duisburg-Essen, Duisburg, Deutschland

Frank Kleemann Dr. phil. Universität Duisburg-Essen, Duisburg, Deutschland

Kay Kohaupt-Cepera M.A. Technische Universität Dortmund, Dortmund, Deutschland

Luca Köppen B.Sc. Technische Universität Dortmund, Dortmund, Deutschland

Lisa Drees Dr. rer. pol. Ruhr-Universität Bochum, Bochum, Deutschland

Edeltraud Kruse Dr. rer. pol. Foresight Solutions, Frankfurt, Deutschland

Timo Leontaris M.A. Universität Duisburg-Essen, Duisburg, Deutschland

Pedro José Marrón Prof. Dr. rer. nat. habil. Universität Duisburg-Essen, Essen, Deutschland

Marlon Philipp M.Sc. Technische Universität Dortmund, Dortmund, Deutschland

Heike Proff Dr. rer. pol. Universität Duisburg-Essen, Essen, Deutschland

Michael Roos Dr. rer. pol. Ruhr-Universität Bochum, Bochum, Deutschland

Marvin Siegmann M.A. Ruhr-Universität Bochum, Bochum, Deutschland

Constantinos Sourkounis Dr.-Ing. Ruhr-Universität Bochum, Bochum, Deutschland

Philipp Spichartz Dr.-Ing. Ruhr-Universität Bochum, Bochum, Deutschland

Petra Stein Dr. phil. Universität Duisburg-Essen, Duisburg, Deutschland

Johannes Weyer Dr. phil. Technische Universität Dortmund, Dortmund, Deutschland

Sebastian Willen Dipl. Soz.-Wiss. Universität Duisburg-Essen, Duisburg, Deutschland

Nachhaltig mobil

Beiträge der Ruhrgebiets-Universitäten zur Bewältigung der Klimakrise

Johannes Weyer

Inhaltsverzeichnis

1	Der steinige Weg zur Verkehrswende	2
2	Die Rolle der Universitäten	11
3	Beiträge der Sozialwissenschaften zur nachhaltigen Transformation	14
4	Das Projekt InnaMoRuhr	20
5	Ergebnisse	23
6	Gesamtbilanz	31
Literatur		34

Zusammenfassung

Das einleitende Kapitel beschreibt die Notwendigkeit einer Verkehrswende und stellt die Frage, warum es uns schwerfällt, unser Verhalten zu verändern und lieb gewonnenen Routinen zugunsten des Klimaschutzes infrage zu stellen. Bei der Suche nach innovativen Mobilitätslösungen spielen die Universitäten eine wichtige Rolle, weil hier neue Technologien entwickelt und erprobt werden, aber auch weil hier eine große Zahl von Menschen mit unterschiedlichen Mobilitätsbedürfnissen zusammenkommt, die individuelle Lösungen erfordern. Im Verbund von Sozial-, Daten- und Ingenieurwissenschaften sind im Projekt InnaMoRuhr Konzepte nachhaltiger Mobilität entwickelt und in Realexperimenten erprobt worden. Das einleitende Kapitel präsentiert überblickshaft die Ergebnisse, die in den einzelnen Arbeitsschritten erzielt wurden, und zieht eine Bilanz.

J. Weyer (✉)
Technische Universität Dortmund, Dortmund, Deutschland
E-Mail: johannes.weyer@tu-dortmund.de

© Der/die Autor(en), exklusiv lizenziert an Springer Fachmedien Wiesbaden GmbH, ein Teil von Springer Nature 2025
J. Weyer (Hrsg.), *Nachhaltig mobil*, https://doi.org/10.1007/978-3-658-45236-0_1

1 Der steinige Weg zur Verkehrswende

Die Spatzen pfeifen es von den Dächern: Wir müssen dringend mehr tun, um die Klimakrise zu bewältigen und den Kollaps dieses Planeten zu verhindern. Dabei ist der Verkehrsbereich in besonderem Maße gefordert. Hier muss dringend mehr passieren, um die Pariser Klimaziele bzw. die des deutschen Klimaschutzgesetzes zu erreichen, das eine Reduktion um 65 % bis 2030 vorsieht, bezogen auf den Stand von 1990.

Nach einer Aufbruchsstimmung, die noch vor einigen Jahren das ganze Land erfasst hatte, macht sich seit dem Jahr 2023 eine gewisse Transformationsmüdigkeit breit, befeuert von Debatten um ein angebliches Heizungsverbot oder einen vermeintlichen Elektroauto-Zwang. Und dennoch entdeckt man nahezu jeden Tag eine neue Photovoltaikanlage auf einem Gebäude in der Nachbarschaft oder ein neues Elektroauto auf dem Parkplatz davor. Die Gemengelage ist unübersichtlich geworden, und es ist umso dringender, ein Verständnis dafür zu entwickeln, warum die Menschen so handeln, wie sie handeln. Nur mit dieser sozialwissenschaftlichen Brille wird es möglich sein zu verstehen, warum manche Menschen sich für eine nachhaltige Transformation begeistern, andere dieser skeptisch bzw. abwartend gegenüberstehen und wiederum andere sogar dagegen rebellieren.

Der Verkehrsbereich ist besonders gefordert, denn er hinkt allen anderen Sektoren hinterher. Die Energiewirtschaft (ja, genau, die bösen Buben, die mit Kohle und Kernenergie) hat bereits eine Menge CO_2 durch den Ausbau erneuerbarer Energien eingespart; auch der Gebäudesektor und die Industrie sind auf einem guten Kurs (siehe Abb. 1).

Nur im Verkehr will es nicht so recht klappen; und es liegt nicht nur an dem Minister, auf den alle so gerne schimpfen, dass die ehrgeizigen Ziele der Bundesregierung, die Treibhausgasemissionen bis 2030 um 65 % gegenüber 1990 zu reduzieren, in anderen Bereichen zwar erreichbar sein dürften, nicht aber im Sektor Verkehr, wie die Projektion in Abb. 1 (graue Linie) zeigt. Schaut man genauer auf die Zahlen, dann ist es weder die Schifffahrt, die nach wie vor das besonders umweltschädliche Schweröl verbrennt, noch die Luftfahrt, wo die Privatjets der Superreichen neuerdings große Aufmerksamkeit auf sich ziehen. Allein Taylor Swifts Privatjet emittierte am 11. Februar 2024, als sie von Japan zum Super Bowl nach Las Vegas flog, um ihrem Freund Travis Kelce von den Kansas City

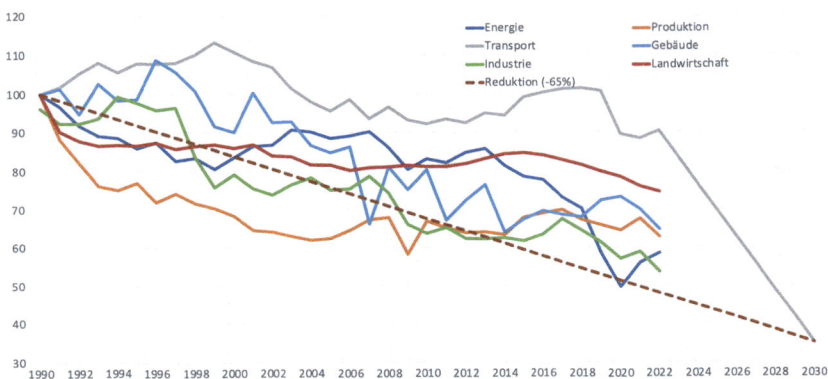

Abb. 1 Treibhausgasemissionen der Sektoren 1990 bis 2022 und Projektion bis 2030.[1] (Eigene Darstellung auf Basis von Daten des Umweltbundesamts)

Chiefs zuzujubeln, fast so viel CO_2 wie eine Person in Deutschland in einem ganzen Jahr.[2]

Nein, es ist der Straßenverkehr, der für den überwiegenden Teil der klimaschädlichen Emissionen verantwortlich ist und, nebenbei, auch für eine Menge gesundheitsschädlichen Feinstaubs. Aber es sind nicht die unzähligen Lkws, die leere Joghurtbecher von Süd nach Nord und volle wieder zurück transportieren, und auch nicht die Kleintransporter, die uns mit online bestellter Ware beliefern. Zweifellos sind auch sie Klimasünder, aber den weitaus größten Teil der Emissionen verursachen wir mit unseren privaten Pkws. Mehr als 48 Mio. Pkws sind auf deutschen Straßen unterwegs, und es werden täglich mehr, sodass niemand mehr auf dem Rücksitz Platz nehmen muss. Der bekannte Mobilitätsforscher Andreas Knie weist bei jeder sich bietenden Gelegenheit süffisant darauf hin, aber es ändert sich nichts.

Wobei der Begriff „unterwegs" irreführend ist, denn die meiste Zeit stehen unsere Pkws ungenutzt irgendwo herum und verbrauchten Platz, den wir sinnvoller für andere Zwecke verwenden könnten. Oder sie könnten in der Zeit, in der wir sie nicht benötigen, von anderen Menschen genutzt werden. Sharing

---

[1] www.umweltbundesamt.de/presse/pressemitteilungen/detaillierte-treibhausgas-emissionsbilanz-2022 (15.01.2024).

[2] Bei diesem Flug wurden 6.889 kg emittiert; eine Person in Deutschland produziert laut Umweltbundesamt durchschnittlich 10.500 kg CO_2-Äquivalente pro Jahr (Quelle: www.glamour.de/artikel/taylor-swift-und-ihre-co2-emissionen).

nennt man das heutzutage; im Gegensatz zum gut funktionierenden Bike- oder Scootersharing will es aber nicht richtig in Gang kommen. My car is my castle! Warum fällt es uns ausgerechnet im Verkehrsbereich so schwer, auf einen nachhaltigen Kurs umzuschwenken? Spätestens seit den Katastrophenjahren der jüngsten Zeit schrillen die Alarmglocken unüberhörbar. Die Katastrophe im Ahrtal im Sommer 2021, die verheerenden Waldbrände auf Rhodos 2023 und anderswo, die Tornados, die mittlerweile auch in Deutschland vermehrt auftreten, die langanhaltende Dürre in Frankreich und Spanien im Winter 2022/23, die Überschwemmungen in der Adria im Sommer 2023 – man könnte diese Aufzählung beliebig fortsetzen. Und es dürfte jedem Menschen klar sein, dass sich derartige Katastrophen mit dem voranschreitenden Klimawandel häufen werden.

Es betrifft nicht nur die eigenen Urlaubsplanungen, die durch derartige Ereignisse über den Haufen geworfen werden – ein echtes Luxusproblem. Es betrifft mittelfristig auch unsere Versorgung mit Lebensmitteln und unsere Gesundheit und verursacht horrende Kosten – ganz zu schweigen von den Folgen, die ein Versiegen des Golfstroms mit sich brächte. Wir sägen an dem Ast, auf dem wir sitzen.

Also nochmal: Warum fällt es uns so schwer umzudenken und umzulenken? Für viele ist das eigene Auto ein unverzichtbarer Teil des Lebens geworden, teils gezwungenermaßen, weil der Bus nur zweimal am Tag fährt (fünf Euro ins Phrasenschwein!), teils aber auch, weil es zu unserem Lebensgefühl passt. Wir wollen frei und ungezwungen leben, wir wollen mobil sein, und wir wollen selbst entscheiden, wann wir auf welche Weise wohin fahren. Meist ist das Auto die einfachste und bequemste Lösung: Ein Billy-Regal bei IKEA holen, die Kids in die Schule bringen, am Wochenende zum Wandern ins Grüne, mit der Clique zum Städtetrip, Ed Sheeran in der Elbphilharmonie und – ganz wichtig – zweimal im Jahr eine Woche nach Malle (das Auto im Parkhaus am Flugplatz, weil die Anreise mit der notorisch unzuverlässigen Bahn zu riskant ist). Man gönnt sich ja sonst nichts.

Den Flieger rechnet man sich schön, weil man das ganze Jahr vegan lebt und ganz viele Strecken (ehrlich!) mit dem Fahrrad zurücklegt. Aber zu IKEA mit dem Lastenrad, zum Wandern mit den Öffies und zum Städtetrip mit dem Regionalexpress – da müsste man schon hartgesotten sein, um sich so etwas anzutun. In vielen Fällen ist das Auto erste Wahl, und Alternativen sind oft nicht in Sicht. Wenn das eigene Auto sowieso vor der Tür steht, warum soll man sich die Mühe machen, sich damit zu beschäftigen, wie man die Wegstrecke am nächsten Morgen mit anderen Mitteln zurücklegen könnte? Aus eigener Erfahrung weiß ich, dass es Stunden dauern kann, bis man mithilfe mehrerer Apps eine zufriedenstellende Lösung findet, die zumindest nicht doppelt so lange dauert wie die Fahrt mit dem Auto. Aber man lernt es zu schätzen, in öffentlichen Verkehrsmitteln Menschen außerhalb der eigenen Blase zu begegnen und sich mit ihnen zu unterhalten. Oder einfach nur zu entspannen oder die Zeit dafür zu nutzen, die Mails zu checken.

Die Antwort auf oben gestellte die Frage lautet also: Es ist der Lebensstil, den wir uns in den letzten 50 Jahren angewöhnt haben und den viele Menschen selbst der jüngeren Generation mittlerweile für normal halten, weil sie es nicht anders kennen. Es sind lieb gewordene Muster, von denen wir nicht lassen können bzw. wollen. Mit Fridays for Future ist erstmals eine Bewegung entstanden, die diese Muster radikal infrage stellt; und es bleibt abzuwarten, ob dies zu einem grundlegenden Wandel führen wird.

Dass es anders gehen könnte, zeigen uns Nachbarländer wie die Niederlande, Dänemark, die Schweiz oder Österreich. Aber hier hat die Politik seit Jahrzehnten dafür gesorgt, dass Alternativen zum privaten Pkw systematisch gefördert wurden, sodass sich andere Praktiken etablieren konnten. Statt Dienstwagen nutzt man dort das General-Abonnement der Bahn (natürlich 1. Klasse); und die Rad-Infrastruktur ist so gut ausgebaut, dass selbst bei mäßigem Wetter kaum jemand auf die Idee kommt, eine Strecke von zwei Kilometern mit dem Auto zurückzulegen.

Es liegt also nicht nur an uns, sondern auch an den Rahmenbedingungen, in denen wir uns bewegen und die unser Verhalten prägen. Also packen wir es von beiden Seiten an: Nachhaltige Transformation kann gelingen, wenn Bedingungen geschaffen werden, die es den Menschen ermöglichen, ihr Verhalten so zu ändern, dass die politisch konsentierten Ziele erreicht werden können. Es kann gelingen, wenn sie dies gerne und freiwillig tun, weil sie merken, dass es ihnen gut tut (z. B. in punkto Gesundheit), und sie *zugleich* etwas zur Rettung des Planeten beitragen. Klingt kompliziert, berührt aber den Kern dessen, womit sich die Sozialwissenschaften seit Adam Smith (1723–1790) befassen, nämlich die Frage, wie durch das Handeln der Menschen, die eigene Ziele verfolgen, eine stabile soziale Ordnung entsteht, die ihnen Sicherheit gewährt und somit allen gleichermaßen nützt.

Wenn Adam Smith heute leben würde und sich mit dem Bereich Mobilität und Verkehr befassen würde, würde er die Frage vermutlich wie folgt formulieren: Wie ist es möglich, dass die Menschen von einem Ort A, an dem sie sich befinden, zu einem anderen Ort B reisen, ohne dass dabei Staus, Lärm etc. entstehen und klimaschädliche Treibhausgabe ausgestoßen werden? Muss man die Menschen zu ihrem Glück zwingen, wie Thomas Hobbes (1588–1679) es gefordert hatte, oder geht dies auch anders, nämlich indem sie selbst entscheiden, was sie tun und wie sie das tun?

Abb. 2 Die Geometrie der Verkehrswende. (Quelle: Agora Verkehrswende 2017: 14)

Wir beamen uns schnell aus der Zeit des blutigen Englischen Bürgerkriegs (1642–1649) in die Gegenwart zurück und denken darüber nach, wie die nachhaltige Transformation des Sektors Verkehr und Mobilität hier und heute aussehen könnte. Grundsätzlich kann diese auf zwei miteinander verknüpften Ebenen ansetzen, der Antriebswende (oder auch Energiewende im Verkehr) und der Mobilitätswende, also der Veränderung von Mobilitätspraktiken, die sich möglichst ohne Einschränkungen der Mobilität vollziehen soll (vgl. Abb. 2).

1.1 Antriebswende

Ein Ansatzpunkt zur Reduktion der Treibhausgasemissionen sind neue Antriebe wie etwa Elektromotoren oder wasserstoffbetriebene Brennstoffzellen, die lokal emissionsfrei arbeiten. Damit sie einen nachhaltigen Beitrag zur Bewältigung des Klimawandels leisten, muss allerdings nicht nur der zum Fahren benötigte Strom, sondern auch der für die Produktion der Fahrzeuge und der Batterien benötigt Strom aus regenerativen Quellen stammen.

Auch wenn dies – vorerst – nicht immer der Fall ist, können Elektrofahrzeuge, z. B. E-Bikes, zu einer Veränderung des Mobilitätsverhaltens beitragen, die langfristig einen Beitrag zur Bewältigung des Klimawandels leistet. Dann Fahrer:innen von Elektroautos „lernen" neuartige Praktiken des Reisens, etwa durch die Planung von Ladestopps mithilfe von Apps. Dies kann anstrengend sein, aber auch herausfordernd; zudem vermittelt es eine neue Einstellung zum Reisen, die Abschied von der Vorstellung nimmt, dass man 1.000 Kilometer am Stück ohne Tank- und P…-Pause zurücklegen kann. Man reist wieder, statt zu rasen und freut sich über manches Gespräch und manchen Erfahrungsaustausch an der Ladesäule.

Ein nicht zu vernachlässigendes Problem sind Busse und Bahnen mit Dieselantrieb. Nicht jeder Umstieg vom (E-)Auto auf öffentliche Verkehrsmittel schlägt sich positiv im eigenen CO_2-Fußabdruck nieder. Gerade bei Bussen ist die Umstellung auf klimafreundliche Antriebe derzeit noch eine große Herausforderung, weil nicht nur die Anschaffungskosten erheblich höher sind, sondern die Verkehrsbetriebe auch zusätzliche Ladezeiten einplanen müssen, in denen die Busse für die Personenbeförderung nicht zur Verfügung stehen.

Zudem hat die Antriebswende einen „Haken": Sie ändert nichts an den Mobilitätsmustern, die wir uns in den letzten Jahrzehnten angewöhnt haben, also an der Selbstverständlichkeit, dass man mit dem eigenen Auto, welches stets abfahrbereit vor der Tür steht, zu jedem beliebigen Zeitpunkt zu jedem beliebigen Ziel fahren kann. Im Gegenteil: Das, was zumindest einige von uns früher mit schlechtem Gewissen getan haben, tun wir jetzt mit gutem Gewissen, denn wir reisen mit Ökostrom, und mit jedem Kilometer, den wir zurücklegen, kommen wir der Rettung des Planeten ein Stück näher.

Man nennt dies den Rebound-Effekt. Ein Beispiel: Der Computer, mit dem wir heutzutage Mails verschicken statt zuvor Briefe auf Papier (mit Briefmarke, die zuvor besorgt werden musste), die zum Briefkasten gebracht werden mussten, der nur dreimal am Tag geleert wurde … Welch eine Arbeitsbelastung und Zeitverschwendung, ganz zu schweigen von den hohen Kosten … Also, der Computer, mit dem wir heutzutage Mails verschicken, hat leider *nicht* dazu geführt, dass wir weniger arbeiten und weniger Mails schreiben. Im Gegenteil: Wir sitzen den ganzen Tag am Rechner und bearbeiten eine Mail nach der anderen, aber die Mailbox will sich einfach nicht leeren. Ständig kommen wichtige Mails hinzu, zudem Abwesenheitsnotizen, Nachrichten von Mailinglisten, auf die man irgendwie geraten ist, jede Menge Werbung, Spam-Mails, Phishing-Mails usw.

Man kann sich kaum noch an die paradiesischen Zustände der 1980er oder 1990er Jahre erinnern, als man nach Versenden eines Briefes (mit einer Laufzeit von damals drei bis vier Tagen) eine ganze – in Worten: eine ganze! – Woche Ruhe hatte, bevor man sich wieder mit dem Vorgang beschäftigen musste – bei internationaler Korrespondenz sogar mehrere Wochen.

Beim Elektroantrieb könnte dieser Rebound-Effekt in ähnlicher Weise eintreten: Warum soll man sich Gedanken über einen Umstieg auf Öffies machen, zumal mit wenig klimafreundlichem Dieselantrieb, wenn das eigene Elektroauto klimaneutral hergestellt wurde und man damit klimaschonend unterwegs sein kann? Und warum sollte man den Weg zum Bäcker um die Ecke mit dem Fahrrad zurücklegen, wenn vor der Bäckerei ausreichend Parkplätze verfügbar sind, auf denen man neuerdings sogar sein Elektroauto kostenlos laden kann? Die Antriebswende ist zweifellos ein wichtiger Baustein einer Transformation der Mobilität; dieser muss jedoch um weitere Bausteine ergänzt werden, die dafür sorgen, dass die Zahl der privaten Pkws nicht so rasant weiter steigt wie in der Vergangenheit und der kostbare Raum in Städten nicht vorrangig als Abstellfläche für Pkws ver(sch)wendet wird.

1.2 Mobilitätswende

Die nachhaltige Veränderung von Mobilitätspraktiken ist der zweite Baustein der Verkehrswende, der deutlich größere Herausforderungen mit sich bringt. Denn eine über Jahrzehnte gewachsene und von der Politik – durch Pendlerpauschale und andere Maßnahmen – geförderte Siedlungsstruktur, die den Individualverkehr begünstigt, lässt sich nicht über Nacht umgestalten. Viele Menschen, die in den Ballungsräumen arbeiten, wohnen im eigenen Heim in ländlicher Umgebung, von wo aus es am einfachsten und bequemsten ist, mit dem Pkw zur Arbeit zu pendeln. Zudem sind die Arbeitszeiten im Zeitalter der Individualisierung immer weniger synchronisiert: Gleitzeit, Teilzeit, Remote Work, Homeoffice etc. machen es immer unwahrscheinlicher, dass es sich für die Verkehrsbetriebe lohnt, große Gefäße (so nennt man Busse und Bahnen in deren Fachsprache) abseits von Ballungsräumen einzusetzen, um große Menschenmengen pünktlich zum gemeinsamen Schichtbeginn am Werkstor eines Großbetriebs wie einer Zeche abzuliefern.

Jeder und jede hat ein eigenes Mobilitätsmuster, das auch die morgendliche Beförderung der Kinder zur KiTa und den Besuch des Fitnessstudios oder den Einkauf im Supermarkt auf dem Rückweg von der Arbeit einschließt. Dieses Muster der Alltagsmobilität mit privaten Fahrzeugen erweist sich als erstaunlich beharrlich. Vor allem in ländlichen Gebieten ist der öffentliche Verkehr mit Bussen und Bahnen kaum in der Lage, vergleichsweise attraktive Mobilitätsangebote bereitzustellen, die derart fragmentierte Mobilitätsbedürfnisse befriedigen können und zudem die ohnehin klammen Kassen der Gebietskörperschaften nicht übermäßig belasten.

Der Traum vieler Verkehrsplaner:innen der letzten Jahrzehnte, dem Verkehrskollaps durch Verlagerung von der Straße auf die Schiene zu begegnen, dürfte sich nur in den Ballungsräumen verwirklichen lassen, in denen man sich keinen Fahrplan merken muss, weil Busse und Bahnen ohnehin im Fünf-Minuten-Takt verkehren. Aber schon in den Randlagen der großen Städte wird es schwieriger, weil hier aus dem Fünf-Minuten- ein Zwanzig-Minuten-Takt wird und die unterschiedlichen Verkehrsangebote zudem nicht immer hinreichend synchronisiert sind, sodass man beim Umsteigen oftmals lange Wartezeiten in Kauf nehmen muss.

Die digitale Vernetzung unterschiedlicher Verkehrsträger ist daher eine attraktive Option, mit der intermodales Reisen, also der Wechsel zwischen Auto, Rad, Bus und Bahn, Sharing-Systemen etc., gefördert wird. Seit 2017 setzt das Verkehrsministerium des Landes Nordrhein-Westfalen verstärkt auf die digitale Vernetzung und hat daher den Begriff „Mobility as a Service" (MaaS), der ursprünglich aus Finnland stammt, auch in Deutschland zur Marke gemacht.

Mithilfe von MaaS wird es in Zukunft möglich sein, in einer einzigen App den Pkw-Stellplatz am nächstgelegenen Bahnhof zu reservieren, dann den Sitzplatz im Regionalexpress (mit WLAN und einer Tasse Kaffee) und anschließend das Leihfahrrad, das einen vom Bahnhof zur Arbeit bringt.

Perspektivisch könnte die Mobilität der Zukunft damit einem Streamingdienst ähneln, wie wir es heute bereits im Musikbereich kennen. Nur wenige haben noch Langspielplatten oder CDs zuhause. Bei den meisten heißt es: „Hey, Siri, spiel das neue Album von Taylor Swift!" In Zukunft könnte es auch im Mobilitätssektor ähnlich gehen: „Hey, Siri, bring mich nach Dortmund! Ich muss pünktlich um 10 Uhr dort sein." Für derartige Zwecke würde ein eigener Pkw nicht mehr benötigt.

Diese Vision wird unter anderem im Projekt NeMo.bil verfolgt, in dem Ingenieur-, Daten- und Sozialwissenschaften gemeinsam mit der Industrie die Entwicklung eines neuen Mobilitätssystems für den ländlichen Raum vorantreiben.[3] NeMo.bil nimmt das Beste aus den beiden Welten des mobilen Individualverkehrs (MIV) und des öffentlichen Verkehrs (ÖV) und schafft etwas ganz Neues: Öffentlichen Individualverkehr (ÖIV). Kleine, elektrisch betriebene Robotaxis (NeMo.Cabs) mit vier Sitzplätzen, die perspektivisch autonom fahren, überbrücken die erste und die letzte Meile und schließen sich für die Hauptstrecke zu Konvois zusammen, die von einer wasserstoffbetriebenen Zugmaschine (NeMo.Pro) gezogen und mit Energie versorgt werden (vgl. Abb. 3).

Am Ziel angekommen, schwärmen die NeMo.Cabs aus und bringen ihre Fahrgäste ohne Umsteigen ans Ziel. Dies ermöglicht es den Nutzer:innen, individuelle Fahrten und Routen zu buchen (wie mit dem eigenen Pkw) und dennoch ein öffentliches Verkehrsmittel zu nutzen, das energieeffizient und ressourcensparend

---

[3] www.nemo-bil.de.

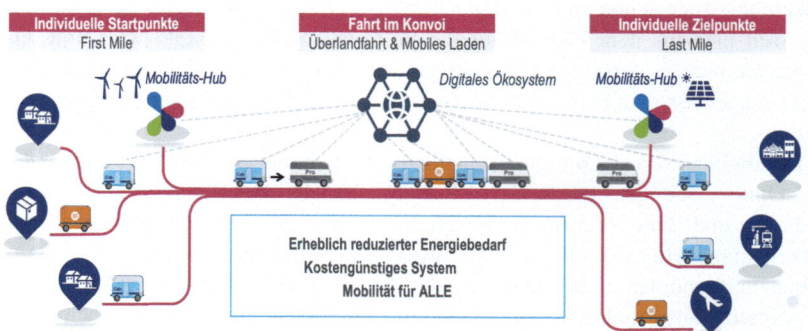

Abb. 3 Das Konzept von NeMo.bil. (Quelle: www.nemo-bil.de)

unterwegs ist und vor allem am Zielort keinen Parkraum beansprucht und damit keine Flächen verbraucht, die anderen Zwecken entzogen werden.

1.3 Verkehrswende – ja bitte!

Eine Verkehrswende, die sich auf die beiden Komponenten Antriebs- und Mobilitätswende stützt, ist möglich und machbar, ohne dass es zu Abstrichen in punkto Mobilität kommen muss. Die Welt von morgen wird eine andere sein; es werden Dinge fehlen, die uns früher lieb und wichtig waren, aber es werden neue Optionen entstehen, die spannende Erfahrungen in Bereichen ermöglichen, die wir uns heute noch nicht vorstellen können. Man muss nur kurz in Gedanken in die Zeit zurückgehen, in der es in Restaurants noch erlaubt war zu rauchen oder in der man für eine Fahrplanauskunft zum Bahnhof musste, dessen Auskunftsschalter allerdings zehn Minuten zuvor bereits geschlossen hatte und erst am nächsten Tag wieder öffnete. All dies haben wir hinter uns gelassen, und es gibt nur wenige, die sich in die gute, alte Zeit zurücksehnen.

Die Corona-Pandemie hat gezeigt, dass es möglich ist, in kürzester Zeit umzusteuern und neue Praktiken zu etablieren. Teils sind wir froh, dass wir von der Bürde wieder befreit sind (Stichwort: Maske tragen), teils möchten wir das Neue aber nicht mehr missen (Stichwort: flexible Arbeitszeiten und -orte).

Die Mobilität von morgen wird eine andere sein als die Mobilität von heute. Wie genau, das ist zurzeit noch offen; aber das macht die Sache spannend und herausfordernd zugleich. Wir werden gute Lösungen finden (müssen) für das Problem, dass jede:r Bergwanderer:in, die/der mit dem eigenen Pkw zum Ausgangspunkt der Bergwanderung anreist, dazu beiträgt, ausgerechnet die heile Bergwelt zu zerstören, an der er/sie sich während der Wanderung erfreut. Und wenn 80.000 Menschen im Stadion zusammenkommen, um einem Fußballspiel oder einem Rockkonzert beizuwohnen, dann wird dies in Zukunft intelligente Lösungen für An- und Abreise erfordern, damit derartige Ereignisse sich nicht desaströs auf die Klimabilanz auswirken.

2   Die Rolle der Universitäten

Die Universitäten sind einer der Orte, an denen innovative Lösungen für die Welt von morgen geschaffen werden, die das Leben erleichtern und das Zusammenleben fördern. Sie sind zudem Orte, an denen neues Wissen und neue Technik geschaffen werden. Sie sind also prädestiniert für die Entwicklung von Szenarien künftiger Mobilität und für die Erforschung und Erprobung innovativer Mobilitätssysteme.

Universitäten sind zudem Orte, an denen viele junge Menschen studieren, die sich in einer Phase ihres Lebens befinden, in der Entscheidungen über den künftigen Wohn- und den künftigen Arbeitsort getroffen werden, die weitreichende Folgen auch für die Mobilität haben. Sobald eine Partnerschaft sich verfestigt und erst recht, wenn das erste Kind unterwegs ist, wird die Studentenbude zu eng, und man zieht raus in die Vorstädte oder aufs Land, weil die Mieten dort günstiger sind als in der City, selbst wenn man die Vorzüge des Stadtlebens und vor allem das Nachtleben vermisst, was man als Studierende geschätzt hat. Aber dass die Kids im Grünen aufwachsen statt im Mief der Städte, ist schließlich auch etwas wert. Wenn dann noch ein attraktives Jobangebot etwas weiter entfernt dazu kommt, dauert es nicht lange, bis der erste Pkw vor der Tür steht und bald auch der zweite …

Universitäten bieten somit wie kaum eine andere Einrichtung die Möglichkeit, die Einstellungen junger Menschen zum Thema Mobilität in einer entscheidenden Lebensphase zu beeinflussen, vorausgesetzt, es gelingt, attraktive Lösungen zu entwickeln und umzusetzen, die Optionen für eine nachhaltige Mobilität auch in späteren Lebensphasen aufzeigen.

Schließlich sind Universitäten Orte, an denen so viele Menschen gleichzeitig zusammenkommen wie an kaum einen anderen, sieht man einmal von Fußballspielen oder Rockkonzerten ab. Mehr als 30.000 Studierende, die an jeder der drei UA Ruhr-Universitäten studieren, und mehrere tausend Beschäftigte, die an jedem der vier Standorte arbeiten, sind nicht nur ein bedeutender Wirtschaftsfaktor, der die traditionellen Branchen Kohle, Stahl und Bier abgelöst hat. Sie stellen auch eine wichtige Größe in punkto Mobilität dar. Denn sie haben das Potenzial, eine kritische Masse für Bemühungen zu bilden, die eine Verkehrswende initiieren und vorantreiben. Universitäten können also Vorreiter und Vorbilder in Sachen klimaneutraler Mobilität sein.

Die Menschen, die an Universitäten arbeiten oder studieren, weisen allerdings untypische Mobilitätsmuster auf. Während die Mitarbeitenden in Technik und Verwaltung regelmäßig, meist fünf Tage pro Woche, vor Ort sind, sind Wissensschaffende oftmals nur periodisch anwesend. Einige Zeiten verbringt man zuhause in Homeoffice, andere unterwegs auf internationalen Konferenzen. Der Di-Mi-Do-Professor ist keine Seltenheit, und aus eigener Praxis weiß ich, dass die Trennung zweier Bereiche, in denen man unterschiedlichen Tätigkeiten nachgeht, funktional und produktiv sein kann: Lehre etc. an der Uni, Schreiben etc. zuhause.

Auch Studierende sind meist nur zu den Zeiten an der Universität anwesend, an denen sie Lehrveranstaltungen haben. Zudem ist es gerade im Ruhrgebiet üblich, nicht am Studienort zu wohnen, sondern im Hotel Mama oder anderen Wohnformen an dem Ort, in dem man zur Schule gegangen ist und noch viele Freunde hat.[4] Warum soll man für ein kurzes, sechssemestriges Bachelor-Studium von Castrop-Rauxel nach Dortmund ziehen, wenn man mit dem Pkw für die 20 km gerade mal gut zwanzig Minuten braucht und sogar die Öffies regelmäßig verkehren? Zudem wohnen die meisten Mitstudierenden in Unna, Kamen, Schwerte, Herne und Bochum, sind also abends auch nicht in den Kneipen des Szeneviertels anzutreffen.

Die Ruhrgebiets-Universitäten waren vom sozialdemokratischen Wissenschaftsminister Johannes Rau in den 1960er/70er Jahren mit der dezidierten Absicht gegründet worden, auch Arbeiterkindern ein Studium zu ermöglichen, also auch den Schichten, in denen die Eltern es sich nicht leisten konnten, ein kostspieliges Studium fernab der Heimat zu finanzieren.

Die hohen Mietpreise für Studentenbuden, die Digitalisierung und schließlich die Corona-Pandemie haben den Trend verstärkt, den Wohnsitz bei Studienbeginn

---

[4] Circa ein Drittel der Studierenden der TU Dortmund wohnt nicht im Postleitzahlbereich 44 (Dortmund, Bochum, Herne), sondern pendelt aus den Bereichen 45 (Essen, Mülheim, Recklinghausen), 58 (Hagen, Iserlohn, Witten) und 59 (Arnsberg, Unna, Hamm) ein. Dies ist nur ein grober Indikator, da einige 59er Nummern näher an der TU Dortmund liegen als einige 44er Nummern. Die gute Hälfte der Einpendler:innen nutzt den ÖV, ein knappes Drittel das Auto und ca. 11 % das Rad.

nicht zu verlagern, sondern am angestammten Wohnort zu bleiben. Es machte keinen Sinn, während des Lockdowns ein teures Zimmer in einer Studierenden-WG am Studienort zu bezahlen, wenn man weder die Universität besuchen, noch sich in der Stadt bewegen durfte. Außerdem standen sämtliche Materialien, die man für das Studium benötigte, ohnehin digital zur Verfügung, und die Vorlesungen wurden online abgehalten. Es bestand keine Notwendigkeit, eine Zeitlang sogar keine Möglichkeit, die Universität zu besuchen, an der man eingeschrieben war.

Dies galt nicht nur für Studierende und Wissenschaffende, die derartige Praktiken teilweise bereits kannten, sondern nunmehr auch für Mitarbeitende in Technik und Verwaltung, die erstmals in ihrem Berufsleben im Homeoffice arbeiten konnten bzw. mussten, was für sie eine völlig neue Erfahrung war (vgl. dazu ausführlich Kap. 5). Abgesehen von einigen wenigen Menschen, die den technischen Betrieb und die Sicherheit aufrechterhalten mussten, waren die Universität auf einmal menschenleer und wirkten wie Geisterstädte. Das war das neue Normal, an das sich alle erstaunlich schnell gewöhnten und das sich als überraschend produktiv erwies. In den Zeiten, in denen man sonst im Stau auf der Autobahn A 40 stand, ging man jetzt joggen oder mit dem Hund spazieren; und man setzte sich anschließend frisch und wohlgelaunt an die Arbeit, bei der niemand störte oder nervte.

Nach der endgültigen Aufhebung pandemiebedingter Beschränkungen im Frühjahr 2023 erwies es sich allerdings als schwierig, die Dinge wieder auf den Stand von vor der Pandemie zurückzudrehen. Warum sollte man so viel CO_2 in die Luft pusten, nur um an einer Vorlesung teilzunehmen, bei der es keine Anwesenheitspflicht gab, deren Materialien ohnehin digital verfügbar waren und – ein wesentlicher Faktor – bei der man davon ausgehen musste, dass die anderen Mitstudierenden nicht anwesend waren, weil sie zuhause vor dem Bildschirm saßen oder sich aufs Bulimie-Lernen verlegt hatten? Also kurz der vor der Klausur alles rasch durchscrollen und dann hoffen, dass es irgendwie schon klappen wird? Zudem konnte man sich für die gesparte Miete einen eigenen Kleinwagen leisten und endlich so mobil sein wie die anderen.

Und schließlich: Warum sollte man als einziger Kollege in seinem Büro sitzen, wenn alle anderen Türen auf dem langen Gang verschlossen waren, weil die Kolleg:innen allesamt im Homeoffice arbeiteten oder irgendwo unterwegs waren, z. B. auf einer Konferenz? Und warum sollte man als Chefin der Bitte des besten Mitarbeiters widersprechen, seine Arbeit tageweise im Homeoffice verrichten zu dürfen, weil er nebenbei noch Care-Arbeit zu verrichten hat? Ausgerechnet einem Mitarbeiter, der immer pünktlich liefert, auf den absoluter Verlass ist und der sich in sehr dringenden Fällen sogar am Wochenende ausnahmsweise mal eine Stunde an den Rechner setzt?

Es gab kein Zurück mehr zum alten Normal, und das neue Normal, das sich während der Corona-Pandemie etabliert hatte, wurde – mit gewissen Modifikationen – zum Dauerzustand. Dies hatte und hat immer noch erhebliche Auswirkungen auf die Mobilität der Universitätsangehörigen, aber auch auf das Universitätsleben, die in Kap. 8 ausführlich beschrieben werden. Nur wenige Universitätsangehörige sind zur Fünf-Tage-Präsenzwoche zurückgekehrt; in vielen Bereichen gelten flexible Arrangements, die zu veränderten Mobilitätsmustern mit erheblich reduzierter Wegeanzahl und Gesamtwegelänge geführt haben.

Universitäten können also eine wichtige Rolle dabei spielen, die neuen Mobilitätspraktiken zu verstehen und soziotechnische Lösungen zu entwickeln, die dem Bedürfnis nach individueller und flexibler Mobilität entsprechen und zugleich dazu beitragen, die Klimaziele zu erreichen.

3 Beiträge der Sozialwissenschaften zur nachhaltigen Transformation

Ohne neue klimaschonende Technologien und Verfahren werden weder die Verkehrs- noch die Energiewende gelingen. Aber neue Technik allein genügt nicht, um einen gesellschaftlichen Wandel voranzubringen. Fundamentale Innovationen gründen vielmehr auf einem *soziotechnischen System,* also einer Kombination aus mehreren – sowohl technischen als auch sozialen – Komponenten. Steve Jobs hat nicht den iPod (als isoliertes technisches Gerät) erfunden, sondern das komplette soziotechnische System des digitalen Musikvertriebs mit dem iPod als einer Schlüsselkomponente. Und Elon Musk hat auch nicht das Elektroauto erfunden, sondern das komplette System des elektrischen Fahrens, bei dem neben dem optisch ansprechenden (und auf die BMW-Kundschaft zielenden) Tesla-Fahrzeug vor allem die flächendeckenden Supercharger-Ladestationen sowie das lange Zeit kostenlose Laden eine wichtige Rolle spielten. Es kommt auf dieses Zusammenspiel von technischen und nicht-technischen Faktoren an, wenn man eine Innovation zum Erfolg führen will.

In diesem Sinne spielen Sozialwissenschaftler:innen bei der Entwicklung von Lösungen für die Verkehrs- oder Energiewende eine wichtige Rolle. Sie tragen durch ihre Forschung dazu bei, die Gründe zu verstehen, warum bestimmte Menschen PV-Anlagen oder Elektroautos erwerben und nutzen, andere hingegen nicht. Sie liefern Erklärungen, warum die eine Person Auto fährt, die andere hingegen Rad, obwohl es sich um die gleiche Strecke handelt und das Wetter gleich gut (oder gleich schlecht) ist. Und sie zeigen Wege auf, wie man die eine oder andere

Person eventuell dazu bewegen könnte, ihr Mobilitätsverhalten zu überdenken und andere Varianten auszuprobieren. Um die Verkehrswende zum Erfolg zu führen, benötigt man nicht nur technische Lösungen, die zudem mithilfe digitaler Tools intelligent verknüpft werden müssen. Es gilt auch, die sozialen Dimensionen von Mobilität zu berücksichtigen, könnten diese doch der entscheidende Faktor sein. Denn wenn die Menschen ihr Verhalten nicht ändern und selbst bei Spritpreisen von fünf Euro an ihren gewohnten Routinen festhalten, wird jede Initiative zur Förderung nachhaltiger Mobilität ins Leere laufen, und die neue, klimaschonende Technik wird zum Ladenhüter verkommen.

Es kommt also auf die soziale Akzeptanz an, und zwar nicht im Sinne einer nachträglichen Beschaffung von Zustimmung zu neuen Technologien, sondern im Sinne einer Einbindung der Menschen in die Planung und Gestaltung von Zukunftsprojekten. Diese sollten so konzipiert werden, dass sie auf die Bedürfnisse der Menschen zugeschnitten sind. Und da diese individuell verschieden sind, kommt es darauf an, die vielfältigen Sichtweisen der Menschen und ihren Blick auf die Welt zu verstehen. Denn nur so kann man herausfinden, ob sie auf Anreize reagieren würden, die sie zu einer Verhaltensänderung bewegen sollen, und wie diese Anreize gestaltet sein müssten – sowohl monetäre als auch nicht-monetäre.

Die folgenden Abschnitte fokussieren auf die Soziologie als eine Teildisziplin der Sozialwissenschaften und beleuchten näher, was die *soziologische* Transformationsforschung (Abschn. 3.1) und die transformative *Soziologie* (Abschn. 3.2) leisten können, bevor dann in Abschn. 3.3 der Blick wieder geweitet wird und die anderen Disziplinen wieder einbezogen werden.

3.1 Soziologische Transformationsforschung

Einer Soziologie, die Transformationsprozesse erforscht und begleitet, können unterschiedliche Aufgaben zufallen (vgl. Abb. 4):

1. Die Soziologie kann versuchen, individuelle Entscheidungen zu verstehen, z. B. die Wahl zwischen unterschiedlichen Verkehrsmitteln. Dazu benötigt sie Verhaltensdaten, also Daten zum realen Mobilitätsverhalten, aber auch Daten zu Einstellungen, Präferenzen etc. relevanter Akteure.

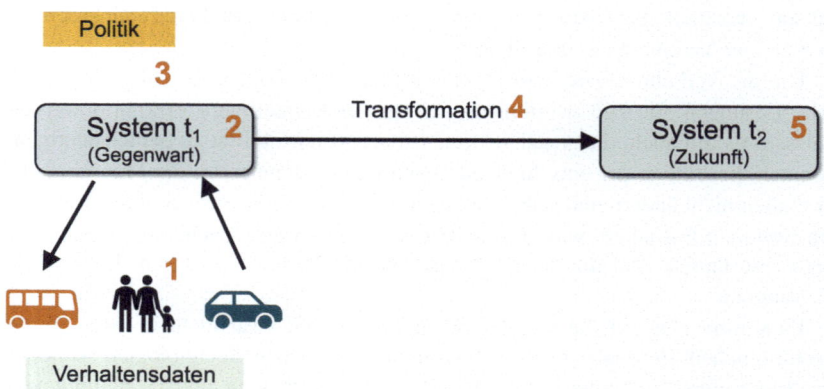

Abb. 4 Die Rolle(n) der Soziologie in Transformationsprozessen. (Eigene Darstellung)

2. Die Soziologie kann versuchen, Systemdynamiken zu erklären (wie etwa den Verkehrsstau), die sich aus dem – zumeist – unkoordinierten Verhalten vieler Einzelner ergeben (Pfeil nach oben), welche sich im Rahmen bestehender Strukturen bewegen und von diesen geprägt werden (Pfeil nach unten).
3. Wenn es politisch konsentiertes Ziel ist, das zum Zeitpunkt t_1 bestehende System (z. B. die fossile Energieversorgung) in ein besseres, zukünftiges System zum Zeitpunkt t_2 (z. B. eine regenerative Energieversorgung) zu überführen, dann kann die Soziologie Optionen für politische Interventionen ausloten und beratend bei der Entwicklung von Policy-Instrumentarien mitwirken.
4. Eine weitere, eng mit Punkt 3 zusammenhängende Aufgabe besteht darin, Transformationsszenarien zu entwickeln, also Wege aufzuzeigen, wie sich der Prozess der Ablösung von System 1 durch System 2 vollziehen könnte. Dabei geht es nicht nur darum zu erforschen, wie die neue soziale Ordnung nach erfolgter Transformation aussehen könnte, sondern auch wie eine Stabilität während der Übergangsphase gewährleistet werden kann, in der alt und neu koexistieren.
5. Dafür ist es erforderlich, Verfahren zu entwickeln, mit denen sich künftige, nachhaltige Systemzustände (und damit das Zusammenspiel von Individuen und Gesellschaft in der Zukunft) vorhersagen lassen, auch um herauszufinden, welche Faktoren die Stabilität eines künftigen Systems fördern und welche nicht.

3.2 Transformative Soziologie

Eine Soziologie, die sich in gesellschaftliche Transformationsprozesse einmischt und ihr fachspezifisches Knowhow einbringt, besitzt eine normative Orientierung und eine theoretische Fundierung zugleich.

Normative Orientierung
Die normative Orientierung gibt vor, wohin die Reise gehen soll; sie definiert das Ziel, das angestrebt werden soll, beispielsweise Klimaneutralität, Resilienz, Generationengerechtigkeit und/oder die Erreichung von Sustainable Development Goals der Vereinten Nationen. Zwar basiert die Formulierung dieser Ziele oftmals auf wissenschaftlichen Studien und daraus abgeleiteten Erkenntnissen; aber der Wille zur Erreichung der Ziele ist ein genuin politisch-normativer, dessen Bewertung nicht ausschließlich mit den Mittel der Wissenschaft geschieht. Dennoch kann die Vision einer nachhaltigen Gesellschaft eine Leitlinie sein, die die Forschung antreibt, Lösungen zu finden, die zur Erreichung dieses Ziels beitragen. Ohne ein derartiges Ziel wüsste man oftmals nicht, in welche Richtung man forschen sollte.

Theoretische Fundierung
Um funktionierende Lösungen zu finden, die nicht lediglich dem eigenen Wunschdenken entsprechend, benötigt die Soziologie darüber hinaus eine solide theoretische Fundierung. Dies kann z. B. ein Modell komplexer Sozialsysteme sein, das deren Funktionsweise im Normal- wie im Krisenmodus abbildet, indem es auf fundamentale Gesetzmäßigkeiten sozialen Handelns zurückgreift. Wenn es um die Erforschung von Transformationsprozessen geht, sollte dieses Modell zudem Vorstellungen über die Steuerbarkeit komplexer Sozialsysteme enthalten, also darüber, wie man Krisen so managt, dass das System nicht zusammenbricht, und wie man Veränderungsprozesse in Gang setzt und zum Erfolg führt.

Eine transformative Soziologie benötigt beides: eine normative Orientierung und eine theoretische Fundierung. Die normative Orientierung leitet die Forschung in Richtung Nachhaltigkeit, und die theoretische Fundierung sorgt dafür, dass die Erkenntnisse belastbar und die daraus abgeleiteten Handlungsempfehlungen praktisch verwendbar sind.

3.3 Der Dreischritt der Transformationsforschung

In diesem Sinne hatte sich das Projekt InnaMoRuhr zum Ziel gesetzt, Optionen einer Änderung des Mobilitätsverhaltens auszuloten und zu erproben und dabei das Knowhow der Sozialwissenschaften mit dem der Daten- und Ingenieurwissenschaften in einem interdisziplinären Vorhaben zu bündeln. Wie Abb. 5 zeigt, steht „Verändern" am Ende einer Sequenz, die mit „Verstehen" beginnt und über „Erklären" schließlich zum „Verändern" gelangt.

Sozialwissenschaftliche Transformationsforschung basiert auf diesem Dreischritt von Verstehen, Erklären und Verändern und unterscheidet sich damit in einem wichtigen Punkt von den Natur- und Ingenieurwissenschaften, die ihrerseits genuine Beiträge zum gemeinsamen Vorhaben liefern.

Verstehen
Denn es ist eminent wichtig, den subjektiven Sinn zu erfassen, den die Menschen mit ihrem Handeln verbinden, also die individuellen Motive und Gründe, die die Menschen bewegen. Dies geschieht in der Regel mithilfe qualitativer Methoden, z. B. leitfadengestützter Interviews. In den Natur- und Ingenieurwissenschaften ist dies nicht erforderlich; denn es ist nicht erforderlich, einen Apfel, der vom Baum fällt, zu fragen, warum er das tut, um zu verstehen, warum das geschieht.

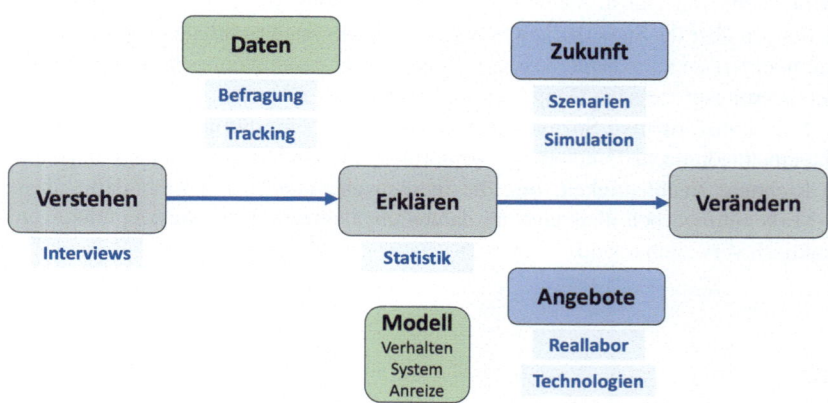

Abb. 5 Der Dreischritt von Verstehen, Erklären und Verändern. (Eigene Darstellung)

Erklären

Um das Verhalten der Menschen zu erklären, bedarf es jedoch mehr, als nur den subjektiven Sinn zu erfassen. Hinzu kommen weitere Faktoren, welche die individuellen Entscheidungen beeinflussen. Um diese zu ermitteln, benötigt man Verhaltensdaten, z. B. Daten zum realen Mobilitätsverhalten, soziodemografische Daten (Alter, Geschlecht etc.) sowie Daten zum verkehrlichen Kontext, also Verfügbarkeit von privaten Pkws, Erreichbarkeit von ÖV-Haltestellen etc. Diese Daten können per Befragung erhoben und mittels quantitativer, statistischer Verfahren ausgewertet werden; sie können aber auch mithilfe einer Tracking-App erfasst und in anonymisierter Weise verarbeitet werden, wie im Projekt InnaMoRuhr geschehen. Die Möglichkeit des Abgleichs von (subjektiven) Befragungs- und (objektiven) Trackingdaten hat sich dabei als eine sehr wertvolle Option erwiesen.

Zu einer Erklärung des – individuell unterschiedlichen – Mobilitätsverhaltens, also einer Rückführung auf Ursachen und Gründe, gelangt man, indem man die ermittelten Daten in ein soziologisch fundiertes Verhaltensmodell sowie in ein Modell des Verkehrssystems einspeist, das zudem Ansatzpunkte für steuernde Eingriffe enthält, z. B. in Form von Anreizen.

Verändern

Veränderungsprozesse kann man auf unterschiedliche Weise anstoßen: durch Gedankenexperimente oder durch Realexperimente bzw. durch Kombination beider Verfahren, ggf. in zeitlicher Abfolge.

In einem ersten Schritt kann man neue Praktiken gedanklich antizipieren, z. B. in Form von Szenarien zukünftiger Mobilität, die gemeinsam mit relevanten Stakeholdern in partizipativen Workshops entwickelt werden. Man kann diese Szenarien zudem mithilfe von Simulationsexperimenten am Computer auf den Prüfstand stellen und auf ihre Wirkungen sowie auf ihre möglicherweise nicht-intendierten Nebenwirkungen testen.

In einem zweiten Schritt können dann neue Technologien und neue Services im Realbetrieb eingesetzt und in Realexperimenten erprobt werden, um herauszufinden, ob sie sich praktisch bewähren, bevor sie dann flächendeckend implementiert werden.

Zwischenfazit

Dieser Mix unterschiedlicher Methoden bildete die Grundlage des Projekts InnaMoRuhr, das auf einer disziplinenübergreifenden Zusammenarbeit basierte. Dies erwies sich für alle Beteiligten als sehr fruchtbar und hat zugleich den großen Wert einer Bearbeitung eines gemeinsamen Forschungsgegenstandes aus unterschiedlichen Perspektiven aufgezeigt.

4 Das Projekt InnaMoRuhr

Das Projekt InnaMoRuhr basierte auf einer Initiative von Michael Roos (RUB) und Johannes Weyer (TU) aus dem Jahr 2019, gemeinsam in einem interdisziplinären Team Konzepte für die Mobilität der Zukunft zu entwickeln, simulativ zu testen und ggf. praktisch zu erproben. Das Verkehrsministerium des Landes NRW und insbesondere der leitende Ministerialbeamte Jens Petershöfer haben auf diese Idee positiv reagiert, zugleich aber den Vorschlag unterbreitet, das Konsortium der Antragsteller breiter aufzustellen und die Universität Duisburg-Essen mit einzubeziehen. So kam es zu einer UA Ruhr-weiten Zusammenarbeit, die – nach erfolgreicher Antragstellung im Rahmen der Förderrichtlinie „Vernetzte Mobilität und Mobilitätsmanagement" (FöRiMM) – vom Land NRW im Rahmen der Ruhrkonferenz gefördert wurde. Dabei stand zunächst die Idee im Mittelpunkt, einen E-Shuttle-Service zwischen den vier Standorten der UA Ruhr-Universitäten zu etablieren. Diese wurde jedoch später verworfen, weil sich herausstellte, dass kein ausreichender Bedarf existierte (vgl. Kap. 4 dieses Buchs).

Das Verkehrsministerium des Landes NRW hat das Projekt InnaMoRuhr („Konzept einer integrierten, nachhaltigen Mobilität für die Universitätsallianz Ruhr") von Mai 2020 bis Juli 2023 gefördert. Das Projekt wurde von sieben Professor:innen an sechs Instituten der vier Standorte der drei UA Ruhr-Universitäten (Bochum, Dortmund, Duisburg-Essen) und ihren Teams getragen.[5] Die Übergabe des Förderbescheids durch den damaligen Verkehrsminister Hendrik Wüst am 27. Juli 2020 war der öffentlichkeitswirksam zelebrierte Startschuss.

4.1 Projektdesign

Das Projekt umfasste neun Arbeitspakete, die in drei Projektphasen bearbeitet wurden (vgl. Abb. 6):

- In der ersten Projektphase fand im Frühjahr 2021 eine großangelegte *Befragung* aller UA Ruhr-Angehörigen statt, in der diese Auskunft nicht nur über ihr aktuelles Mobilitätsverhalten, sondern auch über ihre Mobilitätsbedarfe und bislang nicht erfüllten Mobilitätswünsche geben sollten.

---

[5] In alphabetischer Reihenfolge: Frank Kleemann (UDE Soziologie), Pedro José Marrón (UDE NES), Heike Proff (UDE BWL), Michael Roos (RUB VWL), Constantinos Sourkounis (RUB Energiesystemtechnik), Petra Stein (UDE Soziologie), Johannes Weyer (TU Soziologie).

Abb. 6 Die drei Phasen des Projekts InnaMoRuhr. (Eigene Darstellung)

- In den *Szenario-Workshops* der zweiten Projektphase im Herbst und Winter 2021/22 haben ausgewählte Teilnehmer:innen aller drei Universitäten und aller Funktionsgruppen die Ergebnisse der Befragung diskutiert, bewertet und gemeinsam Ideen für eine nachhaltige und zugleich alltagstaugliche Mobilität entwickelt.

  Parallel dazu wurde der Verkehrssimulator der TU Dortmund so weiterentwickelt, dass er die Mobilität der UA Ruhr-Angehörigen abbildet und es ermöglicht Simulationsexperimente mit unterschiedlichen Konzepte nachhaltiger Mobilität durchzuführen.

- Schließlich wurden im Herbst 2022 im Rahmen eines Reallabors drei dezentrale *Realexperimente* durchgeführt, in denen einer großen Zahl von UA Ruhr-Angehörigen die Möglichkeit geboten wurde, neue Technologien, aber auch neue Mobilitäts-Services zu erproben.

  Dabei wurde eine eigens entwickelte App der UDE eingesetzt, die es ermöglichte, sowohl bestehende Mobilitätsangebote als auch die Optionen der Realexperimente flexibel zu nutzen.

Das übergreifende Ziel des Projekts InnaMoRuhr war herauszufinden, a) ob eine Änderung des Mobilitätsverhaltens der UA Ruhr-Angehörigen in Richtung Nachhaltigkeit möglich ist, b) welche Maßnahmen am ehesten Erfolg versprechen und c) wie die Mitwirkung der Studierenden und Beschäftigten gesichert und ausgestaltet werden kann.

4.2 Auswirkungen der Corona-Pandemie auf das Projektdesign

Wie in etlichen anderen Projekten hat die Corona-Pandemie den Verlauf der Forschungsarbeiten stark beeinflusst, weil just zu dem Zeitpunkt, als die Befragung zum Mobilitätsverhalten starten sollte, das Land im Lockdown war. Wir haben aus der Not eine Tugend gemacht und die Veränderungen, die sich durch den Lockdown ergaben, systematisch in das Forschungsdesign aufgenommen. Glücklicherweise stand mit Frank Kleemann ein Kollege zur Verfügung, der über langjährige Erfahrung in den Bereichen Telearbeit, Remote Work etc. verfügte.

Zudem stellte sich rasch heraus, dass das Arbeiten im Homeoffice, das für viele Mitarbeitende in Technik und Verwaltung ein absolutes Novum war, sich in etlichen Bereichen zum „Neuen Normal" entwickelt hatte und daher von Relevanz über den Lockdown hinaus ist – auch und gerade für das Thema Mobilität.

4.3 Nudging – Ausblick auf das Projekt ATMo^2

Es ist geplant, die Zusammenarbeit des interdisziplinären InnaMoRuhr-Konsortiums im Projekt ATMo^2, basierend auf den bereits gewonnenen Erkenntnissen, fortzusetzen, aber an einem Punkt einen Schritt weiter zu gehen. ATMo^2 steht für „Anreizbasierte Transformation und Modellierung des Mobilitätsverhaltens". Wie der Titel bereits andeutet, wird die im Projekt InnaMoRuhr entwickelte App nicht nur – wie zuvor – für das Routing und Tracking genutzt, sondern um eine Nudging-Funktion erweitert werden. Auf diese Weise sollen gezielt Impulse ausgespielt werden, die die Probanden in Realexperimenten auf alternative Mobilitätsangebote aufmerksam machen und durch sanfte Anreize zu einer Änderung ihres Mobilitätsverhaltens bewegen.

Dies geschieht im Zusammenspiel von Daten- und Sozialwissenschaften: Das soziologische Modell des Mobilitätsverhaltens liefert den Input, den die App benötigt, um Anreize zu setzen, die zielgruppenspezifisch konzipiert sind und nicht „blind" mit der Gießkanne gestreut werden. Und umgekehrt liefert die Trackingfunktion der App die Daten, mithilfe derer das soziologische Modell kalibriert und validiert wird.

Durch eine Zusammenarbeit mit den in NRW tätigen Institutionen des Mobilitätsdatenmanagements sowie Kommunen und Verkehrsbetrieben soll dafür gesorgt werden, dass die Tools, die sich in Realexperimenten als vielversprechend erweisen, später auch in Apps übernommen werden können, die von den Kund:innen alltäglich genutzt werden.

5 Ergebnisse

Die folgenden Abschnitte geben einen kurzen Überblick über die einzelnen Arbeitspakete und die dort erarbeiteten Ergebnisse. Weitere Details finden sich in den entsprechenden Kapiteln dieses Buchs. Diese basieren größtenteils auf den Mobility Reports, die im Laufe des Projekts InnaMoRuhr als graue Reihe veröffentlicht wurden. Sie wurden redaktionell überarbeitet, konsolidiert und um Redundanzen bereinigt. Komplett neu ist Kap. 11, das die Ergebnisse der Simulationsexperimente zusammenfasst.

5.1 Online-Befragung zum Mobilitätsverhalten

Im Frühjahr 2021 haben 10.782 Angehörige der drei UA Ruhr-Universitäten an einer Online-Befragung zum Mobilitätsverhalten vor und während der Corona-Pandemie teilgenommen; zudem wurde nach ihren Wünschen und ihrem künftigen Mobilitätsbedarf gefragt. Die Rücklaufquote lag bei 8,2 % der insgesamt 131.655 Studierenden und Beschäftigten (vgl. Kap. 2 dieses Buchs, verfasst von Sebastian Willen und Petra Stein).

Die Beteiligung der drei Universitäten war in etwa ausgewogen. Überraschend war die hohe Rücklaufquote bei den Beschäftigten in Technik und Verwaltung (26,7 %), die damit deutlich über der der anderen beiden Gruppen lag, der Mitarbeitenden in Forschung und Lehre (18,3 %) sowie der Studierenden (6,2 %). Man kann aus dieser Zahl auf ein besonders ausgeprägtes Interesse dieser Funktionsgruppe an der Veränderung ihrer Alltagsmobilität schließen.

Die Befragungsdaten wurden mit statistischen Verfahren ausgewertet (vgl. Kap. 3 dieses Buchs, verfasst von Johannes Weyer) und zudem in ein Modell des Mobilitätsverhaltens eingespeist (vgl. Kap. 10, verfasst von Johannes Weyer und Sebastian Hoffmann).

Ergebnisse, Teil 1: Mobilitätsverhalten und Veränderungsbereitschaft
Die UA Ruhr weist einen Modal Split auf, der sich mit einem hohen Anteil des Umweltverbunds deutlich von der Gesamtbevölkerung Deutschlands sowie Nordrhein-Westfalens abhebt. Zudem unterscheidet sich die Mitarbeitenden im Bereich Technik und Verwaltung mit einem doppelt so hohen Pkw-Anteil erkennbar von den beiden anderen Gruppen, den Wissensschaffenden und den Studierenden. Den geringsten Pkw-Anteil und den höchsten ÖV-Anteil hat der UDE-Standort Essen.

Es macht also Sinn, bestimmte Bereiche bzw. Beschäftigtengruppen gezielt zu adressieren, statt Maßnahmen zur Förderung nachhaltiger Mobilität nach dem Gießkannenprinzip zu planen. Darauf verweisen auch die fünf Akteurtypen, die auf Basis der Befragungsdaten ermittelt werden konnten und deren Einstellungen, deren Mobilitätsverhalten sowie deren Veränderungsbereitschaft sich deutlich unterscheiden.

Mit dem ersten Lockdown im Frühjahr 2020 hat eine Verlagerung ins Homeoffice stattgefunden. Damit einher ging eine Veränderung der Mobilitätsmuster weg vom ÖV und hin zu individuellen Verkehrsmitteln (Pkw, Rad, zu Fuß). Fragt man die UA Ruhr-Angehörigen nach ihren Mobilitätswünschen für die Zukunft, so spielen flexible, nachhaltige Verkehrsmittel (E-Auto, E-Bike etc.) eine wichtige Rolle. Der ÖV wird sich demzufolge zwar wieder erholen, aber nicht das alte Niveau erreichen.

Die Veränderungsbereitschaft der UA Ruhr-Angehörigen ist erstaunlich hoch, insbesondere wenn man ihnen Szenarien nachhaltiger Mobilität anbietet, die mehrere Verkehrsmittel intelligent verknüpfen.

Ergebnisse, Teil 2: Mobilität zwischen den Standorten der UA Ruhr
Gut vierzig Prozent der UA Ruhr-Angehörigen, die das Projekt InnaMoRuhr im Frühsommer 2021 befragt hat, haben angegeben, mindestens einmal im Jahr 2019, also vor dem Beginn der Corona-Pandemie, an einem anderen Standort der UA Ruhr gewesen zu sein (vgl. Kap. 4, verfasst von Johannes Weyer).

Rechnet man diese Zahl auf die Gesamtzahl der Angehörigen der drei UA Ruhr-Universitäten hoch, so kommt man auf eine Zahl von ca. 31.190 Besuchen anderer UA Ruhr-Standorte pro Jahr bzw. ca. 475 Fahrten pro Werktag, wenn man diese Zahl mit unterschiedlichen Fahrthäufigkeiten gewichtet. Davon werden ca. 110 Fahrten pro Werktag bislang mit privaten motorisierten Verkehrsmitteln zurückgelegt und der Rest im Umweltverbund. Das Substitutionspotenzial ist also zu gering, um einen E-Shuttle-Service zwischen den vier Standorten zu rechtfertigen, wie er ursprünglich Projekt geplant war.

5.2 Homeoffice

Um die Zeit für die Bearbeitung des Fragebogens einigermaßen erträglich zu gestalten, wurden zwei Themen in Form von Zusatzbefragungen integriert, die jeweils nur an einen Teil der Befragten ausgespielt wurden. Dabei ging es zum einen um die Zahlungsbereitschaft der UA Ruhr-Angehörigen für neue Mobilitätsservices (vgl. Kap. 7, verfasst von Lisa Kraus und Co-Autor:innen), zum anderen um das Arbeiten und Studieren im Homeoffice (vgl. Kap. 5 und 6, verfasst von Timo Leontaris und Frank Kleemann). Zum Thema Homeoffice, dass durch die Corona-Pandemie einen hohen Stellenwert gewonnen hatte, wurden zudem leitfadengestützte Interviews geführt.

Ergebnisse, Teil 1: Arbeiten im Homeoffice
Vor Beginn der Corona-Pandemie hatten 80 % der Beschäftigten im Bereich Technik und Verwaltung und knapp 40 % der wissenschaftlichen Beschäftigten noch *keine* Erfahrungen mit Homeoffice gemacht. Dies änderte sich mit dem Lockdown schlagartig, da nun mehr als der Hälfte der Beschäftigten einen Großteil ihrer Arbeit im Homeoffice verrichtete. Fast zwei Drittel der Befragten waren mit den neuen Arbeitsbedingungen zufrieden, vor allem wegen der Möglichkeit, den Alltag flexibel zu organisieren und zudem ungestört zu arbeiten. Nur wenige wollten komplett an ihren Regelarbeitsplatz zurückkehren; die Mehrzahl der Befragten wünscht, in Zukunft ein bis drei Tage pro Woche im Homeoffice arbeiten zu können.

Ergebnisse, Teil 2: Studieren während der Corona-Pandemie
Die Corona-Pandemie hatte zur Folge, dass ein Großteil der Studierenden das Studium nunmehr vom Wohnort aus betrieb; zudem stieg die Zahl der wöchentlichen Arbeitsstunden, die für das Studium aufgebracht wurde. Obwohl die Online-Lehre weitgehend problemlos funktionierte und technische Probleme nur selten auftraten, war etwa die Hälfte der Studierenden mit den Studienbedingungen unzufriedener als zuvor.

Die digitale Lehre wurde durchweg als positiv empfunden, vor allem wegen der erhöhten Flexibilität und des Wegfalls von Fahrzeiten. Allerdings vermissten viele den Austausch mit anderen Studierenden und klagten über mangelnde Motivation.

5.3 Zahlungsbereitschaft für neue Mobilitätsangebote

Die zweite Zusatzbefragung diente dem Ziel herauszufinden, wie hoch die Zahlungsbereitschaft der Studierenden der UA Ruhr für neue Mobilitätsangebote ist. Dazu wurde eine adaptive auswahlbasierte Conjoint-Analyse durchgeführt, in der die Probanden gebeten wurden, sich zwischen mehreren Mobilitätsangeboten (wie Carsharing, On-Demand-Shuttles) zu entscheiden, die unterschiedliche Ausprägungen (z. B. Anzahl der Inklusivkilometer) und Preise hatten. Die Studierenden wurden gewählt, weil sie offen gegenüber neuen Technologien sind und sich in einer Lebensphase befinden, in der sie noch kein gefestigtes Mobilitätsverhalten aufweisen, sondern mit diversen Mobilitätsangeboten experimentieren. Für Unternehmen sind sie zudem aufgrund des erwarteten höheren Einkommens nach Erreichen des akademischen Abschlusses eine wichtige Zielgruppe. Ziel der Conjoint-Analyse war es, die Präferenzen der Studierenden bezüglich innovativer Mobilitätsangebote zu erfassen, um so das Umsatzpotenzial abzuschätzen.

Ergebnisse
An der Zusatzbefragung nahmen 1.165 Studierende teil. Mithilfe eines hierarchischen Bayes-Modells konnte ermittelt werden, dass die relative Bedeutung des Preises sehr hoch ist (69,9 %), gefolgt von Bikesharing (9,6 %). Die durchschnittliche monatliche Zahlungsbereitschaft für ein integriertes Mobilitätsangebot lag bei 26,81 Euro. Die Diversifizierung des Angebots, etwa durch zwei unterschiedliche Mobilitätspakete, kann zudem das Umsatzpotenzial steigern. E-Scootersharing war allerdings in keinem der Mobilitätspakete enthalten, die von den Befragten präferiert wurden. Es wird daher empfohlen, mehrere Verkehrsmittel (außer E-Scooter) in ein Angebot zu integrieren sowie diverse integrierte Angebote zu konzipieren.

5.4 Szenario-Workshops

In insgesamt fünf Szenario-Workshops im Herbst/Winter 2021 und Frühjahr 2022 wurden Szenarien künftiger Mobilität entwickelt und auf den Prüfstand gestellt. Dabei erwies es sich als hilfreich und wertvoll, abstrakte Konzepte nachhaltiger Mobilität mit der Lebenswirklichkeit der Universitätsangehörigen zu konfrontieren. Mit professioneller Unterstützung durch Foresight Solutions entstanden auf diesem Weg realistische, umsetzbare Konzepte, die im Herbst 2022 im Reallabor erprobt wurden (vgl. Kap. 8, verfasst von Johannes Weyer und Bernhard Albert sowie einer Vielzahl von Co:Autorinnen, die an der Planung, Durchführung und Auswertung der Workshops beteiligt waren).

Ergebnisse, Teil 1: Szenarien
In den ersten drei Workshops wurden vier Szenarien diskutiert und weiterentwickelt, die das Projektteam vorab auf Basis der Befragungsdaten entworfen hatte: Digitale Universität, vernetzte Universitäten, Fahrraduniversitäten und Universitäten als Hubs. Detailliert wurden mögliche Wirkungen und Nebenwirkungen der vier Szenarien erarbeitet – mit dem überraschenden Ergebnis, dass die digitale Universität am schlechtesten und die vernetzte Universität knapp am besten abschnitt. Anders

als in den ursprünglichen Planungen für das Projekt InnaMoRuhr, in denen es um Elektromobilität und Shuttle-Verbindungen zwischen den UA-Ruhr-Universitäten ging, lag der Fokus der meisten Szenarien auf dem ÖPNV und dem Radverkehr sowie der Vernetzung beider Verkehrsträger.

Ergebnisse, Teil 2: Personas
Zudem wurden 75 fiktive Personas entwickelt, um den mobilen Alltag der Mitglieder der drei UA-Ruhr-Universitäten plastisch abzubilden, die Szenarien mit der Lebenswirklichkeit der Menschen abzugleichen und Chancen und Risiken zu identifizieren. Die den Personas zugeschriebenen Erwartungen drehten sich vor allem um die Veränderungen der Arbeitsorganisation (New Work) und um die Flexibilität (z. B. hinsichtlich der Work-Life-Balance). In beiden Punkten dominierten die (negativen) Befürchtungen gegenüber den (positiven) Erwartungen. Das überraschendste Ergebnis war jedoch, dass das Szenario der vernetzten Universitäten bei der Konfrontation mit der Lebenswirklichkeit der Personas deutlich schlechter bewertet wurde als zuvor.

Im vierten Workshop wurden acht der zuvor erstellten Personas ausgewählt, um mögliche Probleme ihrer Alltagsmobilität genauer zu beschreiben und Lösungen zu entwickeln. Es wurden Maßnahmen entwickelt, die einer transformationsfreudigen Persona das Leben leichter machen. Bezüglich der Skalierbarkeit der Maßnahmen waren man sich einig, dass viele Maßnahmen im kleinen Rahmen (200 Personen pro Universität) problemlos umsetzbar sind, im mittleren Rahmen (2.000) auf Probleme stoßen und sind in großem Maßstab (20.000) kaum umsetzbar sind.

Ergebnisse, Teil 3: Realexperimente
Auf Grundlage der Konzepte, die in den ersten vier Workshops erarbeitet wurden, entwickelte das InnaMoRuhr-Team drei Vorschläge für Realexperimente, die im fünften Workshop diskutiert und auf ihre Machbarkeit hin überprüft wurden: Fahrradhub, Mobilitätsbudget und E-Carsharing. Die Teilnehmenden konstruierten Prototypen in Form von 3D-Modellen und erarbeiteten konkrete Vorschläge zur Umsetzung der drei dezentralen Realexperimente.

5.5 Reallabor und Mobilitäts-App

Ab Herbst 2022 wurden die Ideen, die in den Szenario-Workshops ausgewählt wurden und sich im Simulationsexperiment bewährt hatten, in einem Reallabor mit drei dezentralen Realexperimenten umgesetzt und praktisch erprobt.

Eine begrenzte Zahl von UA Ruhr-Angehörigen erhielt die Möglichkeit, neuartige Optionen nachhaltiger Mobilität kostenlos auszuprobieren und praktische Erfahrungen im alltäglichen Umgang zu sammeln. Von den Personen, die am Reallabor teilnahmen, erwartete das Projekt InnaMoRuhr insofern eine Gegenleistung, als sie gebeten wurden, ihre Alltagsmobilität mithilfe einer vom Projektpartner NES entwickelten App tracken zu lassen und diese Daten dem Projekt in anonymisierter Form zur Verfügung zu stellen – was viele bereitwillig taten. Zudem sollten sie gelegentlich an Interviews und Kurz-Befragungen teilnehmen, mithilfe derer die subjektive Bewertung des Erfolgs der drei Reallabore dokumentiert wurde. Auch diese Formen des Feedbacks, die ebenfalls über die App abgewickelt wurde, wurden rege genutzt.

Alle drei Maßnahmen verfolgten das Ziel, Wege aufzuzeigen, wie sich neue Mobilitätspraktiken etablieren können, mit deren Hilfe sich der CO_2-Fußabdruck der UA Ruhr verringern lässt (vgl. Kap. 9, verfasst von Kay Kohaupt-Cepera und einer Vielzahl von Co:Autorinnen, die an der Planung, Durchführung und Auswertung des Reallabors beteiligt waren).

Ergebnisse, Teil 1: Fahrrad-Hub
An der TU Dortmund wurde ein Fahrrad-Hub eingerichtet, der aus drei Komponenten bestand: 1) einer abschließbaren Radabstellanlage mit 20 Stellplätzen auf zwei Etagen, der sichere Abstellmöglichkeiten für Fahrräder und E-Bikes bot, 2) einem kostenlosen Reparaturservice, der während des Aufenthalts an der TU genutzt werden konnte, und 3) einer Radverleihstation. Auf diese Weise sollte das Radfahren attraktiver, komfortabler und vor allem sicherer (in Bezug auf Diebstähle) gemacht werden. Die Radabstellanlage konnte im Frühjahr 2023 weitergenutzt werden und ist mittlerweile Eigentum der TU Dortmund, die sie in der Nähe des großen und stark frequentierten Universitätsgebäudes platziert hat.

Die Auswertung des Realexperiments erfolgte anhand von Auslastungszahlen, die von den beteiligten Unternehmen zur Verfügung gestellt wurden, sowie durch regelmäßige Befragungen der Teilnehmenden. Insgesamt war die Zufriedenheit hoch; allerdings konnten die Erwartungen in punkto Komfortsteigerungen nur teilweise erfüllt werden, da es immer wieder kleinere Probleme mit der Bedienung der Abstellanlage gab. Häufig wurde zudem der Wunsch geäußert, mehrere dezentrale Anlagen in der Nähe der Büro- und Seminargebäude aufzustellen anstelle einer einzigen Anlage an einem zentralen Ort vor dem AudiMax.

Ergebnisse, Teil 2: E-Carsharing
An der Ruhr-Universität Bochum wurde ein Carsharing-Angebot mit drei eigenen und drei gemieteten Elektroautos angeboten. Ziel war es, Angebotslücken im ÖV

zu schließen, insbesondere auf den Strecken zwischen der RUB und den Bahnhöfen in Langendreer und Wattenscheid. Einige Fahrzeuge konnten jedoch auch auf frei gewählten Routen genutzt werden, um weitere Angebotspotenziale identifizieren zu können. Die bereitgestellten Fahrzeuge wurden mit einem schlüssellosen Zugangssystem ausgerüstet. Zudem wurden Geräte für die Datenerfassung und -übermittlung installiert.

Für die Auswertung des Realexperiments standen sowohl Nutzungs- als auch Befragungsdaten zur Verfügung. Das Feedback war durchaus positiv; viele Nutzer:innen haben durch das E-Carsharing erstmals Erfahrungen mit dem Carsharing bzw. mit Elektrofahrzeugen gemacht. Zudem wurde das E-Carsharing mit anderen Verkehrsmitteln zu intermodalen Routen kombiniert.

Ergebnisse, Teil 3: Mobilitätsbudget
An der Universität Duisburg-Essen wurde ein frei verfügbares Mobilitätsbudget eingeführt, das es ausgewählten Angehörigen aller drei UA Ruhr-Universitäten ermöglichte, unterschiedliche Formen nachhaltiger Mobilität nach eigenem Belieben flexibel zu nutzen und auf diese Weise Erfahrungen in Bereichen zu sammeln, die ihnen bislang kaum zugänglich waren. Das Budget wurde über eine App bereitgestellt, in der eine virtuelle Prepaid-Kreditkarte integriert war. Über die App konnten zudem Nutzungs- und Befragungsdaten gesammelt werden, die für die Auswertung zur Verfügung standen.

Der Großteil der Fahrten wurde mit E-Scootern und öffentlichen Verkehrsmitteln zurückgelegt; bei den Buchungssummen dominierte der ÖV mit einem Anteil von knapp 75 %. Die Zufriedenheit der Teilnehmenden war hoch; zudem wurden vermehrt alternative Verkehrsmittel gewählt, die den eigenen Pkw ersetzten bzw. zu neuen Formen intermodalen Reisens beitrugen.

Ergebnisse, Teil 4: Mobilitäts-App
In den drei Realexperimenten kam die von der UDE entwickelte InnaMoRuhr-App zum Einsatz, die die Funktionen Mobilitätsplaner und Mobilitätstagebuch vereinte. Über die App konnte das Projektteam die neuen Mobilitäts-Optionen ausspielen und zudem Feedback von den Nutzer:innen erhalten, die ihre Reisen dokumentiert, ihre Erfahrungen kommuniziert und zudem durch ihr Feedback dazu beigetragen haben, die Trackingdaten zu klassifizieren.

Die Auswertung der Daten zeigt nicht nur unterschiedliche Mobilitätsmuster im MIV und ÖV; sie dokumentiert auch die Effekte der Realexperimente, beispielsweise den Rückgang des Pkw-Verkehrs nach Beginn des E-Carsharing oder den deutlichen Anstieg des Pkw-Verkehrs nach Ende des Realexperiments – was zeitgleich mit Beginn der Weihnachtsferien war, in der typischerweise Verwandtschaftsbesuche – zumeist mit dem Pkw – anstehen.

5.6 Modell des Mobilitätsverhaltens

Unter Rückgriff auf die soziologische Handlungstheorie und insbesondere das Konzept der subjektiven Nutzenmaximierung wurde ein erweitertes Modell des Mobilitätsverhaltens entwickelt, das in der Lage ist, auf Grundlage der vorliegenden Einstellungsdaten sowie weiterer Kontextfaktoren (Autobesitz, Kinder im Haushalt, Erreichbarkeit von ÖV-Angeboten etc.) das reale Mobilitätsverhalten zu 80 % zu erklären. Es liefert damit zugleich Hinweise auf Ansatzpunkte, an denen Maßnahmen zur Förderung nachhaltiger Mobilität ansetzen könnten (vgl. Kap. 10, verfasst von Johannes Weyer und Sebastian Hoffmann).[6]

5.7 Ruhrgebiets-Simulation

Der an der TU Dortmund entwickelte Verkehrssimulator SimCo[7] wurde genutzt, um die Mobilität der UA Ruhr-Angehörigen und damit die Verkehrsströme rund um die drei UA Ruhr-Universitäten im Labormaßstab abzubilden Es wurden Computer-Experimente durchgeführt, in denen geplante Maßnahmen vorab auf ihre Wirksamkeit hin überprüft wurden (vgl. Kap. 11, verfasst von Johannes Weyer, Fabian Adelt und Marlon Philipp).

Dabei konnte das Projekt-Team auf Vorarbeiten zurückgreifen, die in den Jahren 2017 bis 2020 im Projekt NEMO geleistet wurden – ein Projekt, das sich mit der Mobilität im Emschergebiet befasst und ein agentenbasiertes Verkehrsmodell des Ruhrgebiets entwickelt hatte.[8] Da NEMO mit dem Berliner Verkehrssimulator MATSim gearbeitet hat, ist das Dortmunder Teilprojekt auch auf MATSim umgestiegen, hat aber den soziologischen Ansatz einer Modellierung von Mobilitätsverhalten beibehalten.

---

[6] Mittlerweile wurde dieses Modell nochmals überarbeitet und zum „Extended Model of Mobility Behaviour" (xMooBe) weiterentwickelt; vgl. Weyer/Hoffmann (2024).

[7] SimCo steht für „Simulation of the Governance of Complex Systems"; vgl. simco.fk17.tu-dortmund.de.

[8] NEMO steht für „Neue Emscher-Mobilität"; die Website nemo-ruhr.de existiert nicht mehr.

Ergebnisse
Es wurden Simulationsexperimente mit einigen der Szenarien durchgeführt, die zuvor in den Szenarioworkshops entwickelt worden waren (vgl. Kap. 8 dieses Buchs). Mithilfe dieser Experimente sollte vor allem untersucht werden, wie die fünf Akteurtypen auf politische Interventionen reagieren und ob in welchem Maße sie ihr Verhalten ändern (vgl. Kap. 3 dieses Buchs). Im Fall des Szenarios „Fahrradhub" zeigte sich, dass die schrittweise Steigerung des Faktors „Komfort Fahrrad" eine Verlagerung vom Pkw zum Rad zur Folge hatte. Allerdings reagierten die fünf Akteurtypen recht unterschiedlich: Der größte Effekt zeigte sich nicht bei den beiden Gruppen der Umweltbewussten, die ohnehin häufig das Rad nutzen, und auch nicht bei den Komfortorientierten, die schwer davon zu überzeugen sind, Alternativen zum eigenen Pkw in Erwägung zu ziehen. Es waren vielmehr die beiden Gruppen der Indifferenten und der Pragmatiker, die am stärksten auf die Steigerung des Radkomforts reagierten, also Gruppen, die nicht auf eine Option festgelegt sind und durch gezielte Anreize am ehesten beeinflusst werden können.

Politik sollte also ihre Maßnahmen nicht mit der Gießkanne streuen, sondern passgenaue Angebote unterbreiten, die auf die je individuellen Bedürfnisse unterschiedlicher Zielgruppen zugeschnitten sind.

6 Gesamtbilanz

Insgesamt kann sich die Bilanz des Projekts InnaMoRuhr sehen lassen. Das Ziel, innovative Mobilitätsangebote zu erforschen, zu entwickeln und zu erproben, wurde erreicht, und es wurden darüber hinaus Ergebnisse und Erkenntnisse generiert, mit denen zu Projektbeginn niemand gerechnet hatte.

6.1 Substanzielle Ergebnisse

E-Shuttle-Service oder Fahrrad?
Bereits im ersten Projektjahr wurde klar, dass die Idee eines E-Shuttle-Service zwischen den vier Standorten der UA Ruhr-Universitäten verworfen werden musste, weil die Nachfrage nach einem On-Demand-Verkehr dieser Art zu gering ist. Zudem sind die Mobilitätswünsche der Universitätsangehörigen in einem Maße vom Radfahren geprägt, wie es keiner der Projektbeteiligten vorhergesehen hatte. Obwohl das Rad von nicht allzu vielen Menschen genutzt wird, ist es doch das beliebteste Verkehrsmittel, das in den Zukunftsvisionen einen zentralen Stellenwert hat.

Hier schlummert ein bislang zu wenig genutztes Potenzial, das gehoben werden könnte, wenn das Fahrrad intelligent mit anderen Verkehrsträgern vernetzt und zum Bestandteil intermodaler Wegeketten gemacht würde.

Visionen und Alltag

Angesichts der Vielzahl substanzieller Ergebnisse, die in den Kapiteln dieses Buchs berichtet wurden, sei hier lediglich ein weiterer Punkt erwähnt, der in den Szenario-Workshops sichtbar wurde. Abstrakte Visionen künftiger Mobilität treffen zwar grundsätzlich auf eine große Zustimmung, und die Veränderungsbereitschaft der Menschen ist entsprechend hoch – auch wenn es deutliche Unterschiede zwischen den Funktionsgruppen gibt. Sobald jedoch die Visionen mit der konkreten Lebenswirklichkeit der Menschen konfrontiert werden, sinkt ihre Attraktivität. Es tauchen vermehrt Bedenken und Einwände auf, die zeigen, wie schwer es ist, neue Formen nachhaltiger Mobilität so zu konzipieren, dass sie in den Alltag einer Vielzahl von Menschen passen, die sehr unterschiedliche Interessen und Bedürfnisse haben.

Das Projekt InnaMoRuhr hat deutlich gemacht, wie wichtig es ist, diese Heterogenität der Zielgruppe zu berücksichtigen und das Thema aus unterschiedlichen disziplinären Blickwinkeln zu beleuchten.

6.2 Prozedurale und methodische Erträge

Interdisziplinäre Kooperation

Das Projekt InnaMoRuhr hat demonstriert, wie wertvoll eine funktionierende Zusammenarbeit von Sozial-, Daten- und Ingenieurwissenschaften sowie einem Beratungsunternehmen sein kann. Verständigungsprobleme, von denen in einer Vielzahl kritischer Analysen oftmals die Rede ist, hat es so gut wie keine gegeben. Dies lag auch daran, dass man a) ein klar fokussiertes Problem gemeinsam bearbeitet hat, b) ein modellhaftes Verständnis des Gegenstands wie auch der relevanten Prozesse und Strukturen gemeinsam entwickelt hat, anhand dessen c) der Austausch von Daten und Ergebnissen in formalisierter Weise bewerkstelligt werden konnte. Dies gelang auch deshalb, weil die beteiligten Sozialwissenschaftler:innen auf blumige, abstrakte Beschreibungen von Gesellschaft verzichtet haben, wie sie vor allem in der Soziologie-Community beliebt sind, und stattdessen mit Modellen sozialer Systeme und den darin wirkenden Mechanismen gearbeitet haben.

Methodenmix

Das Projekt InnaMoRuhr hat mit einem Mix von Methoden gearbeitet, die von leitfadengestützten Interviews über statistische Analysen und Simulationsexperimente bis hin zur Softwareentwicklung und KI-gestützten Kalibrierung sowie Szenariotechniken und Realexperimenten reichten. Es hat sich als ausgesprochen fruchtbar erwiesen, einzelne Methoden miteinander zu kombinieren, weil so Erträge erzielt wurden, die man mit einer Methode allein nicht hätte erzielen können. Beispiele sind die Quantifizierung qualitativer Daten aus den Szenarioworkshops, die Kalibrierung von Trackingdaten durch Nutzer:innen-Feedback, die Entwicklung eines Modells des Mobilitätsverhaltens auf Basis von Einstellungsdaten oder die simulative Überprüfung von Zukunftsszenarien mithilfe der Methode der agentenbasierten Modellierung. Es spricht viel dafür, künftige Projekte auf mindestens zwei methodische Standbeine zustellen.

Ist das noch Wissenschaft?

Für die beteiligten Wissenschaftler:innen war es eine ungewohnte Erfahrung und Herausforderung zugleich, bei der Planung und Durchführung der drei Realexperimente Tätigkeiten zu verrichten, die typischerweise nicht zum Alltag von Akademiker:innen gehören. Allein im Dortmunder Fall waren unzählige Telefonate und Gespräche nötig, um nicht nur die Mietkonditionen, sondern auch den Standort und die Stromversorgung des Fahrrad-Hubs abzuklären. Alle Beteiligten haben sich die Finger schmutzig gemacht, als es darum ging, die Absperrungen an die richtige Stelle zu rücken.

Auch wenn sich derartige Tätigkeiten nicht unmittelbar in hochkarätigen Fachpublikationen niederschlagen, so waren sie doch für alle Beteiligten eine wichtige Erfahrung, die organisatorischen Hürden abseits des wissenschaftlichen Elfenbeinturms zu erfahren. Zudem hat dies gezeigt, dass Wissenschaft auch außerhalb des engeren Bereichs der Forschung aktiv werden und ihren Beitrag zur nachhaltigen Transformation von Mobilität und Verkehr leisten kann.

6.3 Selbstkritischer Rückblick

Wie kaum anders zu erwarten, lief auch beim Projekt InnaMoRuhr nicht alles so glatt und problemlos, wie es sich in der Rückschau darstellt. Es brauchte eine gewisse Zeit, bis sich das aus sieben Professuren bestehende Konsortium zusammengeruckelt und verstanden hatte, dass man gemeinsam mehr erreicht, als wenn jede:r alleine marschiert. Drei Jahre sind zu kurz, um all die Erträge einzufahren, die ein mittlerweile gut funktionierendes Team geschaffen hat; und auch deshalb ist eine Fortsetzung der Kooperation im Projekt ATMo^2 geplant (vgl. Abschn. 4.3).

Ob wir es geschafft haben, unser vollmundiges Versprechen einzulösen, den CO_2-Fußabdruck der UA Ruhr-Universitäten zu verringern, lässt sich nicht mit Sicherheit sagen, denn wir haben diesen Effekt letztlich nicht vermessen, weil am Ende des Reallabors die Zeit davonlief und nicht alles wie geplant umgesetzt werden konnte. Fairerweise muss man eingestehen, dass es zur CO_2-Bilanz kein eigenes Arbeitspaket gab – warum eigentlich?

Aber auch dies ist eine wichtige Erfahrung, dass man einen langen Atem und etwas Geduld braucht. Die Dortmunder Radabstellanlage, die nach Beendigung des Reallabors von der TU weiter betrieben wurde, war anfangs nicht sonderlich gut frequentiert, was zweifellos an der kalten und dunklen Jahreszeit lag. Mittlerweile wird sie gut angenommen, und man erhält immer wieder nettes Feedback von Kolleg:innen. Es braucht eine gewisse Zeit, bis die Menschen sich an neue Optionen gewöhnen und lernen, sie in ihren Alltag einzubauen.

Literatur

Agora Verkehrswende 2017: Mit der Verkehrswende die Mobilität von morgen sichern. 12 Thesen zur Verkehrswende. Berlin, https://www.agora-verkehrswende.de/fileadmin/Projekte/2017/12_Thesen/Agora-Verkehrswende-12-Thesen_WEB.pdf.

Weyer, Johannes/Sebastian Hoffmann, 2024: Bridging the Attitude-Behavior Gap. An explanation of travel mode choice using analytical sociology (Soziologisches Arbeitspapier Nr. 63). Dortmund: TU Dortmund, https://doi.org/10.17877/DE290R-24252.

Johannes Weyer, Dr. phil., ist seit 2022 Seniorprofessor für nachhaltige Mobilität an der Fakultät Sozialwissenschaften der TU Dortmund.

Konzeption der Befragung zum Mobilitätsverhalten der UA Ruhr-Angehörigen

Sebastian Willen und Petra Stein

Inhaltsverzeichnis

1 Design und Durchführung der Studie 35
2 Testphase 39
3 Feldphase und erste Ergebnisse 41
Literatur 42

> **Zusammenfassung**
>
> Das Kapitel beschreibt das Design der Studie und insbesondere die Konzeption des Fragebogens, der einigen Besonderheiten des universitären Adressatenkreises Rechnung tragen musste. Zudem werden die verschiedenen Stufen des Pretests sowie der organisatorische Ablauf der Befragung detailliert beschrieben.

1 Design und Durchführung der Studie

Ziel des Verbundprojektes InnaMoRuhr war die Entwicklung eines innovativen und nachhaltigen Mobilitätskonzepts für die vier Standorte der Universitätsallianz Ruhr (UA Ruhr). Zur Erreichung dieses Ziels sollte ein detailliertes Bild des Mobilitätsverhaltens in Hinblick auf die Nutzerpräferenzen und die Mobilitätsbedarfe der Angehörigen der UA Ruhr entwickelt werden und in die

---

S. Willen (✉) · P. Stein
Universität Duisburg-Essen, Duisburg, Deutschland
E-Mail: sebastian.willen@uni-due.de

P. Stein
E-Mail: petra_stein@uni-due.de

© Der/die Autor(en), exklusiv lizenziert an Springer Fachmedien Wiesbaden GmbH, ein Teil von Springer Nature 2025
J. Weyer (Hrsg.), *Nachhaltig mobil*, https://doi.org/10.1007/978-3-658-45236-0_2

Generierung geeigneter Maßnahmenpakete einfließen. Um die Ausgangslage zu erfassen, wurde eine groß angelegte Onlinebefragung durchgeführt, deren Design und Durchführung im Folgenden beschrieben wird. Die so gewonnenen Daten bilden die Grundlage für quantitative Analysen, deren Ergebnisse in den Kap. 3 und 4 dargestellt werden.

1.1 Zielgruppe

Allen Studierenden und Beschäftigten der vier Universitätsstandorte Dortmund, Bochum, Duisburg und Essen wurde das Angebot unterbreitet, sich im Rahmen einer Onlinebefragung zu ihrem Mobilitätsverhalten zu äußern. Wie groß die Zielpopulation war, ließ sich mangels detaillierter statistischer Daten nur grob abschätzen: Es wurden ca. 120.000 Studierende sowie ca. 14.000 Beschäftigte adressiert, verteilt auf die vier Universitätsstandorte.

Die an der Universität ausgeübte Funktion spielt insofern eine Rolle, als etliche Fragen unterschiedlich formuliert werden mussten, um Beschäftigte und Studierende passgenau anzusprechen. Für Beschäftigte ist die Universität der Dienst- oder Arbeitsort, für Studierende hingegen der Studienort. Auch gibt es Personengruppen, die nicht hauptberuflich an der Universität tätig sind und nicht regelmäßig anreisen, z. B. Ehemalige, Lehrbeauftragte und geringfügig Beschäftigte. Auch Mitarbeitende am Universitätsklinikum Essen bilden eine eigene Kategorie, da sich deren Berufsalltag und ihr alltägliches Mobilitätsverhalten von anderen Gruppen unterscheidet. Sie wurden daher ebenso wie nicht hauptberuflich Beschäftigte von der Erhebung ausgeschlossen.

1.2 Fragebogen

Für eine detaillierte Erhebung des Mobilitätsverhaltens wurde ein standardisierter Fragebogen entwickelt. Dieser umfasste folgende Themenbereiche:

- Verkehrsmittelausstattung,
- Erfassung von Wegeketten,
- Fahrten zwischen den einzelnen Standorten der UA Ruhr,
- Bewertungen und Präferenzen gegenüber einzelnen Verkehrsmitteln,
- Zufriedenheit mit dem Arbeitsweg,
- Bereitschaft zur Änderung des Mobilitätsverhaltens sowie
- Offenheit gegenüber neuen Mobilitätsangeboten.

Erweitert wurden diese Themengebiete um eine verstärkt sozialwissenschaftliche Komponente, sodass auch folgende Themen erhoben wurden:

- Umweltbewusstsein,
- persönliche Werte und
- das Mobilitätsverhalten des sozialen Umfelds.

Abschließende soziodemografische Angaben wurden aus Gründen des Datenschutzes bewusst sparsam und in klassifizierter Form erhoben.

Darüber hinaus beinhaltete die Befragung die Themenbereiche Homeoffice und Zahlungsbereitschaft gegenüber Verkehrsangeboten (vgl. Kap. 5 und 7 dieses Buchs). Aufgrund der sich abzeichnenden langen Befragungsdauer wurden diese als optionale Befragungsteile an das Ende des Fragebogens gestellt und sollten nach Wunsch der Befragten auch zu einem späteren Zeitpunkt beantwortet werden können.

Zum Ende der Hauptbefragung wurde den Teilnehmenden die Möglichkeit gegeben, auch bei weiteren, späteren Projektschritten mitzuwirken. Hierzu zählten die Teilnahme an qualitativen Interviews, die Teilnahme an Workshops, die Installation einer App, die das eigene Mobilitätsverhalten anonymisiert aufzeichnet, sowie der Test neuer Mobilitätsangebote im Rahmen des Reallabors. Bei Interesse sollten die Teilnehmenden ihre Kontaktdaten hinterlegen.

Um einen Anreiz zu schaffen, auch an weiteren Projektschritten mitzuwirken, wurde die Teilnahme an der Verlosung dreier hochwertiger Smartphones sowie fünf Paar kabelloser In-Ear-Kopfhörer angeboten.

1.3 Organisation der Befragung

Parallel zur Generierung des Fragebogens wurden die technischen sowie rechtlichen Voraussetzungen für die Onlinebefragung geschaffen. Mit Unterstützung des Datenschutzbeauftragten der UA Ruhr-Universitäten konnte die erforderliche Einwilligungserklärung zur Verarbeitung personenbezogener Daten erstellt werden. Gemeinsam mit der technischen Koordination des Datenschutzmanagements der Universität Duisburg-Essen wurden zudem ein „Verzeichnis von Verarbeitungstätigkeiten" (VVT) angelegt und die Notwendigkeit einer „Datenschutzfolgenabschätzung" (DSFA) geprüft. Das fertige Befragungskonzept wurde den sechs Personalräten der drei UA Ruhr-Universitäten zur Einsicht vorgelegt.

Mit der Durchführung der Onlinebefragung wurde ein professionelles Umfrageinstitut beauftragt. Dies erleichterte nicht nur das Management der großen

Datenmengen, sondern gewährleistete auch die Trennung von E-Mail-Adresse und Personen-ID. Nach Rücksprache mit den Datenschutzbeauftragten wurde mit dem Umfrageinstitut ein erforderlicher „Auftragsverarbeitungvertrag" (AV-Vertrag) geschlossen.

Die Einladung zur Onlinebefragung erfolgte über die E-Mail-Verteiler der drei UA Ruhr-Universitäten, und zwar im Namen der jeweiligen Rektoren. Diese hatten bereits im Vorfeld ihre Unterstützung des Projekts signalisiert und verliehen der Einladung auf diese Weise ein besonderes Gewicht.

Um eine möglichst hohe Rücklaufquote zu erzielen, wurde sich bei der Generierung des Erhebungsinstrumentes auf die Richtlinien der „Tailored Design Method" zur Erhöhung der Rücklaufquote gestützt (vgl. Dillmann 2000; Dillmann et al. 2014). Die Einladungsschreiben wurden so gestaltet, dass sich die Eingeladenen durch das Anschreiben persönlich angesprochen fühlten, indem nicht nur auf die Relevanz nachhaltiger Mobilität hingewiesen, sondern auch betont wurde, wie sehr jede:r Einzelne durch die Teilnahme an der Studie einen Beitrag dazu leisten kann.

Im Anschreiben wurde ferner darauf hingewiesen, dass der Datenschutz gemäß DSGVO gewahrt wird. Deshalb – und auch aus technischen Gründen – wurde darauf verzichtet, die Adressaten namentlich anzusprechen. Zudem enthielt das Anschreiben Kontaktdaten für eventuelle Rückfragen. Um den Zugang zur Befragung zu erleichtern, wurden in der Einladungsmail individualisierte Zugangslinks verschickt, die lediglich angeklickt werden mussten. Zudem konnte die Befragung unterbrochen und zu einem späteren Zeitpunkt fortgesetzt werden.

1.4 Einfluss der Corona-Pandemie auf das Studiendesign

Projektbeginn war im Mai 2020, also während des ersten Lockdowns. Angesichts der maßnahmenbedingten Einschränkungen im öffentlichen und privaten Leben ergab sich die Notwendigkeit, die ursprünglich geplante Erhebung individueller Mobilität entsprechend anzupassen. Denn aufgrund der Kontaktbeschränkungen wurde Mobilität zu dieser Zeit eher vermieden oder man wich auf Mobilitätsformen aus, die weniger Kontakte mit anderen Personen mit sich brachten. Vor diesem Hintergrund ergab eine tagesaktuelle Abfrage von Nutzerpräferenzen und Mobilitätsbedarfen wenig Sinn.

Das Projektkonsortium kam daher überein, die Effekte der Covid-19-Pandemie auf das Mobilitätsverhalten als eine sich bietende Möglichkeit zu nutzen, um das Mobilitätsverhalten in einem Vorher-nachher-Vergleich zu untersuchen. Deshalb wurden die alltäglich zurückgelegten Wegeketten sowohl für die Zeit vor als auch für die Zeit seit Beginn der Covid-19-Pandemie erhoben. Zudem erhielten die Befragten die Möglichkeit, ihre zukünftig gewünschte Mobilität für die Zeit nach der Pandemie zu schildern. Bei allen Items, die sich auf Fahrten zu und zwischen den Universitäten beziehen, wurde daher stets der Zeitpunkt genannt, auf den sich die jeweilige Frage bezieht. Schließlich wurde die Befragung um eine optionale Zusatzbefragung zum Thema Homeoffice ergänzt, in der es um die veränderte Arbeits- und Studiensituation ging.

2 Testphase

Mit einem gründlich evaluierten Fragebogen sollte das Ziel erreicht werden, Verzerrungen bei der Datenerhebung auf ein Minimum zu reduzieren. Deshalb wurde der thematisch strukturierte Fragebogen in drei Schritten evaluiert. Die erste Stufe des Pretests befasste sich mit einzelnen Fragen, die zweite mit dem gesamten Fragebogen, und in der dritten und letzten Stufe wurde das Erhebungsinstrument in einem großflächigen Pretest mit externen Personen getestet.

2.1 Stufe 1: Kognitive Pretestverfahren

In der ersten Stufe wurde jede Frage hinsichtlich ihrer Verständlichkeit geprüft. Es musste sichergestellt werden, dass anhand der Items auch die Informationen erhoben werden, die vom Projektkonsortium intendiert waren (vgl. Porst 2014; Schnell 2019; Willis 2020). Potenzielle Fehlerquellen sind u. a. Verständnisprobleme bei einzelnen Worten oder ganzen Textelementen, mangelndes Erinnerungsvermögen, Probleme, einzelne Anteilswerte zu schätzen, oder ein fehlender Kontextbezug bei einzelnen Fragen.

Zur Evaluierung der Items wurde auf kognitive Pretestverfahren wie die Technik des lauten Denkens, das Paraphrasieren, das Probing und die Bewertung der Verlässlichkeit der Antwort zurückgegriffen (Lenzer et al. 2015; Willis 2018). Mittels der Technik des lauten Denkens werden individuell wahrgenommene Frageninhalte gesammelt, um sie hinsichtlich sich ergebender Überschneidungen bewerten zu können. Durch die Wiedergabe einzelner Fragentexte im Rahmen des Paraphrasierens können Rückschlüsse auf das Frageverständnis gezogen werden. Stetige Nachfragen im Sinne des Probings geben Hinweise darauf, wie schlüssig das Befragungsitem inhaltlich gestaltet ist. Die Bewertung der Verlässlichkeit der

Antwort dient vorrangig dazu, Klasseneinteilungen sowie unterschiedliche Skalenausprägungen hinsichtlich ihrer Verlässlichkeit zu prüfen, damit sich Befragte auch einer Antwortkategorie eindeutig zuordnen können. Durch das Verknüpfungspotential der einzelnen Evaluierungstechniken konnte das Verständnis der Befragungsitems hinreichend geprüft werden.

2.2 Stufe 2: Expertenpretest

Die zweite Pretestphase erfolgte im Dezember 2020. Sie diente dem Zweck, die in LimeSurvey programmierte Version des Fragebogens einer größeren Gruppe zur Begutachtung vorzulegen. Diese Aufgabe des Expertenpretests übernahmen die Beschäftigten der sieben am InnaMoRuhr-Projekt beteiligten Professuren. Deren Anmerkungen bezüglich einzelner Items wurden gesammelt, hinsichtlich inhaltlicher Übereinstimmungen gebündelt und entsprechend ihres Optimierungspotentials klassifiziert. Sie reichten von Rechtschreib- und Zeichensetzungsfehlern über Verbesserungsvorschläge im Wording bis hin zu Verbesserungsvorschlägen zu einzelnen Items. Dabei wurde auch geprüft, ob der Fragebogen auf unterschiedlichen Endgeräten wie PC, Laptop, Tablet oder Smartphone funktioniert und das Layout korrekt dargestellt wird.

Dieses Vorgehen führte zu vielfältigen Verbesserungen des Erhebungsinstruments, z. B. in Bezug auf dessen Handhabung und die konsistente Gestaltung der Befragungsinhalte. Zudem konnte der Fragebogen insgesamt verschlankt werden. So erwies sich beispielsweise die separate Aufführung einzelner Items einer Befragungsbatterie als wenig praktikabel, da dies die Anzahl an Klicks unnötig erhöhte und sich als ermüdend erwies. Weiterhin wurde die Antwortpflicht bis auf wenige Ausnahmen aufgehoben, sodass auch die Auflistung möglicher Ausweichkategorien entfallen konnte. Letztlich konnte mittels des Expertenpretests auch die Befragungsdauer reduziert werden.

2.3 Stufe 3: Flächenpretest

Der dritte Pretest wurde im Februar 2021 durchgeführt. Pro Universität wurden jeweils 1.000 Mitglieder mittels geschichteter Zufallsauswahl gezogen und zur Teilnahme am Flächenpretest eingeladen, der die Generalprobe vor der eigentlichen Befragung darstellte. Dieser Pretest diente zum einen dem Ziel, den Versand der Einladungsmails an den drei UA Ruhr-Universitäten wie auch den Dateneingang bei dem beauftragten Umfrageinstitut zu prüfen. Zum anderen sollten mittels dieser Stichprobe die Bearbeitungsdauer, der zu erwartende Rücklauf sowie die Verteilung des Antwortverhaltens einzelner Items gemessen werden. Von den insgesamt 3.000 Eingeladenen folgten 265 der Einladung zur Befragung, indem sie den Befragungslink zumindest einmal anklickten. Dies entspricht einer Rücklaufquote von annähernd 9 %. Vollständig abgeschlossen wurde die Befragung von 6,5 % der Eingeladenen. Die Bearbeitungszeit betrug im Median gut 24 min. Da sich diese Werte bereits als zufriedenstellend erwiesen und sich der Versand der Einladungsmails überwiegend als problemlos darstellte, konnte auf den Versand eines Erinnerungsschreibens verzichtet werden. Von den 265 Teilnehmenden entfielen 83 auf die TU Dortmund, 57 auf die Ruhr-Universität Bochum und 106 auf die Universität Duisburg-Essen.

Mit den Daten des Flächenpretests wurden Berechnungen durchgeführt, deren Zweck es war, die Brauchbarkeit der Skalen und der ihnen zugrunde liegenden Konstrukte zu überprüfen.

3 Feldphase und erste Ergebnisse

Der Übergang in die Feldphase erfolgte im April 2021. Auch hier wurde auf Empfehlungen der „Tailored Design Method" zurückgegriffen. Diese sehen vor, den Befragungsbeginn außerhalb typischer Urlaubs- und Ferienzeiten sowie ungünstiger Stoßzeiten zu legen (vgl. Dillmann 2000; Dillmann et al. 2014). Es bot sich daher an, den Beginn der Vorlesungszeit als Feldstart zu wählen und sich für den Versand der Einladungen auf die Wochentage Dienstag, Mittwoch und Donnerstag zu konzentrieren. Nach letzten Abstimmungen fiel die Wahl des Feldstarts auf die 16. Kalenderwoche des Jahres 2021. Um eine Serverüberlastung aufgrund hoher Zugriffsraten zu verhindern, erfolgte der Versand der Einladungsmails in doppelt gestaffelter Form. Zunächst wurden die zuvor definierten Wochentage auf die drei UA Ruhr-Universitäten verteilt. Die TU Dortmund versandte ihre Einladungen am Dienstag, die Ruhr-Universität Bochum am Mittwoch und die Universität Duisburg-Essen am Donnerstag, beginnend jeweils um 9:00 Uhr. Des Weiteren erfolgte der Versand an den Universitäten über den Tag in Tranchen verteilt. Insgesamt konnten an den drei UA Ruhr-Standorten 131.655 Einladungen zugestellt werden. Zur Erhöhung der Rücklaufquote wurde in der darauffolgenden Kalenderwoche ein Erinnerungsschreiben versandt.

Insgesamt haben 15.068 Personen an der Befragung teilgenommen, woraus sich eine absolute Rücklaufquote von 11,4 % ergibt. Nach Datenbereinigung, z. B. durch Aussortierung nicht vollständig ausgefüllter Fragebögen, reduzierte sich die Zahl auf 10.782 Personen, was einer Rücklaufquote von 8,2 % entspricht. Die Befragungsdauer betrug im Median 26 min. Die Verteilung auf die drei UA Ruhr-Universitäten ist in etwa ausgeglichen: TU Dortmund: 34,7 %, Ruhr-Universität Bochum: 31,3 % und Universität Duisburg-Essen: 33,3 %. Mit 68 % bilden die Studierenden die größte Gruppe, gefolgt von den Mitarbeitenden in Forschung und Lehre (18,4 %) und der Gruppe Technik und Verwaltung (13,5 %). Aufgrund des hohen Anteils an Studierenden sind 60 % der Befragten zwischen 20 und 29 Jahre alt. 44,3 % gaben die Geschlechtszugehörigkeit männlich und 52,9 % weiblich an. Bei 10,8 % der Befragten lebt mindestens ein Kind im Haushalt, welches das zwölfte Lebensalter noch nicht erreicht hat.

Erfreulicherweise haben verhältnismäßig viele Personen an den optionalen Zusatzbefragungen teilgenommen. Insgesamt 4.993 Personen haben den Fragebogen zum Homeoffice ausgefüllt, also 46,3 %, bezogen auf 10.782 vollständige Antworten der Hauptbefragung. Beim Fragebogen zur Zahlungsbereitschaft waren es 3.924 Personen (36,4 %). Zudem haben viele Befragte ihre Bereitschaft erklärt, an weiteren Projektschritten mitzuwirken, etwa an Workshops (775 bzw. 7,2 %) oder am Reallabor (1.440 bzw. 13,4 %).

Detaillierte statistische Auswertungen finden sich in den folgenden Kap. 3 und 4.

Literatur

Dillman, Don A. 2000. Internet and Mail Surveys: The Tailored Design Method, 2000. John Wiley: New York.
Dillman, Don A., Smyth, Jolene D., Christian, Leah Melani. 2014. Internet, Phone, Mail and Mixed-Mode Surveys: The Tailored Design Method, 4th edition. John Wiley: Hoboken, NJ
Lenzner, T., Neuert, C. & Otto, W. (2015). Kognitives Pretesting. Mannheim, GESIS – Leibniz-Institut für Sozialwissenschaften (GESIS Survey Guidelines). https://doi.org/10.15465/gesis-sg_010
Porst, R. (2014). Pretests zur Evaluation des Fragebogen(entwurf)s. In Fragebogen: Ein Arbeitsbuch (Studienskripten zur Soziologie, 4. Aufl., S. 189–205). Wiesbaden: Springer Fachmedien Wiesbaden. https://doi.org/10.1007/978-3-658-02118-4_1
Schnell, R. (2019). Pretests. In Survey-Interviews: Methoden standardisierter Befragungen (Studienskripten zur Soziologie, 2. Aufl., S. 123–144). Wiesbaden: Springer Fachmedien Wiesbaden. https://doi.org/10.1007/978-3-531-19901-6_6
Willis, G. B. (2018). Cognitive Interviewing in Survey Design: State of the Science and Future Directions. In D. L. Vannette & J. A. Krosnick (Hrsg.), The Palgrave Handbook

of Survey Research (S. 103–107). Cham: Springer International Publishing. https://doi.org/10.1007/978-3-319-54395-6_14

Willis, G. B. (2020). Questionnaire Design, Development, Evaluation, and Testing: Where Are We, and Where Are We Headed? In P. Beatty, D. Collins, L. Kaye, J. L. Padilla, G. Willis & A. Wilmot (Hrsg.), Advances in Questionnaire Design, Development, Evaluation and Testing (S. 1–23). John Wiley & Sons. https://doi.org/10.1002/9781119263685.ch1

Sebastian Willen, Dipl. Soz.-Wiss., ist seit 2012 wissenschaftlicher Mitarbeiter am Lehrstuhl für empirische Sozialforschung der Universität Duisburg-Essen.

Petra Stein, Dr. phil., ist Professorin und Inhaberin des Lehrstuhls für empirische Sozialforschung der Universität Duisburg-Essen.

Mobilitätspraktiken und Mobilitätsbedarfe

Ergebnisse einer Befragung von Angehörigen der UA Ruhr-Universitäten

Johannes Weyer

Inhaltsverzeichnis

1 Einleitung 46
2 Verfügbare Verkehrsmittel 47
3 Mobilitätsmuster (vor Corona) 48
4 Mobilitätsmuster (im Lockdown und in der Zukunft) 53
5 Veränderungsbereitschaft 55
6 Akteurtypen 58
7 Bewertung von Verkehrsmitteln 66
8 Statt eines Fazits: Birgit S 78
Literatur 79

Zusammenfassung

Die Befragung, die im Projekt InnaMoRuhr im Frühsommer 2021 durchgeführt wurde, hat einen großen Datens(ch)atz produziert, dessen Auswertung es ermöglicht, ein detailliertes Bild des Mobilitätsverhaltens der Universitätsangehörigen zu zeichnen. Beim Modal Split fällt der hohe Anteil des Umweltverbunds auf; allerdings liegt der Pkw-Anteil der Gruppe Technik und Verwaltung doppelt so hoch wie bei den Wissenschaffenden und den Studierenden. Mit dem ersten Lockdown im Frühjahr 2020 hat eine Verlagerung ins Homeoffice sowie eine deutliche Veränderung der Mobilitätsmuster stattgefunden. Fragt man die UA Ruhr-Angehörigen nach ihren Mobilitätswünschen für die Zukunft, so spielen flexible, nachhaltige Verkehrsmittel (E-Auto, E-Bike etc.) eine wichtige Rolle. Zudem ist die Veränderungsbereitschaft der

J. Weyer (✉)
Technische Universität Dortmund, Dortmund, Deutschland
E-Mail: johannes.weyer@tu-dortmund.de

© Der/die Autor(en), exklusiv lizenziert an Springer Fachmedien Wiesbaden GmbH, ein Teil von Springer Nature 2025
J. Weyer (Hrsg.), *Nachhaltig mobil*, https://doi.org/10.1007/978-3-658-45236-0_3

UA Ruhr-Angehörigen erstaunlich hoch. Aus den Daten lassen sich zudem fünf unterschiedliche Akteurtypen herausdestillieren, deren Einstellungen und deren Mobilitätsverhalten sich deutlich unterscheiden. Dies zeigt, wie wichtig es ist zu differenzieren und – auf Grundlage handlungstheoretischer Annahmen – typische Muster des Mobilitätsverhaltens zu identifizieren. Nur so ist es möglich, neue Mobilitätsangebote passgenau auf die Bedürfnisse einzelner Gruppen zuzuschneiden und ihr Mobilitätsverhalten durch gezielte Anreize in Richtung Nachhaltigkeit zu beeinflussen.

1 Einleitung

Das folgende Kapitel präsentiert eine Auswertung der Daten von 10.782 Angehörigen der drei UA Ruhr-Universitäten, die im Frühjahr 2021 an einer Befragung zum Mobilitätsverhalten vor und während der Corona-Pandemie wie auch zu ihren Wünschen und ihrem künftigen Mobilitätsbedarf teilgenommen haben. Ziel war, die Mobilitätspraktiken nicht nur zu beschreiben, sondern auch die Faktoren zu ermitteln, die das Mobilitätsverhalten prägen und damit zugleich Ansatzpunkte für Veränderungen in Richtung nachhaltiger Mobilität darstellen.

Forschungsmodell

Die Befragung und deren Auswertung orientierte sich an einem Forschungsmodell, das in Abb. 1 dargestellt ist und die Konstrukte abbildet, die im Zentrum der Analysen standen.

Blau eingefärbt sind die akteurbezogenen, gelb die kontextbezogenen und grün die entscheidungsbezogenen Komponenten des Modells. Im Folgenden werden vor allem deskriptive Analysen präsentiert, die sich auf die einzelnen Konstrukte beziehen. Eine Überprüfung der in der Abbildung angedeuteten Hypothesen wird hier nicht vorgenommen, sondern ist in einer späteren Publikation geplant.

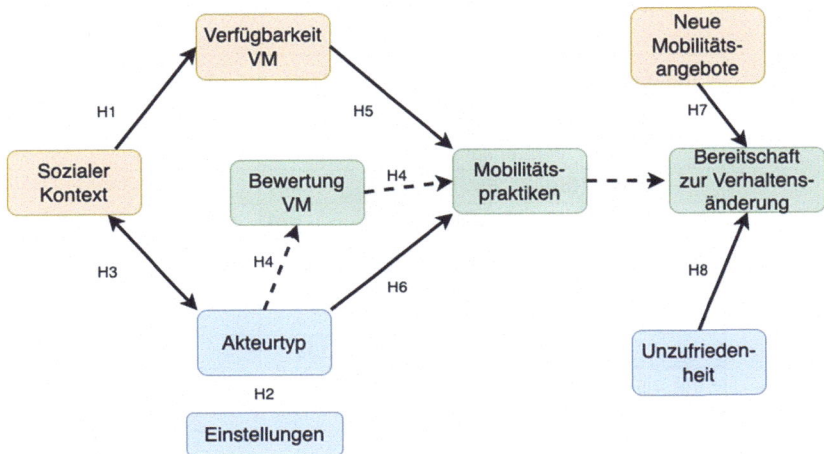

Abb. 1 Forschungsmodell. (VM = Verkehrsmittel; eigene Darstellung)

2 Verfügbare Verkehrsmittel

2.1 Private Verkehrsmittel

Wie in Tab. 1 abzulesen ist, verfügen vier von fünf Befragten (82,2 %) über ein konventionelles bzw. elektrisches Fahrrad. Ebenfalls vier von fünf Befragten (80,4 %) verfügen über ein motorisiertes Verkehrsmittel, sei es ein Auto mit Verbrennungsmotor, ein Motorrad, Moped oder Mofa oder ein Elektroauto (batterieelektrisch oder mit Hybridantrieb).

2.2 Öffentliche Verkehrsmittel

Mit 98,3 % verfügen nahezu alle UA Ruhr-Angehörigen über ein Abonnement eines öffentlichen Verkehrsmittels; dabei stellt das Semesterticket mit 86,8 % die größte Gruppe, gefolgt von der BahnCard (19,1 %) und dem BikeSharing (8,0 %, vgl. Tab. 2).

Tab. 1 Verfügbarkeit privater Verkehrsmittel (Mehrfachangaben möglich; eigene Darstellung)

Verkehrsmittel	Anzahl	Anteil
Auto, Motorrad	**7.503**	**73,6%**
Verbrenner (ICE*)	7.042	69,1%
Elektro (BEV, FCEV, HEV*)	461	4,5%
Motorrad u.a.	694	6,8%
Fahrrad	**8.380**	**82,2%**
Bio-Bike	7.171	70,3%
E-Bike, E-Scooter	1.209	11,9%
N=	10.198	

* ICE – Internal Combustion Engine; BEV – Battery Electric Vehicle; FCEV – Fuel Cell Electric Vehicle; HEV – Hybrid Electric Vehicle

Tab. 2 Abonnements öffentlicher Verkehrsmittel (Mehrfachangaben möglich; eigene Darstellung)

Abonnement	Anzahl	Anteil
Semesterticket	8.016	86,8%
BahnCard	1.766	19,1%
Monatsticket	441	4,8%
Jobticket	161	1,7%
BikeSharing-Abo	737	8,0%
CarSharing-Abo	180	1,9%
N=	9.232	

3 Mobilitätsmuster (vor Corona)

Die Lockdowns im Frühjahr und Herbst 2020 waren für das Projekt InnaMoRuhr Herausforderung und Chance zugleich; denn mit dem Übergang zu Homeoffice, Online-Konferenzen und digitaler Lehre verflüchtigte sich der Forschungsgegenstand in gewisser Weise. Um die damit einhergehenden Veränderungen des Mobilitätsverhaltens einzufangen, wurde genau dies zum Thema gemacht, nämlich zu untersuchen, wie sich das Mobilitätsverhalten *vor* und *während* der Corona-Pandemie dargestellt hat und welche Konsequenzen daraus für die Mobilität der Zukunft zu ziehen sind (vgl. dazu auch Kap. 4 und 5 dieses Buchs).

Mobilitätspraktiken und Mobilitätsbedarfe

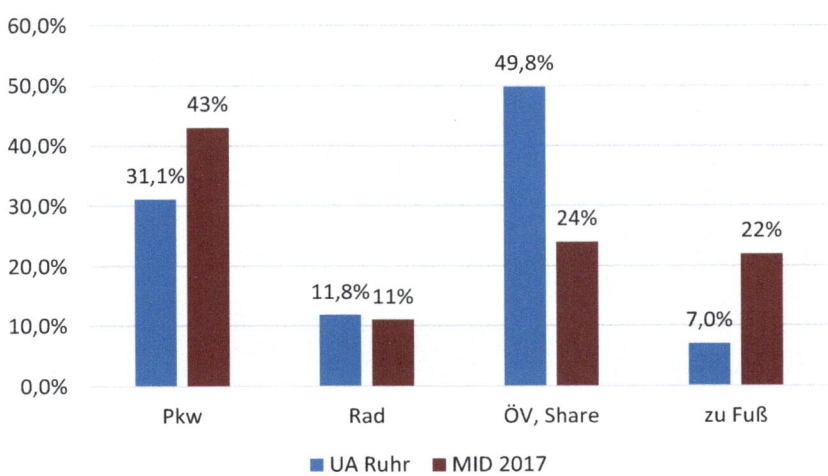

Abb. 2 Modal Split der UA Ruhr vor Corona (N = 7.241) im Vergleich zu MiD 2017. (Eigene Darstellung)

Abschn. 3 beleuchtet zunächst die Situation des Jahres 2019, also vor Ausbruch der Corona-Pandemie, während Abschn. 4 auf die Veränderungen eingeht, die sich seit 2020 ergeben haben.

3.1 Modal Split

Die Angehörigen der UA Ruhr-Universitäten wiesen im Jahr 2019 einen Modal Split auf, der sich mit einem hohen ÖV-Anteil deutlich vom Rest der Bevölkerung unterscheidet, wie er sich in den repräsentativen Daten von „Mobilität in Deutschland" (infas 2018) aus dem Jahr 2017 widerspiegelt (vgl. Abb. 2).[1]

---

[1] Infas gibt die Werte ohne Nachkommastellen an. Die Daten sind nur bedingt vergleichbar, da MiD die Kategorie „Mitfahrer" mit einem Anteil von 14 % separat ausweist. Diese Gruppe wurde in Abb. 1 der Kategorie „ÖV, Sharing" zugerechnet. Zudem ist aus den öffentlich verfügbaren Daten nicht eindeutig ersichtlich, ob es sich bei den MiD-Daten um das Hauptverkehrsmittel (infas 2018: 13) oder um die „Anteile der Verkehrsmittel … an allen zurückgelegten Wegen" (S. 12) handelt. Letzteres würde den hohen Zu-Fuß-Anteil von 22 % erklären.

Tab. 3 Modal Split in Deutschland und NRW (Quelle: MiD 2017: 12 f.; eigene Darstellung)

Land / Bundesland	Zu Fuß	Fahrrad	MIV-Fahrer	MIV-Mitfahrer	ÖV
UA Ruhr-Universitäten	7,0 %	11,8 %	31,1 %	0,7 %	49,1 %
Deutschland	22 %	11 %	43 %	14 %	10 %
Nordrhein-Westfalen	22 %	11 %	43 %	14 %	10 %
zum Vergleich					
Berlin	27 %	15 %	23 %	10 %	25 %
Hamburg	27 %	15 %	26 %	10 %	22 %
Bayern	20 %	11 %	45 %	14 %	10 %
Niedersachsen	17 %	15 %	47 %	14 %	7 %

Die Werte für die UA Ruhr beziehen sich auf das jeweilige Hauptverkehrsmittel, das für die Alltagsmobilität im Jahr 2019, also *vor Ausbruch der Corona-Pandemie,* verwendet wurde, und zwar nach zurückgelegter Distanz in Kilometern. Bei intermodalen Reisen, z. B. zu Fuß zum Bahnhof, weiter mit der Bahn und die letzte Meile mit dem Leihrad, wurde also das Verkehrsmittel gezählt, das für die längste Strecke verwendet wurde, in diesem Fall vermutlich die Bahn.

Wie Abb. 2 belegt, nutzten knapp 50 % den öffentlichen Verkehr (ÖV) und damit deutlich mehr als im Bundes- bzw. NRW-Durchschnitt, der bei 10 % liegt – bzw. bei 24 %, wenn man die Mitfahrer:innen mitrechnet, die MiD als eine separate Kategorie ausweist.[2] Selbst der Spitzenreiter Berlin erreicht lediglich 25 bzw. 35 % (vgl. Tab. 3).

Knapp 43 % der UA Ruhr-Angehörigen sind mit individuellen Verkehrsmitteln unterwegs, sei es mit dem Auto (31,1 %) oder dem Rad (11,8 %). Die Werte für den Pkw liegen weit unter dem des Bundesdurchschnitts (43 %), die für das Rad in etwa gleichauf.

Deutliche Unterschiede zeigen sich auch bei den Menschen, in deren Alltagsmobilität – bezogen auf sämtliche Wege eines gesamten Tages – das Zu-Fuß-Gehen dominiert. Während dies in ganz Deutschland erstaunliche 22 % sind, trifft dies im Fall der UA Ruhr nur auf eine kleine Gruppe von 7,0 % zu.[3]

---

[2] Die Daten für NRW und Gesamt-Deutschland stimmen laut MiD 2017 exakt überein.
[3] Vgl. die Erläuterung in Fußnote 1.

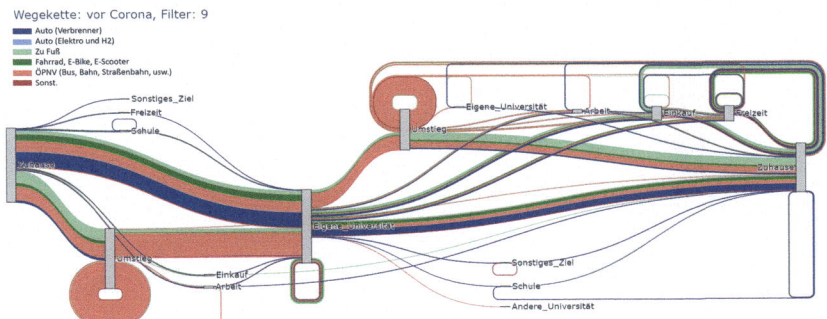

Abb. 3 Wegeketten (vor Corona) – Sankey-Diagramm. (Eigene Darstellung)

3.2 Grafische Visualisierung

Die grafische Darstellung der Wegeketten aller UA Ruhr-Angehörigen in Abb. 3 zeigt die Verteilung der Wege vom Wohnort (links) zur eigenen Universität (Mitte) und wieder zurück zum Wohnort (rechts), und zwar farblich codiert nach Verkehrsmittel.[4]

Die orangen Linien zeigen den hohen Anteil des ÖV, aber auch den hohen Anteil an Umsteigevorgängen, die links unten bzw. mittig oben in Form von Schleifen abgebildet sind. Zudem zeigt sich, dass auf dem Weg zur Arbeit nur einige wenige Zwischenstationen wie Kita, Schule oder Fitnessstudio eingelegt werden (links oben), auf dem Rückweg hingegen eine Reihe von Stationen wie Einkauf oder Arbeit (rechts oben bzw. rechts unten).

3.3 Vergleich der Funktionsgruppen

Es gibt erhebliche Unterschiede im Mobilitätsverhalten der drei Funktionsgruppen Forschung und Lehre (F&L), Technik und Verwaltung" (T&V) und „Studierende" (Stud) – wiederum bezogen auf das Hauptverkehrsmittel (vgl. Abb. 4, die die Abweichungen von den Mittelwerten in Abb. 2 darstellt). Demzufolge liegt der Wert für die Gruppe Technik Verwaltung bei der Pkw-Nutzung (plus 33,5 PP) mehr als doppelt so hoch wie der Mittelwert aller Gruppen von

---

[4] Die Berechnungen und die Visualisierung wurden von Julius Konrad und Fabian Adelt durchgeführt.

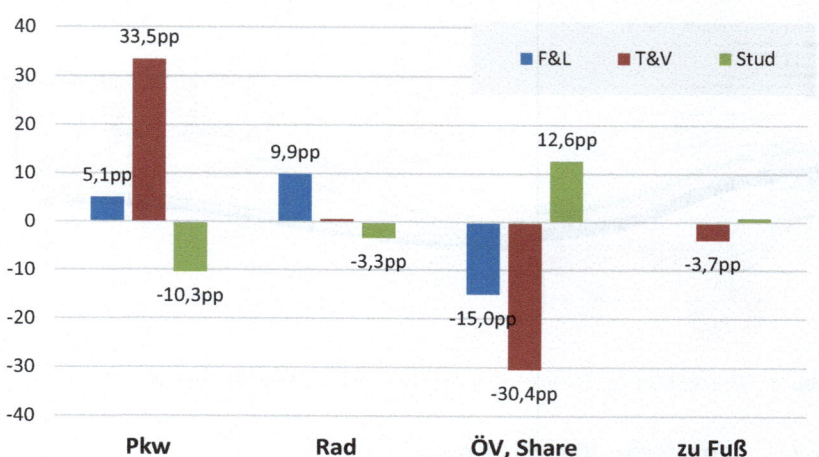

Abb. 4 Hauptverkehrsmittel (vor Corona) nach Funktionsgruppen. (Abweichungen vom Mittelwert aller Gruppen in Prozentpunkten; eigene Darstellung)

31,1 %, dafür aber mit minus 30,4 Prozentpunkten beim ÖV ebenso deutlich unter dem Mittelwert von 49,8 %.

Die anderen beiden Gruppen weisen weniger auffällige Abweichungen auf. In der Gruppe Forschung und Lehre ist ein höherer Anteil von Radfahrenden (plus 9,9 PP) und ein geringerer Anteil von ÖV-Nutzer:innen (minus 15,0 PP) erkennbar. Bei den Studierenden fallen der hohe ÖV-Anteil (plus 12,6 PP) sowie der geringe Pkw-Anteil (minus 10,3 PP) auf.

3.4 Vergleich der Standorte der UA Ruhr

Auch beim Vergleich der vier Standorte der UA Ruhr zeigen sich auffällige Differenzen.[5] Wie Abb. 5 zeigt, fällt vor allem der UDE-Standort Essen mit Abweichungen von minus 5,9 Prozentpunkten vom Mittelwert der Pkw-Nutzung (31,1 %) sowie plus 5,1 Prozentpunkten vom Mittelwert der ÖV-Nutzung

---

[5] Die beiden Campi der TU Dortmund, Nord und Süd, werden wegen der geringen Entfernung von 1,5 km und ähnlicher Mobilitäts-Infrastrukturen als ein Standort gerechnet, die beiden Campi der UDE, Duisburg und Essen, wegen der Entfernung von 20 km und gänzlich unterschiedlicher Situationen vor Ort hingegen als zwei Standorte.

Mobilitätspraktiken und Mobilitätsbedarfe

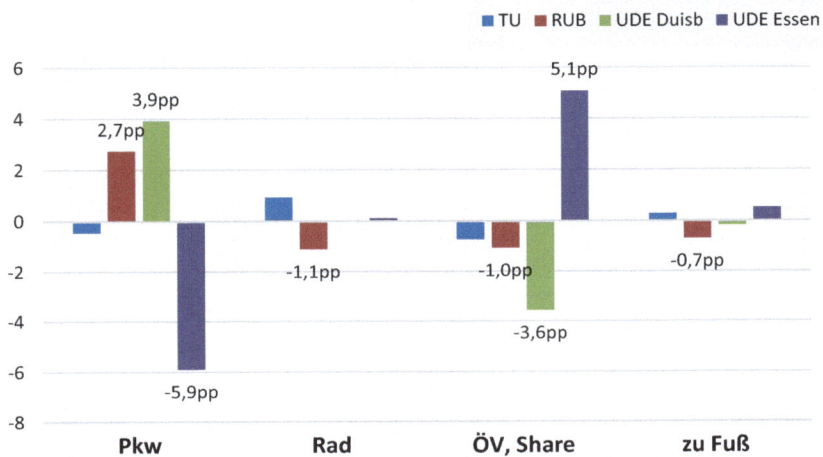

Abb. 5 Hauptverkehrsmittel (vor Corona) nach Standorten. (Abweichungen vom Mittelwert aller Gruppen in Prozentpunkten; eigene Darstellung)

(49,8 %) auf. Der UDE-Standort Duisburg sowie – in etwas geringerem Maße – die RUB zeigen hingegen mit leicht höheren Werten für den Pkw und leicht niedrigeren Werten für den ÖV die entgegengesetzte Tendenz.

4 Mobilitätsmuster (im Lockdown und in der Zukunft)

4.1 Hauptverkehrsmittel

Die Probanden wurden gebeten, ihre Wegekette an einem typischen Arbeitstag auf dem Hin- und Rückweg zur Universität detailliert zu beschreiben (vgl. Abschn. 3.2), und zwar nach Verkehrsmittel, zurückgelegter Strecke und benötigter Zeit. Sie sollten zudem ihre Alltagsmobilität zu drei unterschiedlichen Zeitpunkten schildern, und zwar vor Ausbruch der Corona-Pandemie, während des Lockdowns und schließlich ihren Wunsch für ihre Mobilität in der Zukunft.

In Tab. 4 sind die Hauptverkehrsmittel angegeben, die auf dem Weg zur Universität verwendet wurden, und zwar nach zurückgelegter Distanz in Kilometern. Die Spalte „2019" enthält die Daten, die in Abschn. 3.1 bereits analysiert wurden.

Tab. 4 Hauptverkehrsmittel (nach Distanz; eigene Darstellung)

Verkehrsmittel	2019	2021 (Lockdown)	Zukunft	Diff. 2019/ Zukunft
Öffentlicher Verkehr	**49,8%**	**19,5%**	**36,1%**	**-13,7 PP**
Bus, Bahn etc.	49,1%	18,6%	33,5%	
Ride-Sharing/ -Pooling	0,7%	0,9%	2,6%	
Auto, Motorrad	**31,1%**	**39,2%**	**28,2%**	**-2,9 PP**
Verbrenner (ICE*)	30,2%	37,8%	11,0%	
Elektro (BEV, FCEV, HEV*)	0,9%	1,4%	17,2%	
Fahrrad	**11,8%**	**17,5%**	**27,9%**	**+16,1 PP**
Bio-Bike	10,6%	15,5%	19,9%	
E-Bike, E-Scooter	1,2%	2,0%	8,0%	
Sonstiges	**7,3%**	**23,8%**	**7,7%**	**+0,4 PP**
Zu Fuß	7,0%	23,5%	7,4%	
Sonstiges	0,3%	0,3%	0,3%	
N=	**7.483**	**6.478**	**7.766**	

* ICE – Internal Combustion Engine; BEV – Battery Electric Vehicle; FCEV – Fuel Cell Electric Vehicle; HEV – Hybrid Electric Vehicle

4.2 Mobilität während des Lockdowns

Während des Lockdowns hat sich das Mobilitätsverhalten der UA Ruhr-Angehörigen drastisch verändert.[6] Der ÖV erlebte einen erheblichen Einbruch von 49,1 auf 18,6 %, und die Individualmobilität stieg sowohl beim Pkw (plus 7,6 PP) als auch beim Fahrrad (plus 4,9 PP) und schließlich auch beim Zu-Fuß-Gehen (plus 16,5 PP) deutlich an, wobei Letzteres teilweise Wege zum Einkaufen oder zu Freizeitaktivitäten waren, die nicht im Zusammenhang mit der Tätigkeit an der Universität standen.

Diese Zahlen spiegeln die Tatsache, dass die meisten Universitätsangehörigen im Homeoffice waren und gar nicht zur Arbeit fahren mussten oder – wenn dies trotzdem der Fall war – auf individuelle Verkehrsmittel zurückgriffen, in denen sie das Risiko einer Ansteckung durch Covid-19 besser kontrollieren konnten als in öffentlichen Verkehrsmitteln.

---

[6] Vgl. ähnliche Befunde von infas/WZB (Knie et al. 2021) und DLR (Nobis et al. 2021).

4.3 Wunsch-Verkehrsmittel

Die letzte Spalte belegt den Wunsch vieler UA Ruhr-Angehöriger nach einer Änderung ihres Mobilitätsverhaltens. Der Anteil von Pkws, Motorrädern etc. mit Verbrennungsmotor sinkt drastisch auf 11,0 % – weitgehend kompensiert durch moderne, lokal emissionsfreie Antriebe, wie die Summe von 28,2 % privater Pkw-Nutzung in Zukunft andeutet, die nur knapp unter dem aktuellen Wert von 31,1 % liegt.

Auch die Werte für das Fahrrad signalisieren den Wunsch nach individueller und nachhaltiger Mobilität. Mit einem Wunschanteil von 27,9 % erfährt das Fahrrad mit Abstand den größten Zuwachs, verglichen mit dem Ausgangswert (vor Corona) von 11,8 %. Besonders deutlich ist der Zuwachs bei elektrifizierten Zweirädern. Das Zu-Fuß-Gehen fällt hingegen fast wieder auf den Ausgangswert zurück (7,4 %). Es besteht also nur bei wenigen UA Ruhr-Angehörigen der Wunsch, so nah an ihrer Universität zu wohnen, dass ein Verkehrsmittel sich erübrigt.

Der ÖV erholt sich zwar wieder von seinem Tiefstwert während des Lockdowns (19,5 %), kann aber nicht das alte Niveau (49,8 %) erreichen, sondern verbleibt bei 36,1 %, selbst wenn man Sharing, Mitfahrgelegenheiten etc. mit in die Rechnung einbezieht.

Diese Werte signalisieren zwar eine gewisse Veränderungsbereitschaft, insbesondere was den Umstieg auf nachhaltige Antriebe und umweltfreundliche Verkehrsmittel betrifft. Sie zeigen aber auch, dass die Mobilität der Zukunft nach Ansicht vieler UA Ruhr-Angehöriger möglichst individuell und flexibel sein sollte – zumindest, wenn man die Befragten ihr Wunsch-Verkehrsmittel frei wählen lässt.

5 Veränderungsbereitschaft

Ein anderes Bild zeigt sich, wenn man die Befragten bittet, zu konkreten Szenarien nachhaltiger Mobilität Stellung zu beziehen, die mehrere Verkehrsmittel intelligent miteinander verknüpfen und das Potenzial vernetzter, geteilter Mobilität demonstrieren. Im Rahmen der Befragung wurden folgende drei Szenarien vorgestellt:

Szenario 1
Das Fahrrad-Szenario wurde folgendermaßen beschrieben:

1.	Sie wohnen etliche Kilometer von Ihrer Universität entfernt und fahren normalerweise mit dem Pkw zur Arbeit.	
2.	Sie fahren zwei Kilometer bei halbwegs passablem Wetter mit dem Fahrrad zur nächsten Mobilstation, an der Busse und Bahnen verkehren.	
3.	Ihr Fahrrad, Ihren Fahrradhelm etc. verstauen Sie sicher in einem Radparkhaus.	
4.	Eine Regionalbahn, in der Sie einen Sitzplatz haben und WLAN nutzen können, bringen Sie mit maximal einem Umstieg zum Zielort.	
5.	Von dort laufen Sie noch 500 Meter zur Universität bzw. zu Ihrem Arbeitsplatz.	
6.	Das Ganze dauert sieben Minuten weniger als die Fahrt mit dem Pkw.	

Szenario 2
Das On-Demand-Szenario unterschied sich von Szenario 1 in den Punkten 2 und 3:

2.	Sie bestellen per App zu einem beliebigen Zeitpunkt einen Shuttle-Bus. Dieser Shuttle-Bus mit zwölf Sitzplätzen holt Sie an der nächsten Straßenkreuzung ab	
3.	Er sammelt drei weitere Passagiere ein und transportiert Sie zur nächsten Mobilstation, wo Busse und Bahnen verkehren.	

Szenario 3
Das Szenario Mitfahrgelegenheit funktionierte völlig anders:

1.	Über eine Ride-Sharing-App finden Sie Arbeitskolleg:innen, die mit ihrem Pkw die gleiche Strecke vom Wohn- zum Arbeitsort fahren wie Sie.	
2.	An manchen Tagen fahren Sie bei Ihren Kolleg:innen mit, an anderen Tagen nehmen Sie in Ihrem Pkw andere Person mit. Sie sparen auf diese Weise Kosten.	
3.	Die Fahrtzeit bleibt in etwa gleich.	

Ergebnisse
Wie Abb. 6 zeigt, war die Zustimmung in allen drei Fällen erstaunlich hoch – mit einem Spitzenwert von 47,4 % für „sehr wahrscheinlich" beim Fahrrad-Szenario, der nochmals den hohen Stellenwert aufzeigt, den das Fahrrad in Szenarien künftiger Mobilität einnehmen könnte.

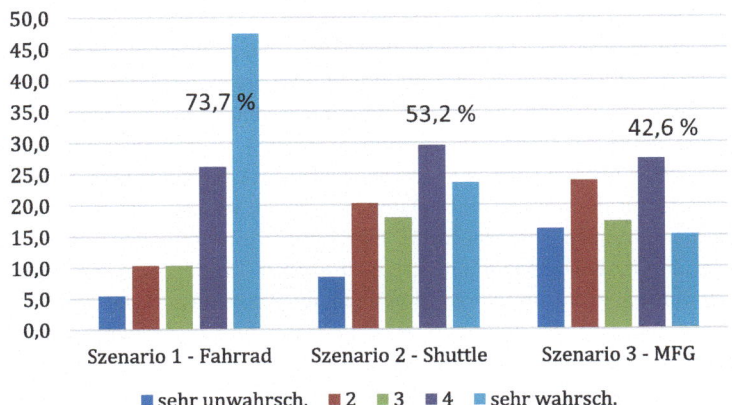

Abb. 6 Szenarien nachhaltiger Mobilität. (Eigene Darstellung)

Addiert man die Werte für die Antwortoptionen „wahrscheinlich" (4) und „sehr wahrscheinlich" (5), so gelangt man auch zu weiteren, überraschend hohen Werten, vor allem für das Fahrrad-Szenario (73,7 %) und das On-Demand-Szenario (53,2 %), die damit deutlich über dem liegen, was die Wunsch-Wegeketten angedeutet hatten (vgl. Abschn. 4.3). Auch das Szenario Mitfahrgelegenheit schneidet mit 42,6 % überraschend gut ab.

Offenbar gibt eine hohe Veränderungsbereitschaft, die sich vor allem dann zeigt, wenn man konkrete Szenarien künftiger Mobilität entwirft, die nachhaltig und dennoch komfortabel sind und an den Bedürfnissen der Nutzer:innen ansetzen.

Im Antwortverhalten der Befragten zeigt sich wiederum das schon in Abschn. 3.3 angesprochene Muster, dass Angehörige der Gruppe Technik und Verwaltung in geringerem Maße zu Veränderungen bereit sind als die beiden anderen Funktionsgruppen (keine Abbildung).

6 Akteurtypen

Wenn es um ihre Mobilität geht, treffen Menschen unterschiedliche Entscheidungen: die eine Person fährt Rad, während die andere sich ins Auto setzt – obwohl es sich um die gleiche Strecke zur Universität handelt und das Wetter gleich gut (bzw. gleich schlecht) ist. Um zu verstehen, wie derartige Entscheidungen zustande kommen, wurden die Befragten gebeten, ihre Präferenzen zu beschreiben, also anzugeben, wie wichtig es ihnen ist, schnell voranzukommen, sicher oder komfortabel zu reisen, Kosten zu sparen oder etwas für die Umwelt zu tun.

Diese individuell unterschiedlichen Präferenzordnungen ermöglichen es, ein Verständnis dafür zu entwickeln, warum Menschen so handeln, wie sie handeln, vor allem aber, warum sie verschiedenartige Entscheidungen treffen. Im Projekt InnaMoRuhr werden diese Daten verwendet, um Akteurtypen zu identifizieren, also Gruppen von Menschen, die ähnliche Einstellungen haben und in der Regel ein ähnliches Mobilitätsverhalten an den Tag legen. Auch kann man so besser verstehen, warum einige Menschen auf Anreize (z. B. kostenloser ÖV) und Restriktionen (z. B. Tempolimits, City-Maut) anders reagieren als andere (vgl. dazu auch Kap. 10 dieses Buchs).

Die so gewonnenen Daten ermöglichen es darüber hinaus, Akteurtypen als Software-Agenten in der Verkehrssimulation abzubilden und menschliches Entscheidungsverhalten im Computer nachzubauen (vgl. dazu Kap. 11 dieses Buchs). Zudem kann man auf diese Weise experimentell überprüfen, wie unterschiedliche Akteurtypen auf steuernde Eingriffe reagieren, deren Ziel es ist, das Mobilitätsverhalten der Menschen in Richtung Nachhaltigkeit zu beeinflussen.

Tab. 5 Clusteranalyse auf Basis der Präferenzen für die Fahrt zur Universität – Abweichungen von Mittelwerten (auf einer Skala von 0 bis 10; Farbcodierung: hohe Werte grün, niedrige rot; eigene Darstellung)[7]

Dimension	Cluster 1 Risikoaverse Umweltbewusste	Cluster 2 Indifferente	Cluster 3 Pragmatiker	Cluster 4 Komfortorientierte	Cluster 5 Umwelt- und Kostenbewusste	Mittelwert
schnell	-1,6	-0,8	1,0	0,8	0,8	7,8
kostengünstig	-0,6	0,5	0,9	-3,1	1,4	6,3
umweltfreundlich	1,7	0,9	-2,2	-2,1	2,1	5,9
komfortabel	-1,6	0,8	0,3	2,8	-2,2	4,7
sicher	1,7	0,2	-0,6	1,4	-2,7	6,2
zuverlässig	0,5	-1,9	0,8	0,5	0,5	8,1
N=	2.081	2.522	2.808	1.598	1.747	10.782
Anteil	19,3 %	23,4 %	26,0 %	14,8 %	16,2 %	

6.1 Präferenzen

Die Probanden wurden gebeten anzugeben, wie wichtig bzw. unwichtig es ihnen ist auf dem Weg zur Universität folgende Ziele zu erreichen: schnell anzukommen, kostengünstig, umweltfreundlich, komfortabel und sicher zu reisen und schließlich, sich darauf verlassen zu können, dass alles zuverlässig funktioniert. Diese sechs Dimensionen sollten sie auf einer Skala von 0 bis 10 bewerten. Um zu vermeiden, dass nur gute oder nur schlechte Werte vergeben wurden, durfte die Summe nicht weniger als 30 und nicht mehr als 40 Punkte betragen; auf diese Weise wurde eine Entscheidung zwischen möglicherweise konfligierenden Zielen erzwungen.

Tab. 5 zeigt in der Spalte „Mittelwert", dass die Dimensionen Schnelligkeit (7,8) und Zuverlässigkeit (8,1) besonders hoch bewertet wurden, der Komfort eher unterdurchschnittlich (4,7) und die anderen drei Dimensionen leicht positiv (Werte um 6,0).

---

[7] Ein Ausreißercluster mit N = 26 (0,2 %) ist in der Tabelle nicht aufgeführt.

Auf Basis dieser sechs Dimensionen wurden mithilfe einer Clusteranalyse fünf Akteurtypen identifiziert, die anhand der Abweichungen vom Mittelwert des gesamten Samples wie folgt charakterisiert werden können:[8]

- Die *risikoaversen Umweltbewussten* (Cluster 1) bewerten die Dimensionen Umwelt (1,7 Punkte über dem Mittelwert von 7,8) und Sicherheit (1,7) deutlich höher als der Durchschnitt, dafür die Dimensionen Geschwindigkeit (-1,6) und Komfort (-1,6) entsprechend niedriger.
- Die *Indifferenten* (Cluster 2) liegen in etlichen Dimensionen in der Nähe des Mittelwerts und zeichnen sich lediglich durch eine leichte Präferenz für das Thema Umwelt (0,9) aus; Zuverlässigkeit (-1,9) und Geschwindigkeit (-0,8) sind ihnen hingegen nicht wichtig.
- Die *Pragmatiker* (Cluster 3) wollen vor allem schnell (1,0), kostengünstig (0,9) und zuverlässig (0,8) vorankommen; neben den Komfortorientierten sind sie die Gruppe, die sich am wenigsten für die Dimension Umwelt (-2,2) interessiert.
- Die *Komfortorientierten* (Cluster 4) legen sehr hohen Wert auf den Komfort (2,8) und die Sicherheit (1,4); dafür spielen in dieser Gruppe die Kosten (-3,1) sowie die Umwelt (-2,1) nur eine untergeordnete Rolle.
- Die *Umwelt- und Kostenbewussten* (Cluster 5) schließlich weisen in den Dimensionen Umwelt (2,1) und Kosten (1,4) die höchsten, dafür aber in den Dimensionen Sicherheit (-2,7) und Komfort (-2,2) die niedrigsten Werte aller Cluster auf.

Wie die Prozentangaben in Tab. 5 zeigen, sind die fünf Cluster mit Anteilen zwischen 14,8 % (Cluster 4) und 26,0 % (Cluster 3) am Gesamtsample einigermaßen gleich verteilt. Zudem fällt auf, dass es – abweichend von anderen Studien (z. B. Adelt et al. 2018) – zwei Gruppen von Umweltbewussten gibt: die risikoaversen (Cluster 1) und die kostenorientierten (Cluster 5). Dies ist der Tatsache geschuldet, dass das Umweltbewusstsein mit einem Mittelwert von 4,23 auf einer fünfstufigen Skala bei allen Befragten sehr hoch ist (vgl. Abb. 7), was vermutlich darauf zurückzuführen ist, dass es sich um ein universitäres und zudem studentisch geprägtes Publikum handelt.[9] Wie die Daten in Tab. 5 sowie weitere

---

[8] Die Clusteranalyse wurde von Tobias Beier, Sebastian Hoffmann und Marlon Philipp durchgeführt.
[9] Die Skala von Diekmann/Preisendörfer aus dem Jahr 1992 eignet sich offenkundig nicht mehr, um das Umweltbewusstsein aktuell differenziert zu erfassen, da sie kaum noch polarisiert. Es wäre sinnvoller gewesen, bei der Befragung die modernisierte Skala von Rubik et al. (2019) zu verwenden.

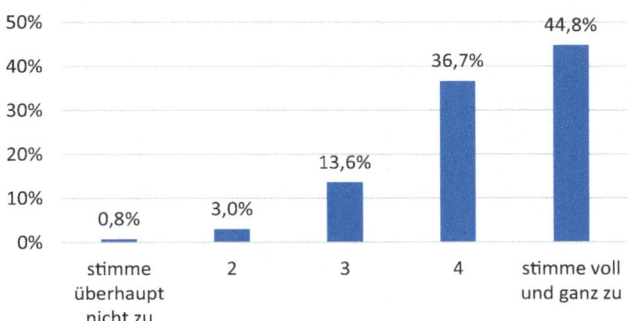

Abb. 7 Umweltbewusstsein der UA Ruhr-Angehörigen (klassierter Index auf Basis der Skala von Diekmann/Preisendörfer 1992). (Eigene Darstellung)

Analysen in den folgenden Abschnitten zeigen, wäre es wenig sinnvoll gewesen, diese beiden Cluster zusammenzufassen.

Insgesamt hat die Clusteranalyse zu fünf Clustern geführt, die nicht nur im technischen Sinne trennscharf sind, sondern sich auch inhaltlich gut charakterisieren lassen.

6.2 Deskriptive Beschreibung der Akteurtypen

Wie Tab. 6 belegt, unterscheiden sich die fünf Akteurtypen auch in Bezug auf soziodemografische Faktoren wie Alter, Geschlecht etc. deutlich voneinander. Um dies kenntlich zu machen, wurden die Abweichungen vom Mittelwert aller fünf Cluster mit Plus- und Minussymbolen markiert, die jeweils vier Ausprägungen haben:

- Kein Symbol – kein bzw. minimaler Unterschied;
- ein Symbol – 3,0 bis 9,9 % Abweichung vom Mittelwert;
- zwei Symbole – 10,0 bis 19,9 % Abweichung vom Mittelwert;
- drei Symbole – 20,0 oder mehr Prozent Abweichung vom Mittelwert.

Tab. 6 zeigt markante Unterschiede zwischen den fünf Akteurtypen, die die vorgenommene Clustereinteilung zusätzlich plausibilisieren:

Tab. 6 Übersicht über die Eigenschaften der fünf Akteurtypen (eigene Darstellung)

Akteurtyp	(1) Risikoaverse Umweltbewusste	(2) Indifferente	(3) Pragmatiker	(4) Komfortorientierte	(5) Umwelt- und Kostenbewusste
Funktionsgruppe Beschäftigte	++	+	--	+++	--
Alter	+		-	+	-
Geschlecht weiblich	+				
Kinder < 12 J.	++	++	--	+++	---
Entfernung Universität	-	-	+	++	--
Autobesitz	-	-	+	+++	--
ÖV und Rad	+	-		--	+
Hauptverkehrsmittel Auto	--			+++	---
Präferenzen (wichtig)	Umwelt Sicherheit	Umwelt	Fahrtzeit	Komfort Sicherheit	Kosten Umwelt
Präferenzen (unwichtig)	Fahrtzeit Komfort	Zuverlässigkeit	Umwelt	Kosten Umwelt	Komfort Sicherheit

Legende: 3,0 bis 9,9 % Abweichung vom Mittelwert: ein Symbol; 10 bis 19,9 %: zwei Symbole; ab 20 %: drei Symbole

- Die Komfortorientierten (Cluster 4) sind zumeist Beschäftigte, sind etwas älter, haben deutlich häufiger Kinder unter 12 Jahren im Haushalt, wohnen weiter entfernt und besitzen am häufigsten aller Akteurtypen ein Auto, das sie auch am meisten von allen Akteurtypen nutzen.
- Deutlich mehr, zudem etwas mehr weibliche Beschäftigte finden sich auch in Cluster 1 der risikoaversen Umweltbewussten, die ebenfalls etwas älter sind und mehr Kinder im Haushalt haben. Sie wohnen allerdings näher zur Universität, besitzen weniger private Pkws und nutzen vermehrt Alternativen zum Auto.

- Damit unterscheiden sie sich wiederum von Cluster 5 der Umwelt- und Kostenbewussten; denn hier finden sich – ähnlich wie in Cluster 3 – vermehrt Studierende, die jünger sind, keine Kinder haben, in Uni-Nähe wohnen, weniger Pkws besitzen und vermehrt ÖV bzw. Rad nutzen.
- In Cluster 3 der Pragmatiker finden sich hingegen die Studierenden, die vom Wohnort außerhalb zur Universität pendeln und oftmals ein eigenes Auto besitzen, aber nicht ausschließlich dieses Verkehrsmittel nutzen.
- Der verbleibende Cluster 2 der Indifferenten ähnelt in Bezug auf die soziodemografischen Faktoren in etlichen Punkten (Beschäftigte, Kinder, Uni-Nähe, weniger Autobesitz) Cluster 1, hebt sich aber von Cluster 3 ab – auch derart, dass hier der Faktor „Umwelt" stark gewichtet ist, bei Cluster 3 hingegen der Faktor „Fahrtzeit".

6.3 Vergleich der Funktionsgruppen

Mithilfe der Akteurtypen lassen sich zudem weitere Analysen durchzuführen, z. B. eine differenzierte Betrachtung nach Funktionsgruppen.

Wie Abb. 8 anhand der Abweichungen vom Mittelwert des jeweiligen Akteurtyps belegt, fällt insbesondere die Gruppe Technik und Verwaltung durch einen überdurchschnittlichen Anteil von Komfortorientierten (+6,9 PP) und unterdurchschnittliche Anteile bei den Pragmatikern (-3,4 PP) sowie den Umwelt- und Kostenbewussten (-5,2 PP) auf.

Bei den Studierenden gibt es wenig Auffälligkeiten, bei den Wissenschaffenden gibt es deutlich weniger Pragmatiker (-6,3 PP) und dafür etwas mehr Risikoaverse (+3,7 PP).

6.4 Verfügbarkeit von Verkehrsmitteln

Wie kaum anders zu erwarten, unterscheiden sich die fünf Akteurtypen in Bezug auf die Verfügbarkeit privater und öffentlicher Verkehrsmittel (vgl. Tab. 7). Cluster 5 der Umwelt- und Kostenbewussten weist den niedrigsten Wert für den Pkw (58,5 %) und die höchsten Werte für Rad (81,9 %), Sharing (32,7 %) und ÖV (91,1 %) auf. Dieses Cluster hebt sich damit deutlich von den vier anderen Clustern ab.

Auch Cluster 4 der Komfortorientierten sticht mit dem höchsten Wert für den Pkw-Besitz (87,6 %) sowie den niedrigsten Werten in den drei anderen Kategorien deutlich hervor. Die Pragmatiker (Cluster 3) sind etwas Pkw-affiner (70,1 %)

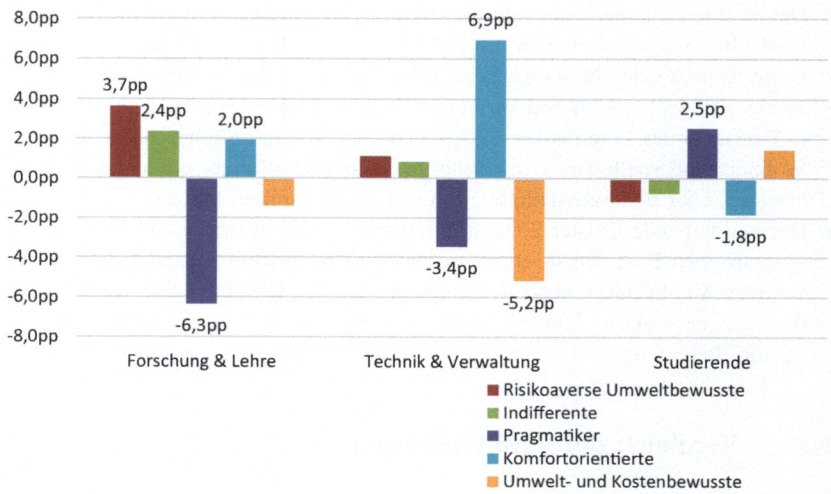

Abb. 8 Anteile der Akteurtypen in den Funktionsgruppen. (Abweichungen vom Mittelwert des jeweiligen Akteurtyps in Prozentpunkten; eigene Darstellung)

Tab. 7 Verfügbarkeit von Verkehrsmitteln der fünf Akteurtypen (Farbcodierung spaltenweise nach normativen Maßstäben: besonders umweltfreundliches Verhalten grün, wenig umweltfreundliches Verhalten rot; eigene Darstellung)

Cluster	Bezeichnung	Pkw	Rad	Sharing	ÖV-Abo
1	Risikoaverse Umweltbewusste	63,6 %	74,7 %	25,4 %	85,6 %
2	Indifferente	62,6 %	70,1 %	24,5 %	83,3 %
3	Pragmatiker	70,1 %	64,2 %	22,2 %	85,9 %
4	Komfortorientierte	87,6 %	59,3 %	16,8 %	73,6 %
5	Umwelt- und Kostenbewusste	58,5 %	81,9 %	32,7 %	91,1 %
	Gesamt	71,7 %	69,7 %	24,3 %	84,2 %

als die Cluster 1, 2 und 5 und weisen bei Rad (64,2 %) und Sharing (22,2 %) vergleichsweise niedrige Werte auf. Die Indifferenten (Cluster 2) liegen – außer beim Pkw (62,6 %) – stets in der Nähe des Mittelwerts (vgl. Zeile „Gesamt"), was ihre Einstufung als Gruppe mit dieser Bezeichnung bestätigt. Auch die Werte für Cluster 1 der risikoaversen Umweltbewussten bekräftigen vorherige Analysen (vgl. Abschn. 6.1), denen zufolge es Sinn macht, Cluster 1 und Cluster 5 zu trennen, da sich ihr Mobilitätsverhalten deutlich unterscheidet, beispielsweise beim Pkw-Besitz (in Cluster 1 + 5,1 PP höher als in Cluster 5) oder bei der Verfügbarkeit von Rad (-7,2 PP), Sharing (-7,3 PP) oder ÖV-Abos (-4,5 PP).

6.5 Mobilitätsverhalten

Diese Tendenzen spiegeln sich auch im realen Mobilitätsverhalten wider, das wiederum anhand des Modal Split auf Basis des Hauptverkehrsmittels (nach Distanz) analysiert wird. In Tab. 8 sind die aggregierten Daten zum Modal Split vor Corona (vgl. Abschn. 3.1 sowie Zeile „Gesamt") nunmehr nach Akteurtypen aufgeschlüsselt. Sie bestätigen vorherige Analysen, zeigen aber auch, dass in allen Clustern ein gewisser Teil der Menschen, die ein Auto besitzen, dies *nicht* für ihre Alltagsmobilität nutzt. So besitzen die Komfortorientierten zwar zu 87,6 % einen Pkw, fahren aber nur zu 65,8 % damit zur Arbeit.[10] Bei den Umwelt- und Kostenbewussten ist dieser Trend noch deutlicher: Zwar besitzen 58,5 % einen Pkw, aber nur 12,4 % nutzen ihn als Hauptverkehrsmittel.

Vergleicht man das Mobilitätsverhalten der fünf Akteurtypen, so weisen wiederum die Komfortorientierten (Cluster 4) in allen vier Bereichen die mit Abstand schlechtesten Werte auf, die Umwelt- und Kostenbewussten (Cluster 5) hingegen die besten – vorausgesetzt, dass umweltbewusstes Verhalten der normative Maßstab ist. Auch zeigen sich wiederum der deutliche Unterschied zwischen Cluster 5 und den risikoaversen Umweltbewussten (Cluster) 1 sowie die eher durchschnittlichen Werte für das Mobilitätsverhalten von Cluster 2 und 3, wobei die Pragmatiker sich insbesondere beim Rad (7,0 versus 13,2 %) und beim ÖV (54,3 versus 50,9 %) von den Indifferenten unterscheiden.

---

[10] Die Werte sind nur bedingt vergleichbar, weil die Größe des Samples in den beiden Auswertungen unterschiedlich ist.

Tab. 8 Hauptverkehrsmittel (vor Corona) nach Clustern (Farbcodierung spaltenweise nach normativen Maßstäben: besonders umweltfreundliche Wahl grün, wenig umweltfreundliche Wahl rot; eigene Darstellung)

Cluster	Bezeichnung	Pkw	Rad	ÖV, Sharing	zu Fuß
1	Risikoaverse Umweltbewusste	20,4%	18,0%	52,7%	8,5%
2	Indifferente	28,5%	13,2%	50,9%	7,0%
3	Pragmatiker	31,3%	7,0%	54,3%	7,0%
4	Komfortorientierte	65,8%	4,3%	26,2%	3,7%
5	Umwelt- und Kostenbewusste	12,4%	17,4%	61,5%	8,3%
	Gesamt	31,1 %	11,8 %	49,8 %	7,0 %

6.6 Bereitschaft zur Verhaltensänderung

Die Unterschiede der Akteurtypen schlagen sich schließlich auch in der Bereitschaft zur Verhaltensänderung nieder, die über drei Szenarien erhoben wurde (vgl. Abschn. 5). Das Fahrrad-Szenario (Nr. 1) spricht mit einem Mittelwert von knapp 4,0 (auf einer Skala von 1 bis 5) zwar insgesamt einen großen Teil der Befragten (73,7 %) an; besonders positiv reagieren jedoch die beiden Gruppen der Umweltbewussten: die Preisbewussten (Cluster 5), die 0,5 Punkte über dem Durchschnitt liegen, und die Risikoaversen (Cluster 1: + 0,3), während die Komfortorientierten (Cluster 4) mit einem Minus von 0,7 Punkten deutlich weniger positiv reagieren.

Ein ähnliches Bild zeigt sich auch beim On-Demand-Szenario (Nr. 2) und – weniger deutlich – beim Szenario Mitfahrgelegenheit (Nr. 3). Immer sind es die Komfortorientierten, deren Veränderungsbereitschaft weniger stark ausgeprägt ist als die der Akteure der anderen Cluster – wohl auch, weil sie in deutlich höherem Maß einen eigenen Pkw besitzen (Abb. 9).

7 Bewertung von Verkehrsmitteln

Die Befragten wurden auch gebeten, die zur Verfügung stehenden Verkehrsmittel hinsichtlich Geschwindigkeit, Kosten, Umweltfreundlichkeit etc. zu bewerten. Diese Werte sind vor allem für die Verkehrssimulation und insbesondere für die

Mobilitätspraktiken und Mobilitätsbedarfe

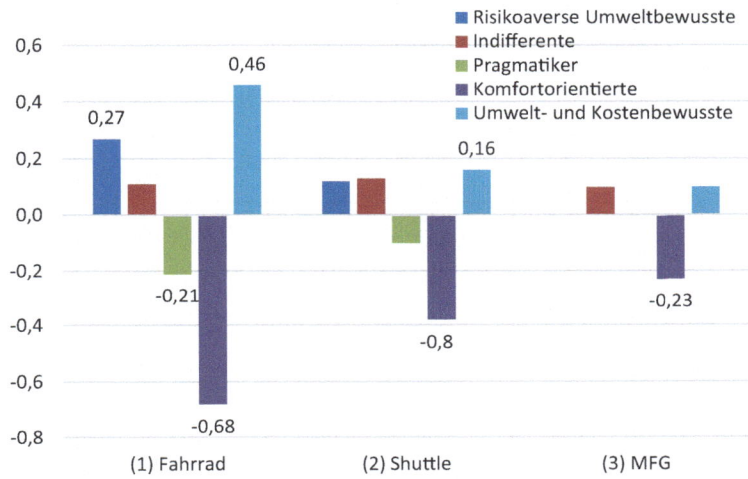

Abb. 9 Bereitschaft zur Verhaltensänderung nach Szenarien und Akteurtypen. (Abweichungen vom Mittelwert auf einer Skala von 1 bis 5; eigene Darstellung)

Modellierung der Agenten und ihrer Entscheidungen erforderlich (vgl. Kap. 10 dieses Buchs). Denn die im Modell implementierte Handlungslogik der Agenten basiert auf Konzepten der soziologischen Handlungstheorie, denen zufolge Akteure in der Regel die Handlungsalternative mit dem größten subjektiven Nutzen wählen (Esser 2000). Dieser Nutzen errechnet sich aus der Summe der gewichteten Ziele, in die die subjektiven Präferenzen (vgl. Abschn. 6.1), aber auch die Wahrscheinlichkeiten eingehen, mithilfe unterschiedlicher Handlungsoptionen (hier: Verkehrsmittel) diese Ziele zu erreichen.

7.1 Mit dem Rad oder mit dem Auto zur Uni?

Ein fiktives Beispiel soll diesen Ansatz erläutern: Person A fährt mit dem Auto zur Universität, Person B mit dem Rad. Versucht man zu verstehen, warum dies so ist, so stößt man – z. B. per Befragung – auf unterschiedliche Gewichtungen konkurrierender Ziele (vgl. Tab. 9).[11] Person A ist es wichtig, schnell voranzukommen (maximale Punktzahl von 10); die Kosten spielen hingegen keine große

---

[11] Diese Überlegungen werden in Kap. 10 dieses Buchs vertieft.

Tab. 9 Handlungslogik unterschiedlicher Akteure (fiktives Beispiel; eigene Darstellung)

Person A	Schnell	Günstig	Nutzen
Präferenzen	10	4	
Bewertung Auto	80 %	30 %	9,2
Bewertung Rad	30 %	80 %	6,2

Person B	Schnell	Günstig	Nutzen
Präferenzen	3	8	
Bewertung Auto	80 %	30 %	4,8
Bewertung Rad	30 %	80 %	7,3

Rolle (Wert 4). Bei Person B verhält es sich in etwa umgekehrt (Werte 3 und 8). Die Bewertung der Ziele ist also sehr individuell und subjektiv und macht den Kern dessen aus, was die soziologische Theorie als Akteurtyp bezeichnet.

Ob die beiden Personen A und B ihre Ziele erreichen, schnell bzw. kostengünstig zur Universität zu kommen, hängt jedoch von den Eigenschaften der beiden zur Wahl stehenden Verkehrsmittel ab. Hier gilt nun für beide Personen gleichermaßen, dass das Auto mit hoher Wahrscheinlichkeit (80 auf einer Skala von 0 bis 100 %) dazu beiträgt, schnell voranzukommen, dafür aber weniger dazu beiträgt, Kosten einzusparen (30 %). Beim Rad ist dies genau andersherum.[12]

Durch Addition der gewichteten Ziele ergibt sich der Gesamtnutzen von 9,2 bzw. 7,3, der die Entscheidung der beiden fiktiven Personen prägt und zudem erklärt, warum sie sich für unterschiedliche Optionen entscheiden. Zugleich hilft dieses Gedankenexperiment zu verstehen, unter welchen Bedingungen sie sich evtl. anders entscheiden würden. Es gibt in diesem Modell im Wesentlichen zwei „Hebel": die Präferenzen und die Wahrscheinlichkeiten. Während der Wandel von Einstellungen und Präferenzen Zeit braucht, kann man die Wahrscheinlichkeiten beeinflussen, z. B. durch ein Tempolimit für Pkws und/oder einen Ausbau der Radinfrastruktur. Die Wahrscheinlichkeit, mit dem Pkw schnell voranzukommen, sinkt damit um 20 Prozentpunkte, während der Wert für das Fahrrad um 20 Prozentpunkte steigt. Welche Auswirkungen dies – bei unveränderten Werten für die Kosten – hat, ist in Tab. 10 abzulesen.

---

[12] Aus Gründen der Übersichtlichkeit wurden hier fiktive Werte ohne Dezimalstellen verwendet, die jedoch nahe an den Werten liegen, die weiter unten in Tabelle 10 präsentiert werden. Der Einfachheit halber wird zudem unterstellt, dass die Entscheidungen der beiden Personen auf Basis lediglich zweier Bewertungskriterien (Zeit und Kosten) erfolgt.

Mobilitätspraktiken und Mobilitätsbedarfe

Tab. 10 Handlungslogik von Person A bei geänderten Randbedingungen (eigene Darstellung)

Person A	Schnell	Günstig	Nutzen
Präferenzen	10	4	
Bewertung Auto	60 % (-20 PP)	30 %	7,2
Bewertung Rad	50 % (+20 PP)	80 %	**8,2**

Der Nutzen des Autos sinkt von zuvor 9,2 auf nunmehr 7,2 Punkte, während der Nutzen des Rads von 6,2 auf 8,2 Punkte steigt, das damit den größten Nutzen hat und – so die Annahme der soziologischen Handlungstheorie – als Option gewählt wird. Die (umweltpolitisch motivierten) Eingriffe und die damit einhergehenden Veränderungen der Wahrscheinlichkeiten können also dazu beitragen, Person A zum Umsteigen auf das Fahrrad zu bewegen – bei unveränderten individuellen Präferenzen.

7.2 Technologiefaktoren

Man könnte für die Wahrscheinlichkeit, mit dem Auto oder Rad schnell oder kostengünstig zu reisen, objektive Werte zugrunde legen. Hier wird jedoch der Ansatz gewählt, auch diese Werte durch Befragung zu erheben, um auf diese Weise die subjektive Sicht der Dinge zu ermitteln (Best 2009). Am Beispiel des Rauchens oder des Lotto-Spielens lässt sich am besten nachvollziehen, dass objektive und subjektiv eingeschätzte Wahrscheinlichkeiten nicht übereinstimmen müssen.

Wie Tab. 11 zeigt, gilt das Auto als besonders schnell (79,3-%ige Wahrscheinlichkeit), komfortabel (93,2 %) und zuverlässig (81,3 %) und auch als etwas sicherer (67,9 %) als der ÖV; in Sachen Kosten (32,4 %) und Umwelt (22,5 %) weist es jedoch schlechte Werte auf. Das Rad gilt hingegen als kostengünstig (87,1 %) und umweltfreundlich (94,4 %) – mit großem Abstand zu den beiden anderen Verkehrsmitteln –, zudem als fast so zuverlässig (80,5 %) wie das Auto. Auch in der Kategorie „Fahrspaß" liegt das Rad (66,5 %), anders als man es evtl. hätte vermuten können, deutlich vor dem Auto. Die sichtbarsten Schwachpunkte sind die Geschwindigkeit (34,9 %), der Komfort (41,5 %) und die Sicherheit (43,7 %).

Tab. 11 Subjektive Einschätzungen der Wahrscheinlichkeit, mit einem Verkehrsmittel unterschiedliche Ziele zu erreichen (Mittelwerte auf einer Skala von 0 bis 100 %, hohe Werte sind zeilenweise grau markiert; eigene Darstellung)

Dimension	Auto	ÖV	Rad
schnell	79,3%	38,1%	35,9%
kostengünstig	32,4%	53,6%	87,1%
umweltfreundlich	22,5%	73,5%	94,4%
komfortabel	83,2%	41,8%	41,5%
sicher	67,9%	64,9%	43,7%
zuverlässig	81,3%	35,3%	80,5%
spaßig	58,0%	39,8%	66,5%

Der ÖV hingegen liegt in keiner Kategorie vor den beiden anderen Verkehrsmitteln. Er punktet lediglich in den Dimensionen Umwelt (73,5 %) und Sicherheit (64,9 %), weist aber bei Geschwindigkeit (38,1 %) – hier kaum besser als das Rad –, Komfort (41,5 %), Zuverlässigkeit (35,3 %) und Fahrspaß (39,8 %) klare Defizite auf.

Man mag einwenden, dass diese Charakterisierungen unterschiedlicher Verkehrsmittel unmittelbar einleuchtend sind und die aufgezeigten Tendenzen auch ohne eine großangelegte Befragung hätten ermittelt werden können. Für die spätere Verkehrssimulation (vgl. Kap. 11), vor allem für die Modellierung des mobilitätsbezogenen Entscheidungsverhaltens der Menschen, sind die exakten Werte jedoch von großem Wert, denn sie helfen, subjektive Erwartungen (z. B. bezüglich der Schnelligkeit des Autofahrens) zu modellieren, deren mögliche Enttäuschung (z. B. im Fall von Staus oder Tempolimits) zu einer Veränderung des Mobilitätsverhaltens führen könnte.

7.3 Akteurtyp-spezifische Wahrscheinlichkeiten

Die soziologische Modellierung von Alltagshandeln geht in der Regel davon aus, dass die Wahrscheinlichkeits-Werte zwar durch die subjektive Wahrnehmung der Menschen geprägt sind, im Großen und Ganzen aber für die gesamte Population gleichermaßen gelten und daher als Konstanten in die Rechnung einfließen können, die überindividuell gültig sind (siehe auch Kap. 10 dieses Buchs). So wurde auch im Fall des fiktiven Beispiels in Abschn. 7.1 verfahren, in dem für beide Personen A und B die gleichen Wahrscheinlichkeits-Werte auf einer Skala

Tab. 12 Vergleich der Mittelwerte der fünf Cluster mittels ANOVA (Eta-Quadrat – allesamt signifikant p <,001 außer Rad/Umwelt; eigene Darstellung)

Dimension	Auto	ÖV	Rad
schnell	,026	,051	,044
kostengünstig	,025	,003	,003
umweltfreundlich	,033	,006	,002 (n.s.)
komfortabel	,023	**,063**	,040
sicher	,032	,020	,006
zuverlässig	,025	,043	,025

von 0 bis 100 % verwendet wurden. Die Daten, die im Projekt InnaMoRuhr erhoben wurden, lassen jedoch Zweifel aufkommen, ob dieses Vorgehen bei der Modellierung mobilitätsbezogener Entscheidungen akzeptabel ist.

Auf den ersten Blick unterscheiden sich die Einschätzungen der Cluster bezüglich der sechs Dimensionen für die drei Verkehrsmittel Auto, Rad und ÖV nur geringfügig, wie die ANOVA in Tab. 12 anhand des Maßes für die Gesamt-Effektgröße Eta-Quadrat belegt.[13]

Beim Auto liegen die Mittelwert-Differenzen allesamt im niedrigen Bereich (Eta-Quadrat von ,023 bis ,033), beim ÖV und beim Rad in einigen Dimensionen etwas höher, aber immer noch im niedrigen Bereich (,040 bis ,051); und lediglich beim Komfort des ÖV gibt es einen Wert (,063), der im mittleren Bereich liegt und darauf deutet, dass es größere Differenzen in der Bewertung dieser Dimension gibt. Obwohl die Mittelwert-Differenzen gemäß ANOVA nur im schwachen bis mittleren Bereich liegen, zeigen Post-hoc-Tests (Games-Howell, Hochberg), dass sich recht viele Cluster-Paare signifikant voneinander unterscheiden: Bei der Bewertung des Autos unterscheiden sich im Schnitt fast neun von zehn möglichen Clusterpaaren über alle Dimensionen hinweg; bei Rad und ÖV sind es ca. sechs bzw. sieben Clusterpaare. Offensichtlich gibt es also einige Dimensionen, die unstrittig und – wie oben bereits erwähnt – überindividuell gültig zu sein scheinen (z. B. Kosten und Umweltfreundlichkeit von Rad und ÖV). Jedoch liefert die ANOVA erste Indizien, dass Unterschiede in den Wahrnehmungen bestehen.

Insofern macht es Sinn, dieses Thema auch auf andere Weise zu beleuchten, nämlich durch eine deskriptive Betrachtung der Gesamtbewertung eines Verkehrsmittels durch die verschiedenen Cluster: Diese zeigt einige Muster, welche in der ANOVA nicht sichtbar wurden (siehe letzte Zeile in Tab. 13). Später

---

[13] Ein Eta-Quadrat ab ,011 gilt als kleiner Effekt, ab ,06 als mittlerer und ab ,14 als großer.

Tab. 13 Subjektive Einschätzung der Wahrscheinlichkeiten nach Clustern, mit dem Auto unterschiedliche Ziele zu erreichen (Abweichungen vom Mittelwert in Prozentpunkten, farblich zeilenweise codiert: hohe Werte grün, niedrige rot; eigene Darstellung)[14]

Dimensionen Auto	Cluster 1 Risikoaverse Umweltbewusste	Cluster 2 Indifferente	Cluster 3 Pragmatiker	Cluster 4 Komfortorientierte	Cluster 5 Umwelt- und Kostenbewusste	Mittelwert
Schnell	-2,7	-3,2	2,5	5,3	-1,5	79,3%
Günstig	-3,3	1,3	3,0	4,3	-6,7	32,4%
Umwelt	-3,4	1,3	3,1	5,0	-7,5	22,5%
Komfort	-1,9	-3,9	2,3	5,2	-0,9	83,2%
Sicher	-2,3	-2,5	3,0	7,3	-5,2	67,9%
Zuverlässig	-1,8	-3,9	2,7	4,5	-0,8	81,3%
	-2,6	-1,8	2,8	5,3	-3,8	
	Durchschnittliche Abweichung vom Mittelwert					

wird sich zeigen, dass selbst diese geringen Unterschiede der wahrgenommenen Wahrscheinlichkeiten eine relevante Größe darstellen, wenn man sie in die Berechnungen des subjektiven Nutzens einspeist (vgl. Abschn. 7.5).

Cluster 3 (plus 2,8 PP – letzte Zeile, gemittelt über alle sechs Dimensionen) und insbesondere Cluster 4 (plus 5,3 PP) heben sich mit überdurchschnittlich positiven Bewertungen des Autos in sämtlichen Dimensionen von den anderen drei Clustern ab, schätzen also die Wahrscheinlichkeit, mit dem Auto die sechs Ziele zu erreichen, deutlich höher ein als beispielsweise Cluster 5 (minus 3,8 PP), bei dem das Auto durchweg schlechtere Noten bekommt, beispielsweise in den Dimensionen Kosten (6,7 PP unter dem ohnehin niedrigen Mittelwert von 32,4 %), Umwelt (7,5 PP unter 22,5 %) und Sicherheit (5,2 PP unter 67,9 %).

Ein ähnliches, aber spiegelverkehrtes Bild zeigt sich bei den anderen beiden Verkehrsmitteln Rad und ÖV, die von den Clustern 3 und 4 durchweg schlechte Noten bekommen – im Gegensatz zu den anderen drei Clustern, wobei wiederum Cluster 5 mit besonders guten Bewertungen hervorsticht (vgl. Tab. 14).

---

[14] Die Werte in der letzten Zeile von Tab. 12 sowie sämtliche Werte in Tab. 13 wurden als Mittelwerte sämtlicher sechs Dimensionen berechnet, also als durchschnittliche Abweichung der Cluster-Mittelwerte (spaltenweise, in PP) der sechs Dimensionen von denen des Gesamtsamples (letzte Spalte).

Tab. 14 Subjektive Einschätzung der Verkehrsmittel nach Clustern (durchschnittliche Abweichungen von den Mittelwerten der sechs Dimensionen in Prozentpunkten; Farbcodierung zeilenweise; eigene Darstellung)

	Cluster 1	Cluster 2	Cluster 3	Cluster 4	Cluster 5
	Risikoaverse Umweltbewusste	Indifferente	Pragmatiker	Komfortorientierte	Umwelt- und Kostenbewusste
Auto	-2,6	-1,8	2,8	5,3	-3,8
ÖV	2,2	2,6	-2,3	-6,0	3,2
Rad	2,3	0,8	-1,8	-4,2	2,8

Insgesamt schwanken die Differenzen zwischen dem höchsten und den niedrigsten Wert teils erheblich, wie Tab. 15 anhand besonders markanter Beispiele belegt.

In einigen Bereichen gibt es einen gewissen Konsens zwischen den Clustern, z. B. bei der Einschätzung der Umweltfreundlichkeit des Rads (2,0 PP); in anderen hingegen liegen die Einschätzungen weit auseinander, beispielsweise, wie oben bereits aufgezeigt, beim Komfort des ÖV (16,1 PP). Im Schnitt liegt die Spannweite, also die Differenz zwischen dem Maximum und dem Minimum, bei 9,5 Prozentpunkten.

Diese Analysen werfen die Frage auf, ob diese hier aufgezeigten Differenzen zwischen den Clustern vernachlässigt werden können oder ob die Akteurtypspezifischen Wahrscheinlichkeiten mit in die Modellierung des Alltagshandeln einbezogen werden müssen (vgl. Best 2009).

Tab. 15 Besonders markante Werte (Differenz zwischen Maximum und Minimum in Prozentpunkten; grün = geringe, rot = große Differenz; eigene Darstellung)

Dimension	Auto	ÖV	Rad
Schnell		14,0	15,1
Günstig		4,0	3,7
Umwelt	12,5	4,3	2,0
Komfort		16,1	13,1
Sicher	12,5		5,8
Zuverlässig		13,1	

7.4 Subjektive Präferenzen und subjektive Wahrscheinlichkeiten

Insgesamt zeigen diese Betrachtungen, dass sich die Differenzen zwischen den Akteurtypen nicht nur in den subjektiven Präferenzen (vgl. Abschn. 6.1), sondern auch in den subjektiv wahrgenommenen Wahrscheinlichkeiten der Zielerreichung mithilfe unterschiedlicher Handlungsalternativen niederschlagen. Es wäre ein problematisches Verfahren, die Wahrscheinlichkeiten als Quasi-Konstanten zu verwenden, die überindividuell gültig sind, und die Differenzen zwischen den Akteurtypen lediglich über deren unterschiedliche Präferenzordnungen abzubilden.

Zweifellos ist zu konstatieren, dass die Akteurtypen sich hinsichtlich ihrer Präferenzen weit stärker unterscheiden als hinsichtlich der Einschätzung der Verkehrsmittel. Bei den Präferenzen beträgt die Spannweite, also die Differenz zwischen dem maximalen und dem minimalen Clusterwert, für das Ziel Schnelligkeit 2,6 Punkte, für das Ziel Komfort sogar 5,0 Punkte (auf einer Skala von 0 bis 10, vgl. Abb. 10).

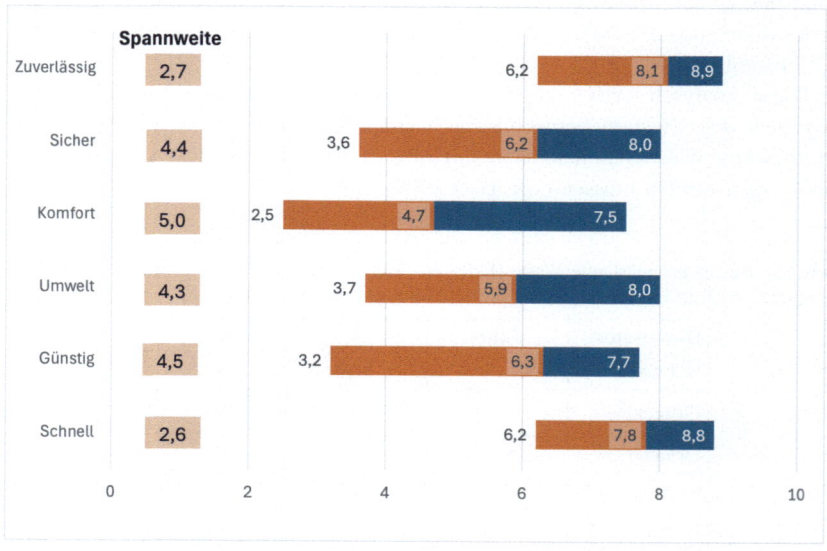

Abb. 10 Spannweite der Präferenzen der fünf Akteurtypen (Cluster; eigene Darstellung)

Nur zwei Spannweiten liegen unter 4,0, was darauf verweist, dass sich die Akteurtypen hinsichtlich ihrer Präferenzen (auf einer Skala von 0 bis 10) deutlicher unterscheiden als hinsichtlich der Einschätzung der Wahrscheinlichkeiten, wo die Differenzen zwischen 2,0 und 16,1 Prozentpunkten liegen (auf einer Skala von 0 bis 100, vgl. Tab. 15), was Werten zwischen 0,2 und 1,6 Prozentpunkten auf einer Zehnerskala entspricht.

Dennoch müssen beide Faktoren also bei der Berechnung des individuellen Nutzens berücksichtigt werden, da sich die subjektiven Werte nicht nur in den individuellen Präferenzen, sondern auch – wenngleich in geringerem Maße – in den Bewertungen der Handlungsoptionen niederschlagen und so ihre Handlungswahlen ebenfalls prägen. Der folgende Abschnitt wird anhand des bereits eingeführten Gedankenexperiments demonstrieren, welche Konsequenzen es hat, wenn sowohl die individuellen Präferenzen als auch die subjektiv eingeschätzten Wahrscheinlichkeiten in die Nutzenkalkulation einfließen.

7.5 Nutzenkalkulation auf Basis Akteurtyp-spezifischer Werte

Die in Tab. 14 dokumentierten Differenzen zwischen den Clustern, die sich allesamt im niedrigen einstelligen Prozentbereich bewegen, werden in der folgenden Berechnung mit berücksichtigt. Dabei wird unterstellt, dass Person A dem Cluster 4 der Komfortorientierten angehört, Person B hingegen dem Cluster 5 der Umwelt- und Kostenbewussten. Zudem basieren die folgenden Berechnungen sowohl auf den Akteurtyp-spezifischen Präferenzen als auch auf den Akteurtyp-spezifischen Wahrscheinlichkeiten, wie sie in der Befragung erhoben wurden, und nicht auf fiktiven Werten wie in Tab. 9.

Wie in Tab. 16 unschwer abzulesen ist, fährt Person A nach wie vor Auto und Person B nach wie vor Rad; aber es haben sich in beiden Fällen deutliche Verschiebungen ergeben, wie die Spalte „alte Werte" andeutet, in der die ursprünglichen Nutzenwerte aus dem fiktiven Beispiel in Tab. 9 aufgelistet sind. Zudem untermauert die Spalte „Einheitswerte", die den Nutzen auf Grundlage *identischer* Wahrscheinlichkeiten zeigt, die Annahme, dass die Berücksichtigung der *individuellen* Bewertungen der Verkehrsmittel einen großen Einfluss auf das Ergebnis hat. Dies betrifft nicht nur die absoluten Nutzenwerte, die deutlich niedriger bzw. höher liegen als zuvor, sondern auch den Abstand zwischen den beiden Optionen, der von 2,0 auf 3,4 bei Person A und von 1,2 auf 2,4 bei Person B steigt.

Tab. 16 Handlungswahlen bei Berücksichtigung Akteurtyp-spezifischer Wahrscheinlichkeiten (eigene Darstellung)

Person A (Cluster 4)	Schnell	Günstig	Nutzen (neue Werte)	Nutzen (alte Werte*)	Nutzen (Einheitswerte**)
Präferenzen	8,6	3,2			
Bewertung Auto	84,6 % (+5,3 PP)	36,7 % (+4,3 PP)	8,5	9,2	7,9
Bewertung Rad	26,7 % (-9,2 PP)	87,1 % (+0,0 PP)	5,1	6,2	5,9

Person B (Cluster 5)	Schnell	Günstig	Nutzen (neue Werte)	Nutzen (alte Werte*)	Nutzen (Einheitswerte**)
Präferenzen	7,0	7,7			
Bewertung Auto	77,8 % (-1,5 PP)	25,7 % (-6,7 PP)	7,4	4,8	8,0
Bewertung Rad	41,8 % (+5,9 PP)	89,2 % (+2,1 PP)	9,8	7,3	9,2

* Alte Werte: aus fiktivem Beispiel in Tabelle 9.
** Einheitswerte: berechnet auf Grundlage identischer Wahrscheinlichkeiten

Dies verdeutlicht, wie wichtig es ist, die subjektiv wahrgenommenen Wahrscheinlichkeiten der Zielerreichung durch Wahl unterschiedlicher Handlungsoptionen zu berücksichtigen.

Zudem hat dies erhebliche Konsequenzen für die Frage der nachhaltigen Transformation von Mobilität. Während weiter oben Änderungen von plus bzw. minus 20 Prozentpunkten ausreichten, um Person A zum Radfahren zu bewegen, reicht dies nun nicht mehr aus, wie Tab. 17 belegt.

Tab. 17 Handlungslogik von Person A bei typspezifischen Wahrscheinlichkeiten und geänderten Rahmenbedingungen (eigene Darstellung)

Person A (Cluster 4)	Schnell	Günstig	Nutzen	ohne Intervention
Präferenzen	8,6	3,2		
Bewertung Auto	64,6 % (-20,0 PP)	36,7 %	6,7	8,5
Bewertung Rad	46,7 % (+20 PP)	80,0 %	6,8	5,1

Tab. 18 Handlungslogik von Person A unter nochmals geänderten Rahmenbedingungen (eigene Darstellung)

Person A (Cluster 4)	Schnell	Günstig	Nutzen
Präferenzen	8,6	3,2	
Bewertung Auto	64,6 %	16,7 % (-10,0 PP)	6,4
Bewertung Rad	46,7 %	97,1 % (+10,0 PP)	**7,1**

Selbst unter geänderten Rahmenbedingen (Tempo-Limit und Ausbau der Rad-Infrastruktur) ist es wenig wahrscheinlich, dass Person A sich für das Rad und gegen das Auto entscheiden wird, zu dicht liegen die beiden Werte beieinander. Eingespielte Gewohnheiten und Routinen, also Faktoren, die in dem Gedankenexperiment nicht berücksichtigt sind, werden vermutlich den Ausschlag zugunsten des Autos geben. Dies unterscheidet sich deutlich von der ursprünglichen Konstellation, in der die Entscheidungen sämtlicher Akteurtypen mit einem konstanten Wahrscheinlichkeitswert berechnet wurden. Hier hatte die Intervention eine klare Entscheidung zugunsten des Rades bewirkt (vgl. Tab. 10).

Um auch Person A zum Umsteigen auf das Rad zu bewegen, bedürfte es also weitaus stärkerer Eingriffe, beispielsweise bei den Kosten des Autos, etwa in Form der Einführung einer City-Maut (-10 PP), sowie den Kosten des Rads, etwa in Form der Subvention von E-Bike-Verleihsystemen (+10 PP, vgl. Tab. 18).

Die neuen Nutzenwerte von 6,4 und 7,1 zeigen, dass unter diesen geänderten Randbedingungen eine gewisse Chance besteht, auch Person A zum Radfahren zu bewegen. Allerdings liegen die Wahrscheinlichkeitswerte in Tab. 18 nunmehr knapp über 10 bzw. knapp unter 100 %, was nicht nur unrealistisch ist, sondern auch problematisch sein könnte. Denn in der Praxis würde dies drastische Maßnahmen bedeuten, deren Akzeptanz in der Bevölkerung fraglich sein dürfte.

Das Gedankenexperiment zeigt vielmehr zweierlei: Zum einen ist es unrealistisch anzunehmen, dass man mit bestimmten verkehrspolitischen Maßnahmen sämtliche Akteure bzw. Akteurtypen gleichermaßen erreicht. Es bedarf offenbar maßgeschneiderter Lösungen für unterschiedliche Gruppen, die deren Interessen und Bedürfnisse angemessen berücksichtigen.

Zum anderen zeigt es, wie wichtig es ist, die Akteurtyp-spezifischen Differenzen sowohl bei den Präferenzen als auch bei den Bewertungen der Verkehrsmittel zu berücksichtigen, wenn es um die Modellierung mobilitätsbezogenen Alltagshandelns und die Durchführung von Simulationsexperimenten geht.

8 Statt eines Fazits: Birgit S

Ein Resümee der wesentlichen Ergebnisse dieser Studie findet sich im Abschnitt „Zusammenfassung" zu Beginn des Kapitels und soll hier nicht wiederholt werden. Stattdessen soll eine fiktive Persona vorgestellt werden, in der sich die zentralen Ergebnisse der vorliegenden Analyse spiegeln.

Birgit S. ist 47 Jahre alt, ihre beiden Kinder sind bald flügge, leben aber noch in ihrem Haushalt. Sie wohnen in einem Vorort von Duisburg, in dem das ÖV-Angebot eher mäßig ist. Birgit S. arbeitet im Bereich Technik und Verwaltung am Standort Duisburg der UDE und fährt in der Regel mit dem eigenen Pkw zur Arbeit. Einige Male im Jahr hat sie Meetings an anderen Standorten der UA Ruhr, in letzter Zeit meist in Form von Online-Meetings (vgl. Abb. 11).

Birgit S. ist vom Typ her eher komfortorientiert; zudem will sie nicht leugnen, dass sie gerne Auto fährt, vor allem weil es so praktisch ist, die Wege zur Arbeit mit den Wegen zu anderen Aktivitäten (Einkaufen, Fitnessstudio, Chorprobe …) zu verbinden. Sie weiß, dass sich etwas ändern muss, aber ihre Bereitschaft, von gewohnten Routinen auf etwas Neues umzustellen, ist nur mäßig hoch.

Nachdem sie im Lockdown überwiegend im Homeoffice gearbeitet und damit gute Erfahrungen gemacht hat, wünscht sie sich für die Zukunft, etwa 50 % ihrer Arbeit im Homeoffice verrichten zu können. Komplett zuhause, das wäre nichts für sie, weil sie den Kontakt zu ihren Kolleg:innen und das persönliche Gespräch vermissen würde.

Sie ist zwar keine begeisterte Radfahrerin und kann sich ein teures E-Bike nicht leisten. Aber wenn ihr Arbeitgeber, die UDE, ihr ein Leihrad zur Verfügung stellen würde, wäre es für sie einen Versuch wert, wenigstens bei gutem Wetter die drei Kilometer bis zum Bahnhof im Nachbarort zu radeln, von wo aus eine

Abb. 11 Birgit S. als prototypische Persona (Eigene Darstellung)

gute Verkehrsverbindung zur UDE existiert. Man müsste nur vorher klären, ob man das Rad am Bahnhof auch sicher abstellen kann.

Literatur

Adelt, Fabian/Johannes Weyer/Sebastian Hoffmann/Andreas Ihrig, 2018: Simulation of the governance of complex systems (SimCo). Basic concepts and experiments on urban transportation. In: Journal of Artificial Societies and Social Simulation 21 (2), http://jasss.soc.surrey.ac.uk/21/2/2.html.

Best, Henning, 2009: Organic farming as a rational choice: empirical investigations in environmental decision making. In: Rationality and Society 21 (2): 197–224.

Diekmann, Andreas/Peter Preisendörfer, 1992: Persönliches Umweltverhalten: Diskrepanzen zwischen Anspruch und Wirklichkeit. In: Kölner Zeitschrift für Soziologie und Sozialpsychologie 44: 226–251.

Esser, Hartmut, 2000: Soziologie. Spezielle Grundlagen, Bd. 3: Soziales Handeln. Frankfurt/M.: Campus.

infas, 2018: Mobilität in Deutschland. Kurzreport: Verkehrsaufkommen – Struktur – Trends. http://www.mobilitaet-in-deutschland.de/pdf/infas_Mobilitaet_in_Deutschland_2017_Kurzreport.pdf.

Knie, Andreas/Franziska Zehl/Marc Schelewsky, 2021: Mobilitätsreport 05, Ergebnisse aus Beobachtungen per repräsentativer Befragung und ergänzendem Mobilitätstracking bis Ende Juli (Ausgabe 16.08.2021). Bonn, https://www.wzb.eu/de/download/file/33310.

Nobis, Claudia/Christine Eisenmann/Viktoriya Kolarova/Sophie Nägele, 2021: Fünfte DLR-Erhebung zu Mobilität & Corona: Hintergrundpapier. Berlin: Institut für Verkehrsforschung des Deutschen Zentrums für Luft- und Raumfahrt (DLR), https://verkehrsforschung.dlr.de/public/documents/2022/Hintergrundpapier_5.DLR-Befragung_Corona_Mobilitaet.pdf.

Rubik, Frieder/Ria Müller/Richard Harnisch/Brigitte Holzhauer/Michael Schipperges/Sonja Geiger, 2019: Umweltbewusstsein in Deutschland 2018: Ergebnisse Einer Repräsentativen Bevölkerungsumfrage. Berlin: Umweltbundesamt, https://www.umweltbundesamt.de/sites/default/files/medien/1410/publikationen/ubs2018_-_m_3.3_basisdatenbroschuere_barrierefrei-02_cps_bf.pdf.

Johannes Weyer, Dr. phil., ist seit 2022 Seniorprofessor für nachhaltige Mobilität an der Fakultät Sozialwissenschaften der TU Dortmund.

Mobilität zwischen den Standorten der Universitätsallianz Ruhr

Johannes Weyer ⓘ

Inhaltsverzeichnis

1 Besuche anderer Standorte der UA Ruhr 82
2 Aggregierte Gesamtbilanz 84
3 Genutzte Verkehrsmittel 85
4 Transformationspotenzial 86
5 Gesamtbewertung 87

Zusammenfassung

Gut vierzig Prozent der UA Ruhr-Angehörigen, die das Projekt InnaMo-Ruhr im Frühsommer 2021 befragt hat, haben angegeben, mindestens einmal im Jahr 2019, also vor dem Beginn der Corona-Pandemie, an einem anderen Standort der UA Ruhr gewesen zu sein. Rechnet man diese Zahl auf die Gesamtzahl der Angehörigen der drei UA Ruhr-Universitäten hoch, so kommt man auf eine Zahl von ca. 31.190 Besuchen anderer UA Ruhr-Standorte pro Jahr. Manche Menschen sind täglich unterwegs, manche nur mehrmals im Jahr. Berücksichtigt man diese Faktoren, so kommt man in der Gesamtbilanz auf ca. 95.000 Fahrten pro Jahr oder ca. 475 Fahrten pro Werktag, die UA Ruhr-Angehörige zwischen den Standorten unternehmen. Ein größerer Teil dieser Fahrten findet bereits im Umweltverbund statt. Berücksichtigt man die unterschiedlichen Mobilitätsmuster der drei Gruppen der Mitarbeitenden in Forschung und Lehre, Technik und Verwaltung sowie der Studierenden, so gelangt man zu einem Substitutionspotenzial von ca. 22.000 Fahrten pro Jahr

---

J. Weyer (✉)
Technische Universität Dortmund, Dortmund, Deutschland
E-Mail: johannes.weyer@tu-dortmund.de

bzw. ca. 110 Fahrten pro Tag, die bislang mit privaten motorisierten Verkehrsmitteln zurückgelegt werden. Will man den CO_2-Fußabdruck der UA Ruhr-Universitäten nachhaltig verringern, so liegt es nahe, die Fahrten *zu anderen* Universitäten als Teil von Wegeketten zu betrachten, die auch die Fahrten *zur eigenen* Universität sowie weitere Formen der Alltagsmobilität umfassen.

1 Besuche anderer Standorte der UA Ruhr

3490 Personen und damit 40,1 % der Befragten gaben an, im Jahr 2019 – also vor der Corona-Pandemie – mindestens einen anderen oder mehrere andere Standorte der UA Ruhr (bzw. weitere Forschungseinrichtungen) aufgesucht zu haben (vgl. Tab. 1).

Mit 76,6 % hat der überwiegende Teil nur einen anderen Standort besucht; aber es gibt auch kleinere Gruppen von Personen, die an mehreren Standorten waren. Bei diesen Zahlen ist zu berücksichtigen, dass die beiden Campi Nord und Süd der TU Dortmund als separate Standorte erfasst wurden.

In der folgenden Tab. 2 ist dieser der Binnenverkehr an der TU Dortmund nicht mehr erhalten, was zu einer leicht reduzierten Zahl von 3171 Besuchen („incoming") anderer UA Ruhr-Standorte im Jahr 2019 führt.

Bei der Verteilung auf die vier Standorte fällt auf, dass die RUB häufiger von Forschenden (314) und Studierenden (302) aufgesucht wird als andere Standorte.

Tab. 1 Anzahl der Personen, die im Jahr 2019 andere UA Ruhr-Standorte (bzw. weitere Forschungseinrichtungen) besucht haben

	Anzahl	Prozent	Anteil an Besuchern
ein anderer Standort	2.675	31,5 %	76,6 %
2	589	6,9 %	16,9 %
3	177	2,1 %	5,1 %
4	45	0,5 %	1,3 %
fünf andere Standorte	4	0,0 %	0,1 %
Summe 1 bis 5	**3.490**	**41,0 %**	
kein anderer Standort	5.013	59,0 %	
N =	8.503		

Tab. 2 Besuche anderer UA Ruhr-Standorte (incoming, nach Gruppen)

Gruppe	TU Dortmund	RUB	UDE Duisb.	UDE Essen	Weitere F&E	Summe
Forschung und Lehre	210	341	228	310	111	1.200
Technik und Verwaltung	78	113	159	162	66	578
Studierende	114	302	267	414	296	1.393
Summe	402	756	654	886	473	3.171

Zudem besteht offenbar ein recht hoher Austausch zwischen den beiden Standorten der UDE in den Bereichen Studium (267/414) sowie Technik und Verwaltung (159/162).

Alle vier Standorte sind in etwa gleichermaßen aktiv („outgoing") im Knüpfen interuniversitärer Kontakte (vgl. Tab. 3).

Diese Zahlen bilden jedoch nur den Ausschnitt der 10.782 UA Ruhr-Angehörigen ab, die sich an der Befragung beteiligt haben (8,2 %). Skaliert man die genannten Zahlen mithilfe der gruppenspezifischen Response Rates auf die Gesamtpopulation der 131.655 Universitätsangehörigen hoch, so gelangt auf eine Zahl von etwa 31.190 Besuchen anderer UA Ruhr-Standorte pro Jahr (vgl. Tab. 4).

Dabei stellen die Studierenden mit Abstand die größte Gruppe mit deutlichem Abstand vor den Forschenden und nochmals großem Abstand vor den Mitarbeitenden in Technik und Verwaltung.

Tab. 3 Besuche anderer UA Ruhr-Standorte (outgoing, nach Universitäten)

Universität	Anzahl
TU	794
RUB	728
UDE Duisburg	768
UDE Essen	881
Summe	**3.171**

Tab. 4 Hochrechnung auf die Gesamtpopulation

Gruppe	Summe	Response Rates	Schätzung
F&L	1.200	18,3 %	6.557
T&V	578	26,7 %	2.165
Stud.	1.393	6,2 %	22.468
Summe	**3.171**		**31.190**

2 Aggregierte Gesamtbilanz

Um die genannte Zahl von 31.190 Besuchen besser einschätzen und bewerten zu können, muss die Häufigkeit der Besuche berücksichtigt werden (vgl. Tab. 5).

138 Personen besuchen täglich andere Standorte, also vermutlich ca. zweihundertmal im Jahr; 478 Personen mehrfach pro Woche, 597 mehrmals im Monat und 942 mehrmals im Jahr.

Aggregiert und gewichtet man diese Zahlen, so gelangt man zu 94.876 Fahren pro Jahr (blau markiert) oder 474 Fahrten pro Tag (gelb markiert), die sich allerdings auf die drei Gruppen unterschiedlich verteilen. Während Forschende im Schnitt zu 10,1 % auf dem Weg zu einer anderen Universität sind, beträgt diese Quote bei den Studierenden 30,0 % (orange markiert).

Tab. 5 Häufigkeit der Besuche anderer UA Ruhr-Standorte (laut Befragung)

Turnus	F&L	T&V	Stud	Gesamt	Tage pro Jahr
Täglich	11	12	115	138	200
Mehrmals in der Woche	39	24	415	478	100
Mehrmals im Monat	122	83	392	597	20
Mehrmals im Jahr	419	195	328	942	8
Seltener	380	235	535	1.150	0
Keine Angabe	9	31	55	95	
Gesamt	980	580	1.840	3.400	
Summe (täglich bis mehrmals)	**591**	**314**	**1.250**	**2.155**	
Anteil an Summe	27,4 %	14,6 %	58,0 %	100,0 %	
Fahrten pro Jahr (Anzahl * Tage)	**11.892**	**8.020**	**74.964**	**94.876**	
Fahrten pro Tag (Fahrten p.a. / 200)	**59**	**40**	**375**	**474**	
Gruppenspezifische Frequenz	10,1 %	12,8 %	30,0 %	22,0 %	

3 Genutzte Verkehrsmittel

Knapp zwei Drittel (59,4 %) der Besuche anderer Standorte der UA Ruhr wird mit öffentlichen Verkehrsmitteln absolviert und gut ein Viertel (27,7 %) mit motorisierten Privat-Fahrzeugen (Pkw, E-Auto, Motorrad, Roller etc.). Allerdings unterscheiden sich in diesem Punkt die Gruppen und die Standorte teils erheblich (vgl. Tab. 6, in der positiv bewertete Daten grün und negativ bewertete rot markiert sind).

Zwar ist die RUB bei den Verkehrsmitteln, die für den Weg *zur* Universität genutzt werden, mit Abstand Spitzenreiter in der Autonutzung (keine Tabelle). Bei der hier im Mittelpunkt stehenden Frage nach der Mobilität *zwischen* den UA Ruhr-Standorten fallen jedoch eher die beiden Standorte der UDE mit hohen Autoanteilen bei den Forschenden (41,5 % – Essen), den Studierenden (57,9 % – Essen) und Mitarbeitenden in Technik und Verwaltung (57,3 % – Duisburg) auf, denen entsprechend niedrige Werte bei Rad und ÖV gegenüberstehen.

Tab. 6 Anteile der Verkehrsmittel nach Gruppen und Standorten

Universität	Gruppe	Auto	Rad	ÖV	Sharing
TU	F&L	28,7 %	7,0 %	60,2 %	4,0 %
RUB	F&L	35,2 %	6,2 %	54,6 %	4,0 %
UDE Duisb	F&L	17,0 %	9,6 %	69,5 %	3,9 %
UDE Essen	F&L	41,5 %	5,4 %	48,4 %	4,7 %
TU	Stud	48,8 %	7,1 %	40,5 %	3,6 %
RUB	Stud	20,1 %	12,5 %	62,6 %	4,8 %
UDE Duisb	Stud	38,6 %	11,9 %	44,6 %	5,0 %
UDE Essen	Stud	57,9 %	5,3 %	29,5 %	7,4 %
TU	T&V	20,5 %	11,1 %	64,8 %	3,6 %
RUB	T&V	38,9 %	7,1 %	51,8 %	2,2 %
UDE Duisb	T&V	57,3 %	4,5 %	33,6 %	4,5 %
UDE Essen	T&V	23,1 %	10,2 %	63,6 %	3,2 %
Gesamt	F&L	35,1 %	7,5 %	53,4 %	4,0 %
Gesamt	T&V	44,5 %	5,9 %	45,0 %	4,6 %
Gesamt	Stud	19,2 %	10,4 %	66,5 %	3,8 %
Gesamt	**alle**	**27,7 %**	**8,9 %**	**59,4 %**	**4,0 %**

Zudem fällt in der Gesamtbilanz über alle Standorte hinweg auf, dass Studierende den niedrigsten Auto- und höchsten ÖV-Anteil haben, während die Gruppe Technik und Verwaltung in beiden Fällen die schlechtesten Werte aufweist, wenn man Nachhaltigkeit zur Messlatte macht. Wie der Wert von 7,4 % bei Sharing-Angeboten (Studierende UDE Essen) zudem zeigt, entwickelt sich dieser Bereich langsam aus der Nische heraus.

4 Transformationspotenzial

Projiziert man den gruppenspezifischen Modal Split aus Tab. 6 auf die in Tab. 5 beschriebenen Mobilitätsmuster und die dort errechnete Zahl von ca. 95.000 Besuchen pro Jahr, so ergibt sich folgendes Bild (vgl. Tab. 7).

Knapp drei Viertel aller Fahrten finden bereits im Umweltverbund (72,8 % Rad plus ÖV) statt, sodass sich ein Substitutionspotenzial von ca. 22.000 Fahrten pro Jahr bzw. 111 Fahrten pro Tag (23,3 %) ergibt, die bislang mit Mitteln des motorisierten Individualverkehrs zurückgelegt werden. Berücksichtigt man jedoch den Wunsch vieler Beschäftigten, in Zukunft einen Teil ihrer Arbeit im Homeoffice verbringen zu können, so könnte sich diese Zahl deutlich reduzieren.

Tab. 7 Substitutionspotenzial

Gruppe	davon Auto	davon Rad	davon ÖV	davon Sharing	Summe
F&L (Jahr)	4.178	894	6.348	472	11.892
T&V (Jahr)	3.572	471	3.611	366	8.020
Stud. (Jahr)	14.403	7.805	49.876	2.881	74.964
Summe Jahr	**22.153**	**9.169**	**59.834**	**3.719**	**94.876**
F&L (Tag)	21	4	32	2	59
T&V (Tag)	18	2	18	2	40
Stud. (Tag)	72	39	249	14	375
Summe Tag	**111**	**46**	**299**	**19**	**474**
Anteil	23,3 %	9,7 %	63,1 %	3,9 %	

5 Gesamtbewertung

Zusammenfassend besteht ein gewisses Potenzial einer nachhaltigen Transformation der Mobilität *zwischen* den UA Ruhr-Universitäten, das genutzt werden könnte, um den CO_2-Fußabdruck der UA Ruhr zu verringern. Etwa 110 Autofahrten pro Tag bzw. 22.000 Autofahrten pro Jahr könnten durch nachhaltige Lösungen ersetzt werden, beispielsweise durch klimaneutrale Direktverbindungen zwischen den Campi, die Verbesserung der Radinfrastruktur oder vernetzte, intermodale Angebote.

Ein deutlich größerer Nettoeffekt könnte jedoch erreicht werden, wenn die Verkehre *von und zu* den Universitäten mit berücksichtigt würden, wenn also die kompletten täglichen Wegeketten in die Bilanz mit einbezogen würden. Eine derartige Gesamtbetrachtung alltäglicher Mobilität würde die Wege *zu einer anderen* Universität der UA Ruhr als Teil einer Wegekette bilanzieren, die nicht nur den Weg *zur eigenen* Universität, sondern auch weitere Wege der Alltagsmobilität umfasst.

Johannes Weyer, Dr. phil., ist seit 2022 Seniorprofessor für nachhaltige Mobilität an der Fakultät Sozialwissenschaften der TU Dortmund.

Homeoffice während der Corona-Pandemie

Deskriptive Ergebnisse einer Befragung von Beschäftigten der UA Ruhr

Timo Leontaris🄳 und Frank Kleemann🄳

Inhaltsverzeichnis

1 Einführung 90
2 Ziel der Untersuchung 91
3 Methodik und Stichprobe 92
4 Beschäftigte der UA Ruhr im Homeoffice – deskriptive Befunde 94
5 Perspektiven auf das Arbeiten im Homeoffice in der Zukunft 109
6 Fazit 113

Zusammenfassung

Mit Beginn der Corona-Pandemie wurden die Angestellten der UA Ruhr quasi über Nacht ins Homeoffice versetzt. Diese Verschiebung des Arbeitsortes blieb über die verschiedenen Phasen der Pandemie für einen Teil der Beschäftigten weiterhin bestehen. Um die Auswirkungen der neuen Arbeitsrealität im Homeoffice für die Beschäftigten und deren Arbeitsalltag zu untersuchen, wurde die im Frühsommer 2021 im Projekt InnaMoRuhr durchgeführte Befragung zu Mobilitätspraktiken und -bedarfen (siehe Kap. 3 dieses Buchs) um eine Zusatzbefragung zum Themenfeld Homeoffice ergänzt. Die zentralen Befunde dieser Erhebung lassen sich wie folgt zusammenfassen:

T. Leontaris (✉) · F. Kleemann
Universität Duisburg-Essen, Duisburg, Deutschland
E-Mail: Timo.Leontaris@uni-due.de

F. Kleemann
E-Mail: Frank.Kleemann@uni-due.de

- Viele Beschäftigte haben vor Beginn der Corona-Pandemie keine Erfahrungen mit der Arbeit im Homeoffice gemacht, wobei dieser Anteil unter den Beschäftigten in „Technik und Verwaltung" mit knapp 80 % doppelt so hoch ausfällt wie bei den wissenschaftlichen Beschäftigten (knapp 40 %).
- Während der Pandemie wurde auch jenseits der Lockdowns von mehr als der Hälfte der Beschäftigten der Großteil der Arbeitszeit im Homeoffice verbracht.
- Etwa drei Viertel der Beschäftigten fühlte sich bei der Arbeit von zu Hause nicht oder wenig eingeschränkt und fast zwei Drittel sind mit ihren Arbeitsbedingungen im Homeoffice zufrieden.
- Während kommunikations- und kooperationsbezogene Aspekte wie der informelle Austausch oder die Kooperation während der Arbeit im Homeoffice erschwert sind, werden insbesondere die zugenommene Flexibilität für die Alltagsorganisation sowie das ungestörte Erledigen von Aufgaben mehrheitlich positiv wahrgenommen.
- Trotz positiver Bewertungen zeigt sich aber auch, dass sich etwa die Hälfte der Beschäftigten weniger verbunden mit Kolleginnen und Kollegen fühlt, als dies vor der Pandemie der Fall war.

Insgesamt verweisen die Daten auf eine hohe Zufriedenheit der Beschäftigten mit der Arbeitsform Homeoffice. Der Anteil derjenigen, die in Zukunft vollständig an ihren Regelarbeitsplatz zurückkehren wollen, ist sehr gering, während sich die Mehrheit der Beschäftigten ein anteiliges Arbeiten im Homeoffice an ein bis drei Tagen pro Woche wünscht.

1 Einführung

Nachdem am 27.01.2020 der erste Fall der neuartigen, als COVID-19 (oder alltagssprachlich: „Corona") bekanntgewordenen Viruserkrankung in Deutschland diagnostiziert wurde, begann auch hier die Verbreitung der Infektionskrankheit, die man zuvor bereits in anderen europäischen Ländern (am deutlichsten wohl in Italien) beobachten konnte. Ab Ende Februar 2020 kam es zu einem deutlichen Anstieg der Infektionszahlen. Seit etwa Mitte März 2020 wurde schließlich eine Reihe von Maßnahmen seitens der Bundesländer getroffen, die als Shutdown bzw. Lockdown bezeichnet wurden und mit denen eine weitere Verbreitung des Corona-Virus in Deutschland verhindert werden sollte. Größere Veranstaltungen und Ansammlungen von Menschen wurden verboten, Kultur- und Freizeiteinrichtungen, Gastgewerbe, Geschäfte des Einzelhandels, deren Sortiment nicht für die alltägliche Grundversorgung notwendig ist sowie letzten Endes auch Betreuungs- und Bildungseinrichtungen mussten schließen. Nachdem es im Zuge sinkender Inzidenzen zwischenzeitlich ab Ende April 2020 zu – je nach Bundesland unterschiedlichen – Lockerungen der im März festgelegten Einschränkungen kam, wurden ab November 2020 erneut Maßnahmen zur Eindämmung der außer Kontrolle geratenen, exponentiell zunehmenden Infektionszahlen beschlossen und sukzessive verschärft, bis es Ende April 2021 zu erneuten Lockerungen kam.

Die zur Eindämmung der Pandemie getroffenen Maßnahmen wurden auch von den Universitäten der Universitätsallianz Ruhr mitgetragen: Die Beschäftigten waren während der Pandemie angehalten, weitgehend im Homeoffice zu arbeiten. Der vorliegende Beitrag untersucht anhand einer quantitativen Online-Erhebung, die zwischen April und Mai 2021 an den drei Ruhr-Universitäten Dortmund, Bochum und Duisburg-Essen stattgefunden hat, welche veränderte Arbeitssituation sich daraus für die Beschäftigten ergeben hat.

2   Ziel der Untersuchung

Die drei Ruhr-Universitäten haben im Zuge des ersten Lockdowns im März 2020 den Campus-Betrieb weitgehend heruntergefahren, die akademische Lehre auf Online-Formate umgestellt und die Beschäftigten, sofern es möglich war, weitgehend ins Homeoffice versetzt, um eine Ausbreitung des Virus an den Universitäten zu vermeiden. Zu welchen Anteilen die Beschäftigten zwischen Pandemiebeginn 2020 und dem Frühjahr 2021 tatsächlich im Homeoffice gearbeitet haben und mit welchen Herausforderungen sie sich an ihrem neuen Regelarbeitsort konfrontiert sahen, ist dabei bisher nicht systematisch erhoben worden. Die vorliegende Untersuchung will diese Fragen beantworten. Die Studie wurde im Rahmen des interdisziplinären Verbundprojekts InnaMoRuhr durchgeführt, das von 2020 bis 2023 untersucht hat, wie sich die Mobilität an den drei UA Ruhr-Universitäten nachhaltiger gestalten lässt. Aufgrund der im Vergleich zum Zeitpunkt der Antragstellung coronabedingt veränderten Ausgangslage bezüglich der Mobilität von Universitätsangehörigen wurde der Untersuchungsaspekt des Homeoffice systematisch im Untersuchungsdesign ergänzt, da die weitgehende Verlagerung des Arbeitsortes zu unmittelbaren und starken Auswirkungen auf die Mobilität der Beschäftigten geführt hat. Die vorliegende Analyse widmet sich dabei weniger den mobilitätsbezogenen Aspekten der neuen Arbeitsplatzsituation, sondern soll vielmehr eine Bestandsaufnahme des Ausmaßes der Verlagerung von Arbeitstätigkeiten und der wahrgenommenen Vor- und Nachteile der neuen

Arbeitssituation aus Perspektive der Beschäftigten sein sowie mögliche Verlagerungspotenziale betrieblicher Arbeit ins Homeoffice für die Zukunft identifizieren. Insbesondere aus den Vorstellungen zu zukünftigen „Wunscharbeitsorten" lassen sich – mit Bezug zum Gesamtprojekt – Schlüsse für eine veränderte Mobilität in einer Post-Corona-Arbeitswelt an den Ruhr-Universitäten ziehen. Folgende Aspekte stehen im Mittelpunkt:

1. Die Anteile von Beschäftigten, die tatsächlich während der Pandemie im Homeoffice gearbeitet haben, sowie ein Vergleich dieser Zahlen mit den Homeoffice-Anteilen vor der Pandemie;
2. die Wahrnehmung und Bewertung der Arbeitsbedingungen im Homeoffice durch die Beschäftigten der UA Ruhr, d. h. wo Defizite, aber auch Vorteile der Arbeit im Homeoffice gesehen werden;
3. die Zufriedenheit der Mitarbeiter:innen mit der Arbeit im Homeoffice und die Erfassung konkreter Verbesserungsbedarfe;
4. die Präferenzen der Beschäftigten, ob und in welchem Umfang sie in Zukunft gerne wieder an ihren ehemaligen Regelarbeitsort zurückkehren bzw. im Homeoffice arbeiten würden.

Die Befunde hierzu werden in Abschn. 4 und 5 präsentiert. Zuvor sollen das Untersuchungsdesign und die erzielte Stichprobe umrissen werden.

3 Methodik und Stichprobe

In Ergänzung zur quantitativen Online-Erhebung von Mobilitätspraktiken und -bedarfen des Verbundprojekts InnaMoRuhr (siehe Kap. 3 dieses Buchs) wurde eine Zusatzbefragung konzipiert, mittels derer die Arbeitssituation der Beschäftigten der drei Ruhr Universitäten im Homeoffice und die Arbeits- und Studienbedingungen der Studierenden im Online-Studium während der Corona-Pandemie erfasst wurden. Die folgenden Befunde beziehen sich nur auf die Homeoffice-Situation der Beschäftigten. Die Erhebungsmethode war eine Online-Befragung, zu der sich Beschäftigte freiwillig im Anschluss an die Befragung zur Mobilität an der UA Ruhr bereit erklären konnten.

Die Befragung zum Thema Homeoffice wurde im Zeitraum zwischen dem 19.04. und dem 23.05.2021 durchgeführt. Insgesamt haben 1320 Personen teilgenommen, dieser Wert reduziert sich nach einer Bereinigung des Datensatzes auf 1259 vollständige Teilnahmen. Die durchschnittliche Zeit zur Bearbeitung betrug 11,4 min (Median).

Die Items der Befragung wurden auf Grundlage des Forschungsstandes zu den Gegenständen Telearbeit und Homeoffice entwickelt und in einem explorativen Pretest (N = 51) überprüft und weiter geschärft. Da die pandemiebedingte Situation für viele Beschäftigte, insbesondere im Bereich Technik und Verwaltung (MTV), die zuvor nicht im Homeoffice gearbeitet hatten, eine völlig neue Situation darstellte, wurde die Befragung um einige offene Items ergänzt. Auf diese Weise konnte auf der einen Seite ein exploratives Element bei der Untersuchung der „neuen Normalität" integriert und zum anderen sichergestellt werden, dass auch Aspekte in den Blick geraten, die bei der Konzeption der Befragung nicht oder nicht stark genug berücksichtigt wurden.

Die vorliegende Stichprobe erfasst die Antworten von 1259 Beschäftigten der UA Ruhr, die die Befragung erfolgreich abgeschlossen haben, was einem Anteil von 7,7 % der Beschäftigten entspricht. Der Teilnehmer:innenkreis setzt sich dabei aus 716 Mitarbeiter:innen aus Lehre und Forschung[1] sowie 543 Mitarbeiter:innen aus Technik und Verwaltung (einschließlich Auszubildende) zusammen, wodurch letztere mit einem Anteil von 43 % im Vergleich zu Ihrem Anteil an den Beschäftigten (33,5 %) überrepräsentiert sind. Die Verteilung der Beschäftigten über die einzelnen Universitäten der UA Ruhr ist dabei etwa gleich verteilt: 417 arbeiten an der TU Dortmund, 410 an der Ruhr-Universität Bochum und 415 an der Universität Duisburg-Essen.[2] Frauen sind in der Stichprobe mit 55,7 % häufiger vertreten als Männer (44,3 %) und damit überrepräsentiert.[3]

Betrachtet man das Alter der Teilnehmer:innen, stellen die 25- bis 29-jährigen mit einem Anteil von 28,3 % den größten Gruppenanteil an den Befragten dar (vgl. Abb. 1). Die Gruppe der 30- bis 39-jährigen, der 40- bis 49-jährigen sowie der 50- bis 59-jährigen bewegt sich jeweils um einen Anteil von 20 %, mit einer Abweichung von weniger als zwei Prozentpunkten nach oben bzw. unten. Den kleinsten Anteil stellen die Gruppe der jüngsten (6,7 %) sowie der ältesten (5 %) Beschäftigten dar, was am Eintritts- bzw. Austrittsalter in den Beruf liegen dürfte.

---

[1] Die universitären Statusgruppen Wissenschaftliche Mitarbeiter:innen und Professor:innen wurden zu einer gemeinsamen Kategorie zusammengefasst.
[2] Die Differenz von 17 Personen verglichen mit dem vollständigen Teilnehmerkreis ergibt sich daraus, dass diese Personen ihre Zugehörigkeit zu einer Universität nicht angegeben haben.
[3] Der Anteil von Frauen an den Beschäftigten der UA Ruhr liegt bei 46,6 %.

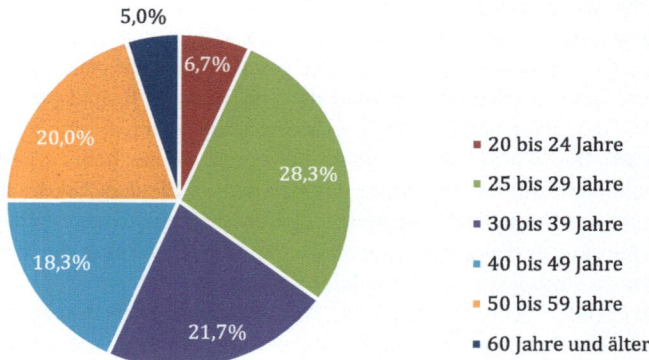

Abb. 1 Stichprobenbeschreibung Alter der Befragten. (Eigene Darstellung)

Etwa zwei Drittel der Beschäftigten arbeiten in Vollzeit (68,2 %), während die verbleibenden 31,8 % in Teilzeit beschäftigt sind.[4] Das vertraglich vereinbarte Arbeitszeitvolumen liegt im Gesamtdurchschnitt der Befragten bei 34 Wochenstunden.

Da die Items nicht immer von allen Teilnehmenden beantwortet wurden, werden im Folgenden jeweils Grundgesamtheiten zu den beschriebenen Items angegeben, auf denen die Aussagen zu den Verteilungen beruhen.

4 Beschäftigte der UA Ruhr im Homeoffice – deskriptive Befunde

4.1 Veränderter Arbeitsort

Betrachtet man den Anteil der Arbeitszeit, der bereits vor Beginn der Corona-Pandemie im Homeoffice verbracht wurde, zeigt sich, dass mehr als die Hälfte der Beschäftigten vor März 2020 nicht im Homeoffice gearbeitet haben, wobei sich deutliche Unterschiede zwischen den beiden Beschäftigungsgruppen ausmachen lassen (vgl. Abb. 2).

---

[4] Unter „Vollzeit" werden auch alle Beschäftigten in vollzeitnaher Teilzeit mit über 32 Wochenstunden vertraglich vereinbarter Arbeitszeit erfasst, die auf jeden Fall regelmäßig an fünf Tagen pro Woche arbeiten.

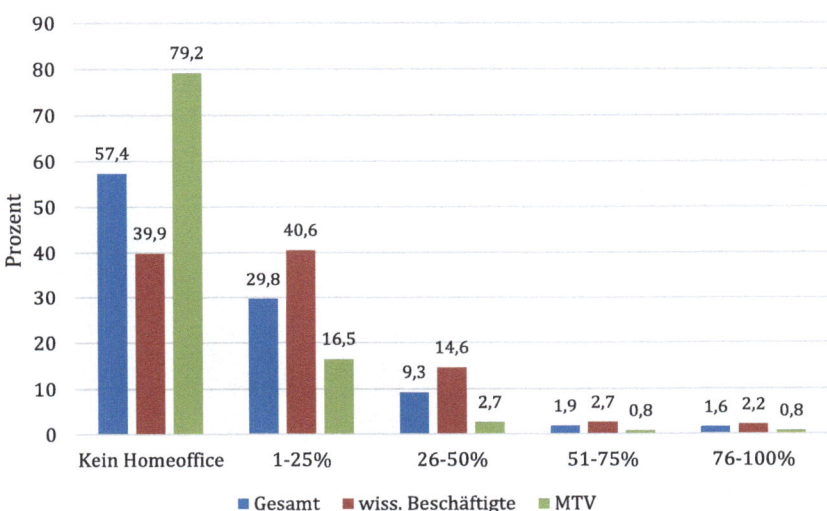

Abb. 2 Anteil der Arbeitszeit im Homeoffice vor der Pandemie. (N = 1.074; eigene Darstellung)

Während unter den Beschäftigten im Bereich Technik und Verwaltung knapp vier von fünf Beschäftigten nicht im Homeoffice gearbeitet haben, waren es bei den wissenschaftlich Beschäftigten drei von fünf Personen, die bereits vor Pandemiebeginn zumindest einen Anteil ihrer Arbeitszeit vom Wohnort aus verrichtet haben, wobei dieser im Homeoffice verbrachte Anteil der Arbeitszeit bei den meisten wissenschaftlich Beschäftigten bei max. 50 % lag. Ein hoher Anteil der Arbeitszeit, der vor Beginn der Pandemie im Homeoffice verbracht wurde, stellt in beiden Beschäftigungsgruppen eine Ausnahme dar.

Mit Beginn der coronabedingten Einschränkungen lässt sich insbesondere während der Zeit der Lockdowns eine deutliche Verschiebung der Homeoffice-Anteile beobachten (vgl. Abb. 3): Insgesamt geben drei von vier Beschäftigten an, mehr als 75 % ihrer Arbeitszeit im Homeoffice verbracht zu haben, wobei insbesondere wissenschaftlich Beschäftigte mit einem Anteil von 83,5 % hervorstechen. Bei den Angestellten in Technik und Verwaltung fällt der Anteil der Arbeitszeit, die aus dem Homeoffice verrichtet wird, geringer aus, wobei auch dieser Anteil unter Berücksichtigung der Ausgangslage sehr hoch ist.

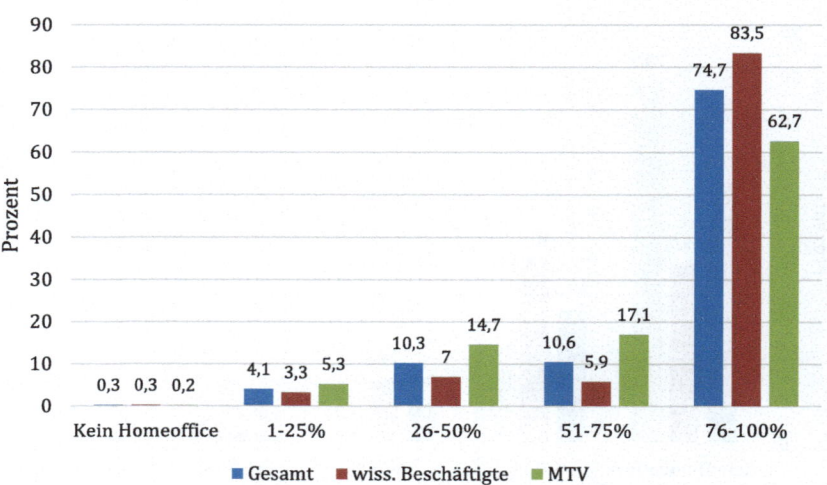

Abb. 3 Anteil der Arbeitszeit im Homeoffice während der Lockdowns. (N = 1.110; eigene Darstellung)

Insgesamt zeigt sich, dass sich die Verteilung des Anteils der Arbeitszeit, der vom Wohnort der Beschäftigten aus verrichtet wird, umgekehrt hat: Tatsächlich sind es während der Lockdowns nur noch einzelne Befragte, die angeben, nicht im Homeoffice zu arbeiten. Hierbei handelt es sich vermutlich um Beschäftigte, deren Arbeitsinhalt sich ausschließlich an den Universitäten verrichten lässt und dessen Ausführung auch während der Lockdowns erforderlich war. Zudem wird aber auch deutlich, dass trotz des weitgehend heruntergefahrenen Campus-Betriebs auch während der Lockdowns Beschäftigte zumindest anteilig vor Ort waren, um ihre Arbeit zu verrichten. Das bedeutet, dass eine vollumfängliche Schließung aller universitären Einrichtungen und Büros sowie eine Verpflichtung zum Arbeiten im Homeoffice nicht für alle Beschäftigten gegeben war. So lässt sich beispielsweise bei Beschäftigten im Bereich Technik und Verwaltung feststellen, dass jeder bzw. jede Fünfte nur bis zu 50 % der Arbeitszeit tatsächlich im Homeoffice verbracht hat. Antworten auf offene Items weisen darauf hin, dass dies neben Tätigkeiten, die per se die Präsenz der Beschäftigten erfordern, unter anderem auf noch unzureichende Digitalisierung von Vorgängen und Dokumenten zurückzuführen ist.

Während der Sommermonate 2020, also dem Zeitraum zwischen den Lockdowns, lässt sich schließlich ein leichter Rückgang der Homeoffice-Quoten beobachten (vgl. Abb. 4), wobei der Anteil derjenigen, die den überwiegenden Teil ihrer Arbeitszeit (>75 %) im Homeoffice verbringen, auch während dieser Zeit insgesamt noch bei über 50 % der Befragten liegt. Ähnlich wie bei den bisherigen Verteilungen zeigt sich auch hier, dass der Anteil der wissenschaftlichen Beschäftigten höher ist als derjenigen, die in Technik und Verwaltung beschäftigt sind. Letztere sind also zwischen den Lockdowns eher wieder zumindest tageweise an der Universität anwesend gewesen. Zeitgleich zeigt sich auch, dass etwa jeder bzw. jede zehnte Beschäftigte in diesem Zeitraum wieder an den Regelarbeitsort zurückgekehrt ist und ganz auf die Arbeit im Homeoffice verzichtet. Ein Teil dürfte dabei auf Beschäftigte zurückgehen, deren Arbeitsinhalte aus dem Homeoffice schlecht oder gar nicht möglich sind.

Unterschiede lassen sich nicht nur bezüglich der Beschäftigungsgruppen identifizieren, sondern auch zwischen den Universitäten: Der Anteil derjenigen, die vor Beginn der Pandemie nicht im Homeoffice gearbeitet haben, ist an der Universität Duisburg-Essen mit etwa 50 % etwas geringer als an den anderen beiden Universitäten, bei denen der Anteil bei knapp über 60 % liegt. Homeoffice wurde also vor Pandemiebeginn an der Universität Duisburg-Essen bereits häufiger in

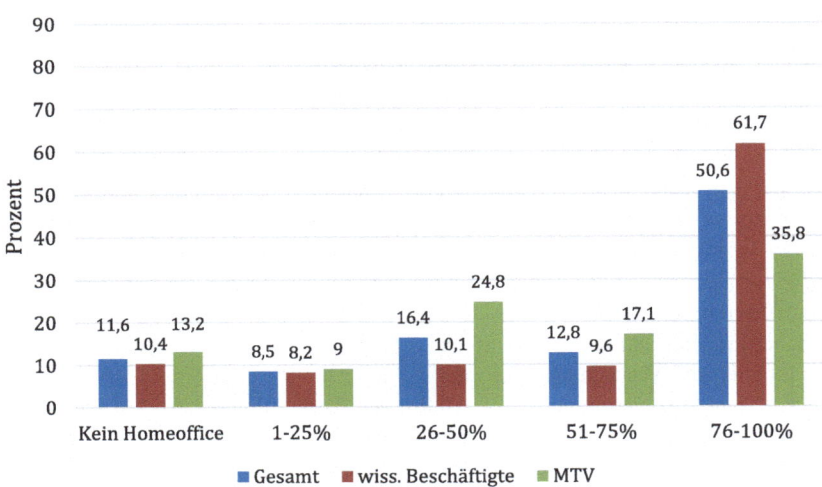

Abb. 4 Anteil der Arbeitszeit im Homeoffice zwischen den Lockdowns. (N = 1.265; eigene Darstellung)

Anspruch genommen[5]. Seit Beginn der Pandemie zeigt sich demgegenüber, dass die Anteile derjenigen, die im Homeoffice arbeiten, an der TU Dortmund und der UDE ähnlich sind. Die Beschäftigten der RUB waren sowohl während als auch zwischen den Lockdowns anteilig deutlich häufiger an ihrem Arbeitsplatz an der Universität anwesend[6]. Die zuvor bereits festgestellte generelle Tendenz, dass es eine deutliche Verschiebung von einem eher geringen Homeoffice-Anteil vor Corona hin zu einer Mehrheit der Beschäftigten, die seit Beginn der Pandemie im Homeoffice arbeiten gibt, lässt sich jedoch trotz Unterschieden in der Ausprägung an allen drei Ruhr-Universitäten beobachten.

Zusammenfassend zeigt die Betrachtung des Homeoffice-Anteils, dass vor Beginn der Pandemie die Arbeit vom eigenen Wohnort aus (insbesondere für Beschäftigte in Technik und Verwaltung) eine eher untergeordnete Rolle gespielt hat, während unter den wissenschaftlichen Beschäftigten viele bereits (geringe) Anteile ihrer Arbeitszeit im Homeoffice verbracht haben. Diese Verteilung hat sich mit Beginn der Maßnahmen zur Bekämpfung der Pandemie deutlich verändert, sodass während der Lockdown-Monate überwiegend im Homeoffice gearbeitet wurde, während dieser Anteil zwischenzeitlich in einer Phase der Lockerungen etwas zurückging.

4.2 Arbeitsbedingungen im Homeoffice

Die mit Beginn der Pandemie einhergehende abrupte Verlagerung des Arbeitsplatzes in die private Wohnung stellte viele Betroffene vor die Herausforderung, dass (sofern bisher nicht vorhanden) ein Arbeitsplatz eingerichtet und ein Teil der Wohnung umgeräumt werden musste. Der überwiegende Teil der Beschäftigten (87,1 %) gibt an, (inzwischen) über einen Arbeitsplatz in der Wohnung zu verfügen; jeder bzw. jede Achte (12,9 %) verneint die Frage. Differenziert nach Beschäftigtengruppe ergeben sich dabei kaum Unterschiede, der Anteil der wissenschaftlich Beschäftigten liegt mit 88,3 % geringfügig vor dem der Personen aus Technik und Verwaltung (85,6 %).

Insgesamt verfügen mehr als die Hälfte der Beschäftigten (56,7 %) nicht nur über einen Arbeitsplatz, sondern darüber hinaus über einen gesonderten Arbeitsraum. Aufgeteilt nach Statusgruppe zeigt sich dabei, dass der Anteil Beschäftigter

---

[5] Mittelwerte Homeoffice-Anteil vor Corona: TU DO: 9,3 %; RUB 8,49 %; UDE: 13,46 %.
[6] Mittelwerte Homeoffice während der Lockdowns: TU DO: 86,6 %; RUB 77,95 %; UDE: 83,89 %; Mittelwerte Homeoffice zwischen den Lockdowns: TU DO: 70,22 %; RUB 55,44 %; UDE: 65,42 %.

in Technik und Verwaltung mit 60 % etwas über dem von wissenschaftlich Beschäftigten liegt. Das erscheint angesichts der Homeoffice-Anteile vor Beginn der Corona-Pandemie zunächst unerwartet, lässt sich aber mit Blick auf das Alter der Beschäftigten und damit verbundene unterschiedliche private Lebensumstände zurückführen. Während 68,6 % der Beschäftigten im Bereich Technik und Verwaltung 40 Jahre oder älter sind, sind unter den wissenschaftlich Beschäftigten 63,3 % jünger als 40 Jahre. Insbesondere junge wissenschaftliche Mitarbeiter:innen in der Qualifizierungsphase vor bzw. nach der Promotion befinden sich oft noch in einer transitorischen Lebensphase; und auch nach einer Familiengründung ist es weniger wahrscheinlich, einen eigenen Arbeitsraum zur Verfügung zu haben als nach dem Auszug der Kinder.

Neben dem Arbeitsplatz bzw. dem Arbeitsraum wurden die Beschäftigten zur Qualität ihres Internetanschlusses befragt, da ein stabiler Anschluss für viele Arbeitsvorgänge im Homeoffice unerlässlich ist. Dabei lässt sich feststellen, dass sich die überwiegende Mehrheit der Beschäftigten nie (18 %) oder seltener als mehrmals im Monat (54 %) mit Leistungseinschränkungen durch den Internetzugang konfrontiert sieht (vgl. Abb. 5).

Lediglich knapp einer von zwanzig Beschäftigten gibt an, täglich oder mehrmals täglich Probleme mit Leistungseinschränkungen des Internetzugangs zu haben, was angesichts des langsamen Voranschreitens des Ausbaus von Breitband-Internetzugängen in Deutschland erstaunen mag. Ein Grund könnte darin liegen, dass die Befragten überwiegend im urbanen Räumen wohnen, wo der Ausbau vergleichsweise weit vorangeschritten ist. Um zu differenzieren, wie gut oder schlecht ausgewählte IT-Anwendungen wie beispielsweise eine Videokonferenz im Homeoffice funktionieren, wurden die Befragten gebeten, diese zu

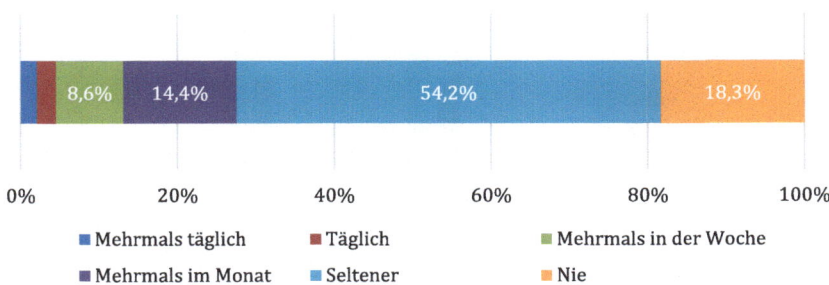

Abb. 5 Leistungseinschränkungen durch Internetzugang im Homeoffice. (N = 1.107; eigene Darstellung)

bewerten (vgl. Abb. 6). Das Ergebnis zeigt, dass die Anwendungen von einem überwiegenden Anteil der Beschäftigten als „gut" oder „sehr gut" bewertet werden. Positiv bewertet werden insbesondere und wenig überraschend der Versand von E-Mails, aber auch etwas überraschend Videokonferenzen. Probleme scheint es hingegen mitunter beim Herunterladen (5,3 % „schlecht" oder „sehr schlecht") sowie beim Hochladen (8,3 % „schlecht" oder „sehr schlecht") größerer Dateien zu geben. Über alle erfragten Anwendungen hinweg fällt die Bewertung jedoch insgesamt sehr positiv aus: Jeweils mindestens drei Viertel der Beschäftigten bewerten die ausgewählten Anwendungen als „gut" oder „sehr gut".

Neben einem Arbeitsplatz bzw. -raum und der Internetverbindung stellt die Ausstattung der Beschäftigten mit Arbeitsmitteln eine zentrale Voraussetzung für die Verrichtung ihrer Arbeit im Homeoffice dar. Wie Abb. 7 zeigt, wurde fast drei Vierteln aller Beschäftigten seitens der Universität ein Laptop bzw. Notebook zur Verfügung gestellt, damit sie im Homeoffice damit arbeiten können. Weitere Arbeitsmittel wurden deutlich seltener zur Verfügung gestellt: Knapp die Hälfte hat eine Maus, ein gutes Drittel der Beschäftigten einen Bildschirm, eine Tastatur oder ein Headset durch die Universität zur Verfügung gestellt bekommen. Demgegenüber wurde Mobiliar für die Ausstattung der privaten Räumlichkeiten nur selten zur Verfügung gestellt. Immerhin 14,5 % der Befragten geben zudem an, dass sie keine Arbeitsmittel zur Verfügung gestellt bekommen haben.

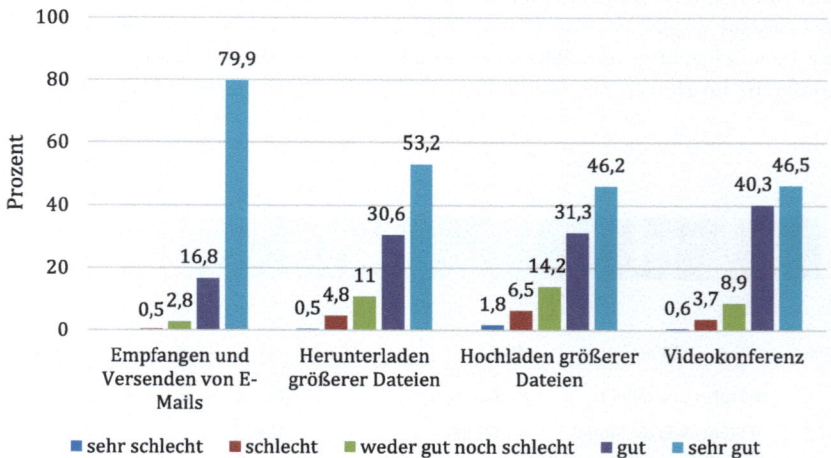

Abb. 6 Bewertung ausgewählter Anwendungen im Homeoffice. (Eigene Darstellung)

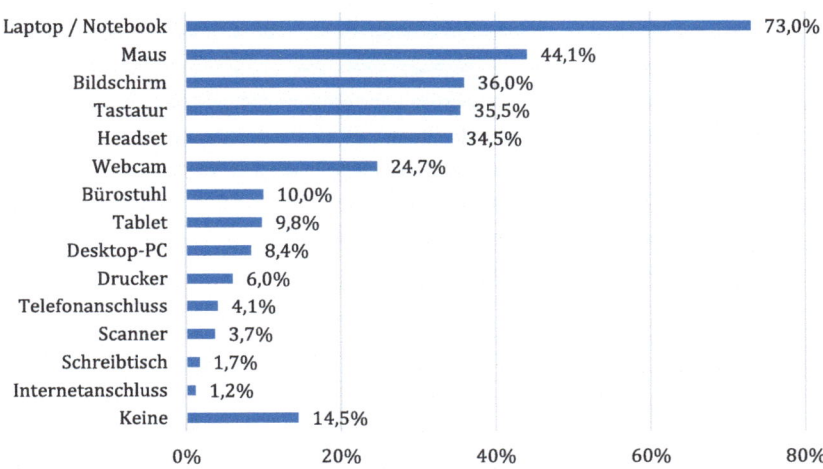

Abb. 7 Von der Universität gestellte Arbeitsmittel für die Arbeit im Homeoffice. (N = 1.090; eigene Darstellung)

Da den Beschäftigten mitunter nicht die benötigte Ausstattung zur Verfügung gestellt wurde, wurden in vielen Fällen Arbeitsmittel privat angeschafft, um die Arbeit im Homeoffice bewerkstelligen zu können. Knapp zwei Drittel der Befragten (63,2 %) haben im Sommersemester 2020 (also mit Beginn der Corona-Maßnahmen) für das Arbeiten im Homeoffice privat Arbeitsmittel angeschafft, um ihre Arbeit von zu Hause aus besser erledigen zu können (vgl. Abb. 8). Etwa ein Drittel haben sich ein Headset, einen Bürostuhl oder einen Bildschirm gekauft, etwa ein Viertel einen Schreibtisch oder eine Maus. Immerhin jeder bzw. jede Zehnte gibt darüber hinaus an, sich einen neuen Internetanschluss zugelegt zu haben. Die privaten Anschaffungen durch Beschäftigte weisen darauf hin, dass die Ausstattung seitens der Universität als nicht adäquat empfunden wurde oder nicht schnell genug erfolgte, was zu den privaten Investitionen geführt hat.

4.3 Bewertung der Arbeit(-sbedingungen) im Homeoffice

Eine Mehrheit der Teilnehmer:innen gibt an, dass sie mit der Arbeit im Homeoffice kaum Einschränkungen verbindet: Fast drei Viertel der Befragten fühlen sich

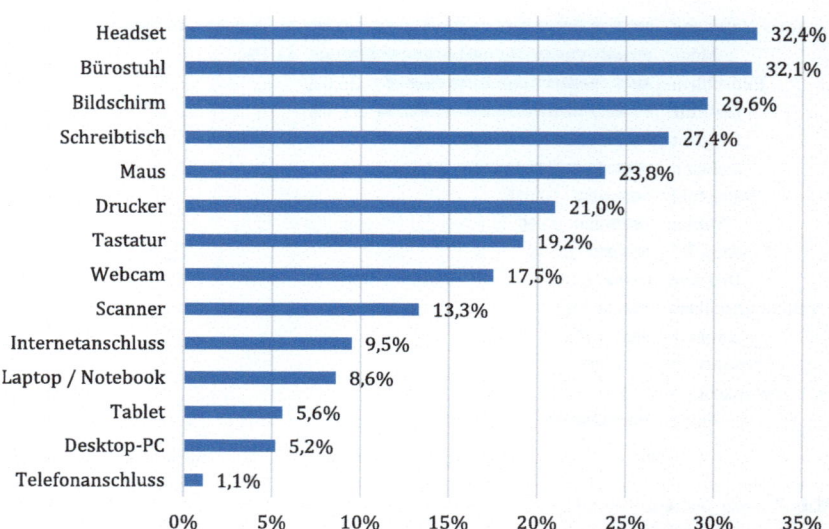

Abb. 8 Im Sommersemester 2020 privat angeschaffte Arbeitsmittel für die Arbeit im Homeoffice. (N = 1.103; eigene Darstellung)

„überhaupt nicht" oder „wenig" eingeschränkt, während lediglich knapp jeder Zehnte starke oder sehr starke Einschränkungen für die eigene Arbeit wahrnimmt (vgl. Abb. 9).

Nach einzelnen Aspekten der Arbeit und deren relativer Veränderung im Vergleich zur Arbeit am Regelarbeitsort vor der Pandemie gefragt, zeichnet sich ein

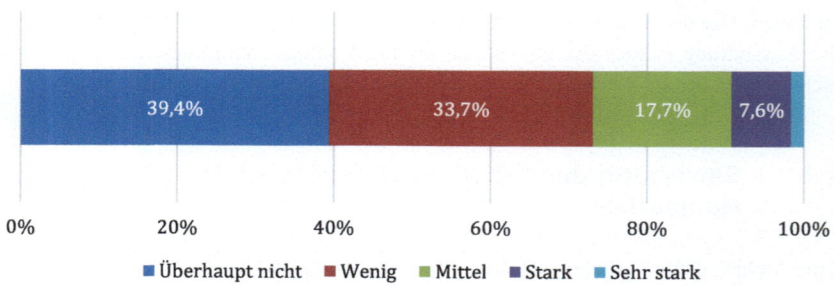

Abb. 9 Einschränkung bei der Arbeit im Homeoffice. (N = 1.105; eigene Darstellung)

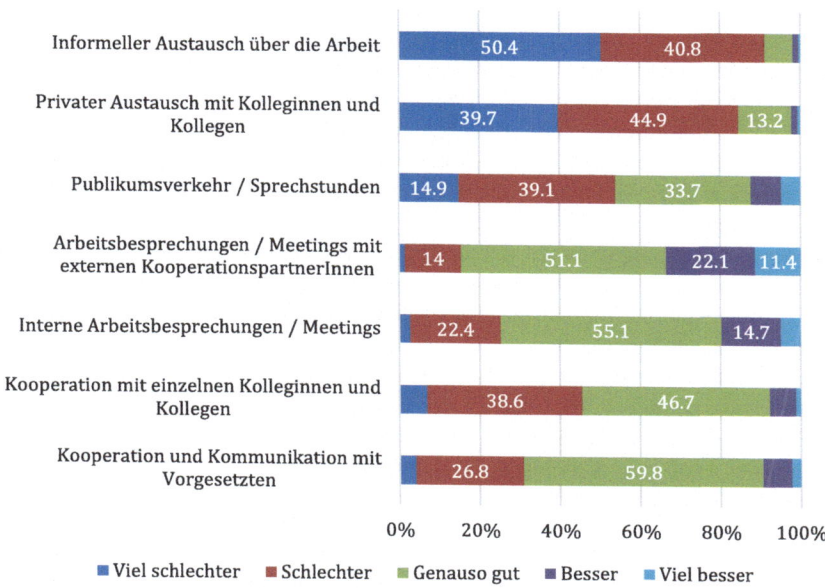

Abb. 10 Bewertung der Arbeit im Homeoffice: Kommunikation und Kooperation. (N = 1.087 bis 1.107; eigene Darstellung)

differenzierteres Bild von der Arbeit im Homeoffice: So werden insbesondere kommunikations- und kooperationsbezogene Aspekte während der Arbeit vom Wohnort aus mitunter als schlechter wahrgenommen (vgl. Abb. 10).

Besonders deutlich betrifft dies den informellen Austausch über die Arbeit, der von mehr als neun von zehn Befragten als „schlechter" oder „viel schlechter" eingeschätzt wird; und den Austausch mit Kolleginnen und Kollegen über private Dinge von mehr als acht von zehn Befragten. Die Antworten auf offenen Items weisen hier darauf hin, dass sich die Beschäftigten schwer damit tun, für „banale" Fragen oder bei nicht unmittelbar arbeitsbezogenem Redebedarf zum Telefon zu greifen bzw. eine Videokonferenz zu starten, für die sie zuvor am Regelarbeitsort einen kurzen Besuch in einem nahegelegenen Büro, eine zufällige Begegnung auf dem Flur oder eine gemeinsame Kaffeepause nutzen konnten. Auch das Wahrnehmen von Publikumsverkehr (>50 %) sowie die Kooperation mit einzelnen Kolleginnen und Kollegen (> 45 %) wird seitens der Befragten als vergleichsweise schlechter eingeschätzt, was sich (mit Rückgriff auf

Befunde aus den offenen Items) weitgehend auf die räumliche Distanz und den als erhöht wahrgenommenen Aufwand der Kommunikation via Video- bzw. Telekommunikationsmedien für kleinere und gelegentliche Absprachen zurückführen lässt. Gleichzeitig zeigt sich jedoch auch, dass mehr als die Hälfte der Beschäftigten die Durchführung von Arbeitsbesprechungen bzw. Meetings mit externen Kooperationspartner:innen, interne Arbeitsbesprechungen und Meetings sowie die Kooperation und Kommunikation mit Vorgesetzten als „genauso gut" wie im Regelbetrieb bewerten. Offene Antworten verweisen darüber hinaus darauf, dass die Kooperation mit Externen durch die Nutzung von Videokonferenztools und die dadurch entfallenden Anreisewege deutlich einfacher werden. Während also die spontane interne Kommunikation verglichen mit der Arbeit an der Universität deutlich schlechter bewertet wird, werden interne terminierte Besprechungen von einer Mehrheit als nicht wesentlich schlechter, im Fall von Terminen mit externen Kooperationspartnern sogar als tendenziell etwas positiver wahrgenommen.

Die räumliche Trennung führt für die Beschäftigten nicht nur zu wahrgenommenen Defiziten im Bereich der Kommunikation, sondern teilweise auch zu einer geringeren Verbundenheit zu Kolleginnen und Kollegen: Verglichen mit der Arbeit am Regelarbeitsort geben mehr als die Hälfte der Befragten an, sich ihren Kolleginnen und Kollegen, mit denen sie regelmäßig zusammenarbeiten, weniger verbunden zu fühlen. Für weitere 40 % scheint sich demgegenüber durch die Arbeit im Homeoffice keine Veränderung ergeben zu haben (vgl. Abb. 11).

Anders als bei den kommunikationsbezogenen Aspekten der Arbeit im Homeoffice zeichnen die Beschäftigten ein sehr positives Bild bei der Bewertung der Vereinbarkeit ihrer Arbeit mit anderen Lebensbereichen: Acht von zehn Befragten

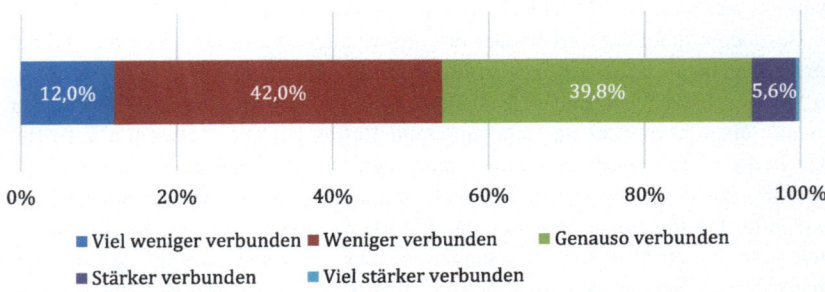

Abb. 11 Verbundenheit mit Kolleginnen und Kollegen im Homeoffice. (N = 987; eigene Darstellung)

geben an, dass sie private Erledigungen aufgrund flexiblerer Arbeitszeitgestaltung besser erledigen können und etwa jeder bzw. jede sechste Beschäftigte sieht die Verbesserungen bei der Gestaltung der eigenen Freizeit sowie der Kinderbetreuung aufgrund besagter Flexibilisierung. Hinzu kommt, dass sechs von zehn Teilnehmer:innen angeben, im Homeoffice deutlich ungestörter arbeiten zu können. Dies lässt sich (mit Blick auf die offenen Nennungen) auf weniger Publikumsverkehr im Büro sowie eine ruhigere Umgebung (beispielsweise weniger als störend wahrgenommene Gespräche von Kolleginnen und Kollegen) zurückführen. Hinzu kommt, dass etwa vier von zehn Beschäftigten ihre Arbeitsproduktivität im Homeoffice verglichen mit dem Regelarbeitsort als insgesamt besser einschätzen.

Die Arbeit aus dem Homeoffice führt jedoch für ein Drittel der Teilnehmer:innen dazu, dass sie das vertragliche Arbeitszeitvolumen schlechter einhalten können. Die fehlende räumliche Trennung von Arbeits- und Wohnort fördert hier eine Entgrenzung von Arbeit und Freizeit. Die Beschäftigten geben in ihren offenen Nennungen an, dass es ihnen mitunter schwer fällt, abends pünktlich aufzuhören und „abzuschalten". Zudem verleitet die Flexibilität des Homeoffice dazu auch während der Freizeit „zwischendurch" das E-Mail-Postfach zu überprüfen (vgl. Abb. 12).

Insgesamt zeigen sich die Beschäftigten zu einem großen Teil zufrieden mit ihren Arbeitsbedingungen im Homeoffice. Knapp zwei Drittel der Beschäftigten geben an eher oder sehr zufrieden zu sein, während sich nur jeder bzw. jede Zehnte (eher oder sehr) unzufrieden zeigt. Etwa jeder bzw. jede Vierte bewertet die Zufriedenheit mit den Arbeitsbedingungen ambivalent. Unterteilt man die Mitarbeiter:innen nach Beschäftigungsgruppen, zeigt sich überraschend, dass die Zufriedenheit bei Beschäftigten in Technik und Verwaltung (Mittelwert 3,88), die vor Beginn der Pandemie weitgehend noch nie im Homeoffice gearbeitet haben, höher ist als bei wissenschaftlich Beschäftigten (Mittelwert 3,63). Insbesondere der Anteil derjenigen aus dem Bereich Technik und Verwaltung, die sehr zufrieden sind, ist mit 30 % sehr stark ausgeprägt, während sich unter den wissenschaftlichen Beschäftigten nur etwa 17 % sehr zufrieden zeigen. Trotz überwiegender Zufriedenheit lässt sich aus dem Anteil derjenigen, die das Homeoffice ambivalent bewerten, sowie derjenigen, die eher unzufrieden sind, schlussfolgern, dass Gestaltungsspielräume bzw. -bedarfe vorhanden sind.

Gleichzeitig deutet die insgesamt hohe Zufriedenheit darauf hin, dass bei der Reflexion der Homeoffice-Situation die Gestaltungsmöglichkeiten der zunehmenden Flexibilisierung für die Beschäftigten stärker ins Gewicht fallen als die kommunikationsbezogenen Defizite (vgl. Abb. 13).

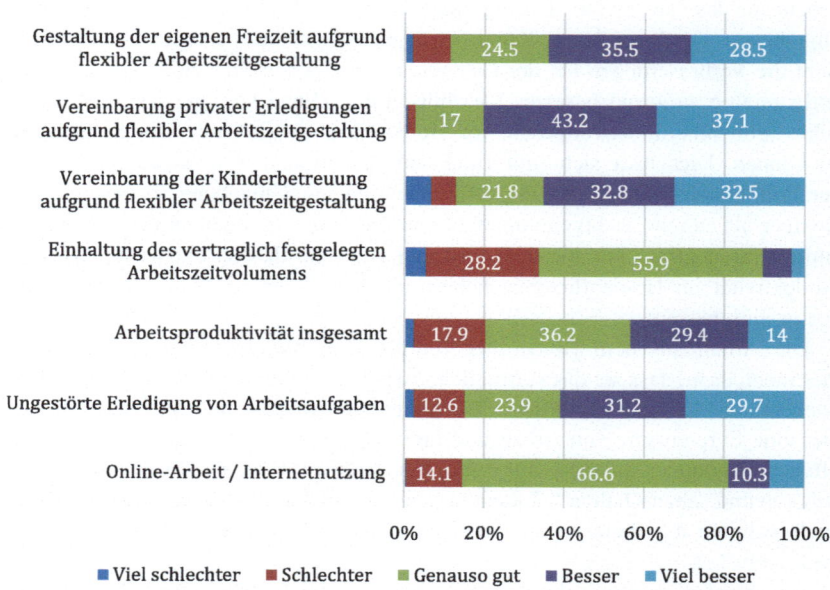

Abb. 12 Bewertung der Arbeit im Homeoffice: Vereinbarkeit und Arbeitsproduktivität. (N = 1.068 bis 1.106; eigene Darstellung)

Zusammenfassend zeichnen die Befragten generell ein deutlich positives Bild von der Arbeit im Homeoffice – und dies, obwohl die Arbeitsbedingungen zu Hause in der Corona-Pandemie durch ebenfalls anwesende Partner:innen und/ oder Kinder häufig nicht optimal sind. Im Einzelnen werden aber auch einige arbeitsbezogene Defizite benannt: Auf der einen Seite fehlt es insbesondere an informellem und privatem Austausch („Flurfunk"), der über Telekommunikationskanäle nicht wie gewohnt stattfindet. Dieser fehlende Austausch spiegelt sich auch in einer hohen Zahl an Beschäftigten wider, die angeben, sich Kolleginnen und Kollegen, mit denen eng zusammengearbeitet wird, weniger verbunden zu fühlen. Auf der Gegenseite werden mit der Arbeit im Homeoffice jedoch positive Aspekte verbunden: So fühlen sich Beschäftigte weniger häufig beim Erledigen ihrer Arbeitsaufgaben gestört und nehmen sich selbst tendenziell als produktiver wahr. Hinzu kommt, dass sich die Arbeit im Homeoffice besser mit anderen Lebensbereichen wie Freizeit, privaten Erledigungen und Kinderbetreuung vereinbaren lässt. Die Kehrseite dieser sehr positiv wahrgenommenen

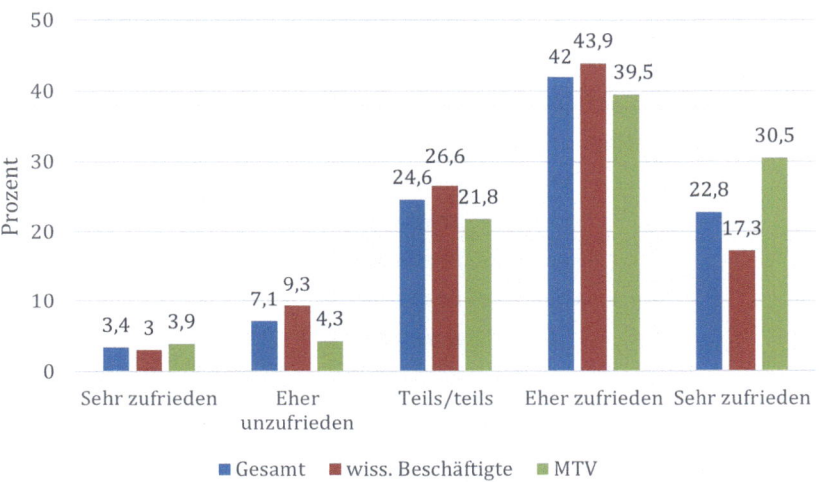

Abb. 13 Zufriedenheit mit den Arbeitsbedingungen im Homeoffice. (N = 1.099; eigene Darstellung)

Flexibilisierung zeigt sich wiederum in einer stärkeren Entgrenzung von Arbeit und Freizeit. Insgesamt zeichnet sich jedoch ab, dass die Beschäftigten mit der Arbeit im Homeoffice überwiegend zufrieden sind.

4.4 Bedarfe für die Arbeit im Homeoffice

Die mitunter ambivalente Bewertung der Arbeitssituation im Homeoffice deutet trotz insgesamt überwiegender Zufriedenheit bereits darauf hin, dass die Beschäftigten durchaus Verbesserungspotenziale sehen. Antworten auf die offenen Items liefern Hinweise auf diese Verbesserungspotenziale und stehen uns neben der Abfrage von Bereichen, die als verbesserungswürdig angesehen werden (vgl. Abb. 14), als zusätzliche Informationen zur Verfügung, um die Kategorien zu kontextualisieren.

Den stärksten Verbesserungsbedarf sehen die Beschäftigten im Bereich der Ausstattung des Büroarbeitsplatzes mit adäquatem Mobiliar, also dem Bereich, für den vonseiten der Universitäten bisher nur sehr eingeschränkt Ausstattung zur Verfügung gestellt wird. Hier sehen vier von zehn Beschäftige konkreten Verbesserungsbedarf. Der mitunter improvisierte Charakter und die damit

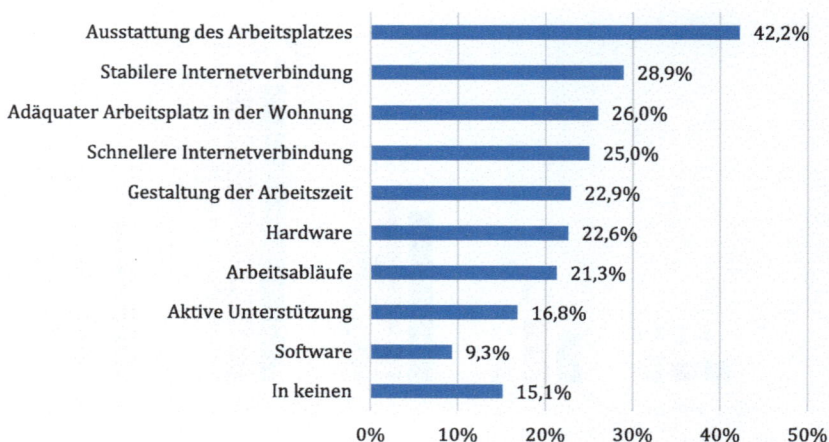

Abb. 14 Konkrete Verbesserungsbedarfe für die Arbeit im Homeoffice. (N = 1.078; eigene Darstellung)

einhergehende fehlende Ergonomie (beispielsweise beim Sitzen auf einem herkömmlichen Küchenstuhl) führen mitunter zu körperlichen Beschwerden, die durch die Arbeit im Homeoffice hervorgerufen werden. An zweiter Stelle der Verbesserungsbedarfe folgt eine stabilere Internetverbindung, was auf den ersten Blick insofern erstaunlich ist, als ein Großteil der Befragten zuvor angegeben hat, nur seltener als mehrmals im Monat oder nie Leistungseinschränkungen aufgrund des Internetzugangs wahrzunehmen. Auf den zweiten Blick entspricht der Wert derjenigen, die sich eine stabilere Internetverbindung wünschen, jedoch in etwa dem Anteil an Personen, die mehrmals im Monat oder häufiger Leistungseinschränkungen (27,5 %, vgl. Abb. 5) feststellen. Weitere von rund einem Viertel der Befragten gewünschte konkrete Verbesserungsbedarfe werden in den Bereichen der Schaffung eines adäquaten Arbeitsplatzes in der Wohnung sowie einer schnelleren[7] Internetverbindung gesehen.

Eher geringe Verbesserungsbedarfe gibt es im Bereich der Bereitstellung von Software, hier sieht nur etwa jeder Zehnte Handlungsbedarf. Dank „remote

---

[7] An dieser Stelle wurde bewusst zwischen „stabilerer" und „schnellerer" Internetverbindung unterschieden. Während die Stabilität ausschlaggebend für die Kontinuität und damit beispielsweise einen reibungslosen Ablauf von Videokonferenzen ist, bezieht sich die Geschwindigkeit auf die Bandbreite und damit verbunden die Dauer, die beispielsweise ein größerer Down- oder Upload in Anspruch nimmt.

access" ist es Beschäftigten via VPN in den meisten Fällen möglich, benötigte Software, die an ihrem Regelarbeitsplatz zur Verfügung steht, auch aus dem Homeoffice zu nutzen. Immerhin 15 % der Beschäftigten sind mit der Ausstattung und den Arbeitsbedingungen im Homeoffice bereits so zufrieden, dass sie keine konkreten Verbesserungsbedarfe äußern.

5 Perspektiven auf das Arbeiten im Homeoffice in der Zukunft

Ob auch in Zukunft die Arbeit im Homeoffice ermöglicht wird, dürfte abseits von Aspekten wie Produktivität auch maßgeblich davon abhängen, inwiefern Beschäftigte ihren Arbeitsaufgaben abseits des pandemiegeprägten Alltags nachkommen können, weswegen die Teilnehmer:innen gefragt wurden, wie hoch sie den Anteil ihres regelmäßigen Arbeitspensums einschätzen, den sie ohne größere Einschränkungen im Homeoffice erledigen könnten (vgl. Abb. 15). Dabei zeigt sich, dass die Beschäftigten davon ausgehen, einen großen Anteil ihrer Arbeit von zu Hause aus verrichten zu können: Der Mittelwert liegt hier insgesamt bei 68 % des Arbeitspensums und fällt bei den Beschäftigungsgruppen der wissenschaftlichen Beschäftigten (69,3 %) und den Beschäftigten in Technik und Verwaltung (66,3 %) ähnlich aus.

Die überwiegend positive Bewertung der Arbeit (per se) im Homeoffice im Kontext der Corona-Pandemie resultiert in einem ausgeprägten Wunsch der Beschäftigten, auch in Zukunft anteilig im Homeoffice arbeiten zu können (vgl. Abb. 16). Nur jeder zwanzigste Befragte gibt an, in Zukunft gar nicht im Homeoffice arbeiten zu wollen – die übrigen gut 95 % der Mitarbeiter:innen wünschen sich mehrheitlich einen gewissen Anteil ihrer Arbeitszeit auch nach dem Ende der Pandemie von ihrem Wohnort aus zu verrichten. Etwas überraschend lässt sich dabei feststellen, dass es nur geringfügige Unterschiede zwischen wissenschaftlich Beschäftigten, die bereits vor der Pandemie zu über 60 % Erfahrungen mit der Arbeit im Homeoffice hatten, und Beschäftigten im Bereich Technik und Verwaltung, die vor Beginn der Pandemie mehrheitlich keine Erfahrungen mit der Arbeit im vom Wohnort aus gemacht haben, gibt.

Insgesamt zeigt die Tendenz bei beiden Beschäftigtengruppen eindeutig in Richtung eines Wunsches nach einem alternierenden Arbeitsplatzwechsel zwischen Anwesenheit im Büro und Arbeitszeit in der privaten Wohnung. Auf diese Weise könnten, je nach Arbeitsort, positive Aspekte des Homeoffice, wie beispielsweise mehr Flexibilität, ungestörteres Arbeiten und eine höhere

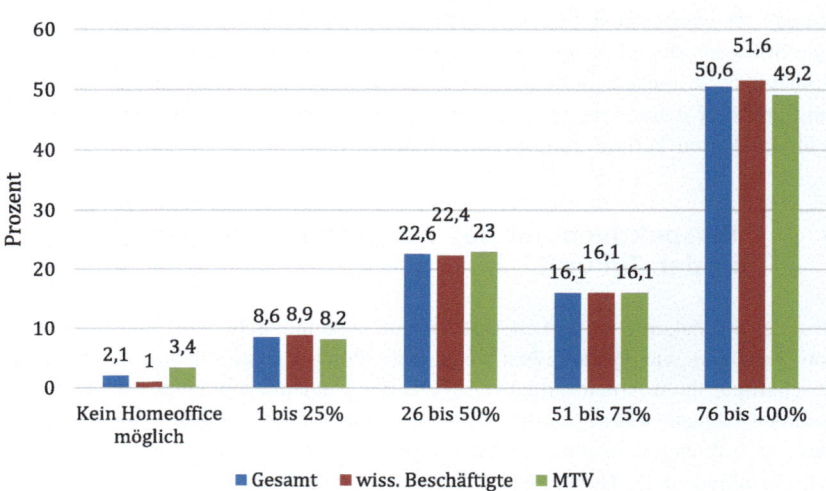

Abb. 15 Geschätztes Arbeitspensum im Homeoffice. (N = 1.219; eigene Darstellung)

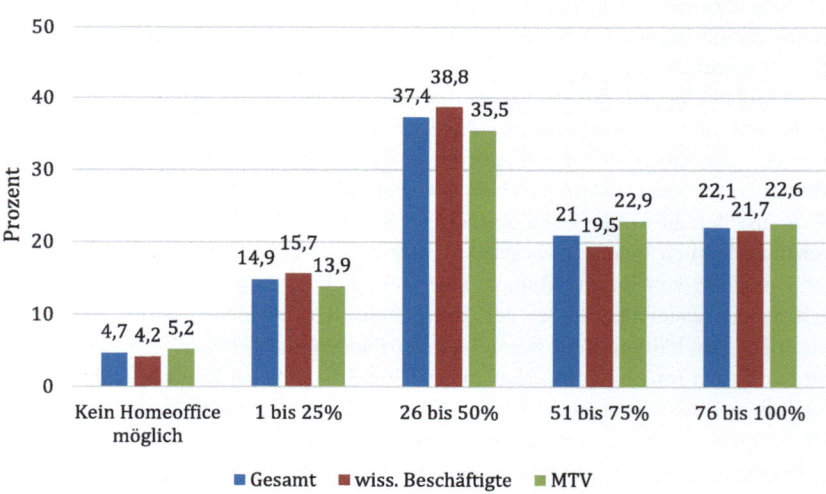

Abb. 16 Wunschanteil Homeoffice in Zukunft. (N = 1.247; eigene Darstellung)

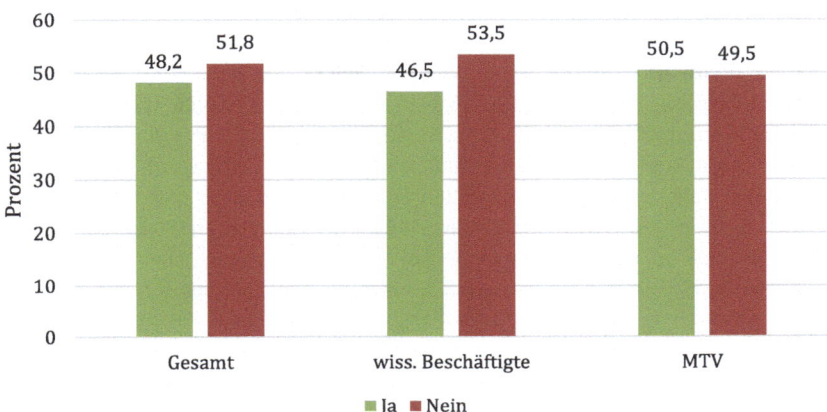

Abb. 17 Bereitschaft zur Aufgabe des festen Büroarbeitsplatzes. (N = 1.093; eigene Darstellung)

Arbeitsproduktivität beibehalten und negative Aspekte, wie der fehlende private wie informelle, arbeitsbezogene Austausch mit Kolleginnen und Kollegen aufgefangen werden.

Neben dem Wunschanteil im Homeoffice wurden die Beschäftigten zudem gefragt, ob sie prinzipiell bereit sind, ihren festen Arbeitsplatz an der Universität zugunsten eines Arbeitsplatzes im Homeoffice aufzugeben (vgl. Abb. 17). Die Aufgabe des festen Arbeitsplatzes bedeutet dabei nicht, dass den Beschäftigten kein Arbeitsplatz mehr an der Universität zur Verfügung steht, sondern lediglich, dass eine gemeinschaftliche Nutzung von Arbeitsplätzen stattfindet. Es zeigt sich, dass insgesamt fast die Hälfte der Befragten sich prinzipiell vorstellen kann, den eigenen Büroarbeitsplatz zugunsten eines Arbeitsplatzes im Homeoffice aufzugeben. Überraschenderweise ist dabei die Bereitschaft zum Verzicht auf einen festen Arbeitsplatz unter Beschäftigten in Technik und Verwaltung etwas höher als unter wissenschaftlich Beschäftigten.

Die Aufgabe des persönlichen Büroarbeitsplatzes ist jedoch für viele an Bedingungen geknüpft, die wir mittels eines offenen Items[8] identifizieren konnten. Im

---

[8] Im Anschluss an die Frage, ob die Beschäftigten sich prinzipiell vorstellen können, ihren festen Büroarbeitsplatz zugunsten ihres Arbeitsplatzes im Homeoffice aufzugeben, wurden denjenigen, die mit „Ja" geantwortet haben, die offene Frage gestellt unter welchen Bedingungen und in welcher Form sie hierzu bereit wären. Da die hier gesammelten 407 offenen Antworten sich in Detailgrad der Ausführungen sehr stark unterscheiden, soll an dieser Stelle

Folgenden sollen nur einige zentrale, von vielen Befragten geäußerte Botschaften aus diesen offenen Nennungen angeführt werden:

Eine Mehrheit der Beschäftigten wünscht sich ein alternierendes Modell zwischen Arbeit im Homeoffice und Arbeiten an der Universität. Das bedeutet, dass auch aus Sicht der Beschäftigten, die zur Aufgabe eines *festen* Arbeitsplatzes bereit sind, an der Universität weiterhin vollwertige Arbeitsplätze zu Verfügung stehen sollten. Diese sollten bedarfsgerecht ausgestattet und relativ flexibel nutzbar sein, sodass alle erforderlichen Operationen an diesen umsetzbar sind, die auch an einem festen Arbeitsplatz möglich wären. Um trotz entpersonalisierter Arbeitsorte im Bedarfsfall einen personalisierten Bereich für die Aufbewahrung von Arbeitsunterlagen oder privaten Gegenständen zu haben, wünschen sich die Beschäftigten zudem private Bereiche im Büro, beispielsweise in Form eines Spinds. Bei der Umstellung auf entpersonalisierte Arbeitsplätze ist aus Sicht der Mitarbeiter:innen zudem ein verlässliches Buchungssystem für Arbeitsplätze unerlässlich, damit eine verbindliche Belegung von Plätzen möglich wird. Großraumbüros sind dabei unbeliebt und werden von einigen Beschäftigten kategorisch abgelehnt, da mit diesen eine schlechte Arbeitsatmosphäre verbunden wird. Zugleich wird der Wunsch nach flexibel nutzbaren Besprechungsräumen geäußert, um einer zunehmenden Entfremdung von Kolleginnen und Kollegen mittels regelmäßiger Teambesprechungen in Präsenz vorzubeugen.

Nicht nur an der Universität, sondern auch für das Homeoffice benötigen die Beschäftigten eine adäquate Arbeitsplatzausstattung: Hier wird die Erwartung gegenüber dem Arbeitgeber formuliert, die für den Arbeitsalltag benötigte Einrichtung zur Verfügung zu stellen. Neben technischem Equipment bezieht sich die Erwartung mitunter auch auf die Ausstattung des Homeoffice mit Mobiliar (insbesondere ein ergonomischer Bürostuhl wird an dieser Stelle häufig genannt), um körperlichen Beschwerden vorzubeugen. Durch die verstärkte Arbeit in der eigenen Wohnung steigen für die Beschäftigten die privaten Ausgaben, beispielsweise für Strom oder das Heizen. An diesen Mehrkosten sollte sich der Arbeitgeber beteiligen, da die Beschäftigten eine Verlagerung des Arbeitsorts nicht privat gegenfinanzieren möchten. Schließlich wird großer Wert auf eine zunehmende Digitalisierung von Dokumenten und Abläufen gelegt. Verstärktes Arbeiten im Homeoffice ist in einigen Bereichen nur dann möglich, wenn Dokumente in digitalisierter Form abruf- und bearbeitbar sind.

---

keine Quantifizierung vorgenommen und stattdessen der Blick auf erkennbare Tendenzen gerichtet werden.

6   Fazit

Die Befragungsbefunde verweisen generell auf eine hohe Zufriedenheit der Beschäftigten mit der Arbeitsform Homeoffice. Der Anteil derer, die sich künftig gar keinen Homeoffice-Anteil wünschen, ist sehr gering. Drei Viertel der Befragten präferieren für die Zukunft anteiliges Homeoffice an ein bis drei Arbeitstagen pro Woche. Die meisten Befragten wollen auf das Arbeiten im Betrieb vor allem wegen des regelmäßigen direkten Kontakts und Austauschs mit Kolleg:innen nicht ganz und gar verzichten. Ein fester Arbeitsplatz im Betrieb erscheint hingegen für die Hälfte der Befragten unter bestimmten Bedingungen verzichtbar.

Gut ein Drittel der Befragten gelangt aber auch zu einer ambivalenten oder negativen Gesamtbewertung der jetzt praktizierten Konstellation, was insbesondere auf Verbesserungsbedarfe der vorhandenen Arbeitssituation verweist. Die Gestaltungserfordernisse adressieren unterschiedliche Akteursgruppen: Die Ausstattung des Homeoffice-Arbeitsplatzes und die Organisation von Arbeitsabläufen sind vor allem eine betriebliche Aufgabe; nur im Hinblick auf die Qualität der Internetverbindung hat der Arbeitgeber keinen Einfluss – und die Beschäftigten meist auch wenig. Einen adäquaten Arbeitsraum in der eigenen Wohnung zu schaffen, ist vor allem Aufgabe der Beschäftigten selbst, ebenso wie die Gestaltung der eigenen Arbeitszeit (die aber auch von betrieblichen Vorgaben abhängig ist).

Ob und inwieweit sich Homeoffice nach Ende der Corona-Pandemie als neue (Teil-)Arbeitsform an den UA Ruhr-Universitäten etablieren wird, ist aber letztlich auch von den Einschätzungen der Universitätsleitungen abhängig, die mit unserer Befragung nicht in den Blick genommen wurden, und wird im Falle einer generell positiven Einschätzung ein gemeinsamer Gestaltungsprozess aller beteiligten Akteure sein.

Timo Leontaris, M.A., ist seit 2020 wissenschaftlicher Mitarbeiter am Institut für Soziologie der Universität Duisburg-Essen.

Frank Kleemann, Dr. phil., ist Professor für Soziologie mit dem Schwerpunkt Arbeit und Organisation am Institut für Soziologie der Universität Duisburg-Essen

Studium während der Corona-Pandemie

Deskriptive Ergebnisse einer Befragung von Studierenden der UA Ruhr

Timo Leontaris und Frank Kleemann

Inhaltsverzeichnis

1	Einführung	116
2	Ziel der Untersuchung	117
3	Methodik und Stichprobe	118
4	Studium während der Corona-Pandemie – deskriptive Befunde	120
5	Fazit	133

Zusammenfassung

Mit Beginn der Corona-Pandemie ergaben sich nicht nur für die Beschäftigten gravierende Änderungen, auch die Studierenden sahen sich mit einer für sie neuen Situation konfrontiert: Das Studium wurde weitgehend von Präsenz- auf Online-Lehre umgestellt, um persönliche Kontakte so weit wie möglich zu reduzieren und Studierende wie Lehrende dadurch vor einer Infektion im Rahmen universitärer Veranstaltungen zu schützen. Um Einblicke in die Auswirkungen dieser veränderten Situation auf Studierende und Studium zu erhalten, wurde die im Frühsommer 2021 im Projekt InnaMoRuhr durchgeführte Erhebung zu Mobilitätspraktiken und -bedarfen (siehe Kap. 2 dieses Buchs) um eine Zusatzbefragung zum Thema „Studium während Corona" ergänzt. Die zentralen Befunde dieser Erhebung lassen sich wie folgt zusammenfassen: Seit Beginn der Corona-Pandemie erbringt ein Großteil der

---

T. Leontaris (✉) · F. Kleemann
Universität Duisburg-Essen, Duisburg, Deutschland
E-Mail: timo.leontaris@uni-due.de

F. Kleemann
E-Mail: frank.kleemann@uni-due.de

Studierenden die gesamte Studienleistung vom Wohnort aus, da universitäre Einrichtungen temporär geschlossen und nur unter strengen Hygieneschutzbestimmungen wiedereröffnet wurden. Die Arbeitsstunden, die insgesamt für das Studium aufgebracht werden, haben insgesamt zugenommen. Insbesondere der Anteil derjenigen, die angeben, mehr als 40 Wochenstunden für ihr Studium aufzubringen, ist in der Pandemie deutlich gestiegen (von 4,3 auf 22,3 %). Der Zugang zur Online-Lehre scheint weitgehend keine Probleme zu bereiten: Insgesamt bewertet nur jede(r) Zehnte den Zugang zu Videokonferenzen als defizitär. Auch Leistungseinschränkungen durch die verfügbare Hardware scheinen eher selten zu sein. Dennoch ist etwa die Hälfte der Studierenden mit den Studienbedingungen während der Pandemie unzufriedener als vor der Pandemie. Nach den Perspektiven auf die digitale Lehre gefragt, werden von einer großen Mehrheit insbesondere Aspekte, die das Studieren flexibler machen, wie bspw. wegfallende Fahrzeiten oder digitale Lehrmaterialien positiv hervorgehoben. Als negativ werden demgegenüber mehrheitlich der fehlende interaktive Austausch und Motivationsprobleme empfunden. Dies deutet bereits darauf hin, dass die Studierenden die digitale Lehre sehr unterschiedlich bewerten, je nachdem, welche Aspekte ihnen besonders wichtig sind: Je etwa ein Drittel sehen eher Nachteile oder eher Vorteile überwiegen. Ein weiteres Drittel bewertet die Online-Lehre ambivalent.

1   Einführung

Nachdem im Januar des Jahres 2020 der erste Fall von COVID-19 (im Folgenden alltagssprachlicher: „Corona") diagnostiziert wurde, begann auch in Deutschland die Verbreitung der Infektionskrankheit, die man zuvor bereits in anderen europäischen Ländern beobachten konnte. Nachdem seit Ende Februar 2020 die Zahl der diagnostizierten Infektionen deutlich zunahm, wurden ab etwa Mitte März seitens der Bundesländer Maßnahmen in die Wege geleitet, um eine unkontrollierte Ausbreitung des Corona-Virus zu verhindern. Im Rahmen dieses ersten Lockdowns (dem später weitere periodische Schließungen folgen sollten) wurden größere Veranstaltungen und Zusammenkünfte von Menschen eingeschränkt, Kultur- und Freizeiteinrichtungen, Gastgewerbe, Geschäfte des Einzelhandels, deren Sortiment nicht für die alltägliche Grundversorgung notwendig ist, sowie letzten Endes auch Betreuungs- und Bildungseinrichtungen geschlossen. Nach einer zwischenzeitlichen Erholung der Lage zwischen Ende April und November 2020, wurden von den Bundesländern diese Einschränkungen sukzessive zurückgenommen, bevor im November erneut Maßnahmen zur Eindämmung der exponentiell steigenden Zahl von Infektionen beschlossen und über die Wintermonate weiter verschärft wurden. Erst Ende April 2021 wurden diese Maßnahmen erneut weitgehend gelockert.

Die Maßnahmen, die zur Eindämmung der Pandemie getroffen wurden, wurden neben Kultur- und Gastgewerbe, Einzelhandel und schulischen Bildungseinrichtungen auch von den Universitäten der Universitätsallianz Ruhr mitgetragen: Das Studium wurde weitgehend von Präsenz- auf Online-Lehre umgestellt, um persönliche Kontakte so weit wie möglich zu reduzieren und Studierende wie Lehrende dadurch vor einer Infektion im Rahmen universitärer Veranstaltungen zu schützen. Der vorliegende Beitrag untersucht anhand einer quantitativen Online-Erhebung, die zwischen April und Mai 2021 an den drei Ruhr-Universitäten Dortmund, Bochum und Duisburg-Essen stattgefunden hat, welche veränderte Studiensituation sich daraus ergeben hat.

2 Ziel der Untersuchung

Die drei Ruhr-Universitäten haben im Zuge der pandemiebedingten Maßnahmen im März 2020 den Campus-Betrieb weitgehend heruntergefahren: Die akademische Lehre wurde, wo immer möglich, auf Online-Formate umgestellt und die Beschäftigten weitgehend ins Homeoffice versetzt, um eine Ausbreitung des Virus an den Universitäten zu vermeiden. Wie sich dabei die für das Studium aufgewendeten wöchentlichen Arbeitsstunden der Studierenden verändert haben, wie sie ihr Studium unter Corona-Bedingungen bewerten und welche Chancen und Risiken sich aus der digitalen Lehre aus ihrer Sicht ergeben, ist bisher nicht systematisch erhoben worden. Die vorliegende Untersuchung will diese Fragen beantworten; sie wurde im Rahmen des interdisziplinären Verbundprojekts InnaMoRuhr durchgeführt, das von 2020 bis 2023 untersucht hat, wie sich die Mobilität an den drei UA Ruhr-Universitäten nachhaltiger gestalten lässt. Aufgrund der im Vergleich zum Zeitpunkt der Antragstellung coronabedingten veränderten Ausgangslage bezüglich der Mobilität von Universitätsangehörigen wurden im Untersuchungsdesign systematisch die Studienbedingungen von Studierenden und die Arbeitsbedingungen von Beschäftigten im Homeoffice als relevante Themen ergänzt. Auch wenn (im Unterschied zur Arbeit im Homeoffice) Studienleistungen bereits vor Pandemiebeginn von den meisten Studierenden häufig von zu Hause aus erbracht wurden, hat die coronabedingte Verlagerung von Präsenzveranstaltungen in den digitalen Raum auch für Studierende zu einer weitgehenden Verlagerung ihre Studienmittelpunkts geführt, was wiederum unmittelbare und starke Auswirkungen auf ihre Mobilität mit sich gebracht hat. Die vorliegende

Analyse widmet sich dabei weniger den mobilitätsbezogenen Aspekten der neuen Studiensituation, sondern ist vielmehr eine Bestandsaufnahme des Ausmaßes der Verlagerung von Studientätigkeiten und der wahrgenommenen Vor- und Nachteile der neuen Studiensituation aus Perspektive der Studierenden. Identifiziert werden zudem mögliche Verlagerungspotenziale des Studiums in den digitalen Raum für die Zukunft. Folgende Aspekte stehen im Mittelpunkt:

1. Die Veränderung des wöchentlichen Arbeitsaufwands, den die Verlagerung von Lehre in den digitalen Raum mit sich bringt;
2. die Bedingungen, unter denen das Studium in den eigenen vier Wänden stattfindet;
3. die Wahrnehmung und Bewertung der Studienbedingungen durch die Studierenden der UA Ruhr, d. h. wo Chancen, aber auch Risiken von digitaler Lehre gesehen werden.

Die Umfrageergebnisse werden an einigen Stellen, um eine bessere Einordnung der quantitativen Befunde vorzunehmen, durch Befunde aus qualitativen Interviews mit Universitätsangehörigen ergänzt.[1] Die Ergebnisse der Befragung werden in Abschn. 4 präsentiert. Zuvor sollen das Untersuchungsdesign und die erzielte Stichprobe umrissen werden.

3 Methodik und Stichprobe

In Ergänzung zur quantitativen Online-Erhebung von Mobilitätspraktiken und -bedarfen des Verbundprojekts InnaMoRuhr wurde eine Zusatzbefragung konzipiert, mittels derer die Arbeitssituation der Beschäftigten der drei Ruhr Universitäten im Homeoffice (siehe Kap. 5 dieses Buchs) und die Arbeits- und Studienbedingungen der Studierenden im Online-Studium während der Corona-Pandemie erfasst wurden. Die folgenden Befunde beziehen sich nur auf die Erhebung zum Studium während der Corona-Pandemie. Die Erhebungsmethode war eine Online-Befragung, zu der sich Studierende freiwillig im Anschluss an die Befragung zur Mobilität an der UA Ruhr bereit erklären konnten.

Die Befragung zum Thema Studium unter Corona-Bedingungen wurde im Zeitraum zwischen dem 19.04. und dem 23.05.2021 durchgeführt. Insgesamt

---

[1] Zwischen Juni 2020 und Dezember 2021 wurden insgesamt 55 Interviews mit Angehörigen der UA Ruhr-Universitäten zu ihrem Mobilitätsverhalten sowie Arbeit und Studium an der UA Ruhr geführt.

Studium während der Corona-Pandemie

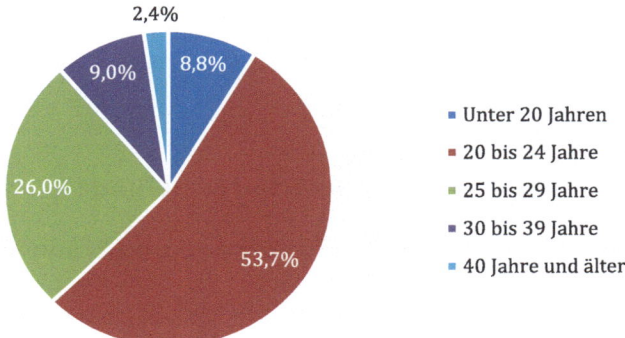

Abb. 1 Stichprobenbeschreibung Alter der Befragten. (Eigene Darstellung)

haben 2385 Personen teilgenommen; dieser Wert reduziert sich nach einer Bereinigung des Datensatzes auf 2244 vollständige Teilnahmen. Die Items der Befragung wurden auf Grundlage qualitativer Interviews mit Studierenden erstellt und in einem explorativen Pretest überprüft und weiter geschärft.

Die vorliegende Stichprobe erfasst die Antworten von 2244 Studierenden der UA Ruhr, die die Befragung vollständig abgeschlossen haben, was einem Anteil von knapp 2 % der Studierenden entspricht. Die Verteilung der Studierenden über die einzelnen Universitäten der UA Ruhr ist dabei etwa gleich verteilt: 762 studieren an der TU Dortmund, 732 an der Ruhr-Universität Bochum und 735 an der Universität Duisburg-Essen.[2] Frauen sind in der Stichprobe mit 60,3 % häufiger vertreten als Männer (38,4 %). 1,1 % der Befragten sind divers.

Betrachtet man das Alter der Teilnehmer:innen, stellen die 20- bis 24-Jährigen mit einem Anteil von 53,7 % die größte Gruppe unter den Befragten dar, gefolgt von der Gruppe der 25- bis 29-jährigen, die weitere 26 % der Stichprobe ausmachen (vgl. Abb. 1). Die Gruppen der unter 20-Jährigen sowie derjenigen die angeben 30 bis 39 Jahre als zu sein, machen mit 8,8 bzw. 9 % jeweils weniger ein Zehntel der Stichprobe aus. Den kleinsten Anteil unter den Studierenden umfasst die Gruppe der Personen, die 40 Jahre und älter sind.

---

[2] Die Differenz von 17 Personen verglichen mit dem vollständigen Teilnehmerkreis ergibt sich daraus, dass diese Personen ihre Zugehörigkeit zu einer Universität nicht angegeben haben.

Da die Items nicht immer von allen Teilnehmenden beantwortet wurden, werden im Folgenden jeweils einzelne Grundgesamtheiten zu den beschriebenen Items angegeben, auf denen die Aussagen zu den Verteilungen beruhen.

4 Studium während der Corona-Pandemie – deskriptive Befunde

4.1 Verschiebung von Arbeitsaufwand und Studienort

Betrachtet man die von den Studierenden wöchentlich für das Studium aufgewendeten Stunden, ergibt sich eine deutliche Verschiebung seit Beginn der pandemiebedingten Maßnahmen an den UA Ruhr-Universitäten. Im Mittel wenden die Studierendenknapp 3 h pro Woche mehr für ihr Studium auf (vgl. Abb. 2), wenn man die durchschnittlichen Arbeitsstunden vor Pandemiebeginn mit dem wöchentlichen Arbeitsaufwand seit Beginn der Umstellung auf Online-Lehre vergleicht.[3] Bei Betrachtung der kategorisierten Arbeitsstunden ergibt sich eine deutliche Verschiebung in den Kategorien. Besonders auffällig sind dabei die Veränderungen an den Rändern der Verteilung: Während vor der Pandemie lediglich 6,2 % der Befragten 10 oder weniger Stunden in der Woche für ihr Studium aufgewendet haben, sind es seit Pandemiebeginn mit 8,5 % ein etwas höherer Anteil, der sich in diesem Segment einordnet. Ergebnisse aus qualitativen Interviews mit Studierenden weisen darauf hin, dass ein Grund für die Zunahme in diesem Bereich sein könnte, dass Studierende mit der Umstellung auf Online-Lehre nicht gut zurechtkommen und deswegen ihre Seminare und Vorlesungen in der Hoffnung, sie zukünftig in Präsenz besuchen zu können, in spätere Semester verschieben. Am anderen Ende der Verteilung zeigt sich demgegenüber eine starke Zunahme derjenigen, die mehr als 40 Stunden pro Woche für ihr Studium aufwenden und damit eine deutliche Zunahme der Arbeitszeit für viele Studierende: Während vor Beginn der Pandemie lediglich 4,3 % einen Arbeitsaufwand von mehr als 40 h hatten, ordnet sich seit Beginn der pandemiebedingten Maßnahmen mehr als jeder bzw. jede Fünfte dieser Kategorie zu.

Die Verschiebung der Arbeitsstunden unter den Studierenden lässt sich dabei über alle drei UA Ruhr-Universitäten hinweg mit gleicher Tendenz beobachten (vgl. Abb. 3).

---

[3] Vor Beginn der Pandemie haben die Studierenden im Durchschnitt 29,7 Arbeitsstunden pro Woche, seit Beginn der Pandemie 32,5 Arbeitsstunden für ihr Studium aufgewendet.

Studium während der Corona-Pandemie 121

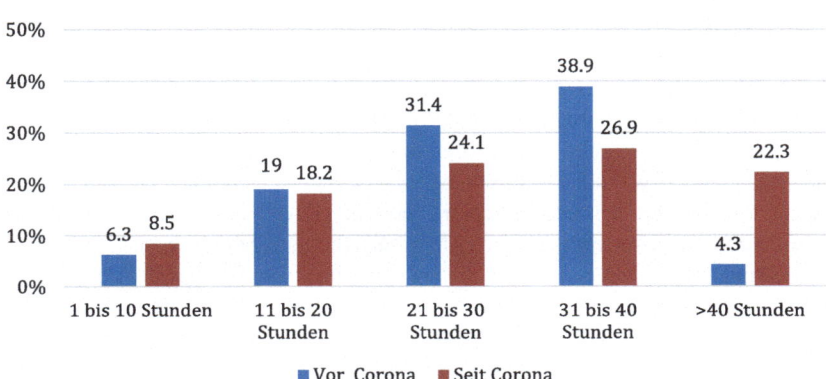

Abb. 2 Wochenstunde vor und seit Corona. (Vor Corona: N = 1533; seit Corona: N = 2005; eigene Darstellung)

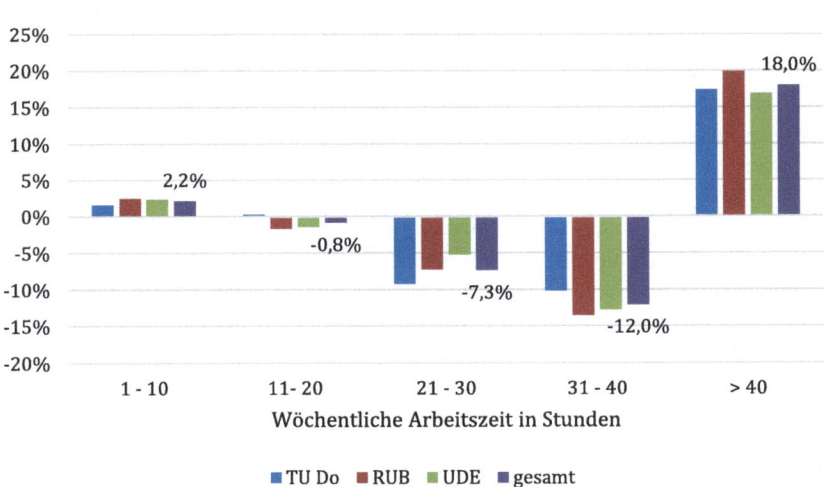

Abb. 3 Veränderung der wöchentlichen Arbeitsstunden seit Corona, getrennt nach Universitäten. (Eigene Darstellung)

Insgesamt sehen sich die Studierenden, verglichen mit dem Studium in Präsenz, mit einer deutlichen Zunahme ihrer Arbeitsstunden konfrontiert. Auch hier weisen vorläufige Befunde aus Interviews auf Ursachen hin: Sowohl für Studierende als auch Lehrende war die plötzliche Umstellung auf digitale Formate ein Sprung ins kalte Wasser. Je nach Adaptionsfähigkeit von Lehrenden und Studierenden werden Veranstaltungen sehr unterschiedlicher Qualität angeboten. Während Studierende berichten, dass in einigen Fällen die Umstellung gut funktioniert, wird ebenso von Lehrveranstaltungen berichtet, die durch die Umstellung einen vergleichsweise hohen Arbeitsaufwand mit sich bringen, da die zu erbringende Arbeit zwischen den Lehreinheiten deutlich zugenommen hat. Hinzu kommt, dass es einigen Studierenden sehr schwerfällt, den überwiegenden Anteil der wöchentlichen Studienzeit von zu Hause zu erbringen, da der fehlende strukturelle Wechsel zu Konzentrations- und Motivationsproblemen führt.

Anders als bei den Angestellten, wo viele Beschäftigte bis zum Beginn der Corona-Pandemie keinerlei Erfahrungen mit der Arbeit im Homeoffice gemacht haben, haben viele Studierende schon immer einen Anteil ihrer Studienleistung von zu Hause erbracht (vgl. Abb. 4). Der Anteil lag dabei vor der Corona-Pandemie für neun von zehn Personen jedoch bei maximal 50 % der wöchentlichen Arbeitsstunden. Studierende, die den überwiegenden Teil ihrer studienbezogenen Wochenstunden von zu Hause verrichtet haben, sind unter den Befragten eher die Ausnahme: Nur knapp 5 % der Studierenden haben mehr als 50 %, nur gut 2 % mehr als 75 % ihrer Studienleistung vom Wohnort aus erbracht. Mit Beginn der Pandemie haben sich diese Anteile durch die Schließung universitärer Einrichtungen und die Verlagerung der Lehre ins Digitale in ihr Gegenteil verkehrt. Der überwiegende Teil der Studierenden musste mindestens einen Großteil der Studienleistung von zu Hause aus erbringen. Mehr als neun von zehn Studierenden haben mehr als 75 % ihrer Studienleistung vom Wohnort aus erbracht, acht von zehn sogar den gesamten Anteil.

Da die universitären Einrichtungen sowie auch andere potenzielle Arbeitsorte wie Cafés weitgehend geschlossen waren, scheint es auf den ersten Blick kontraintuitiv, dass dennoch knapp 20 % der Studierenden nicht ihre gesamte Studienleistung vom Wohnort aus erbracht haben. Hinweise darauf, wo die übrige Studienleistung erbracht wurde, lassen sich dabei in den Interviews mit Studierenden finden: Insbesondere Personen, die allein leben, haben angegeben, seit Beginn der Pandemie den Kontakt und den Austausch zu anderen Studierenden zu vermissen. Ein kreativer Lösungsansatz war für einige daher, sofern es die aktuellen pandemiebedingten Schutzverordnungen zu ließen, sich in Kleingruppen zusammenzufinden und gemeinsam entweder in Räumlichkeiten, die zu improvisierten

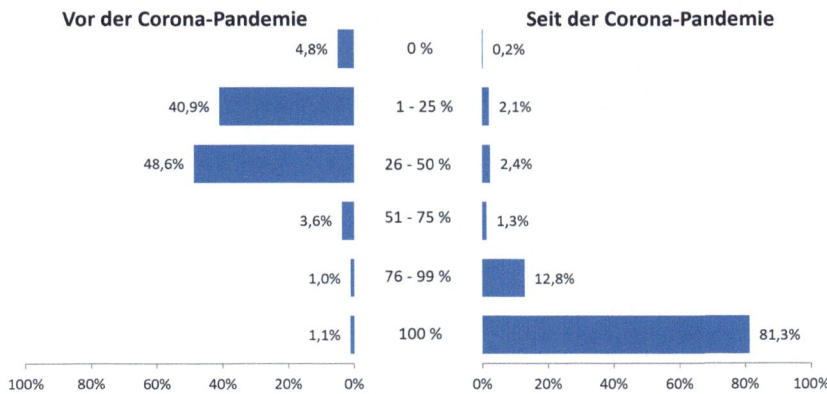

Abb. 4 Anteil der Studienleistung, der zu Hause erbracht wird. (Vor Corona: N = 1701; seit Corona: N = 2224; eigene Darstellung)

Coworking-Spaces wurden oder im Freien (bspw. auf Grünflächen) gemeinsam zu lernen.

4.2 Studienbedingungen

Grundvoraussetzung für einen reibungslosen Ablauf studienbezogener Veranstaltungen, die verstärkt im Digitalen stattfinden, ist eine ausreichende Internetverbindung auf der Seite der Studierenden. Daher wurde in zwei Items zum einen nach potenziellen Leistungseinschränkungen beim Zugang zum Internet (vgl. Abb. 5) sowie zum anderen nach einer Bewertung ausgewählter Anwendungen (vgl. Abb. 6) gefragt.

Für den überwiegenden Teil der befragten Studierenden spielen Leistungseinschränkungen keine Rolle beim Besuch digitaler studienbezogener Veranstaltungen: Nur etwa jede:r Fünfte gibt an, sich häufig (mehrmals täglich, täglich oder mindestens mehrmals in der Woche) mit Leistungseinschränkungen konfrontiert zu sehen. Bei den übrigen 80 % sind Störungen eher selten oder nicht vorhanden.

Ein differenzierteres Bild ergibt sich bei der Erhebung konkreter Anwendungsbeispiele (vgl. Abb. 6). Hierbei wurden die Studierenden gefragt, wie gut oder schlecht sich 1) das Empfangen und Versenden von E-Mails, 2) das Herunterladen größerer Dateien, 3) das Versenden bzw. Hochladen größerer Dateien sowie

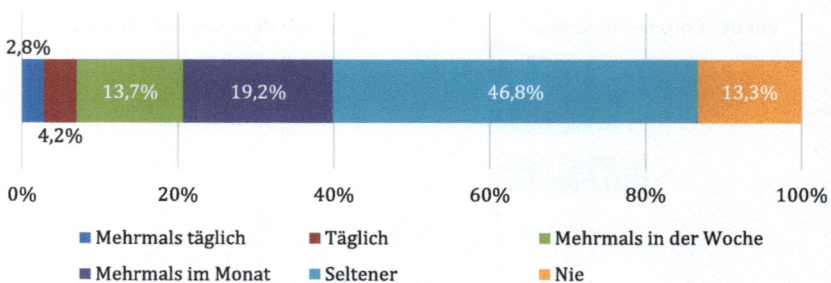

Abb. 5 Leistungseinschränkungen beim Zugang zum Internet. (N = 2248; eigene Darstellung)

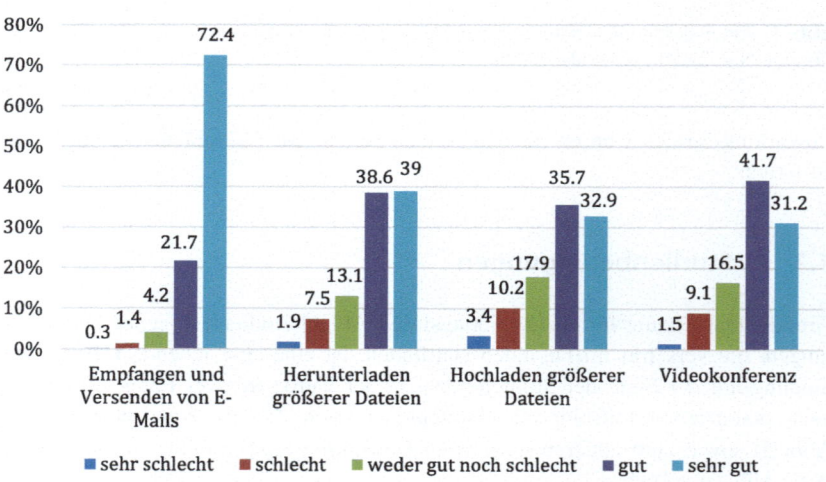

Abb. 6 Bewertung des Internetanschlusses. (N = 2248; eigene Darstellung)

4) Videokonferenzen mit der zur Verfügung stehenden Internetverbindung realisieren lassen. Auch hier zeigt sich im Antwortverhalten der Studierenden, dass die Mehrheit wenig bis keine Probleme bei den ausgewählten Anwendungen hat. Insbesondere das Versenden und Empfangen von E-Mails stellt nur für weniger als zwei Prozent der Studierenden ein Problem dar (Bewertung schlecht oder sehr schlecht). Etwas schlechter sieht es bei den datenintensiveren Anwendungen aus: Hier bewerten immerhin 9,4 % das Herunterladen größerer Dateien (> 50 MB),

13,6 % das Versenden bzw. Hochladen größerer Dateien und 10,6 % den Besuch einer Videokonferenz aufgrund ihrer vorhandenen Internetverbindung als schlecht oder sehr schlecht.

Zusammenfassend hat die Mehrheit der Studierenden keine bis wenig internetbedingte Probleme bei der Durchführung studienrelevanter Tätigkeiten. Dennoch bleibt, sollte zukünftig ein Anteil der studienbezogenen Veranstaltungen weiterhin ausschließlich digital stattfinden, zu berücksichtigen, dass immerhin etwa jede:r Fünfte mit mindestens mehrmals wöchentlichen Leistungseinschränkungen der Internetverbindung konfrontiert sieht. Um eine systematische Exklusion von Personen, die in strukturschwachen Gegenden ohne Breitbandausbau leben, von digitalen Formaten zu verhindern, muss über alternative Wege des Zugangs nachgedacht werden, wenn in Zukunft weiter auf digitale Angebote gesetzt werden sollte.

Neben der Internetverbindung spielen die Eignung verwendeter sowie der Besitz geeigneter Hardware eine zentrale Rolle. Nach hardwarebedingten Leistungseinschränkungen gefragt, geben 85 % der Studierenden an, dass diese seltener als mehrmals im Monat oder nie vorkommen. Lediglich bei gut fünf Prozent der Befragten kommt es häufig (mindestens mehrmals in der Woche) zu Einschränkungen (vgl. Abb. 7). Die Hardwareausstattung der Studierenden scheint daher zum Zeitpunkt der Befragung weitgehend für die Teilnahme an digitalen Veranstaltungen geeignet zu sein.

Das von den meisten Studierenden für den Besuch von Online-Veranstaltungen verwendete Endgerät ist mit großem Abstand ein Laptop bzw. Notebook. Allerdings wird mitunter alternierend auch auf weitere Geräte wie das Handy (42 %), ein Tablet (35 %) oder einen Desktop-PC (28,9 %) zurückgegriffen (vgl. Abb. 8).

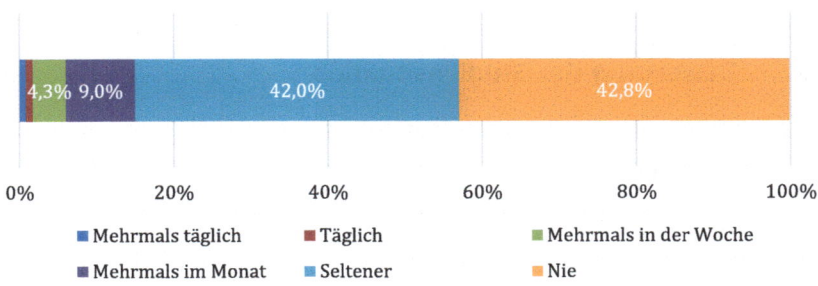

Abb. 7 Leistungseinschränkungen durch Hardware. (N = 2211; eigene Darstellung)

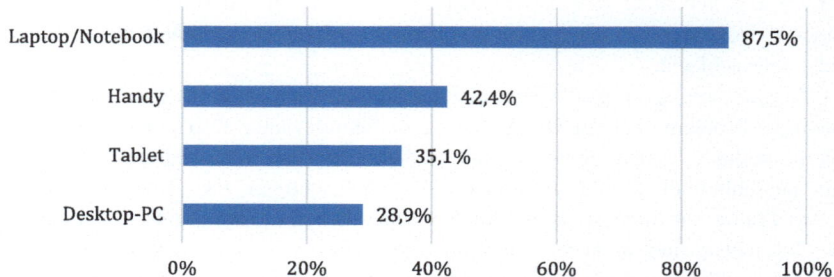

Abb. 8 Genutzte Hardware für studienbezogene Online-Veranstaltungen. (N = 2249; eigene Darstellung)

Während viele Studierende bereits vor Beginn der Pandemie über die nötige Hardware für den Zugang zu Online-Veranstaltungen verfügten, geben immerhin 45,6 % der Befragten an, seit Pandemiebeginn neue medientechnische Geräte für den Besuch studienbezogener Veranstaltungen angeschafft zu haben. Analog zu den meistverwendeten Geräten für den Zugang ist das am häufigsten neu angeschaffte Gerät dabei ein Laptop bzw. ein Notebook, das von etwa jedem dritten Studierenden, der bzw. die Neuanschaffungen vorgenommen hat, erworben wurde (vgl. Abb. 9). Auf Rang zwei und drei rangieren ein Headset und eine Webcam, die jeweils von einem knappen Drittel angeschafft wurden, um an Videokonferenzen teilnehmen zu können. Abgeschlagen auf dem letzten Platz der Neuanschaffungen liegt mit 2,2 % das Handy, was daran liegen dürfte, dass die Studierenden weitgehend bereits vor Pandemiebeginn über ein technisch adäquates Smartphone verfügt haben.

4.3 Bewertung der Studiensituation

Nach der Zufriedenheit mit den derzeitigen Studienbedingungen verglichen mit den Studienbedingungen vor der Pandemie gefragt, geben über die Hälfte der Befragten an viel unzufriedener (24,3 %) oder eher unzufriedener (28,8 %) zu sein. Ein weiteres Viertel der Befragten zeigt sich unentschlossen, während lediglich knapp jede:r Fünfte sich zufriedener mit den „neuen" Studienbedingungen zeigt (vgl. Abb. 10). Entlang von soziodemografischen Variablen wie Geschlecht oder Alter lassen sich bzgl. der Zufriedenheit keine signifikanten Unterschiede zwischen den Studierenden finden.

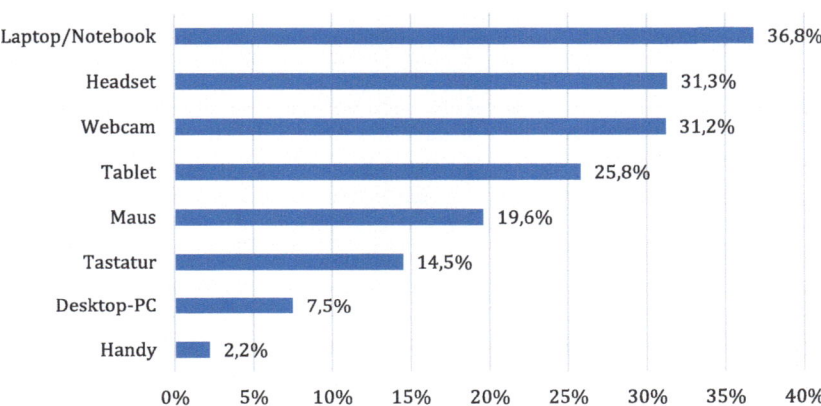

Abb. 9 Anschaffung von medientechnischen Geräten für den Besuch von Online-Veranstaltungen. (N = 954; eigene Darstellung)

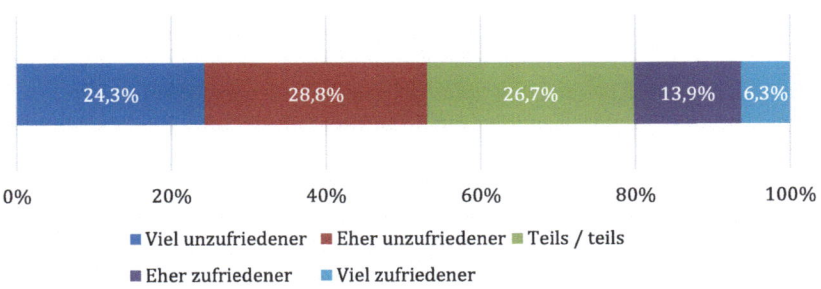

Abb. 10 Zufriedenheit mit den Studienbedingungen verglichen mit den Bedingungen vor der Pandemie. (N = 1756; eigene Darstellung)

Um die Einschätzung der Studienbedingungen darüber hinaus differenziert zu erheben, wurde entlang von Befunden aus qualitativen Interviews ein Item, in dem Studierende einzelne Aspekte ihres aktuellen Studienalltags mit der Zeit vor der Pandemie vergleichen, ergänzt (vgl. Abb. 11). Vor dem Hintergrund der Schließung von universitären Einrichtungen werden insbesondere der Zugang zu Lern- und Arbeitsplätzen an der Universität (95,6 %) sowie die Ausleihe studienbezogener Materialien aus der Bibliothek (75,5 %) als schlechter oder viel schlechter eingeschätzt. Während sich die Bewertung des verschlechterten Zugangs unmittelbar aus den einrichtungsbezogenen Schließungen ergibt, ist dies für die Ausleihe von Materialien aus der Bibliothek, die viele Medien digitalisiert in ihren Online-Apparaten zur Verfügung stellt, kein ausreichender Erklärungsansatz. Dass die Ausleihe von Materialien dennoch als deutlich schlechter eingeschätzt wird, könnte zum einen auf ein ausbaufähiges Angebot digitalisierter Bücher verweisen und zum anderen auf fehlendes Wissen (bzw. fehlende technische Voraussetzungen, wie die Nutzung eines VPN-Clients zum Download von E-Books) seitens der Studierenden hinweisen, wie sie auf die entsprechenden Angebote auch zugreifen können. Dies dürfte insbesondere auf diejenigen zutreffen, die sich vor Beginn der Pandemie mit diesen Optionen nicht vertraut gemacht haben und denen mangels Austausches mit anderen Studierenden bzw. Lehrenden während der Pandemie keine Unterstützung zur Verfügung stand.

Der Austausch mit anderen Studierenden wird durch mehr als fünf von sechs Befragte als viel schlechter (47,3 %) oder schlechter (39 %) als vor Beginn der Pandemie bewertet. Befunde aus den qualitativen Interviews verweisen darauf, dass ein kommunikativer Austausch unter den Studierenden abseits der eigentlichen Lehrveranstaltungen nur sehr eingeschränkt zustande kommt. Dies trifft umso stärker zu, wenn Studierende Kurse belegen, in denen sie ihre Kommilitonen bisher nicht oder nur sehr lose aus der Vergangenheit kennen. Ein Kennenlernen bzw. das Knüpfen von Kontakten scheint den Studierenden im digitalen Raum deutlich schwerer zu fallen als face-to-face auf dem Campus.

Bei einigen weiteren studienbezogenen Aspekten sieht nur eine knappe Mehrheit tendenziell eher eine Verschlechterung (viel schlechter oder schlechter) verglichen mit der Situation vor der Pandemie: Hierbei handelt es sich um die Kommunikation mit Lehrenden (58 %), die Nutzung von Beratungsangeboten (56,3 %) und die eigene Arbeitsproduktivität (54,2 %). Bei den verbleibenden Items gibt jeweils mehr als die Hälfte der Befragten an, dass die abgefragten studienbezogenen Aspekte mindestens genauso gut oder besser als vor Beginn der Pandemie funktionieren.[4] Auch hier gibt es Bereiche, bei denen die Studierendenschaft weitgehend in zwei Lager aufgeteilt zu sein scheint: die Unterstützung der Vorbereitungen auf Prüfungen durch Lehrende (55,8 %), die Qualität von Lehrveranstaltungen (56,6 %) oder die Organisation des Studiums (56,7 %) werden von mehr als der Hälfte der Studierenden als genauso gut oder besser

---

[4] Zwar überwiegt bei allen Items mit Ausnahme der Einreichung studienbezogener Leistungen der Anteil derjenigen, die eher eine Verschlechterung als eine Verbesserung feststellen, unter Einbeziehung derjenigen, die keine Veränderung (genau so gut) in der Praktikabilität feststellen, relativiert sich dieses Bild jedoch.

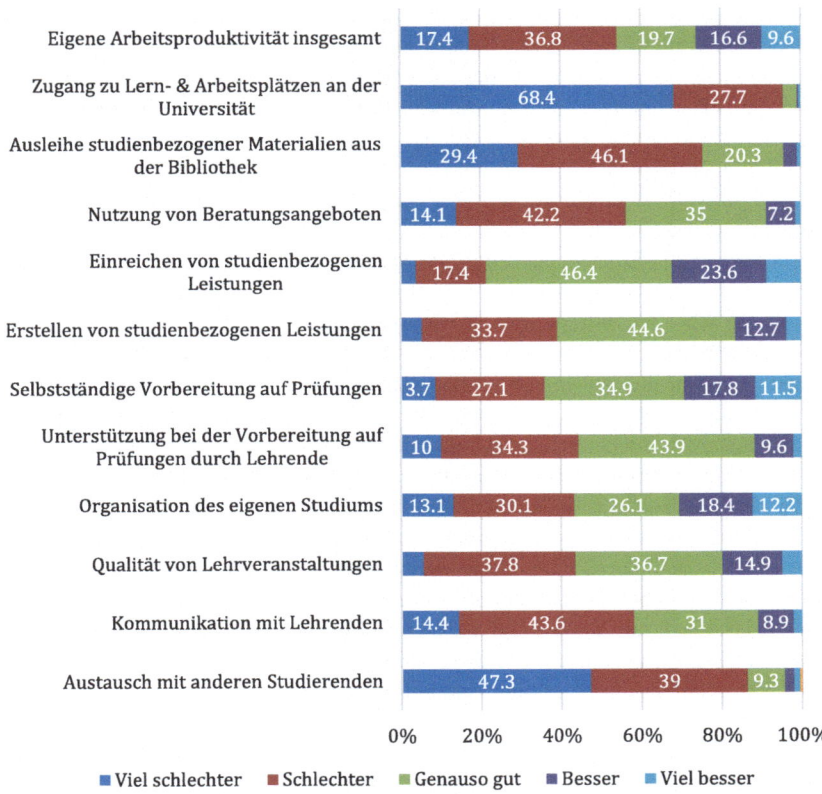

Abb. 11 Bewertung des Studiums verglichen mit dem Studium vor Corona. (N = 1359–1760; eigene Darstellung)

wahrgenommen. Etwas stärker zeigt sich diese Tendenz noch bei der Erstellung von studienbezogenen Leistungen (61 %), der selbstständigen Vorbereitung auf Prüfungen (64,2 %) und besonders deutlich beim Einreichen studienbezogener Leistungen (78,6 %).

In den qualitativen Interviews lassen sich Hinweise für die von einer Mehrheit mindestens als gleichwertig wahrgenommenen Bereiche identifizieren: So ist es für die Studierenden eine große Hilfe, dass seit Beginn der Pandemie verstärkt Material in Form von digitalen Dokumenten bereitgestellt wird, was vorher in einigen Fällen weniger stark bzw. nicht gegeben war. Dieses können sie unabhängig von den Veranstaltungsterminen sichten, was in Kombination mit dem Besuch von Online-Veranstaltungen und Präsenzveranstaltungen mindestens adäquat ersetzt oder in einigen Fällen die Erstellung studienbezogener Leistungen sowie die selbstständige Vorbereitung von Prüfungen erleichtert. Hinzu kommt, dass viele Studierende eine ausreichende Technikaffinität mitbringen, um bei Umstellung auf digitale Lehre abseits von Leistungseinschränkungen durch Infrastruktur, Software oder Hardware nicht vor große technische Herausforderungen gestellt zu sein.

Auch wenn die Zufriedenheit mit den Studienbedingungen insgesamt zurückgegangen ist, zeigt sich, dass es bei der Beurteilung einzelner studienbezogener Aspekte durch die Befragten deutlich unterschiedliche Einschätzungen gibt. Dabei scheinen es im Wesentlichen kommunikations- und zugangsbezogene Aspekte zu sein, die tendenziell eher negativ rezipiert werden. Auch die eigene Arbeitsproduktivität hat sich bei mehr als der Hälfte der Studierenden seit Pandemiebeginn verschlechtert. Als mindestens gleichwertig werden demgegenüber von einer Mehrheit die Selbstorganisation, Prüfungsvorbereitung und die Einreichung studienbezogener Leistungen bewertet. Inwiefern die Einschätzungen zu den einzelnen Aspekten des Studiums mit der Verlagerung von Studium und Lehre in den digitalen Raum zusammenhängen oder zusätzlich beispielsweise durch eine coronabedingte Reduktion von Kontakten und Mobilität beeinflusst werden, lässt sich auf Basis unserer Daten bisher nicht bewerten. Hierzu bedarf es weiterer vergleichender Erhebungen von Online- und Präsenzlehre in einer Post-Corona-Phase, um belastbare Ergebnisse zu erzielen.

4.4 Perspektiven auf digitale Lehre

Um auch unabhängig von der aktuellen Pandemie zu erheben, inwiefern in digitalen Lehrangeboten Potenzial für die Zukunft gesehen wird, wurden die Studierenden nach Chancen (vgl. Abb. 12) und Risiken (vgl. Abb. 13) von Online-Lehrveranstaltungen gefragt. Dabei standen ihnen vorgegebene Antworten zur Verfügung, die anhand einer Auswertung explorativer Interviews sowie einer Literaturrecherche erstellt wurden. Ergänzend gab es ein Feld für offene Nennungen, um sicherzustellen, dass nicht zentrale Aspekte außer Acht gelassen wurden.

Die größten Chancen sehen die Befragten in Bezug auf Online-Lehre im Bereich der Flexibilität: Hier sind es der Zeitgewinn durch wegfallende Fahrtzeiten (85,1 %) sowie eine generell größere räumliche und zeitliche Flexibilität (81,1 %), die viele Studierende als Chance empfinden. Auf große Zustimmung

Abb. 12 Chancen von Online-Lehrveranstaltungen. (N = 2224; eigene Darstellung)

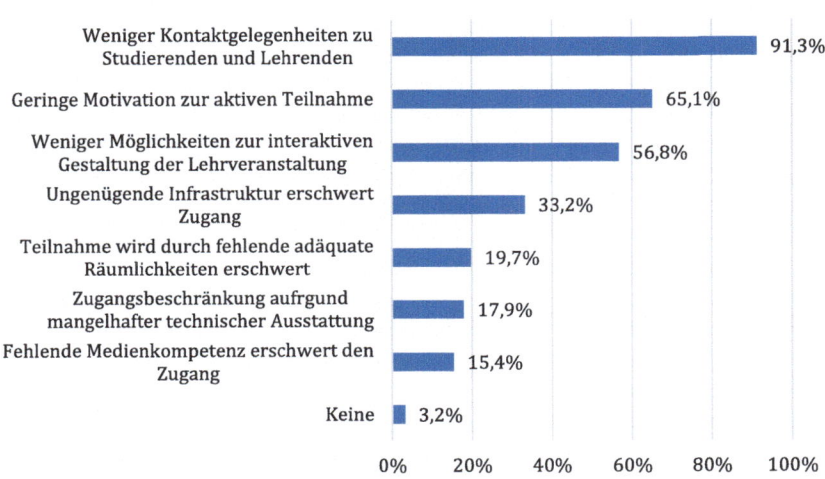

Abb. 13 Risiken von Online-Lehrveranstaltungen. (N = 2229; eigene Darstellung)

trifft bei den Studierenden zudem die Chance einer erhöhten Verfügbarkeit von veranstaltungsbezogenen Materialien: Die Verfügbarkeit digitaler Lehrmaterialien sowie das Zurverfügungstellen von Aufzeichnungen von Veranstaltungen bewerten jeweils etwa drei von vier Studierenden als Chance. Die Vereinbarkeit von Studium und Nebenjob bzw. Arbeit (45,9 %), Studium und Freizeit (42,1 %) sowie Studium und Familie (33,8 %) wird demgegenüber von deutlich weniger Studierenden als Chance digitaler Lehre wahrgenommen. Geringere Ausgaben für die eigene Mobilität sind sogar nur für jede:n Vierte:n relevant, was vermutlich auf den hohen Anteil von ÖV-Nutzerinnen und -Nutzer zurückzuführen ist: Da das Semesterticket verpflichtend als Teil des Semesterbeitrags erworben wird, haben nur Studierende, die mit Individualverkehrsmitteln mobil sind, finanzielle Vorteile durch virtuelle Lehrangebote. Keine Vorteile durch Online-Lehrveranstaltungen sehen lediglich 1,5 % der Befragten.

Bei der Bewertung der Risiken sind es insbesondere die geringeren Kontaktgelegenheiten zu Studierenden und Lehrenden, die durch neun von zehn Studierenden als ein nachteiliger Effekt von digitaler Lehre wahrgenommen werden. Weitere Befürchtungen sind, dass die Motivation zur Teilnahme zurückgeht (65,1 %) und dass es weniger Möglichkeiten zur interaktiven Gestaltung der Lehrveranstaltungen gibt. Hier zeigt sich die Befürchtung von Studierenden, dass sich kommunikationsbezogene Aspekte des Studiums durch eine perspektivische Verlagerung von Lehre in den digitalen Raum auch in einer Post-Corona-Zeit verschlechtern könnten. Dieser Befund lässt sich so auch in den Interviews finden, in denen die Studierenden kommunikationsbezogene Aspekte im Digitalen als defizitär beschreiben. Hinzu kommt ein Drittel der Befragten, das ein Risiko darin sieht, dass ungenügende Infrastruktur den Zugang zur Teilnahme erschwert.[5] Weitere Risiken einer erschwerten Teilnahme durch fehlende adäquate Räumlichkeiten sieht nur etwa jede:r Fünfte, Zugangsbeschränkungen aufgrund mangelhafter technischer Ausstattung und Schwierigkeiten durch fehlende Medienkompetenz weniger als jede:r Fünfte. Auch bei den Risiken konnten in den offenen Antworten keine systematischen weiteren Aspekte gefunden werden. Als risikofrei werden Online-Veranstaltungen lediglich von 3,2 % der Befragten bewertet.

Bei einer Gegenüberstellung von Risiken und Chancen zeigt sich, dass die Studierenden sehr unterschiedlicher Meinung sind: Je etwa ein Drittel geht davon

---

[5] Dieser Aspekt und daraus entstehende Herausforderungen wurde mit Blick auf diejenigen, die regelmäßig Probleme mit Leistungseinschränkungen durch die Internetverbindung haben, bereits in Abschn. 4.2 erörtert.

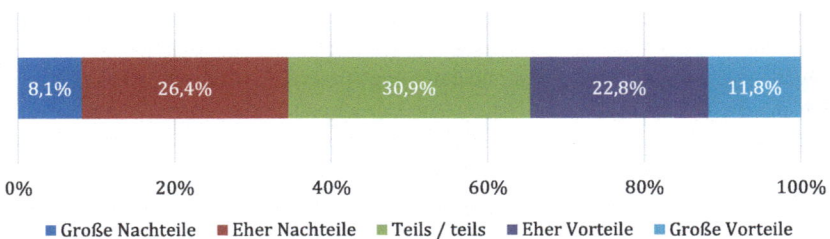

Abb. 14 Vor- oder Nachteile durch Online-Lehre. (N = 2246; eigene Darstellung)

aus, dass ihnen durch eine Verlagerung von Lehre in den digitalen Raum zukünftig Nachteile (34,5 %) oder eher Vorteile (34,6 %) entstehen. Ein weiteres knappes Drittel sieht dies eher ambivalent (vgl. Abb. 14).

5 Fazit

Während der ersten eineinhalb Jahre der Pandemie hat ein Großteil der Studierenden studienbezogene Leistungen ausschließlich vom eigenen Wohnort aus erbracht. Trotz des plötzlichen Umstiegs auf digitale Lehre hat die überwiegende Mehrheit der Studierenden nur wenig bis keine Schwierigkeiten beim Zugang zu Lehrveranstaltungen durch infrastrukturelle oder technische Aspekte.

Dennoch verweisen die Befragungsergebnisse auf eine verglichen mit der Studiensituation vor Beginn der Pandemie geringere Zufriedenheit der Studierenden mit ihrem Studium unter Pandemiebedingungen: Etwa je ein Viertel der Befragten zeigt sich „eher unzufriedener" oder „viel unzufriedener", während ein weiteres Viertel die Situation ambivalent beurteilt. Demgegenüber zeigen sich 13,9 % eher zufriedener und lediglich 6,3 % viel zufriedener. Bei der Bewertung einzelner studienbezogener Bereiche fällt auf, dass insbesondere zugangs- und kommunikationsbezogene Aspekte eher negativ, demgegenüber aber die Selbstorganisation, die Vorbereitung auf Prüfungen sowie das Einreichen von studienbezogenen Leistungen von einer Mehrheit als mindestens gleichwertig oder besser wahrgenommen werden.

Für die Zukunft sehen Studierende insbesondere Chancen darin, dass sie durch verstärkte digitale Angebote zusätzliche räumliche und zeitliche Flexibilität gewinnen und dass Materialien verstärkt in digitaler Form zur Verfügung gestellt werden. Risiken werden demgegenüber in weniger Kontaktgelegenheiten zu anderen Studierenden, einem möglichen Motivationsverlust sowie als geringer wahrgenommenen interaktiven Gestaltungsmöglichkeiten in digitalen Veranstaltungen gesehen. Bei einer Gegenüberstellung dieser Chancen und Risiken zeigt sich deutliche Uneinigkeit zwischen den Befragten: Je ein gutes Drittel erwartet Nachteile bzw. Vorteile durch digitale Lehre, während ein weiteres knappes Drittel digitale Formate eher ambivalent bewertet. Sollten auch längerfristig Studienveranstaltungen in den digitalen Raum verlagert werden, gibt es daher Aspekte, die bei der zukünftigen Planung berücksichtigt werden sollten: Beispielsweise gilt es zu berücksichtigen, dass es aufgrund von Zugangsbarrieren nicht zur systematischen Exklusion von Studierenden kommt, die in Regionen mit schlechter Internetverbindung wohnhaft sind oder die aufgrund von sensorischen Beeinträchtigungen nur eingeschränkt an digitalen Formaten partizipieren können.

Ob und wieweit digitale Lehre auch nach dem Ende der Corona-Pandemie eine Rolle spielen wird, ist bislang unklar, auch wenn sich bereits abzeichnet, dass seitens der Ruhr-Universitäten eine weitgehende Rückkehr zum Präsenzbetrieb erwünscht ist. Dennoch soll im Rahmen des Projekts InnaMoRuhr die Idee einer digitalen Universität mit ihren mobilitätsbezogenen Folgen für Studierende und Beschäftigte noch näher betrachtet werden. Hierfür wird die Idee einer digitalen Universität als eines von vier Szenarien Einzug in Szenario-Workshops finden (vgl. Kap. 8 dieses Buchs), die zwischen Dezember 2021 und April 2022 genutzt werden, um verschiedene Zukunftsperspektiven und daraus resultierende positive Nachhaltigkeitsaspekte wie auch Herausforderungen mit Angehörigen der UA Ruhr gemeinsam zu erörtern. Denn bei etwa 120.000 Studierenden und 14.000 Beschäftigten an den UA Ruhr-Universitäten würde schon eine teilweise Verlagerung von Präsenzveranstaltungen in den digitalen Raum enorme Rückgänge an Verkehrsbewegungen in die Ballungsräume der Universitätsstädte mit sich bringen. Gleichzeitig gilt es zu berücksichtigen, dass die Studierenden nicht zuletzt aufgrund des Semestertickets, das sie zur Nutzung des Öffentlichen Nahverkehrs in NRW berechtigt, bereits überwiegend mit Verkehrsmitteln des Umweltverbunds (d. h. umweltfreundlichen Verkehrsmitteln wie z. B. dem Fahrrad oder dem ÖPNV) unterwegs sind.

Timo Leontaris, M.A., ist seit 2020 wissenschaftlicher Mitarbeiter am Institut für Soziologie der Universität Duisburg-Essen.

Frank Kleemann, Dr. phil., ist Professor für Soziologie mit dem Schwerpunkt Arbeit und Organisation am Institut für Soziologie der Universität Duisburg-Essen.

Zahlungsbereitschaft von Studierenden für ein universitäres, integriertes und nachhaltiges Mobilitätsangebot

Lisa Drees, Heike Proff, Pedro José Marrón und Marcus Handte

Inhaltsverzeichnis

1	Einleitung	136
2	Erklärungsansätze	138
3	Empirische Untersuchung	141
4	Ergebnisse und Diskussion	144
5	Fazit, Limitationen und Ausblick	150
	Literatur	151

Zusammenfassung

Die Nachhaltigkeitstransformation kann nur gelingen, wenn Universitäten aufgrund ihrer Menge verursachten Verkehrs einen Beitrag leisten. Insbesondere müssen hierfür Alternativen zum privaten Pkw gestärkt werden, die denselben Komfort wie eine Tür-zu-Tür-Verbindung bieten. Die soziale und politische Erwünschtheit nachhaltiger und integrierter Mobilitätsangebote zeichnet sich

---

L. Drees (✉) · H. Proff
Universität Duisburg-Essen, Duisburg, Deutschland
E-Mail: lisa.drees@isse.ruhr-uni-bochum.de

H. Proff
E-Mail: Heike.Proff@uni-due.de

P. J. Marrón · M. Handte
Universität Duisburg-Essen, Essen, Deutschland
E-Mail: PjMarron@uni-due.de

M. Handte
E-Mail: Marcus.Handte@uni-due.de

© Der/die Autor(en), exklusiv lizenziert an Springer Fachmedien Wiesbaden GmbH, ein Teil von Springer Nature 2025
J. Weyer (Hrsg.), *Nachhaltig mobil*, https://doi.org/10.1007/978-3-658-45236-0_7

daher immer mehr ab. Insbesondere werden Studierende bei diesen Dienstleistungen gesondert angesprochen, da sie offener gegenüber neuen Technologien sind und sie noch mit Mobilitätsangeboten experimentieren, da sie noch kein gefestigtes Mobilitätsverhalten aufweisen. Aus Sicht der Unternehmen sind sie außerdem eine wichtige Zielgruppe aufgrund des prophezeiten höheren Einkommens nach Erreichen des akademischen Abschlusses. Jedoch ist eine Untersuchung des Umsatzpotenzials, insbesondere der Zahlungsbereitschaft, von integrierten Mobilitätspaketen für Studierende bisher noch nicht erfolgt. Ziel dieses Beitrags ist es daher, die Präferenzen von Studierenden bezüglich integrierter Mobilitätsangebote zu erfassen, um das Umsatzpotenzial abzuschätzen. Diese Abschätzung erfolgte auf Basis einer adaptiven auswahlbasierten Conjoint-Analyse, die im Frühjahr 2021 von 1165 Studierenden in Bochum, Dortmund, Duisburg und Essen beantwortet wurde. In dieser Analyse wurden die Mobilitätsangebote On-Demand E-Shuttles, Car-Sharing, Bike-Sharing sowie E-Scooter-Sharing aufgenommen. Das geschätzte hierarchische Bayes-Modell erreichte eine Anpassungsgüte von 0,617. Insbesondere war die relative Bedeutung des Preises sehr hoch (69,9 %), gefolgt von Bike-Sharing (9,6 %). Die durchschnittliche monatliche Zahlungsbereitschaft für ein integriertes Mobilitätsangebot lag bei 26,81 €. Die Diversifizierung des Angebots, etwa durch zwei unterschiedliche Mobilitätspakete, kann das Umsatzpotenzial steigern. E-Scooter-Sharing war allerdings in keinem der Mobilitätspakete enthalten. (Dieses Buchkapitel basiert auf folgendem veröffentlichten Beitrag: Kraus, L., Proff, H., Marrón, P.J., Handte, M. (2023). Zahlungsbereitschaft von Studierenden für ein universitäres, integriertes und nachhaltiges Mobilitätsangebot. In: Proff, H. (ed.) Towards the New Normal in Mobility. Springer Gabler, Wiesbaden. https://doi.org/10.1007/978-3-658-39438-7_51. Es wurde redaktionell bearbeitet und in den Kontext des Sammelbands eingepasst.)

1 Einleitung

Universitäten generieren viel Verkehr, der Auswirkungen auf die gesamte Region hat, da die durch sie generierten Fahrten einen großen Anteil an allen Fahrten im innerstädtischen Verkehrsnetz haben (vgl. Bilbao Ubillos und Fernández Sainz 2004; Khattak et al. 2011). Universitäten haben somit einen besonderen Stellenwert in der Nachhaltigkeitstransformation. Das altersbedingte Lebensereignis des Studiums beeinflusst die Mobilitätsnachfrage, vor allem, da die „Generation Young" Statussymbolen weniger Bedeutung zollt und affiner für multimodale, geteilte Mobilitätsangebote ist (vgl. Proff 2019). Studierende unterscheiden sich in der Fahrtenhäufigkeit, der Fahrtdistanz und der Verkehrsmittelwahl stark von der allgemeinen Bevölkerung (vgl. Hafezi et al. 2019). Sie wählen häufiger nicht-motorisierte Verkehrsmittel, unter anderem, da sie seltener im Besitz eines Pkws sind, seltener Kinder haben und über ein geringeres Einkommen verfügen als andere Mobilitätssegmente (vgl. Khattak et al. 2011; Klöckner und Friedrichsmeier 2011; Zhou 2012).

Junge Erwachsene und insbesondere Studierende sind eine wichtige Zielgruppe für Verhaltensänderungen, da sich in dieser Lebensphase Reisegewohnheiten verfestigen und sie aufgrund des besonderen Mobilitätsverhaltens die Rolle von Pionieren der Verkehrswende spielen können (vgl. Bagdatli und Ipek 2022; Cadima et al. 2020; Nash und Mitra 2019). Sie sind die zukünftige Generation der Mobilitätsnachfrager (vgl. Nordfjærn et al. 2019). So begründet das spezifische Mobilitätsverhalten von Studierenden und die Bedeutung von Universitäten als Verkehrsverursacher die Notwendigkeit, nachhaltige, integrierte Mobilitätsangebote, angepasst an die Wünsche von Studierenden, zu schaffen und so langfristig die Verkehrswende voranzutreiben. Auch aus betriebswirtschaftlicher Sicht ist dies sinnvoll, da Hochschulabsolventen nahezu dreimal so viel verdienen wie Arbeitnehmer ohne Berufsabschluss (vgl. Schmillen und Stüber 2014). Bis jetzt hat sich das aufstrebende Forschungsgebiet der Mobilität von Studierenden auf die Verkehrsmittelwahl und Fahrtenhäufigkeit konzentriert (vgl. Nash und Mitra 2019). Das Potenzial integrierter Mobilität ist trotz der überwiegenden Multimodalität dieser Gruppe Mobilitätsnachfragern weitgehend unerforscht.

Eine Möglichkeit, integrierte Mobilität digital anzubieten und dabei das Mobilitätsverhalten zu mehr Nachhaltigkeit zu bewegen, ist Mobility-as-a-Service. Dabei ist vor allem die Zahlungsbereitschaft die wichtigste Determinante der Diffusion dieser digitalen Mobilitätslösung (vgl. Alyavina et al. 2020).

Entsprechend lauten die zwei Forschungsfragen (FF) dieses Beitrags:

FF1: Wie soll ein integriertes und nachhaltiges Mobilitätsangebot für Universitäten gestaltet sein?
FF2: Wie hoch ist die Zahlungsbereitschaft von Studierenden für dieses Angebot?

Diese Untersuchung wurde anhand einer auswahlbasierten Conjoint-Analyse unter 1165 Studierenden der Universitätsallianz Ruhr in Bochum, Dortmund, Duisburg und Essen durchgeführt, aus der sowohl Präferenzen für verschiedene Verkehrsmittel als auch die Zahlungsbereitschaft für diese berechnet wurden.

2 Erklärungsansätze

2.1 Service-Dominant Logic

Die Service-Dominant Logic erklärt aus ressourcenorientierter Sichtweise Nutzenwerte und ihre Abhängigkeit vom Kontext. Der zentrale Forschungsgegenstand ist somit der Nutzenwert und seine Definition aus Kundensicht. Die gemeinsame Wertschöpfung mit dem Kunden bildet die Grundlage dieser Logik. Der Kunde wird dabei aufgrund seiner Fertigkeiten und seines Wissens als operante Ressource verstanden. Unternehmen können lediglich ein Wertangebot machen, der Wert wird allein durch den Kunden bemessen (vgl. Lusch et al. 2007; Lusch und Vargo 2006; Vargo und Lusch 2016). Das Vorhandensein des Kundennutzens (Utilität) ist die Voraussetzung für das Vorhandensein des Tauschwerts (Unternehmenserfolg), der durch den Kunden über dessen Zahlungsbereitschaft bestimmt wird (vgl. Grönroos 2008). Das Versprechen einer Beziehung zwischen dem Tauschwert für den Kunden und dem Gebrauchswert ist daher das Nutzenversprechen (vgl. Proff 2019). Die Erforschung des Nutzenwerts für den Kunden führt zu effektiverer Preisgestaltung, um die Wertaneignung des Unternehmens zu erhöhen und Umsatz zu generieren (vgl. Dutta et al. 2003). Der Kundennutzen hängt von der spezifischen Ressourcenkombination ab, aus der die Dienstleistung zusammengestellt wird (vgl. Sawhney et al. 2006). Daher wird bei Dienstleistungen häufig das Baukastenprinzip angewendet, bei dem standardisierte Komponenten je nach individueller Anforderung kombiniert werden und so der Kundennutzen erhöht wird (vgl. Davies et al. 2007).

Die Grundgedanken der Service-Dominant Logic sind auf integrierte Mobilität übertragbar, da die Integration von Transportdienstleistungen mit der Ressourcenintegration übereinstimmt. Die Übertragung des Nutzenwerts in Zahlungsbereitschaft (Budget) ist der zweite Aspekt, den die Service-Dominant Logic abbildet (vgl. Hensher 2017).

2.2 Wahltheorie

Die Wahltheorie begründet Entscheidungen auf Basis von Nutzenwerten aus marktorientierter Sichtweise. Gemäß der Theorie der rationalen Wahl sammelt der Kunde zunächst Informationen über mögliche Alternativen, um im Anschluss bei der Umwandlung von Informationen in Attribute Wahrscheinlichkeitsregeln anzuwenden. Auch die ökonomische Konsumententheorie behandelt seit den 1960er Jahren Verhaltensunterschiede und wie diese in Nachfragefunktionen in bestimmtem Kontext modelliert werden können (vgl. McFadden 2001). Der Konsument wählt immer das Angebot aus allen Alternativen, das seinen Nutzenwert maximiert. Der Nutzenwert ist also ein Attraktivitätsindex. Es wird davon ausgegangen, dass nur ein Nutzenwert, also eine Funktion existiert (vgl. Ben-Akiva und Lerman 1985; McFadden 1986). Einen Teilnutzenwert liefert dabei jede Produkteigenschaft. Die „Utility Theory" (Nutzentheorie) handelt von Wahlentscheidungen, aber auch von Werten und Präferenzen (vgl. Fishburn 1968). Aufgrund ihrer Integration von Wahrnehmungsbildung und Erfahrung kann die Nutzentheorie Wahlentscheidungen erfolgreich analysieren, auch weil sie ökonomisches Wahlverhalten präzise beschreibt. Danach beginnt beim Nutzenden der kognitive Entscheidungsprozess der Aggregation wahrgenommener Attributwerte zu einem Nutzenindex (vgl. Ben-Akiva und Lerman 1985).

Die probabilistische Wahltheorie fügt diesem Prozess die Wahrscheinlichkeit an, mit der ein Individuum eine Option aus einer endlichen Menge von Alternativen auswählt. Sie gilt als Erweiterung der Theorie der rationalen Wahl, da der Nutzen, den ein Kunden aus einem Produkt oder einer Dienstleistung zieht, als zufällig interpretiert wird. Zwar wird nur von einer zu maximierenden Nutzenfunktion ausgegangen, aber zufällige Komponenten werden angenommen, die zu variierenden Kundenwahrnehmungen und -einstellungen führen (vgl. McFadden 2001). Entsprechend hielt die „Random Utility Theory" Einzug in die Wahltheorie, die 1927 in der Psychologie entstand und 1974 durch Marschak mit der Wahltheorie in die Wirtschaftswissenschaften eingeführt wurde (vgl. Marschak 1974; Thurstone 1927).

Die Zufallskomponente bildet die Unsicherheit des Forschenden über den Verbrauchernutzen ab, begründet durch unbeobachtete Eigenschaften oder fehlende Produktinformationen. Ein eingeführter Zufallsfehler dient als Erklärung des Unterschieds zwischen der tatsächlichen und der prognostizierten Wahl (vgl. Ben-Akiva und Lerman 1985). Die Ursachen für diese Zufälligkeit des Nutzens sind unvollkommene Informationen des Beobachters bzw. Messfehler, unbeobachtete Produkteigenschaften und Variationen im Kundengeschmack und instrumentelle Variablen (vgl. Manski 1977).

Diese Variationen bildete McFadden als latente Variablen in Form von psychologischen Faktoren ab, die die „Black Box" des Entscheidungsprozesses von Erfahrungen mit dem Produkt oder der Dienstleistung bis zur Kaufentscheidung begründen (vgl. dazu auch Kap. 10 dieses Buchs). Zu diesen individuellen Faktoren gehören (vgl. McFadden 1986, 2001):

1. Erfahrungen mit dem Verkehrsmittel,
2. Verhaltensabsicht,

3. die Wahrnehmung von Produktattributen,
4. Präferenzen und
5. Einstellungen.

Sie stehen in Wechselwirkung mit dem Auswahlprozess, beeinflussen diesen und werden aus den gesammelten Erfahrungen einer getroffenen Entscheidung wiederum beeinflusst. Die genauen Wechselwirkungen im Wahlprozess sind in Abb. 1 gezeigt.

Auf diesem Modell des Wahlprozesses gründet die Zufallsnutzentheorie. Diese wird unter anderem angewendet, um multinomiale Logit-Modelle wie Hierarchical Bayes anzuwenden. Dieses ist eines der am weitesten verbreiteten Modelle in der Verkehrsmodellierung, unter anderem zur Berechnung von Teilnutzenwerten aus Wahlentscheidungen (vgl. McFadden 1986, 2001). Die Hierarchie des Schätzverfahrens zeigt sich in zwei Stufen: auf der unteren Stufe wird die Wahlwahrscheinlichkeit einer Alternative aus einer Menge von Alternativen für jedes Individuum berechnet, auch unter Einbezug einer Zufallsvariable (Orme und Chrzan 2017).

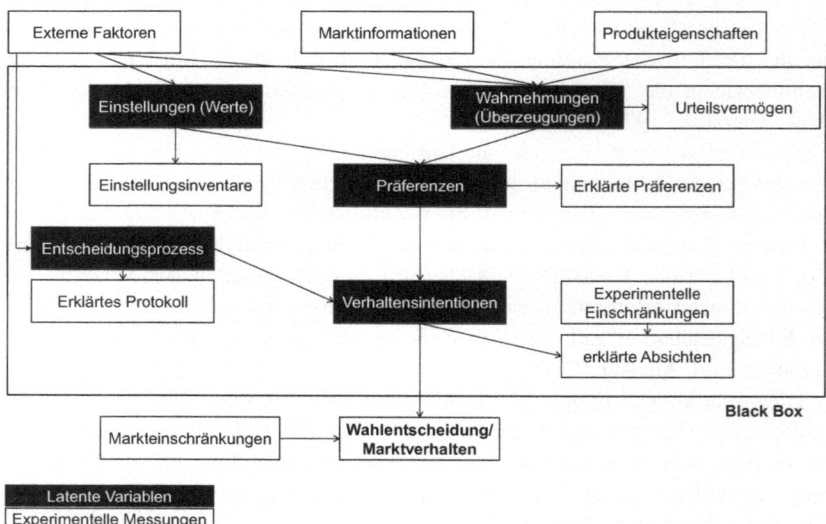

Abb. 1 Wahlentscheidungsprozess des Kunden. (Eigene Darstellung in Anlehnung an McFadden 1986: 276 und McFadden 2001: 356)

$$U_{jm} = B_j X_m + \varepsilon_{jm} \quad (1)$$

mit

U_{jm} = Nutzen und Zufallsfehler für den Befragten j und die $m$te Alternative,

B_j = Vektor des Teilnutzens für den $j$ten Befragten,

X_m = Vektor des Designcodes, der die Alternative m beschreibt,

ε_{jm} = unabhängige und identisch verteilte rechtsschiefe Gumbel-verteilte Zufallsvariable für den Befragten j und die Alternative m.

Gleichung 1: Wahrscheinlichkeit der Wahl einer Alternative

Auf der oberen Stufe wird über alle Individuen eine multivariate Normalverteilung angenommen, um Informationsverluste auszugleichen (Orme und Chrzan 2017):

$$\beta_i \sim Normal\,(\alpha, D) \quad (2)$$

mit

β = Vektor der Teilnutzenwerte des Individuums i,

α = Vektor der Mittelwerte der Verteilung der Teilnutzenwerte über die Individuen und

D = Matrix der Varianzen und Kovarianzen der Verteilung der Teilnutzenwerte über die Individuen.

Gleichung 2: Multivariate Normalverteilung

3 Empirische Untersuchung

Die Untersuchung zur Zahlungsbereitschaft wurde als optionale Zusatzbefragung zur Hauptbefragung (vgl. Kap. 3 dieses Buchs) durchgeführt, an der sich 1487 Studierende beteiligten. Sie fand vom 20. April bis 25. Mai 2021 statt.

Wie aus der Service-Dominant Logic begründet, wird die Zahlungsbereitschaft durch den Nutzenwert definiert. Eine Möglichkeit, die Nutzenwerte aus Wahlentscheidungen abzuleiten, wie in der Wahltheorie erklärt, sind Wahlexperimente. Hierfür wird auf eine auswahlbasierte Conjoint-Analyse zurückgegriffen, da diese eine Schätzung der Nutzenwerte auf Basis der Zufallsnutzentheorie vornehmen kann. Conjoint-Analysen dienen insbesondere zur Schätzung der Zahlungsbereitschaft bei neuartigen Produkten wie MaaS. Hierbei werden Produktalternativen als Bündel von Produkteigenschaften bewertet, um Rückschlüsse auf Teilnutzenwerte dieser Produkteigenschaften ziehen zu können. Es handelt sich daher um ein dekompositionelles Verfahren (vgl. Baier und Brusch 2009). Diese Vorgehensweise orientiert sich an der Informationsintegrationstheorie aus der Psychologie. Folgende Schritte hat die Conjoint-Analyse (vgl. Eggers und Sattler 2011):

1. Festlegung des Studiendesigns,
2. Definition des Wahlentscheidungsdesigns,
3. Erhebungsdesign,
4. Modellschätzung und
5. Analyse und Interpretation.

Diese Schritte wurden für die durchgeführte Studie zur integrierten Mobilität wie folgt ausdifferenziert.

Schritt 1
Als Studiendesign wurde die adaptive auswahlbasierte Conjoint-Analyse ausgewählt, da diese realistischere Preise als die meistverwendete auswahlbasierte Conjoint-Analyse anzeigen kann, ohne den Standardfehler unverhältnismäßig zu steigern.

Schritt 2
Produkteigenschaften waren in der Region verfügbare Mobilitätsangebote. Da alle Befragten bereits ein Semesterticket für den ÖPNV besaßen, wurde dieser nicht mit aufgenommen. Die Mobilitätsangebote sind On-Demand E-Shuttles, Car-Sharing, Bike-Sharing und E-Scooter-Sharing. Die Merkmalsausprägungen, also möglichen Kontingente wurden aus Diskussionen mit Studierenden und tatsächlich verfügbaren Angeboten festgelegt. Es wurden für jede Produkteigenschaft drei Umfänge definiert. Darunter fiel für jedes Mobilitätsangebot auch eine „Pay-As-You-Go"-Option (PAYG), in der das Verkehrsmittel nicht direkt mit einem bestimmten Kontingent in einem Abonnement enthalten war. Die angezeigten Preise summieren sich aus den tatsächlichen Angebotspreisen und wurden ergänzt um eine Zufallsabweichung („random shock"), wie in Tab. 1 beschrieben (vgl. Orme und Chrzan 2017). Alle Eigenschaften und Ausprägungen der Studie sind in derselben Tabelle aufgelistet.

Tab. 1 Design der Conjoint-Analyse zu integrierter, nachhaltiger studentischer Mobilität

Eigenschaft	Kontingentart	Ausprägungen
On-Demand E-Shuttle	Fahrten und Strecken	PAYG 10 Fahrten an einer Universität 10 Fahrten auch zwischen den Universitäten
Car-Sharing	Stunden und Distanzen	PAYG 3 h bzw. 100 km 6 h bzw. 200 km
Bike-Sharing	Fahrten bis 30 min	PAYG 30 min Pedelec, beliebig oft 30 min normales Rad, beliebig oft
E-Scooter-Sharing	Fahrten und Distanzen	PAYG 10 Fahrten bzw. 50 min 20 Fahrten bzw. 100 min
Preis	Euro	Summierte Preise variiert um ± 30 % und aufgerundet auf Zehner

Schritt 3

Aus allen vier Kategorien wurde jeweils eine der drei Alternativen ausgewählt, die zu einem Produkt kombiniert wurden, das in acht Wahlentscheidungen gewählt werden musste. Eine beispielhafte Entscheidung ist in Abb. 2 zu sehen. Die angezeigten Lösungen wurden mithilfe eines von Sawtooth angebotenen Algorithmus mit minimaler Überlappung zusammengestellt und angezeigt. Zusätzlich stellten die Befragten zu Beginn ihr bevorzugtes monatliches Mobilitätspaket zusammen.

Schritt 4

Zur Modellschätzung wurde Hierarchical Bayes verwendet, das gemäß Zufallsnutzentheorie Teilnutzenwerte aus den Wahlentscheidungen berechnet. Dafür wurden 100.000 Iterationen in der Burn-In-Phase sowie danach durchgeführt. Der Preis wurde stückweise codiert, um etwaige Preiselastizitäten realitätsgetreu abzubilden.

Schritt 5

In einem letzten Schritt wurden die Schätzparameter der Teilnutzenwerte aus dem Hierarchical-Bayes-Modell mittels Marktsimulationen in Zahlungsbereitschaft und Marktanteile überführt. So konnten unterschiedliche Produktkonzepte mit den vorhandenen Wettbewerbern simuliert und Kennzahlen wie Marktanteil oder Gewinn berechnet werden.

Welche dieser drei Optionen ist für Sie die beste?
(5 von 8)

On-Demand E-Shuttle	Pay-as-you-go	Pay-as-you-go	10 Fahrten an einer Universität
Car-Sharing	3 h bzw. 100 km	6 h bzw. 200 km	Pay-as-you-go
Bike-Sharing	30 min normales Fahrrad, beliebig oft	Pay-as-you-go	30 min normales Fahrrad, beliebig oft
E-Scooter-Sharing	10 Fahrten, 50 min	20 Fahrten, 100 min	Pay-as-you-go
Preis	30 €	270 €	40 €
	●	○	○

Die Erklärungen zu den Angebotsumfängen können Sie sich durch Bewegung des Cursors über die einzelnen Elemente einblenden lassen.

Abb. 2 Screenshot einer generierten Wahlentscheidung in Sawtooth Software. (Eigene Darstellung)

4 Ergebnisse und Diskussion

4.1 Deskriptive Ergebnisse

Insgesamt beantworteten 1487 Studierende die Befragung vollständig. Eine Datenbereinigung wurde durchgeführt, um Befragte herauszufiltern, die schneller als das 10. Perzentil oder langsamer als das 90. Perzentil waren. Zusätzlich wurde die Antwortkonsistenz herangezogen nach der Root Likelihood, wie in Orme (2019) beschrieben. Somit bestand die endgültige Stichprobe aus 1165 Studierenden. Diese sind wie folgt charakterisiert.

An der Befragung nahmen mehr Frauen (609; 52,1 %) als Männer (540; 46,2 %) und Diverse (5; 0,4 %) teil. Elf Teilnehmende machten keine Angabe zu ihrem Geschlecht. Die meisten (942; 80,6 %) waren zwischen 20 und 29 Jahre alt. Jünger als 20 waren 66 (5,7 %) und 30 oder älter 156 (13,4 %). Eine Person machte keine Angabe. Das angegebene monatliche verfügbare Einkommen war niedrig. Der Mehrheit der Befragten (674; 57,9 %) standen im Monat 1000 € oder weniger zur Verfügung. 349 (30,0 %) hatten mehr Geld zur Verfügung und 142 (12,2 %) spezifizierten ihr Einkommen nicht.

4.2 Modellergebnisse

Das geschätzte hierarchische Bayes-Modell mit einer Anpassungsgüte (McFaddens Pseudo-Rho) von 0,617 bestätigt die interne Modellvalidität (vgl. McFadden 1979). Mithilfe von t-Tests wurde die Signifikanz aller Modellparameter (Teilnutzenwerte) außer der „PAYG"- und der „20 Fahrten, 100 min"-Ausprägung des E-Scooter-Sharing auf dem 0,01-Signifikanzniveau bestätigt. Die nullzentrierten durchschnittlichen Teilnutzenwerte sind in Tab. 2 dargestellt. Durch die Nullzentrierung entstehen negative Teilnutzenwerte, die nur in Relation mit Teilnutzenwerten von Ausprägungen derselben Eigenschaft interpretiert werden können.

Durch Division der Spannweite der Teilnutzenwerte einer Eigenschaft durch die Spannweite aller Eigenschaften wurde die relative Bedeutung der Eigenschaften des Mobilitätspakets berechnet, wie in Tab. 3 zu sehen ist (vgl. Hair et al., 2010). Mit Abstand ist der Preis die wichtigste Paketeigenschaft (69,9 %), gefolgt vom Bike- und Car-Sharing (9,6 % bzw. 9,4 %), den E-Shuttles (6,5 %) und zuletzt dem E-Scooter-Sharing (4,6 %).

Die relative Bedeutung des Preises wurde verwendet, um Unterschiede zwischen den Ausprägungen latenter Variablen (vgl. Abschn. 2.2) aufzudecken und so die Determinanten der Zahlungsbereitschaft nachzuvollziehen. In der Hauptbefragung (vgl. Kap. 3 dieses Buchs) waren folgende Variablen abgefragt worden, die im Folgenden als latente Variablen mitberücksichtigt wurden:

- Einstellungen (Umweltbewusstsein und soziale Norm für das Auto, den ÖPNV und das Fahrrad),
- Präferenzen (Prioritäten bei der Verkehrsmittelwahl [Preis, Geschwindigkeit, Zuverlässigkeit, Sicherheit, Komfort, Vergnügen und Umweltfreundlichkeit]),
- Wahrnehmungen (Gesamtbewertung des Autos, des Fahrrads und des ÖPNV) und
- Verhaltensintention (Technikaffinität und Selbstwirksamkeit).

Außerdem wurden weitere externe Faktoren wie Erfahrungen (frühere Verkehrsmittelwahl seit dem Ausbruch der Corona-Pandemie; Führerscheinbesitz und die Verfügbarkeit eines Autos) und sozioökonomische Faktoren (Geschlecht, Alter, Einkommen und Haushaltsgröße) in die Analysen einbezogen. Einseitige ANOVA (Varianzanalyse) wurde bei stetigen Variablen verwendet, Kruskal–Wallis-Tests für ordinale Variablen und t-Tests für binäre Variablen, ähnlich wie in Liljamo et al. (2020).

Tab. 2 Durchschnittliche Teilnutzenwerte der Ausprägungen der nachhaltigen studentischen Mobilitätspakete

Eigenschaft	Ausprägung	Durchschnittlicher Teilnutzenwert	Standard-abweichung
On-Demand E-Shuttle	PAYG	− 8,63**	20,66
	10 Fahrten an einer Universität	2,28**	12,34
	10 Fahrten auch zwischen den Universitäten	6,35**	17,50
Car-Sharing	PAYG	− 9,61**	29,35
	3 h bzw. 100 km	3,20**	10,51
	6 h bzw. 200 km	6,41**	25,73
Bike-Sharing	PAYG	− 22,54**	24,18
	30 min normales Rad, beliebig oft	11,41**	15,24
	30 min Pedelec, beliebig oft	11,13**	15,98
E-Scooter-Sharing	PAYG	0,13	14,91
	10 Fahrten bzw. 50 min	0,67**	7,83
	20 Fahrten bzw. 100 min	− 0,79*	12,42
Preis [€]	0	144,69**	44,63
	20	59,52**	25,97
	30	38,51**	22,30
	40	19,54**	17,98
	50	− 1,54**	12,68
	60	− 20,54**	11,65
	70	− 35,16**	11,58
	160	− 205,02**	58,31

N = 1165; Signifikanzniveaus: * < 0,05; ** <0,01 (zweiseitig)

Tab. 3 Durchschnittliche relative Bedeutungen der Eigenschaften der nachhaltigen studentischen Mobilitätspakete

Eigenschaft	Durchschnittliche relative Bedeutung [%]	Standardab-weichung
On-Demand E-Shuttle	6,46	0,06
Car-Sharing	9,35	0,07
Bike-Sharing	9,60	0,06
E-Scooter-Sharing	4,64	0,03
Preis	69,94	0,12

N = 1165

Die Ergebnisse der ANOVA zeigten bezüglich der Preissensibilität Unterschiede bei den Präferenzen der Befragten (Prioritäten bei der Verkehrsmittelwahl), und zwar bei der Präferenz des Komforts ($F(2,1162) = 3,782$; $p = 0,023$), schwach bei der Präferenz des Preises ($F(2,1162) = 3,782$; $p = 0,065$), der Umweltfreundlichkeit ($F(2,1162) = 2,671$; $p = 0,070$) und Sicherheit ($F(2,1162) = 2,539$; $p = 0,079$). Lineare Zusammenhänge sind nicht erkennbar. Der Grad der Präferenz für die Geschwindigkeit ($F(2,1162) = 0,753$; $p = 0,471$), die Freude am Pendeln ($F(2,1119) = 0,716$; $p = 0,489$) sowie die Zuverlässigkeit des Verkehrsangebots ($F(2,1162) = 0,294$; $p = 0,745$) schlugen sich hingegen nicht signifikant in der Preissensibilität nieder. Auch externe Faktoren wie bisherige Erfahrungen, gemessen als frühere Verkehrsmittelwahl (Fahrrad, Auto und ÖPNV), sowie Einstellungen, Wahrnehmungen und Verhaltensintention zeigten keine Unterschiede in der Preissensibilität. Hinsichtlich der sozioökonomischen Variablen waren nur zwischen den Einkommensgruppen signifikante Unterschiede der Preissensibilität feststellbar (Kruskal–Wallis: $H = 19,774$; $df = 7$; $p = 0,006$), wobei auch hier kein linearer Zusammenhang besteht.

4.3 Simulationsergebnisse

Auf Basis der Teilnutzenwerte wurde die Zahlungsbereitschaft simuliert, die im Vergleich mit dem vordefinierten Referenzniveau PAYG zu interpretieren ist. Negative Werte spiegeln einen Disnutzen der Serviceintegration, verglichen mit der PAYG-Option, wider. Konkurrierende Angebote in Form von unimodalen Angeboten der in Tab. 1 dargestellten Kontingente wurden mitberücksichtigt. Da die Zahlungsbereitschaft additiv ist, beläuft sich die maximale Zahlungsbereitschaft bei Einbezug der größten Zahlungsbereitschaften je Eigenschaft in Tab. 4

auf 26,81 €. Basierend auf dieser Simulation, wurde das nutzenmaximierende Mobilitätspaket (Paket 1) erstellt, das

- 10 Fahrten des E-Shuttles auch zwischen den Universitäten,
- 6 h bzw. 200 km Car-Sharing,
- 30 min Pedelec, beliebig oft, und
- E-Scooter-Sharing als PAYG-Option

beinhaltet und 93 € kostet. Alternativ wurden die niedrigsten negativen Differenzen verwendet, wenn die Zahlungsbereitschaft nicht negativ ist. Daraus ergab sich das Angebot (Paket 2)

- 10 Fahrten des E-Shuttles an einer Universität,
- Car-Sharing PAYG
- 30 min normales Rad, beliebig oft, und
- E-Scooter-Sharing PAYG

Tab. 4 Zahlungsbereitschaften und Preise für die Eigenschaften der nachhaltigen studentischen Mobilitätspakete

Eigenschaft	Ausprägung	Zahlungsbereitschaft [€]	Preis [€]
On-Demand E-Shuttle	PAYG	RN	0,00
	10 Fahrten an einer Universität	3,67	22,00
	10 Fahrten auch zwischen den Universitäten	13,44	48,00
Car-Sharing	PAYG	RN	0,00
	3 h bzw. 100 km	−4,22	14,00
	6 h bzw. 200 km	5,31	30,00
Bike-Sharing	PAYG	RN	0,00
	30 min normales Rad, beliebig oft	7,95	10,00
	30 min Pedelec, beliebig oft	8,06	15,00
E-Scooter-Sharing	PAYG	RN	0,00
	10 Fahrten bzw. 50 min	−5,63	17,00
	20 Fahrten bzw. 100 min	−3,05	34,00

N = 1165; RN, Referenzniveau

Tab. 5 Marktanteile und Umsatzpotenzial der nachhaltigen studentischen Mobilitätspakete

Angebot	Marktanteil [%]	Umsatzpotenzial [€]
Paket 1	0,28	26.238,68
Paket 2	4,13	132.403,13
Verbund Paket 1 und 2	4,37	155.430,90

zum tatsächlichen Anbieterpreis von 32,00 € (versus 11,62 € Zahlungsgereitschaft). Die Markstimulation, die wieder die unimodalen Angebote als Konkurrenz einbezieht, ergibt die in Tab. 5 dargestellten Marktanteile und Umsatzpotenziale, kalkuliert für eine Marktgröße von 100.210 Personen, basierend auf der Einschätzung der Nützlichkeit von Mobilitäts-Apps aus der Hauptbefragung (siehe Kap. 3).

Wie die Simulationen zeigen, kannibalisiert das Angebot beider Pakete leicht das Umsatzpotenzial um rund 3000 €, dennoch ist der Umsatz höher als für das Angebot nur eines Pakets. Entsprechend ist es ratsam, mehr als ein Mobilitätspaket anzubieten.

4.4 Diskussion

Wie aus der deskriptiven Analyse hervorging, ist das Universitätsstudium ein altersabhängiges Lebensereignis (vgl. Proff 2019), da die Mehrheit der befragten Studierenden unter 29 Jahre alt war. Außerdem war das verfügbare Einkommen dieser Kundengruppe mit mehrheitlich unter 1000 € verhältnismäßig gering. Entsprechend ist die hohe Preissensibilität mit knapp 70 % Erklärung der Präferenz eines Pakets wenig überraschend. Die hohen Standardabweichungen in Teilnutzenwerten und relativen Bedeutungen deuten auf Präferenzheterogenität hin. Es hat sich bewahrheitet, dass die Zahlungsbereitschaft in der Tat unter den tatsächlichen Kosten liegt, wie von Liljamo et al. (2020) postuliert. Der Integrationsnutzen von Mobilitätsangeboten hat sich außerdem bestätigt (vgl. Caiati et al. 2020), da, anders als von Stopka et al. (2018) beschrieben, PAYG bei Gruppen mit niedrigem, unregelmäßigem Einkommen nicht die generell bevorzugte Form ist. Mehr Angebote zusammenzustellen und anzubieten, erhöht den Marktanteil und damit das Umsatzpotenzial, jedoch sollte fallspezifisch untersucht werden, ob die Kannibalisierungseffekte bei Einführung eines weiteren Angebots auf das bestehende Angebot nicht zu groß sind.

5 Fazit, Limitationen und Ausblick

In diesem Beitrag wurde die Zahlungsbereitschaft von Studierenden für ein universitäres, integriertes und nachhaltiges Mobilitätsangebot untersucht. Die eingangs definierten Forschungsfragen werden wie folgt beantwortet:

(FF1) Ein integriertes und nachhaltiges Mobilitätsangebot sollte für Studierende der Universitätsallianz Ruhr in jedem Fall einen On-Demand-Dienst mit E-Shuttles und Bike-Sharing enthalten, nicht aber E-Scooter-Sharing über die PAYG-Option hinaus.

(FF2) Legt man die maximale Zahlungsbereitschaft zugrunde, dann sollte der Shuttle auch zwischen den Universitäten verkehren und das Pedelec im Bike-Sharing-System enthalten sein, zusätzlich Car-Sharing für sechs Stunden bzw. 300 km im Monat. Gemäß der niedrigsten Differenz zwischen (positiver) Zahlungsbereitschaft und Kosten, besteht Paket 1 aus Fahrten des E-Shuttles an nur einer Universität und Bike-Sharing mit normalen Rädern. Für Paket 2 ist der Marktanteil, unter anderem aufgrund des niedrigeren Preises, bedeutend höher, somit auch das Umsatzpotenzial. Im besten Fall werden beide Pakete den Studierenden angeboten. Die Zahlungsbereitschaft für das Angebot aus Paket 1 beträgt 26,81 €, für Paket 2 11,62 €.

Verschiedene Limitationen gelten für diese Untersuchung. Zunächst ist der ÖPNV nicht berücksichtigt, da alle Befragten bereits ein Semesterticket besitzen. Außerdem ist die Nachhaltigkeitsbewertung der alternativen Verkehrsmittel ein weiterer Untersuchungsgegenstand, der jedoch nicht Thema dieses Beitrags ist. Außerdem ist es über die Angebotserstellung auf Basis der Zahlungsbereitschaft möglich, weitere Metriken zu verwenden, etwa Marktanteile aus Sensitivitätsanalysen. Neben der Analyse der Zahlungsbereitschaft über Conjoint-Verfahren sind weitere direkte Preisabfragen möglich, beispielsweise durch die Van-Westendorp-Methode.

Wie sich in der Standardabweichung gezeigt hat, sind die Präferenzen sehr heterogen. Zukünftige Untersuchungen sollten daher auch die Segmentierung und segmentspezifische Marktbearbeitung berücksichtigen. Außerdem sind weitere Untersuchungen der Zahlungsbereitschaft weiterer spezifischer Kundengruppen denkbar. Im Fall der Universitäten sind dies die Angestellten in Forschung und Lehre und in Technik und Verwaltung. Dies ist vor allem daher wichtig, da die Zahlungsbereitschaft von Studierenden niedrig ist. Um den gemeinsam geschaffenen Wert zu vergrößern kann es daher ratsam sein, die Zielkundengruppe zu erweitern. Die Schaffung von Zusatznutzen für weitere Akteure integrierter Mobilität wie beispielsweise die Städte und Kommunen, lokale Unternehmen im

Einzelhandel ist ein weiterer Ansatz, um den Wert zu erhöhen. Außerdem sollten die Kosten eines solchen Systems abgeschätzt werden.

Literatur

Alyavina, E., Nikitas, A. und Tchouamou Njoya, E. (2020) 'Mobility as a service and sustainable travel behaviour: A thematic analysis study', *Transportation Research Part F: Traffic Psychology and Behaviour*, Vol. 73, No. 2, pp.362–381.

Bagdatli, M. E. C. und Ipek, F. (2022) 'Transport mode preferences of university students in post-COVID-19 pandemic', *Transport policy*, Vol. 118, pp.20–32.

Baier, D. und Brusch, M. (2009) ‚Erfassung von Kundenpräferenzen für Produkte und Dienstleistungen'. In D. Baier und M. Brusch (Hrsg.), *Conjointanalyse* (S. 3–18). Springer, Berlin Heidelberg.

Ben-Akiva, M. E. und Lerman, S. R. (1985) *Discrete choice analysis: Theory and application to travel demand*, Cambridge Mass., MIT Press.

Bilbao Ubillos, J. und Fernández Sainz, A. (2004) 'The influence of quality and price on the demand for urban transport: the case of university students', *Transportation Research Part A: Policy and Practice*, Vol. 38, No. 8, pp.607–614.

Cadima, C., Silva, C. und Pinho, P. (2020) 'Changing student mobility behaviour under financial crisis: Lessons from a case study in the Oporto University', *Journal of Transport Geography*, Vol. 87, No. 1, p.102800.

Caiati, V., Rasouli, S., & Timmermans, H. (2020) Bundling, pricing schemes and extra features preferences for mobility as a service: Sequential portfolio choice experiment. *Transportation Research Part A: Policy and Practice, 131*(1), 123–148.

Davies, A., Brady, T. und Hobday, M. (2007) 'Organizing for solutions: Systems seller vs. systems integrator', *Industrial Marketing Management*, Vol. 36, No. 2, pp.183–193.

Dutta, S., Zbaracki, M. J. und Bergen, M. (2003) 'Pricing process as a capability: a resource-based perspective', *Strategic Management Journal*, Vol. 24, No. 7, pp.615–630.

Eggers, F. und Sattler, H. (2011) 'Preference Measurement with Conjoint Analysis: Overview of State-Of-The-Art Approaches and Recent Developments', *GfK MIR*, Vol. 3, No. 1, pp.36–47.

Fishburn, P. C. (1968) 'Utility Theory', *Management Science*, Vol. 14, No. 5, pp.335–378.

Grönroos, C. (2008) 'Service logic revisited: who creates value? And who co-creates?', *European Business Review*, Vol. 20, No. 4, pp.298–314.

Hafezi, M. H., Daisy, N. S., Liu, L. und Millward, H. (2019) 'Modelling transport-related pollution emissions for the synthetic baseline population of a large Canadian university', *International Journal of Urban Sciences*, Vol. 23, No. 4, pp.519–533.

Hair, J. F., Black, W. C., Babin, B. J. und Anderson, R. E. (2010) *Multivariate data analysis*, 7th edn, Upper Saddle River, NJ, Pearson Prentice Hall.

Hensher, D. A. (2017) 'Future bus transport contracts under a mobility as a service (MaaS) regime in the digital age: Are they likely to change?', *Transportation Research Part A: Policy and Practice*, Vol. 98, No. 1, pp.86–96.

Khattak, A., Wang, X., Son, S. und Agnello, P. (2011) 'Travel by University Students in Virginia', *Transportation Research Record: Journal of the Transportation Research Board*, Vol. 2255, No. 1, pp.137–145.

Klöckner, C. A. und Friedrichsmeier, T. (2011) 'A multi-level approach to travel mode choice – How person characteristics and situation specific aspects determine car use in a student sample', *Transportation Research Part F: Traffic Psychology and Behaviour*, Vol. 14, No. 4, pp.261–277.

Liljamo, T., Liimatainen, H., Pöllänen, M. und Utriainen, R. (2020) 'People's current mobility costs and willingness to pay for Mobility as a Service offerings', *Transportation Research Part A: Policy and Practice*, Vol. 136, pp.99–119.

Lusch, R. F. und Vargo, S. L. (2006) 'Service-dominant logic: reactions, reflections and refinements', *Marketing Theory*, Vol. 6, No. 3, pp.281–288.

Lusch, R. F., Vargo, S. L. und O'Brien, M. (2007) 'Competing through service: Insights from service-dominant logic', *Journal of Retailing*, Vol. 83, No. 1, pp.5–18.

Manski, C. F. (1977) 'The Structure of Random Utility Models', *Theory and Decision*, Vol. 8, pp.229–254.

Marschak, J. (1974) 'Binary-choice constraints and random utility indicators', in Marschak, M. (ed) *Economic Information, Decision, and Prediction: Selected Essays: Volume I Part I Economics of Decision,* Dordrecht, Springer Netherlands, pp.218–239.

McFadden, D. (1979) 'Quantitative Methods for Analyzing Travel Behaviour of Individuals: Some Recent Developments', in Hensher, D. A. and Stopher, P. R. (eds) *Behavioural travel modelling*, London, Croom Helm, pp.279–318.

McFadden, D. (1986) 'The Choice Theory Approach to Market Research', *Management Science*, Vol. 5, No. 4, pp.275–297.

McFadden, D. (2001) 'Economic Choices', *The American Economic Review*, Vol. 91, No. 3, pp.351–378.

Nash, S. und Mitra, R. (2019) 'University students' transportation patterns, and the role of neighbourhood types and attitudes', *Journal of Transport Geography*, Vol. 76, No. 3, pp.200–211.

Nordfjærn, T., Egset, K. S. und Mehdizadeh, M. (2019) '"Winter is coming": Psychological and situational factors affecting transportation mode use among university students', *Transport policy*, Vol. 81, No. 15, pp.45–53.

Orme, B. (2019) *Consistency Cutoffs to Identify „Bad" Respondents in CBC, ACBC, and MaxDiff* [online] https://sawtoothsoftware.com/resources/technical-papers/consistency-cutoffs-to-identify-bad-respondents-in-cbc-acbc-and-maxdiff (accessed 4 May 2022).

Orme, B. K. und Chrzan, K. (2017) *Becoming an expert in conjoint analysis: Choice modelling for pros*, Orem, Sawtooth Software.

Proff, H. (2019). *Multinationale Automobilunternehmen in Zeiten des Umbruchs. Herausforderungen – Geschäftsmodelle – Steuerung*, Springer Gabler, Wiesbaden.

Sawhney, M., Wolcott, R. C. und Arroniz, I. (2006) 'The 12 different ways for companies to innovate', *MIT Sloan Management Review*, Vol. 47, No. 3, pp.74–81.

Schmillen, A. und Stüber, H. (2014) 'Lebensverdienste nach Qualifikation: Bildung lohnt sich ein Leben lang', *IAB-Kurzbericht*, No. 1, pp.1–8.

Stopka, U., Pessier, R., & Günther, C. (2018) ‚Mobility as a Service (MaaS) Based on Intermodal Electronic Platforms in Public Transport'. In M. Kurosu (Hrsg.), *Human-Computer Interaction. Interaction in Context, Cham* (S. 419–439). Springer International Publishing, Cham.

Thurstone, L. L. (1927) 'A law of comparative judgment', *Psychological Review*, Vol. 34, No. 4, pp.273–286.

Vargo, S. L. und Lusch, R. F. (2016) 'Institutions and axioms: an extension and update of service-dominant logic', *Journal of the Academy of Marketing Science*, Vol. 44, No. 1, pp.5–23.

Zhou, J. (2012) 'Sustainable commute in a car-dominant city: Factors affecting alternative mode choices among university students', *Transportation Research Part A: Policy and Practice*, Vol. 46, No. 7, pp.1013–1029.

Lisa Kraus, Lisa Drees, Dr. rer. pol., hat 2024 über das InnaMoRuhr-Projekt promoviert und ist seit 2024 Mitarbeiterin am Lehrstuhl Industrial Sales and Service Engineering der Ruhr-Universität Bochum.

Heike Proff, Dr. rer. pol., ist Professorin und Inhaberin des Lehrstuhls für ABWL & Internationales Automobilmanagement der Universität Duisburg-Essen.

Pedro José Marrón, Prof. Dr. rer. nat. habil., ist Prorektor für Transfer, Innovation & Digitalisierung und Inhaber des Lehrstuhls Networked Embedded Systems an der Universität Duisburg-Essen.

Marcus Handte, Dr. rer. nat. habil., ist Privatdozent und arbeitet am Lehrstuhl Networked Embedded Systems der Universität Duisburg-Essen.

Partizipative Gestaltung von Zukunftsszenarien nachhaltiger Mobilität

Ergebnisse der Szenario-Workshops im Projekt InnaMoRuhr

Johannes Weyer⑩, Bernhard Albert⑩, Fabian Adelt⑩, Kay Kohaupt-Cepera⑩, Carsten Hesse, Sebastian Hoffmann⑩, Luca Köppen, Edeltraud Kruse und Marlon Philipp⑩

Inhaltsverzeichnis

1	Konzeption und Verlauf der Szenario-Workshops	157
2	Verwendete Methoden	160
3	Vier Ausgangsszenarien	164
4	Szenarien (erster bis dritter Workshop)	167
5	Personas (erster bis dritter Workshop)	175
6	Ideation (vierter Workshop)	190
7	Prototyping (fünfter Workshop)	196
8	Fazit	207
	Literatur	208

J. Weyer (✉) · F. Adelt · K. Kohaupt-Cepera · S. Hoffmann · L. Köppen · M. Philipp
Technische Universität Dortmund, Dortmund, Deutschland
E-Mail: johannes.weyer@tu-dortmund.de

F. Adelt
E-Mail: fabian.adelt@tu-dortmund.de

K. Kohaupt-Cepera
E-Mail: kay.kohaupt@tu-dortmund.de

S. Hoffmann
E-Mail: sebastian3.hoffmann@tu-dortmund.de

L. Köppen
E-Mail: luca.koppen@tu-dortmund.de

Zusammenfassung

Aufbauend auf einer Befragung aller Universitätsangehörigen fanden im Herbst und Winter 2022 fünf Szenarien-Workshops mit Studierenden und Beschäftigten der UA Ruhr-Universitäten statt. In den ersten drei Workshops wurden aus der Befragung abgeleitete Szenarien diskutiert und weiterentwickelt: Die digitale Universität, vernetzte Universitäten, Fahrraduniversitäten sowie Universitäten als Hubs. Besonders die Kombination des Fahrrads mit einem kostengünstig angebotenen ÖPNV konnte in den Workshops als Option für eine zukünftige nachhaltige Mobilität identifiziert werden. Darüber hinaus wurden Personas entwickelt, die im vierten Workshop genutzt wurden, um die Probleme der Alltagsmobilität genauer zu beschreiben. Auf dieser Grundlage wurden unter kritischer Berücksichtigung unterschiedlichster Personas Maßnahmen zur Förderung der nachhaltigen Mobilität entwickelt. Anschließend wurden diese Maßnahmen in einem zweiten Schritt auf ihre Skalierbarkeit überprüft. Basierend auf den vier vorangegangenen Workshops entwickelte das InnaMoRuhr-Team drei Vorschläge für Realexperimente. Diese wurden im fünften und finalen Workshop diskutiert, definiert und auf ihre Umsetzbarkeit hin überprüft. Final entstanden so die Ideen Fahrradhub, Mobilitätsbudget und E-Carsharing.

M. Philipp
E-Mail: marlon.philipp@tu-dortmund.de

B. Albert · C. Hesse · E. Kruse
Foresight Solutions, Frankfurt, Deutschland
E-Mail: ba@foresight-solutions.com

C. Hesse
E-Mail: ch@11fach.de

E. Kruse
E-Mail: ek@foresight-solutions.com

1 Konzeption und Verlauf der Szenario-Workshops

1.1 Konzeption der Workshops

Die Konzeption der Szenario-Workshops, die gemeinsam mit den externen Expert:innen von Foresight Solutions entwickelt wurde, basiert auf der Idee, in einem mehrstufigen partizipativen Prozess Zukunftsszenarien von Mobilität zu entwerfen und auf die Lebenswirklichkeit der an den Universitäten arbeitenden bzw. studierenden Menschen zu projizieren, um auf diese Weise mögliche Chancen und Risiken zu identifizieren.

Eine Besonderheit des Verfahrens bestand darin, dass ein Teil der explorativen Entwicklung von vier Ausgangsszenarien bereits getan war, die das Team von InnaMoRuhr auf Basis der Befragungsdaten vorab entwickelt hatte: Digitale Universität, vernetzte Universitäten, Fahrraduniversitäten und Universitäten als Hubs. Die Szenario-Workshops konnten sich also auf die Weiterentwicklung und Verdichtung der Szenarien, auf ihre Passfähigkeit zum Alltag exemplarischer Personas sowie die Entwicklung von Prototypen konzentrieren, die in den drei dezentralen Realexperimenten erprobt werden sollten.

In Anlehnung an existierende Beteiligungsverfahren wie die Zukunftswerkstätten nach Jungk und Müllert (Müllert 2009), die Futures-Search-Konferenzen nach Janoff und Weisbord (1996), oder aber auch das Konzept des Design Thinking (Plattner et al. 2013, Brenner/Uebernickel 2016) wurde auf Vorschlag von Foresight Solutions ein dreistufiges Verfahren vereinbart, das aus einem Problem-, einem Ideen- und einem Lösungsraum besteht (vgl. Abb. 1).

Die ersten drei dezentralen Workshops – je einer in Duisburg-Essen, Bochum und Dortmund – hatten die Aufgabe, die vorbereiteten Szenarien zu diskutieren und auf konkrete Personas zu projizieren (Problemraum). Der vierte, zentrale

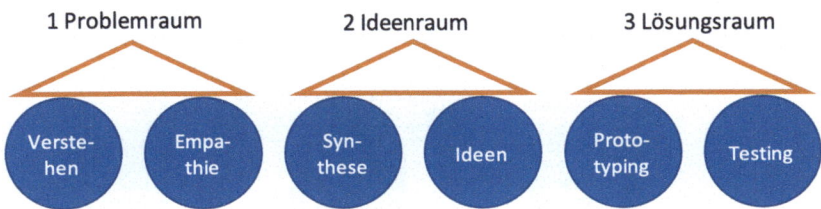

Abb. 1 Das Konzept der Szenario-Workshops. (Eigene Darstellung)

Workshop sollte auf dieser Grundlage konkrete Ideen künftiger Mobilität entwickeln (Ideenraum), die schließlich der fünfte, ebenfalls zentrale Workshop auf ihre Umsetzung und Machbarkeit hin überprüfen sollte (Lösungsraum).

1.2 Verlauf der Workshops

Die einzelnen Arbeitsschritte gestalteten sich wie folgt (vgl. Abb. 2):

Rekrutierungsprozess
Es wurden ca. 800 Personen eingeladen, die an der Befragung im Jahr 2021 teilgenommen hatten und ihr Interesse bekundet hatten, an den Szenario-Workshops teilzunehmen (vgl. Kap. 2 und 3 dieses Buchs). Daraufhin gingen 121 Anmeldungen ein, aus denen 50 Teilnehmende für die ersten drei dezentralen Workshops ausgewählt wurden. Die Auswahl erfolgte mit dem Ziel, eine mögliche heterogene Zusammensetzung des Teilnehmerkreises zu erzielen und nicht nur die drei Funktionsgruppen (Forschung und Lehre, Technik und Verwaltung, Studierende) angemessen zu berücksichtigen, sondern auch weitere Kriterien wie das auf dem Weg zur Universität genutzte Verkehrsmittel, den Wohnort sowie soziodemografische Merkmale wie etwa Alter, Geschlecht oder Kinder im Haushalt.

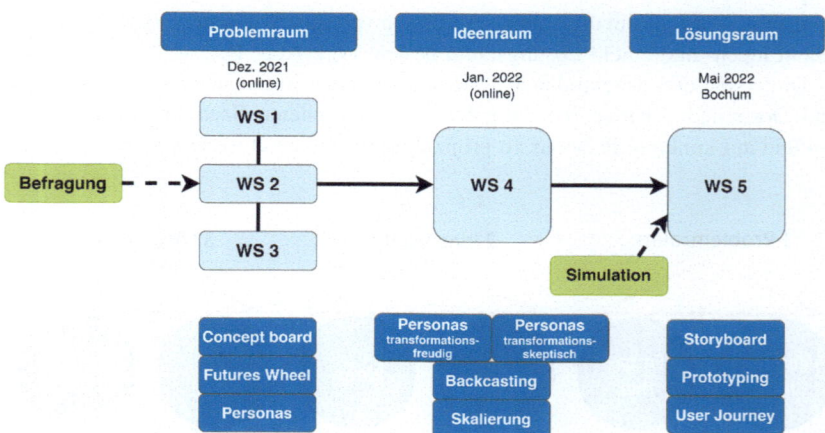

Abb. 2 Konzeption und Verlauf der Szenario-Workshops. (Eigene Darstellung)

Workshops 1–3: Verdichtung von Szenarien und Entwicklung von Personas
Corona-bedingt fanden die ersten drei dezentralen Workshops an den Standorten Duisburg-Essen, Bochum und Dortmund im Dezember 2021 online statt; beteiligt waren insgesamt 43 Teilnehmer:innen. In jedem der drei Workshops wurden zunächst vier Gruppen gebildet, die sich mit jeweils einem Szenario beschäftigten und dieses mithilfe der Instrumente Conceptboard und Futures Wheel bearbeiteten (siehe Abschn. 2 für eine kurze Erläuterung dieser Methoden). Dabei wurden sie von Moderator:innen unterstützt. Ihre Aufgabe war, die Szenarien zu diskutieren, zu verdichten und nicht nur die Wirkungen erster Ordnung, sondern auch mögliche Nebenwirkungen und unerwünschte Folgewirkungen zweiter bzw. dritter Ordnung zu identifizieren (dazu ausführlich Abschn. 4).

Zudem wurden mithilfe vorbereiteter Eingabemasken Personas entwickelt, und zwar in zwei Schritten: Im ersten Schritt war die Aufgabe, sich selbst, das eigene Umfeld und das eigene Mobilitätsverhalten zu charakterisieren, wenn möglich aber in leicht verallgemeinerter Form. Im zweiten Schritt ging es dann darum, eine imaginierte Person zu entwickeln, die sich an einer typischen Vertreter:in existierender Funktionsgruppen von Universitätsangehörigen orientieren sollte. Auf diese Weise entstanden 75 Personas, von denen 59 vollständig sind und in die folgenden Auswertungen einfließen. Die restlichen 16 Personas sind unvollständig, zumeist weil die Bearbeitung wegen Zeitmangels abgebrochen werden musste (vgl. Abschn. 5).

Die Ergebnisse der ersten drei Workshops wurden von Foresight Solutions und dem InnaMoRuhr-Team dokumentiert und ausgewertet, um die weitere Arbeit zu strukturieren und den vierten Workshop vorzubereiten.

Workshop 4: Personas und deren alltägliche Mobilität
Ende Januar 2022 haben 25 Personen am vierten, nunmehr zentralen, universitätsübergreifenden Workshop teilgenommen, der wiederum online stattfinden musste. Im Mittelpunkt stand die detaillierte Arbeit an den Personas, insbesondere mit Blick auf deren Alltagsmobilität, ihren Umgang mit szenariotypischen, möglicherweise konflikthaften Situationen sowie mögliche Maßnahmen zur Auflösung dieser Konflikte (vgl. Abschn. 6). Da in den Workshops transformationsfreudige Teilnehmer:innen, die einer Mobilitätswende positiv gegenüberstehen, überrepräsentiert waren, wurden seitens der Moderator:innen ergänzend transformationsskeptische Personas eingebracht, um auch deren Umgang mit den vier Szenarien künftiger Mobilität zu erfassen. Im vierten Workshop kamen zudem die Methoden des Backcasting und der Skalierung zum Einsatz.

Agentenbasierte Modellierung und Simulation
Ergänzend wurden vom InnaMoRuhr-Projektteam Simulationsexperimente durchgeführt, deren Zweck es war, die im vierten Workshop entwickelten Ideen auf den Prüfstand zu stellen und auf diese Weise besonders geeignete Lösungen für den fünften Workshop zu identifizieren. Die Simulationsergebnisse dienten als Input für den finalen Workshop.

Workshop 5: Entwicklung von Prototypen für das Reallabor
Im universitätsübergreifenden fünften und letzten Workshop, der im Mai 2022 in Präsenz an der Ruhr-Universität Bochum stattfand, wurden die für die Realexperimente ausgewählten Lösungen in drei parallelen Gruppen mit insgesamt 14 Teilnehmenden in einer Art Modellwerkstatt auf ihre Praktikabilität und Alltagstauglichkeit überprüft und zu Prototypen weiterentwickelt. Dabei kamen die Methoden Storyboard, Prototyping und User Journey zum Einsatz. Zudem wurden diese Prototypen einer Gruppe von Hochschulangehörigen vorgestellt, die als projektexterne Evaluator:innen fungierten (vgl. Abschn. 7).

2 Verwendete Methoden

Im Laufe der Workshops (WS 1–3, WS 4 und WS 5) kam eine Reihe von Instrumenten strategischer Vorausschau zum Einsatz:

Conceptboard (WS 1–3)

Ein Conceptboard ist ein interaktives IT-Tool (vergleichbar einer Pinnwand), mit dem mehrere Menschen – auch online – simultan zusammenarbeiten und ihre Ideen visuell ordnen und verschriftlichen können.
Zudem können hier verschiedene Instrumente integriert werden, z. B. ein Futures Wheel oder Personas.

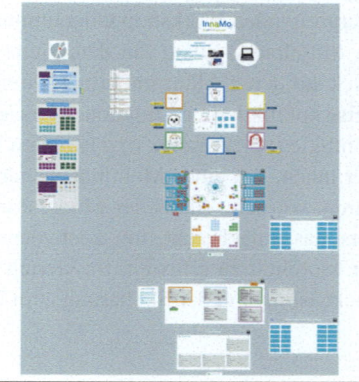

Futures Wheel (WS 1–3)

Ein Futures Wheel ermöglicht es, ausgehend von einem als relevant identifizierten Trend, nicht nur dessen Wirkungen erster Ordnung, sondern auch mögliche Folge- und Nebenwirkungen zweiter und dritter Ordnung zu identifizieren.

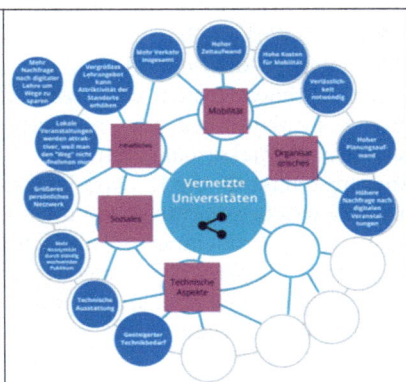

Personas (WS 1–3, 4)

Personas sind fiktive Charaktere mit typischen Eigenschaften, die von den Mitwirkenden erstellt werden und auf deren abstrahierten, persönlichen Erfahrungen beruhen. Dabei wird mit vorbereiteten Mustern gearbeitet, in die Persönlichkeitsmerkmale, Erwartungen, Einwände etc. eingetragen werden können.

Zur Kontrastierung können transformationsfreudige und -skeptische Personas kreiert werden.

Backcasting (mithilfe von Timelines – WS 4)

Anstatt die Wirkung heutiger Maßnahmen in die Zukunft „hochzurechnen" (rote Pfeile), wird ein in der Zukunft liegender, normativ gewünschter Zielzustand zum Ausgangspunkt für die Rückprojektion auf die Zwischenschritte genommen, die zu dessen Erreichung erforderlich sind (grüne Pfeile). Als Stichtag der Umsetzung der vier Szenarien wurde das Jahr 2030 gewählt.	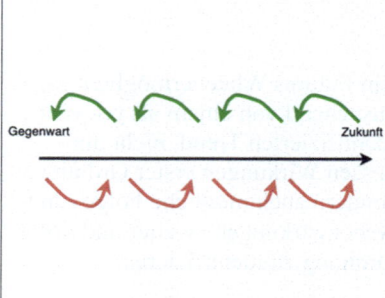

Skalierung (WS 4)

Es werden mögliche Auswirkungen von Maßnahmen diskutiert, wenn diese von unterschiedlich großen Anzahlen von Betroffenen adaptiert werden. Auf diese Weise sollen die entwickelten Ideen oder Maßnahmen hinsichtlich ihrer Verwendbarkeit für eine größere Anzahl an Nutzer:innen geprüft und eventuell auf-tretende nicht-intendierte Effekte identifiziert werden.

Skalierung			
Anzahl	Maßnahme 1	Maßnahme 2	Maßnahme 3
200			
2.000			
20.000			

Storyboards (WS 5)

Storyboards sind die visuelle und strukturierte Darstellung des Prozesses, den eine Persona an einem Tag durchläuft. Besonderes Augenmerk wurde auf Brüche im Mobilitätsverhalten gelegt, in denen die Person selbst agieren muss, um ihre Mobilität zu gewährleisten, und wie diese Hürden genommen wurden.	**Story Board** Uhrzeit | Aktivität | Verkehrsmittel | Kommentar 06:00 07:00 08:00 ...

Prototyping (WS 5)

Beim Prototyping entstehen haptische, dreidimensionale Versuchsmodelle. Sie machen Probleme und Verbesserungspotenziale von Konzepten sichtbar, die im Ideationprozess entstanden sind und gut bewertet wurden. Dabei wird eine Vielzahl unterschiedlicher Materialien genutzt.

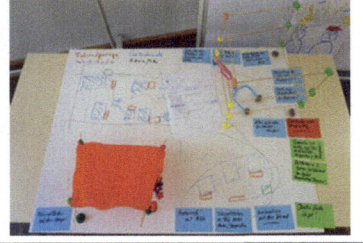

User Journey (WS 5)

Die Methode User Journey ermöglicht es, die Interaktion bzw. Nutzung eines Produktes oder Services umfassend zu betrachten. Hierfür wird die Reise einer:eines Nutzer:in des Prototyps anschaulich anhand von Leitfragen visualisiert und ausdifferenziert.	**User Journey** Bedürfnisse: Welche Mobilitätsbedürfnisse hast du? Prototyp: Wie könnt ihr eure Bedürfnisse mithilfe des Prototyps befriedigen? Neue Angebote: Was könnte euch und andere dazu motivieren, das neue Angebot zu nutzen?

3 Vier Ausgangsszenarien

Aus den Befragungsdaten (vgl. Kap. 3 dieses Buchs), insbesondere den aktuellen Mobilitätsmustern, ließen sich vier Ausgangsszenarien entwickeln, die als Input für die ersten drei Workshops dienten. Dabei spielten auch Wünsche für eine künftige Mobilität eine wichtige Rolle, die bei der Befragung auf unterschiedliche Weise erhoben wurden (ebd.). Zur großen Überraschung lagen diese Zukunftsprojektionen weniger im Bereich der Antriebstechnik (E-Mobilität), sondern eher in den Bereichen ÖPNV und vor allem Radverkehr.

Um diese vorab entwickelten Szenarien von denen zu unterscheiden, die im Verlauf der Workshops entwickelt wurden, werden sie im Weiteren als Ausgangsszenarien bezeichnet.

Ausgangsszenario 1: Digitale Universität
In diesem Szenario bieten die drei UA Ruhr-Universitäten ihren Studierenden ein größtenteils digitales Lehrangebot an. Diese können an nahezu allen Lehrveranstaltungen online teilnehmen, die von sämtlichen Fakultäten der drei Universitäten angeboten werden, und sie können dies zeitlich und räumlich flexibel tun. Eine Präsenz während der Vorlesungs- und Seminarzeiten ist nicht erforderlich (Abb. 3).

Darüber hinaus ermöglichen die drei UA Ruhr-Universitäten ihren Mitarbeiter:innen, vermehrt im Homeoffice oder mobil zu arbeiten. Die erwarteten Effekte sind:

- Eine deutliche Reduktion der Mobilität (und des CO_2-Fußabdrucks).
- Eine Förderung der Kooperation innerhalb der UA Ruhr.

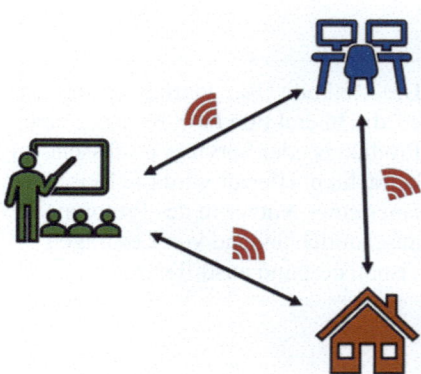

Abb. 3 Ausgangsszenario 1. (Eigene Darstellung)

Abb. 4 Ausgangsszenario 2. (Eigene Darstellung)

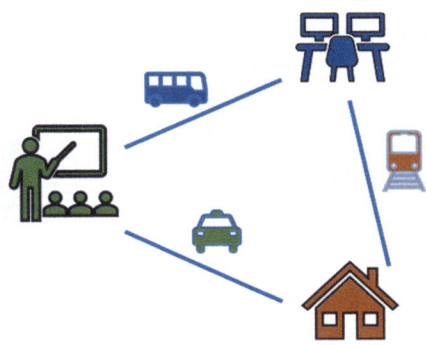

Ausgangsszenario 2: Vernetzte Universitäten
In diesem Szenario vernetzen sich die Universitäten mit umliegenden Einzugsgebieten, aus denen viele ihrer Angehörigen zur Universität pendeln, indem sie verbesserte Mobilitätsangebote zwischen Wohnort und Arbeits- bzw. Studienort, aber auch zwischen den vier Standorten der drei UA Ruhr-Universitäten schaffen (Abb. 4).

Die Mobilität zwischen den Standorten und der universitäre Austausch werden zudem dadurch gefördert, dass noch mehr (Präsenz-)Veranstaltungen und Studienabschlüsse gegenseitig anerkannt werden. UA Ruhr-übergreifende und zeitlich aufeinander abgestimmte Lehrangebote fördern diesen Prozess zusätzlich. Die erwarteten Effekte sind:

- Ein intensiver Austausch face-to-face.
- Eine Zunahme der Mobilität mit vielfältigen Bündelungsoptionen.

Ausgangsszenario 3: Fahrraduniversitäten
In diesem Szenario wird die Radinfrastruktur massiv ausgebaut, u. a. durch Fahrradschnellwege, die zentrale Orte der Städte und der Universitäten miteinander verbinden. Es werden Radwegenetze an den Universitätsstandorten, aber auch zwischen den Standorten geschaffen, die weitgehend kreuzungsfrei sind. Zudem gibt es Fahrradabstellanlagen an sämtlichen Instituten der drei UA Ruhr-Universitäten sowie an Bahnstationen, darüber hinaus kostengünstige Fahrradreparaturservices bzw. Self-Service-Stationen. Die erwarteten Effekte sind (Abb. 5):

Abb. 5 Ausgangsszenario 3. (Eigene Darstellung)

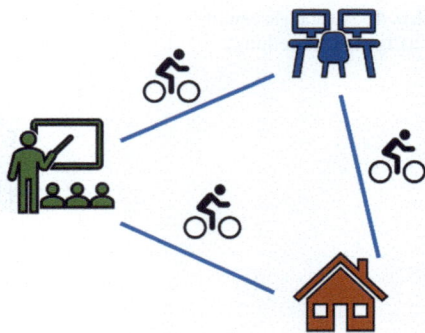

- Eine deutliche Reduktion des Autoverkehrs.
- Eine verbesserte Gesundheit der Mitarbeitenden und Studierenden.
- Ein verbesserter Austausch zwischen den drei Universitäten.

Ausgangsszenario 4: Universitäten als Hubs
In diesem Szenario werden die UA Ruhr-Universitäten zu Mobilitäts-Hubs, an denen unterschiedliche Mobilitätsangebote zur Verfügung stehen und der Wechsel zwischen ihnen erleichtert wird. Die direkte Erreichbarkeit der Universität entlastet andere Knotenpunkte wie etwa den Hauptbahnhof (Abb. 6).

Ein Mobilitäts-Hub kann zudem als Experimentallabor fungieren, das es ermöglicht, neue, auch intermodale Mobilitätsangebote zu erproben und Erfahrungen mit ihnen zu sammeln – was einen Umstieg auf nachhaltige Verkehrsmittel fördern könnte. Die erwarteten Effekte sind:

- Eine verbesserte Erreichbarkeit der Universitäten (ohne Umstiege).
- Eine Entlastung anderer Knotenpunkte.
- Anreize zur Erprobung neuer Mobilitätspraktiken.

Abb. 6 Ausgangsszenario 4. (Eigene Darstellung)

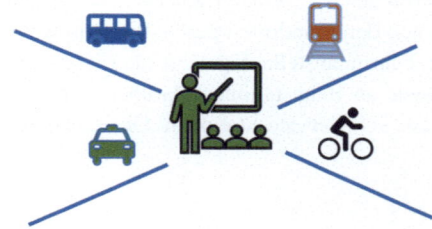

4 Szenarien (erster bis dritter Workshop)

Eine Aufgabe der ersten drei, konzeptionell weitgehend identischen Workshops an den drei UA Ruhr-Universitäten, war es, mithilfe von Futures Wheels die vorgegebenen Roh-Szenarien zu diskutieren und hinsichtlich ihrer Wirkungen zu bewerten (Abschn. 4). Die zweite Aufgabe war die Entwicklung von Personas in zwei Schritten: Zunächst als Abbild der eigenen Person sowie des eigenen Mobilitätsverhaltens und dann in einer abstrakteren, typisierten Form einer:eines beliebigen Universitätsangehörigen (Abschn. 5).

4.1 Szenario 1: Digitale Universität

Ausgangspunkt dieses Szenarios war gemäß Ausgangsszenario 1 die Vorstellung einer weit fortgeschrittenen *Digitalisierung,* also eine Ausstattung sowohl der Universitäten als auch der heimischen Studien- und Arbeitsorte mit schnellem Internet, sicheren Zugängen zu Cloud-Lösungen, funktionierender Hardware und dem erforderlichen Mobiliar. Zudem sind auf der Ebene der *Regulierung* die Voraussetzungen für Online-Lehre und Arbeiten im Homeoffice geschaffen (vgl. Abb. 7; die kursiv gesetzten Begriffe verweisen auf die dort dargestellten Elemente).[1]

Die Wirkungen von Digitalisierung und entsprechender Regulierung zeigen sich zunächst in einem deutlich verringerten *Verkehrsaufkommen* und einem damit einhergehenden Rückgang der *Treibhausgasemissionen* (THG). Dies hat allerdings starke *Verluste der ÖV-Anbieter* zur Folge, welche sie durch eine Einschränkung der *ÖV-Angebote* wie auch vermehrte Angebote von *On-Demand-* und *Sharing*-Lösungen auszugleichen versuchen. Insgesamt hat dies jedoch zur Konsequenz, dass für die meisten *Privatfahrten* und die wenigen noch verbleibenden Fahrten zur Universität das eigene Auto genutzt wird, was den positiven Effekt bei den *Treibhausgasemissionen* teilweise zunichtemacht.

Online-Lehre und großzügige *Homeoffice*-Regelungen ermöglichen sowohl den Studierenden als auch den Mitarbeitenden eine große *Flexibilität* in der Gestaltung ihres Studiums bzw. ihrer Arbeit. Benötigtes *Knowhow* etwa für die Lösung technischer Probleme steht allerdings – anders als vor Ort – nicht immer

---

[1] Die Codierung der Effekte durch Farben und Symbole wurde folgendermaßen vorgenommen: Maßnahmen sind dunkelblau, positive Effekte grün und negative grau eingefärbt; neutrale Effekte in der Gesamtbilanz (hellblau) ergeben sich, wenn positive und negative Effekte sich gegenseitig aufheben.

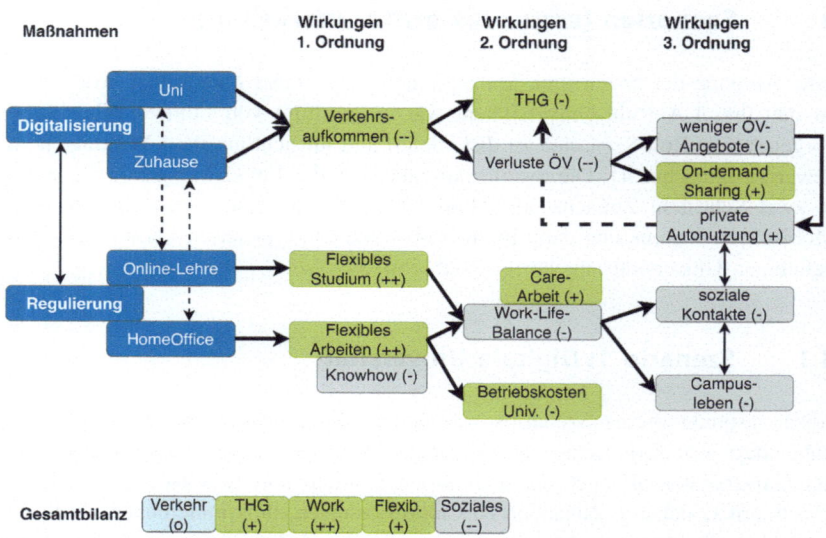

Abb. 7 Das Szenario „Digitale Universität" und dessen Wirkungen. (+/o/-: Richtung und Stärke des Effekts; Farben: normative Codierung; eigene Darstellung)

sofort zur Verfügung. Die Entgrenzung von Arbeit und Freizeit belastet die *Work-Life-Balance,* bringt aber für diejenigen Vorteile mit sich, die *Care-Arbeit* leisten müssen.

Der damit einhergehende Trend zur Individualisierung bringt allerdings eine Verringerung *sozialer Kontakte* mit sich, die durch das insgesamt verarmte *Campusleben* noch verstärkt werden. Ein positiver Effekt zeigt sich bei den *Betriebskosten* der Universitäten, die sinken, wenn Hörsäle und Büros nicht mehr geheizt werden müssen und perspektivisch weniger umbauter Raum für akademische Tätigkeiten benötigt wird.

Zieht man eine *Gesamtbilanz,* so hat dieses Szenario neutrale Effekte in puncto *Verkehrsaufkommen* und nur leicht positive Effekte bei der Reduktion von *Treibhausgasemissionen.* Die *Flexibilität* der Gestaltung des Tagesablaufs nimmt zu, und damit geht eine deutliche Verbesserung der Arbeitsbedingungen *(Work)* einher. Dem stehen jedoch negative Effekte im *sozialen* Bereich gegenüber (Stichwort: soziale Verarmung).

Das Szenario zeichnet sich durch eine sehr detaillierte Betrachtung der Wirkungen, aber auch der – möglicherweise nicht-intendierten – Nebenwirkungen zweiter und dritter Ordnung aus.

4.2 Szenario 2: Vernetzte Universitäten

Das zweite Szenario geht davon aus, dass die drei Universitäten, die seit 2007 als Universitätsallianz Ruhr in vielen Bereichen kooperieren, ihre Lehrangebote noch enger *koordinieren* und vermehrt hochschulübergreifende *Studiengänge* anbieten, zu denen *Lehrveranstaltungen* an allen vier Standorten Duisburg, Essen, Bochum und Dortmund in *Präsenz* belegt werden können (vgl. Abb. 8).

Flankiert wird dies von neuen *Verkehrsangeboten,* die *Direktverbindungen* zwischen den Universitäten (in hoher Taktfrequenz), aber auch zwischen Universitäten und Wohnorten umfassen und damit einen *Zeitgewinn* versprechen. Es stehen *Shuttle-Services* zwischen den Universitäten zur Verfügung, und auf den Straßen sorgen *Fast Lanes* dafür, dass Busse, aber auch Autos, in denen mehr als zwei Personen sitzen, schneller vorankommen.

Auf diese Weise entsteht ein attraktives *Lehrangebot* mit teils ungewöhnlichen Fächerkombinationen, das viele Studierende anspricht und ins Ruhrgebiet zieht.

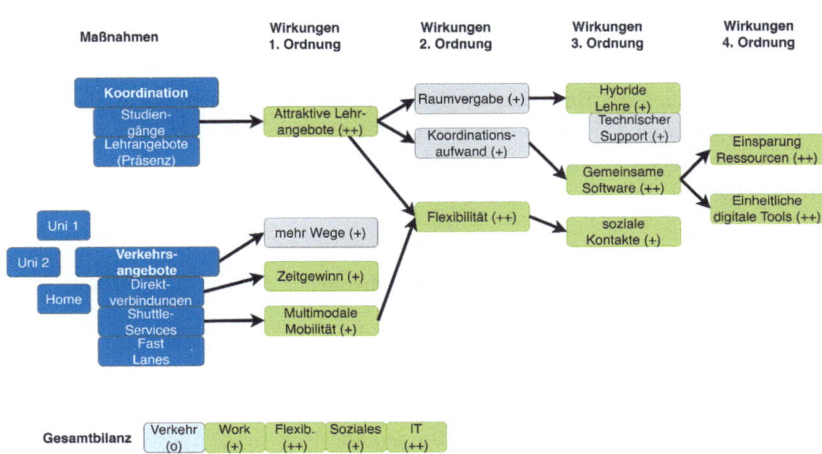

Abb. 8 Das Szenario „Vernetzte Universitäten" und dessen Auswirkungen. (+/o/-: Richtung und Stärke des Effekts; Farben: normative Codierung; eigene Darstellung)

Allerdings steigt damit auch der *Koordinationsaufwand,* etwa für Studien- und Prüfungsordnungen, aber auch für alltägliche Dinge wie die *Raumvergabe.* Eine Lösung besteht darin, *hybride Lehrangebote* zu unterbreiten, die Präsenz- und Onlinelehre miteinander verknüpfen, aber dem Gedanken einer stärkeren Vernetzung durch persönliche Begegnung widersprechen. Sie erfordern zudem ein hohes Maß an *technischem Support.*

Eine weitere Lösung besteht in der Nutzung einer gemeinsamen, hochschulübergreifenden *Planungssoftware* für Lehre und Prüfungen. Hieraus könnten auf lange Sicht einheitliche *digitale Tools* für die UA Ruhr entstehen, die zudem eine erhebliche *Einsparung von Ressourcen* – etwa im Bereich der Administration und langfristig auch im Bereich der Lehre – ermöglichen.

Das Szenario der vernetzten Universitäten ist das einzige der vier Szenarien, das eine Zunahme des Verkehrs nicht nur in Kauf nimmt, sondern sogar bewusst dazu beiträgt, dass die Universitätsangehörigen *mehr Wege* als bislang zurücklegen, um Lehrangebote an anderen Universitäten wahrzunehmen oder kooperative Forschungsvorhaben durchzuführen. Auch wenn die geteilte Mobilität mit nachhaltigen Antriebstechniken gestärkt werden soll, ist die *Gesamtbilanz* in puncto *Verkehr* eher gemischt und die Bilanz der *Treibhausgase* daher nicht klar bestimmbar. Im positiven Bereich liegen hingegen die *Flexibilität* – hinsichtlich des Studierens wie auch der Mobilität – und der Bereich *Soziales,* da in diesem Szenario persönliche Begegnungen und gemeinsame Aktivitäten in Präsenz im Mittelpunkt stehen. Auch die Entwicklung der *IT-Systeme* bekommt in diesem Szenario einen kräftigen Schub.

An diesem Szenario fällt auf, dass es die Wirkungen und Nebenwirkungen, die sich im Bereich der Koordination der Lehrangebote ergeben, bis in die vierte Ebene verfolgt und Lösungen diskutiert. Der Bereich Verkehr wird hingegen nicht gleichermaßen detailliert bezüglich möglicher unerwarteter Konsequenzen durchleuchtet.

4.3   Szenario 3: Fahrraduniversitäten

Ausgangspunkt dieses Szenarios sind umfangreiche Maßnahmen im Bereich der Verkehrsinfrastruktur, die insbesondere den massiven Ausbau einer flächendeckenden Fahrrad-Infrastruktur beinhalten. Dies betrifft den Bau von *Radschnellwegen,* die räumliche Trennung der *Trassen* für Rad- und Autoverkehr sowie die Verringerung von Kreuzungspunkten, wie man es beispielsweise aus den Niederlanden kennt (vgl. Abb. 9).

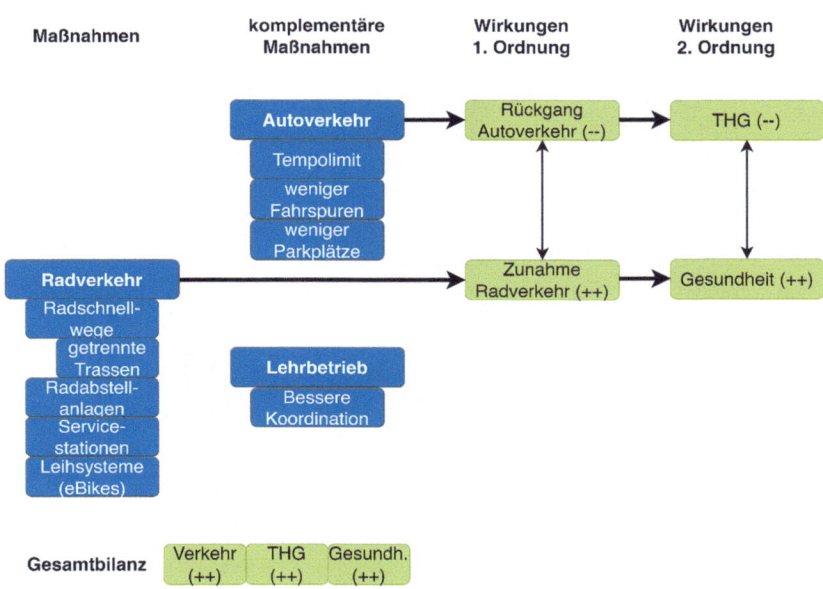

Abb. 9 Das Szenario „Fahrraduniversitäten" und dessen Auswirkungen. (+/o/-: Richtung und Stärke des Effekts; Farben: normative Codierung; eigene Darstellung)

Hinzu kommen *Radabstellanlagen* mit Lademöglichkeiten für E-Bikes und Spinden zur Aufbewahrung von Kleidung etc., ggf. auch Duschen sowie *Service-Stationen* und *Leihsysteme* mit individuell maßgeschneiderten Tarifen für Bio-Bikes, E-Bikes, Lastenräder etc.

Das Radfahren wird auf diese Weise sicherer und komfortabler und damit auch für Menschen attraktiv, die aus unterschiedlichen Gründen bislang davon abgehalten wurden, das Radfahren als Alternative in Erwägung zu ziehen. Insgesamt führen diese Maßnahmen zu einer deutlichen *Zunahme des Radverkehrs* sowie zu einer Verbesserung von *Gesundheit* der Universitätsangehörigen.

Das Ganze geht einher mit Eingriffen in den Autoverkehr, dessen Privilegien beschnitten werden. Um Platz für Räder zu schaffen, wird die Zahl der *Fahrspuren* verringert; *Parkplätze* gibt es nur noch für mobil eingeschränkte Personen sowie für Lieferdienste. Die so frei gewordenen Flächen werden für den Ausbau der Radinfrastruktur genutzt. Schließlich werden die Risiken des Radfahrens durch ein generelles *Tempolimit* für Autos verringert. Als Folge dieser

Maßnahmen gehen der *Autoverkehr* und die von ihm verursachten *Treibhausgasemissionen* deutlich zurück, was die vom Radverkehr ausgehenden Effekte nochmals verstärkt.

Flankiert werden diese Maßnahmen durch eine verbesserte Taktung und *Koordination des Lehrbetriebs,* die es beispielsweise ermöglicht, mit dem Rad von der TU Dortmund zur Ruhr-Universität Bochum zu fahren und pünktlich zum Beginn der Vorlesung am Ziel zu sein.

Die *Gesamtbilanz* dieses Szenarios ist durchweg positiv: *Autoverkehr* und *Treibhausgasemissionen* nehmen ab; die *Gesundheit* verbessert sich.[2]

Im Vergleich zum ersten Szenario fällt auf, dass etliche dort angesprochene Punkte hier nicht auftauchen; zudem spielte der intermodale Verkehr (Bike & Ride) keine Rolle. Der Fokus des dritten Szenarios liegt auf einer Vielzahl von Maßnahmen; deren Wirkungen, vor allem aber die – möglicherweise nichtintendierten – Wirkungen zweiter und dritter Ordnung werden hingegen weniger reflektiert.

Offen bleibt zudem, was ein Zusammentreffen der beiden Szenarien „Digitale Universität" und „Fahrraduniversitäten" bewirken könnte und ob dies eventuell zu anderen Effekten als den hier aufgezeigten führen würde.

4.4   Szenario 4: Universitäten als Hubs

In diesem Szenario fungieren Universitäten als Verkehrsdrehkreuze („Hubs"), die nicht nur umfassende Angebote verschiedenster Verkehrsmittel vorhalten, sondern auch einen nahtlosen Wechsel zwischen diesen ermöglichen. Sie entlasten damit andere Knotenpunkte wie den Hauptbahnhof und ermöglichen eine Fahrt zur Universität mit weniger Umsteigevorgängen.

Ein Hub umfasst eine Vielzahl etablierter und innovativer Mobilitätsangebote. Es gibt dort *Radabstellanlagen* sowie *E-Bike-Sharing*-Angebote, zudem *Lade- und Servicestationen* für sämtliche Verkehrsmittel; für die wasserstoffgetriebenen Fahrzeuge der Zukunft gibt es *Wasserstoff-Tankstellen* (vgl. Abb. 10).

Wer mit dem Auto unterwegs ist, kann es in *Parkhäusern* abstellen oder *Park & Ride-Parkplätze* außerhalb nutzen, die mit einem elektrisch betriebenen *Shuttle-Bus* an die Universität angebunden sind. Oder man nutzt die im Hub vorhandene Möglichkeiten des *E-Carsharings*.

---

[2] Der Rückgang des Verkehrsaufkommens (−) wird in der Gesamtbilanz unter normativen Gesichtspunkten positiv (+ +) gewertet.

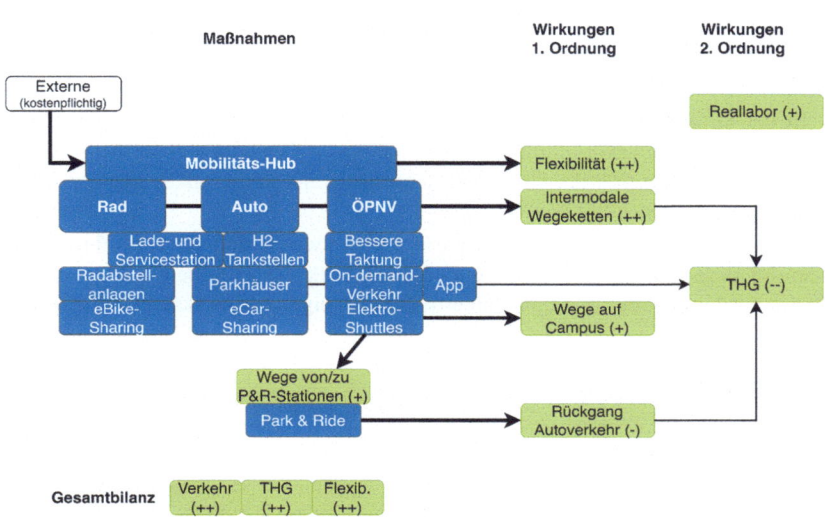

Abb. 10 Das Szenario „Universitäten als Hubs" und dessen Auswirkungen. (+/o/-: Richtung und Stärke des Effekts; Farben: normative Codierung; eigene Darstellung)

Der ÖPNV ist ebenfalls an den Hub angebunden; allerdings sind die Fahrpläne besser *getaktet*, und es werden vermehrt *On-Demand-Verkehre* angeboten, die über ein einheitliches Buchungssystem in Form einer *App* gebucht werden können. Diese verkehren nicht nur zwischen den Standorten der UA Ruhr-Universitäten, sondern auch zwischen Wohnort und Universität. Mit den bereits erwähnten *Elektro-Shuttles* legt man zudem etliche Wege auf dem Campus zurück, die zu Fuß zu zeitaufwändig sind.

Die positiven Auswirkungen dieses Szenarios zeigen sich vor allem in der hohen *Flexibilität* der Gestaltung z. T. *intermodaler Wegeketten*. Auch werden die *Wege auf dem Campus,* z. B. zwischen zwei Instituten, nicht mehr mit dem Auto zurückgelegt, was – in Verbindung mit anderen Maßnahmen – allerdings nur zu einem moderaten *Rückgang des Autoverkehrs* führt; denn das Szenario enthält keine dezidierten Maßnahmen zur Beschränkung des Autoverkehrs.

Der Einsatz neuer Antriebstechnologien und regenerativer Energieträger führt in Verbindung mit einer partiellen Verlagerung des Verkehrs weg vom Auto zu einem Rückgang der *Treibhausgasemissionen.*

Zudem stellt ein Mobilitäts-Hub den Forschenden der Universitäten eine Plattform und ein *Reallabor* für die Entwicklung und Erprobung innovativer Konzepte nachhaltiger Mobilität zur Verfügung.

In der *Gesamtbilanz* sind es vor allem die zuletzt genannten Faktoren einer Reduktion des *Autoverkehrs* und des Ausstoßes von *Treibhausgasen,* die – neben der erhöhten *Flexibilität* der Universitätsangehörigen – in diesem Szenario positiv zu Buche schlagen.

Auch hier fällt auf, dass das Szenario zwar eine reichhaltige Sammlung von Ideen im Bereich der Maßnahmen enthält, den Wirkungen, Nebenwirkungen und Wechselwirkungen dieser Maßnahmen jedoch weniger Aufmerksamkeit schenkt.

4.5 Zwischenfazit

Wie die vorherigen Abschnitte belegen, unterscheiden sich die vier Szenarien nicht nur hinsichtlich der von ihnen gesetzten Akzente, sondern auch in Bezug auf die Detailliertheit der untersuchten Wirkungen und Wechselwirkungen einzelner Maßnahmen. Tab. 1 fasst die Ergebnisse in einer Übersicht zusammen.

Demzufolge führen nur die beiden Szenarien 3 (Fahrrad) und 4 (Hubs) zu einer deutlichen Reduktion des Verkehrs wie auch der Treibhausgasemissionen. Positive Auswirkungen auf die Arbeitsbedingungen werden hingegen vor allem von Szenario 1 (Digital) und teils auch von 2 (Vernetzt) erwartet, was auch mit

Tab. 1 Wirkungen der vier Szenarien (+/o/-: Stärke und Richtung des Effekts; Farben: normative Codierung; n.t.: nicht thematisiert)

Nr.	Digitale Universität	Verkehr	THG	Work	Flexibilität	Soziales	Gesundheit	IT	Σ
1	Digitale Universitäten	o	+	++	+	-	n.t.	n.t.	3
2	Vernetzte Universitäten	o	n.t.	+	++	+	n.t.	++	6
3	Fahrraduniversitäten	++	++	n.t.	n.t.	n.t.	++	n.t.	6
4	Universitäten als Hubs	++	++	n.t.	++	n.t.	n.t.	n.t.	6

entsprechenden Erwartungen an die Flexibilität in diesen beiden Szenarien (wie auch Szenario 4) einhergeht.

Szenario 1 (Digital) unterscheidet sich von den anderen drei Szenarien insofern, als hier auch negative Effekte prognostiziert werden, und zwar im sozialen Bereich – ganz im Gegensatz zu Szenario 2 (Vernetzt). Allerdings wurden diese Dimensionen in den Szenarien 3 und 4 nicht thematisiert. Dies gilt auch für zwei weitere Aspekte, die nur in jeweils einem Szenario eine prominente Rolle spielten: die Gesundheit im Fahrrad-Szenario (Nr. 3) und die IT-Systeme im Szenario der vernetzten Universitäten (Nr. 2).

Addiert man – rein schematisch – die Zahl der Plus- und Minus-Symbole, so schneidet das Digitalisierungs-Szenario (Nr. 1) mit nur drei Punkten besonders schlecht ab, während die anderen drei Szenarien jeweils sechs Punkte verbuchen können – wenngleich in unterschiedlichen Dimensionen. Berücksichtigt man zudem, dass die beiden Szenarien 3 und 4 in Bezug auf ihre direkten und indirekten Wirkungen nicht so detailliert ausgearbeitet waren wie Szenario 2, so steht das Szenario der vernetzten Universitäten in einer Gesamtbetrachtung mit leichtem Vorsprung am besten da. Dass es dennoch nicht Eingang in die Planung des Reallabors gefunden hat, erklärt sich durch seine negative Bewertung anhand der Personas, die Thema des folgenden Abschnitts sind.

5 Personas (erster bis dritter Workshop)

Zweiter Bestandteil der ersten drei Workshops war die Erstellung von Personas, die in zwei Schritten verlief: Im ersten Schritt sollte das eigene Mobilitätsverhalten in leicht verallgemeinerter Form beschrieben und im zweiten Schritt eine imaginierte Person mit einem typischen Mobilitätsverhalten entwickelt werden. Aus Gründen des Datenschutzes wurde diese Unterscheidung nicht protokolliert, sodass sich die folgenden Auswertungen auf alle Personas beziehen.

Überblick

Tab. 2 gibt zunächst einen Überblick über alle 75 Personas, also auch diejenigen, die von den Teilnehmenden zwar begonnen, aber – meist aus Zeitmangel – nicht fertiggestellt wurden und unvollständig blieben. Auffällig ist, dass im Fahrrad-Szenario fast doppelt so viele Personas (28) angelegt wurden wie in den anderen drei Szenarien (15 bis 16), für die sich weniger Teilnehmer:innen interessierten – ein erster Befund, der sich später auch in den inhaltlichen Ergebnissen widerspiegelt. Die Verteilung zwischen den Funktionsgruppen ist hingegen nahezu gleichmäßig mit einem minimalen Übergewicht der Studierenden (27, vgl. Zeile „Summe"). Über die vier

Tab. 2 Übersicht über die Personas, getrennt nach Funktionsgruppen und Standorten

Szenario	Gruppe	UDE	RUB	TU	Summe	Summe Szenario	davon vollständig
Digitale Universität	Stud.	1	3	2	6	16	12
	Wiss.	1	1	1	3		
	Verwalt.	3	2	2	7		
Vernetzte Universitäten	Stud.	2	2	3	7	15	13
	Wiss.	1	2	2	5		
	Verwalt.	2	0	1	3		
Fahrraduniversitäten	Stud.	2	4	4	10	28	22
	Wiss.	2	3	5	10		
	Verwalt.	2	3	3	8		
Universitäten als Hubs	Stud.	1	1	2	4	16	12
	Wiss.	2	1	3	6		
	Verwalt.	2	1	3	6		
Summe	Stud.	6	10	11	27	75	59
	Wiss.	6	7	11	24		
	Verwalt.	9	6	9	24		

Szenarien hinweg konnten ca. 20 % der Personas nicht fertiggestellt werden, sodass am Ende 59 verwertbare Personas verblieben.

Die Persona Sabrina
Abb. 11 zeigt exemplarisch die Persona Sabrina (Name geändert), die Mitarbeiterin in der Verwaltung ist, 29 Jahre alt, verheiratet und in Bochum lebt.

Neben Angaben zu ihrer Person (Hobbys etc.) finden sich dort vor allem Stichworte zu den Erwartungen an das Szenario und den damit verbundenen Herausforderungen sowie Ideen für Lösungen, aber auch mögliche Probleme und Einwände.

Deskriptive Auswertungen: Alter, Entfernung, Wegeketten
Wie in Abb. 12 abzulesen, wurden die meisten Personas (N = 21) in der Altersgruppe 18 bis 25 Jahre angelegt, in der die Studierenden dominieren. Die Gesamtzahlen

Sabrina	Szenario 1 (Digitale Uni)
Hintergrund (Beruf, Familienstand etc.) Mitarbeiterin in Verwaltung, verheiratet	**Demografie** (Alter, Geschlecht, Wohnort) 29 Jahre, weiblich, Bochum
Identifikatoren (Hobbies, Kommunikationskanäle, Mobilitätsverhalten etc.) - Hobbys: Sport, Skifahren, Kochen, Reisen - Kommunikation: digital - 20 km zur Uni, meist per Pkw, obwohl ÖV gut	
Was verändert sich für die Persona im vorliegenden Szenario? - mehr Flexibilität (Work-Life Balance) - Druck durch ständige Erreichbarkeit - Trennung von Beruf und Privatleben nicht immer gewährleistet	
Erwartungen (Ziele, Probleme, Ängste etc.) - mehr Flexibilität, Zeitersparnis - Verbesserung der körperlichen und mentalen Gesundheit	**Herausforderungen** - Wie schafft man es, gesund zu bleiben? - zuverlässige IT-Infrastruktur?
Ideale Lösung (Was könnte dabei helfen, die Herausforderungen zu meistern?) - Bereitstellung IT-Infrastruktur durch AG - Klare Regeln für Digitalisierung	**Einwände** - Berücksichtigung aller Interessen - soziale Interaktion

Abb. 11 Persona Sabrina. (Eigene Darstellung)

nehmen mit zunehmendem Alter ab und ab Mitte 30 fehlen die Studierenden. Der Mittelwert aller Personas liegt bei ca. 38 Jahren.

Bei der Entfernung zur Universität (vgl. Abb. 13) wurden Annahmen getroffen, die in etwa den Befragungsergebnissen entsprechen, bei denen eine durchschnittliche Entfernung von 14 km erhoben wurde. Dabei legen die Studierenden etwas kürzere, die beiden anderen Gruppen etwas längere Wege zurück.

Die von den imaginierten Personas verwendeten Verkehrsmittel (abgekürzt: VM) und deren Wegeketten (unterteilt in bis zu drei Abschnitte) sind in Tab. 3 dargestellt. Da sich viele unterschiedliche Angaben in den Beschreibungen fanden, wurden diese zu Gruppen zusammengefasst; so nutzen beispielsweise einige der Personas, die

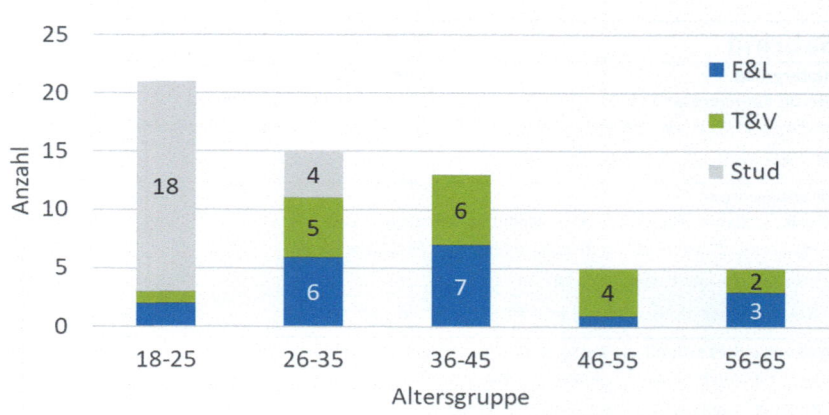

Abb. 12 Verteilung der Personas nach Alter und Funktionsgruppen. (Eigene Darstellung)

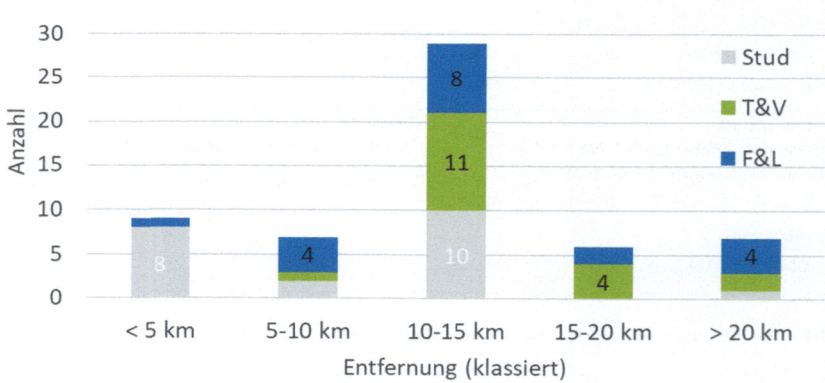

Abb. 13 Entfernung zur Universität nach Funktionsgruppen. (Eigene Darstellung)

mit dem Rad zum ÖV fahren (letzte Zeile), anschließend noch Pkws bzw. Sharing-Fahrzeuge (unter VM 3 kursiv markiert).

Wie Tab. 3 zeigt, ist die Mehrheit der Personas (N = 29) monomodal unterwegs, davon 17 Personas mit dem Pkw, neun mit dem ÖV und drei mit dem Rad. Bei den Intermodalen finden sich teils bekannte Kombinationen, z. B. mit dem Rad (N = 6) oder dem Pkw (N = 2) zum ÖV; es finden sich aber auch unkonventionelle Kombination aller drei Verkehrsmittel, z. B. Pkw – Rad – (teils) ÖV (N = 4) oder

Tab. 3 Von den Personas genutzte Verkehrsmittel auf dem Weg zur Universität (N = 54; eigene Darstellung)

VM 1	VM 2	VM 3	mono-modal	inter-modal
Pkw	(teils zu Fuß)	(teils Rad)	17	
Pkw	ÖV			2
Pkw	Rad	(teils ÖV)		4
ÖV		(vorher zu Fuß)	9	
ÖV	Pkw	(vorher zu Fuß)		6
ÖV	Rad	(vorher zu Fuß)		5
Rad			3	
Rad	Pkw	(teils ÖV)		2
Rad	ÖV	(teils Pkw)		6
Summe			29	25

Rad – ÖV – (teils) Pkw (N = 6). Bei den intermodal mit dem ÖV Reisenden fällt auf, dass ihr Weg nicht an der ÖV-Station endet, sondern sich eine Fahrt mit dem Pkw (N = 6) oder mit dem Rad (N = 5) anschließt.

5.1 Bewertungsdimensionen und -teildimensionen

Um die Sichtweisen der 59 Personas zu analysieren, wurden zunächst deren 408 Statements mithilfe qualitativer Verfahren zu insgesamt 38 Teildimensionen zusammengefasst und entsprechend codiert, z. B. Aussagen zu „Barrierefreiheit" oder „gute IT-Infrastruktur". Dabei wurden sämtliche Statements in den Bereichen Erwartungen (N = 116), Herausforderungen (N = 105), Lösungen (N = 98) und Einwände (N = 89) berücksichtigt.

Diese 38 Teildimensionen wurden zu neun inhaltlich sinnvollen und szenarioübergreifenden Dimensionen verdichtet, die im Folgenden in alphabetischer Reihenfolge aufgelistet und erläutert werden (vgl. auch Abb. 14). Auf dieser Datengrundlage wurden weitere Auswertungen mithilfe quantitativer Methoden durchgeführt, die unter dem Vorbehalt stehen, dass es sich bei 59 Personas um eine kleine Stichprobe handelt und die Berechnungen vor allem dem Zweck dienen, thematische Schwerpunkte zu identifizieren.

Akzeptanz

- *Erwartet* wird, dass die Selbstständigkeit und die Wahlfreiheit gewahrt bleiben und es durch die Veränderungen nicht zu ungewollten Abhängigkeiten oder gar einem Kontrollverlust kommt.

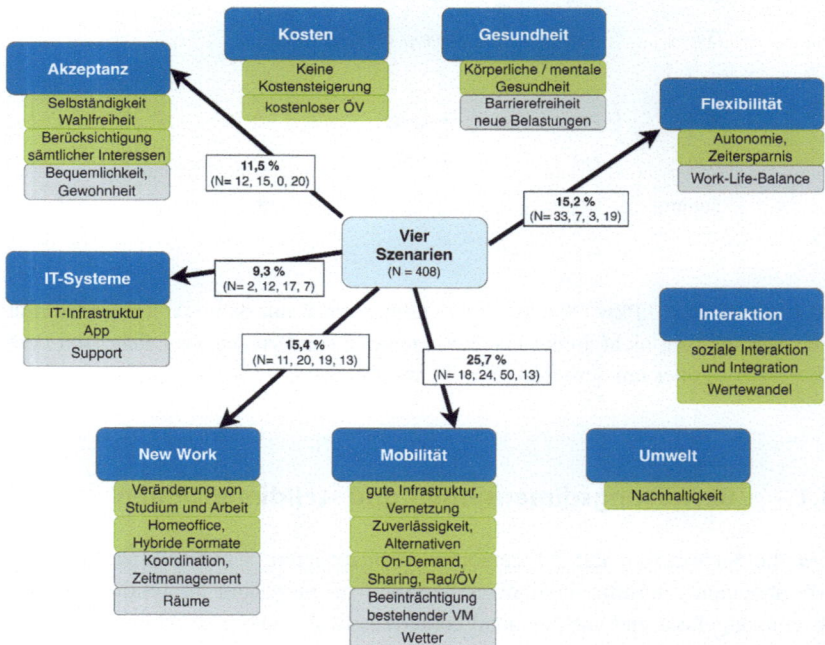

Abb. 14 Bewertungsdimensionen und ausgewählte Teildimensionen in den Bereichen Erwartungen und Lösungen (beide grün) sowie Herausforderungen und Einwände. (beide grau; Prozentangaben: Anteile der dimensionsbezogenen Nennungen an der Gesamtzahl aller Aussagen [N = 408], falls größer 9,0 %; N: Anzahl der Nennungen, getrennt nach vier Bereichen; eigene Darstellung)

- Die *Herausforderung* besteht darin, die Interessen aller relevanten Stakeholder angemessen zu berücksichtigen.
- *Eingewendet* wird, dass die Menschen möglicherweise nicht bereit sind, sich zu ändern und Gewohntes infrage zu stellen, sondern aus Bequemlichkeit am Status quo festhalten werden.

Finanzen

- *Erwartet* wird, dass die Kosten, die sich für die Nutzer:innen aus den Szenarien ergeben, nicht steigen, sondern eher sinken.
- Eine mögliche *Lösung* bestünde in finanzieller Unterstützung, z. B. in Form eines kostenlosen oder kostengünstigen ÖV.

Flexibilität

- Man *erwartet* eine größere Flexibilität und Zeitersparnis und damit positive Effekte auf die persönliche Autonomie.
- Dies geht mit der *Herausforderung* einher, den eigenen Alltag umzuorganisieren, sich auf das Neue umzustellen und mehr Dinge zu koordinieren als zuvor (Work-Life-Balance).

Gesundheit

- Die *Erwartung* besteht, dass die Szenarien zu einer Verbesserung der körperlichen und/oder mentalen Gesundheit beitragen und keine neuen Belastungen schaffen.
- Eine *Herausforderung* ist, die Barrierefreiheit zu gewährleisten, aber auch Möglichkeiten zu schaffen, das Neue zu verstehen und damit umzugehen.

Interaktion

- Eine große *Herausforderung* besteht darin, die soziale Interaktion aufrechtzuerhalten und die soziale Integration zu gewährleisten. Dies ist nicht ohne eine Verhaltensänderung möglich.
- Eine mögliche *Lösung* besteht in einem Wertewandel der Gesellschaft, der mit einer verstärkten Würdigung der Einzelnen einhergeht.

IT (plus Support)

- Es wird eine gut funktionierende IT-Infrastruktur *erwartet* sowie zudem Regelungen für alle Fragen, die mit der Digitalisierung einhergehen.
- Weiterhin sollte es eine multimodale App geben, die einen umfassenden Überblick über unterschiedliche Angebote bietet.
- Eine *Herausforderung* besteht darin, diese App so zu gestalten, dass sie leicht zu bedienen ist, und Hilfestellung bei Verständnisproblemen zu geben, z. B. in Form von Coaching- und Betreuungsangeboten. Auch könnte es Probleme in der Umsetzung geben.
- Ein *Einwand* besteht in der Befürchtung, dass es zu einer Informationsüberflutung kommen könnte und die Entscheidungsspielräume der Einzelnen eingeschränkt werden könnten.

Mobilität (Verkehrsmittel/Verkehrsinfrastruktur)

- *Erwartet* wird eine gute Verkehrsinfrastruktur mit zuverlässigen, komfortablen, sicheren und eng getakteten Verbindungen, zudem eine Vernetzung unterschiedlicher Verkehrsträger sowie Angebote alternativer Mobilitätsoptionen.
- Dies betrifft auch das Radwegenetz, das direkte Verbindungen zwischen den Universitäten umfassen sollte.
- *Herausfordernd* ist, dafür zu sorgen, dass neue Optionen sich nicht negativ auf bestehende Strukturen (Fußwege, Parkplätze etc.) auswirken.
- Mögliche *Lösungen* sind On-Demand- und Sharing-Angebote, möglichst mit Elektrofahrzeugen, sowie eine Fahrradmitnahme im ÖV.
- *Einwände* betreffen vor allem den ÖV, dessen Auslastung und Zuverlässigkeit, aber auch Fragen der Gepäckmitnahme.
- Ein weiterer *Einwand* sind die Wetterbedingungen.

New Work

- *Erwartet* werden grundlegende Veränderungen der Arbeit bzw. des Studiums – mit einer damit einhergehenden Erleichterung des Arbeitsalltags, aber auch mit Konsequenzen für die Arbeitsanforderungen sowie die Jobsicherheit.
- Dies betrifft insbesondere die geringere Präsenz vor Ort, die vermehrte Arbeit im Homeoffice wie auch das hybride Studium.
- *Herausfordernd* sind der erhöhte Koordinations- und Planungsaufwand, der mit neuen Anforderungen an das Zeitmanagement einhergeht. Dies sind zugleich mögliche *Einwände*.

- Mögliche *Lösungen* sind individuelle Arrangements, die eine Zeitersparnis mit sich bringen, aber auch die Beibehaltung von Räumlichkeiten für Präsenzarbeiten.

Umwelt

- *Erwartet* wird eine Veränderung in Richtung ökologischer Nachhaltigkeit.

5.2 Quantitative Analyse

Dimensionen nach Bereichen

Wie in Abb. 14 bereits angedeutet, sind die neun Dimensionen in unterschiedlich hohem Maße Gegenstand der Ideensammlungen im Laufe der ersten drei Szenario-Workshops gewesen (vgl. Tab. 4).

Besonders häufig wurden – kaum verwunderlich – mobilitätsbezogene Fragen thematisiert (25,7 %), wobei der Bereich Lösungen mit 51,0 % besonders hervorsticht.

Tab. 4 Anteile der Nennungen aller vier Szenarien in den vier Bereichen Erwartungen, Herausforderungen, Lösungen, Einwände (fett und grün: Werte über 15 %; durchgestrichen: nicht thematisiert; eigene Darstellung)

Dimension	Erwartungen	Herausforderungen	Lösungen	Einwände	Gesamt
Akzeptanz	10,3%	14,3%		**22,5%**	11,5%
Kosten	2,6%	9,5%	5,1%	5,6%	5,6%
Flexibilität	**28,4%**	6,7%	3,1%	**21,3%**	**15,2%**
Gesundheit	6,0%	8,6%	1,0%	6,7%	5,6%
IT / Support	1,7%	11,4%	**17,3%**	7,9%	9,3%
Interaktion	6,0%	7,6%	3,1%	6,7%	5,9%
Mobilität	**15,5%**	**22,9%**	**51,0%**	14,6%	**25,7%**
Nachhaltigkeit	**19,8%**				5,6%
New Work	9,5%	**19,0%**	**19,4%**	14,6%	**15,4%**
N =	116	105	98	89	408

Die Dimensionen Flexibilität (15,2 %) und New Work (15,4 %) waren weitere zentrale Themen, wobei sich deren Verteilung auf die vier Bereiche deutlich unterscheidet: Flexibilität ist die meistgenannte Erwartung (28,4 %), aber auch der Bereich mit einer sehr hohen Zahl von Einwänden (21,3 %). New Work wird hingegen eher als eine Herausforderung (19,0 %) gesehen, für die aber Lösungen in Sicht sind (19,4 %). Auch der Bereich IT und Support ist mit 17,3 % der Nennungen ein wichtiger Faktor bei der Suche nach Lösungen.

Einwände gibt es vor allem im Bereich der Akzeptanz (22,5 %), allerdings interessanterweise keine Lösungen für die wahrgenommenen Herausforderungen (14,3 %). Die Nachhaltigkeit spielt nur bei den Erwartungen eine Rolle (19,8 %), wird später in denen anderen drei Bereichen – verständlicherweise – nicht weiter thematisiert.

Dimensionen nach Szenarien
Tab. 5 zeichnet ein etwas anderes Bild, das sich ergibt, wenn man die Szenarien separat betrachtet, dabei aber die Nennungen zu den vier Bereichen zusammenfasst.

Die Dimension Mobilität spielt, wie schon in Tab. 4, eine herausgehobene Rolle, insbesondere in den Szenarien 3 (Fahrraduniversitäten: 38,5 % – bei einem hohen N von 130) und 4 (Universitäten als Hubs: 32,4 %), nicht aber – verständlicherweise – in Szenario 1 (Digitale Universität: 9,9 %). New Work ist vor allem in den Szenarien 1 und 2 ein Thema (20,9 bzw. 24,8 %), nicht aber in den anderen beiden Szenarien, in

Tab. 5 Anteile der Nennungen aller vier Bereiche nach Szenarien (fett und grün: Werte über 15 %; eigene Darstellung)

Dimension	Digital (1)	Vernetzt (2)	Rad (3)	Hubs (4)	Gesamt
Akzeptanz	4,4%	8,8%	12,3%	**23,0%**	11,5%
Kosten	7,7%	5,3%	3,8%	6,8%	5,6%
Flexibilität	14,3%	**21,2%**	13,1%	10,8%	**15,2%**
Gesundheit	8,8%	1,8%	6,9%	5,4%	5,6%
Interaktion	**16,5%**	2,7%	3,8%	1,4%	5,9%
IT / Support	**15,4%**	8,8%	4,6%	10,8%	9,3%
Mobilität	9,9%	**23,9%**	**38,5%**	**32,4%**	**27,0%**
Nachhaltigkeit	2,2%	2,7%	7,7%	4,1%	4,4%
New Work	**20,9%**	**24,8%**	9,2%	5,4%	**15,4%**
N =	91	113	130	74	408

denen sich zwar die Mobilität, nicht aber die Formen des Arbeitens bzw. Studierens ändern.

Das Thema Flexibilität spielt vor allem in Szenario 2 (Vernetzte Universitäten: 21,2 %) eine wichtige Rolle; und die Akzeptanz-Thematik ist im Fall von Szenario 4 (Universitäten als Hubs: 23,0 %) besonders virulent. Zudem tauchen im Fall von Szenario 1 (Digitale Universität) zwei Themen prominent auf, die zuvor nur eine untergeordnete Rolle gespielt haben: die soziale Interaktion, die mit 16,5 % der Nennungen darauf verweist, dass dieses Thema vor allem im Zuge forcierter Virtualisierung besondere Aufmerksamkeit erfordert, und die IT (inkl. Support, 15,4 %), die auf die besondere Bedeutung der Technik gerade in diesem Szenario verweist.

Positive und negative Statements

Aufschlussreich ist ferner eine Betrachtung der szenariobezogenen Statements unter dem Gesichtspunkt, ob sie – im Fall von Erwartungen und Lösungen – eher positiv gerichtet sind oder – im Fall von Herausforderungen und Einwänden – eine eher negative Konnotation haben. Für diese Betrachtung wurden deshalb jeweils zwei Bereiche zu einer neuen Variable zusammengefasst.

Tab. 6 schlüsselt – reduziert auf die relevanten Dimensionen (d. h. ohne Gesundheit, Kosten und Umwelt) – die Daten aus Tab. 5 weiter auf und zeigt neben dem – oben bereits analysierten – Stellenwert der jeweiligen Dimension für das betreffende Szenario (z. B. 23,0 % Akzeptanz bei Szenario 4) zusätzlich auf, in welchem Maße diese Nennungen positiv bzw. negativ gefärbt sind. So betrafen beispielsweise 17 von 74 Statements zu Szenario 4 die Dimension Akzeptanz (entspricht 23,0 %); von diesen 17 Statements hatten jedoch nur vier eine positive (entspricht 23,5 %), aber 13 eine negative Konnotation, was auf Akzeptanzprobleme verweist, die mit dem Szenario 4 (Universitäten als Hubs) verbunden wurden. Die beiden Prozentwerte dürfen nicht direkt miteinander verglichen werden, da sie sich auf unterschiedliche Größen beziehen.

Insgesamt zeigt Tab. 6 ein überraschendes Bild: Nahezu alle Szenarien – bis auf Szenario 1 (Digital) – sehen sich mit Akzeptanzproblemen konfrontiert; und New Work sowie die damit einhergehende Option erhöhter Flexibilität werden vor allem in Szenarien 2 (Vernetzt) und 3 (Fahrrad) eher skeptisch gesehen. Das Arbeiten und Studieren an mehreren Standorten (Szenario 2) ist also ebenso mit Vorbehalten verbunden wie die Fokussierung auf das Fahrrad als wichtiges Verkehrsmittel (Szenario 3). Beides wird als problematisch für die Flexibilität und die Organisation von Arbeit bzw. Studium wahrgenommen.

In diesen beiden Dimensionen können hingegen die Szenarien 1 (Digital) und 4 (Hubs) punkten, die hier – sowie in der Dimension IT – hohe Werte von bis

Tab. 6 Anteile positiver Statements an den Nennungen nach Szenarien (fett: > 15 % [Spaltenprozente]); rot: < 50 % [Anteil positiver Nennungen an Gesamtzahl der Nennungen pro Dimension und Szenario]; Werte unter 5 % ausgeblendet; eigene Darstellung)

Dimension	Digital (1)	Vernetzt (2)	Fahrrad (3)	Hubs (4)	Gesamt
Akzeptanz		8,8%	12,3%	**23,0%**	11,5%
Anteil pos.		40,0%	25,0%	23,5%	25,5%
Flexibilität	14,3%	**21,2%**	13,1%	10,8%	**15,2%**
Anteil pos.	84,6%	41,7%	47,1%	87,5%	58,1%
IT / Support	**15,4%**	8,8%		10,8%	9,3%
Anteil pos.	57,1%	60,0%		62,5%	50,0%
Interaktion	**16,5%**				5,9%
Anteil pos.	26,7%				41,7%
Mobilität	9,9%	**22,1%**	**38,5%**	**28,4%**	**25,7%**
Anteil pos.	66,7%	68,0%	62,0%	66,7%	64,8%
New Work	**20,9%**	**24,8%**	9,2%	5,4%	**15,4%**
Anteil pos.	68,4%	39,3%	33,3%	50,0%	47,6%

zu 80 % aufweisen, z. B. 84,6 % bei Flexibilität in Szenario 1 (Digital) – oder in absoluten Zahlen; 11 positive, 2 negative Nennungen. Dem steht jedoch ein besonders niedriger Wert (26,7 %) für die Interaktion gegenüber, die in diesem Szenario offenbar starke Einbußen zu verzeichnen hat.

Weitgehend positiv wird – über alle Szenarien hinweg – lediglich die Dimension Mobilität gesehen; rund zwei Drittel aller Statements haben eine positive Konnotation, z. B. im Szenario 3 (Fahrrad) mit 31 positiven (entspricht 62,0 %) und 19 negativen Statements.

5.3 Mobilitätstypen

Abschließend soll noch der Versuch unternommen werden, die Personas zu Typen zu verdichten. Man kann folgende drei Typen unterscheiden, die einen Großteil (N = 49) der 59 Personas abdecken (vgl. Tab. 7):

Tab. 7 Typen von Personas (eigene Darstellung)

Typ	Gruppe	Alter	Kinder	Entfernung	N
1	Stud.	18-25	0 %	0-10	17
2	T&V	26-55	60 %	5-20	15
3	F&L	26-65	59 %	5-30	17
				Summe	49

Tab. 8 Anteil der Nennungen durch die Mobilitätstypen (N = 49) nach Szenarien und Dimensionen (Werte unter 20 % ausgeblendet; fett: > 30 %; eigene Darstellung)

Gruppe	Typ 1 (Stud.)				Typ 2 (T&V)				Typ 3 (F&L)			
Szenario	Digital	Vernetzt	Fahrrad	Hub	Digital	Vernetzt	Fahrrad	Hub	Digital	Vernetzt	Fahrrad	Hub
Akzeptanz			21,4%									**35,0%**
Flexibilität										26,5%		
Mobilität	28,1%	**52,8%**	28,6%		20,0%		27,3%				**44,1%**	
New Work	21,9%					**32,0%**			29,4%	26,5%		

- Jüngere Studierende ohne Kinder, die in nicht allzu großer Entfernung von der Universität wohnen[3]:
- Mitarbeitende in Technik und Verwaltung mittleren Alters, viele mit Kindern, die in mittlerer Entfernung von der Universität wohnen;
- Mitarbeitende in Forschung und Lehre (fast) aller Altersgruppen, ebenfalls viele mit Kindern, die teils auch weiter entfernt von der Universität wohnen.

Die restlichen zehn Personas sind einzelne „Ausreißer", die sich nicht sinnvoll gruppieren lassen. Tab. 8 zeigt, dass diesen drei Typen ganz unterschiedliche inhaltliche Dimensionen wichtig sind (wobei hier nicht nach positiven bzw. negativen Statements unterschieden wird, sondern alle Nennungen aufaddiert sind):

---

[3] Dies steht im Kontrast zu den Befragungsergebnissen, denen zufolge die Studierenden im Schnitt die weitesten Wege zurücklegen (vgl. Weyer 2022).

- Bei Studierenden steht das Thema Mobilität, insbesondere in Szenario 3 (Fahrrad), an vorderster Stelle.
- Bei den Mitarbeitenden in Technik und Verwaltung geht vor allem die Sorge um, dass eine Arbeit an mehreren Standorten der UA Ruhr (Szenario 2) zu Lasten ihrer Arbeitsorganisation gehen könnte (32,0 %).
- Auch für Mitarbeitende in Forschung und Lehre ist die Mobilität im Fahrrad-Szenario (Nr. 3) ein wichtiges Thema (44,1 %). Sie sind zudem diejenigen, die sich am schwersten vorstellen können, dass die Universitäten zu Mobilitäts-Hubs werden (35,0 %).

5.4 Zwischenfazit

Wie einleitend erwähnt, wurden die vier Szenarien mit der Lebenswirklichkeit der Workshop-Teilnehmer:innen konfrontiert und zur Erstellung prototypischer Personas genutzt. Es bietet sich daher an, die Befunde zu den allgemein diskutierten Wirkungen der Szenarien (Abschn. 4) mit denen der aus Sicht der Personas wahrgenommenen Wirkungen (Abschn. 5) zu vergleichen. Um die Ergebnisse vergleichbar zu machen, wurden die quantitativen Werte der Tab. 6 als einfache Plus- (> 10 %) bzw. Minuszeichen (< -10 %) bzw. als doppelte Symbole (> 20 % bzw. < -20 %) codiert. Zudem wurden die Bezeichnungen harmonisiert, z. B. wurden aus „THG" nunmehr „Nachhaltigkeit" und aus „Soziales" nunmehr „Interaktion".

Wie Tab. 9 belegt, gibt es in vielen Bereichen Übereinstimmungen zwischen idealisierten Szenarien und realitätsnahen Personas, beispielsweise in den Dimensionen Mobilität und Nachhaltigkeit bei Szenario 3 (Fahrrad) und 4 (Hubs). Auch werden die Auswirkungen der digitalen Universität (Szenario 1) auf Arbeit und Flexibilität ähnlich eingeschätzt – ähnlich wie die Flexibilität in Szenario 4 (Hubs) oder die negativen Auswirkungen von Szenario 1 (Digital) auf soziale Interaktionen.

Eine gewisse Differenz zeigt sich bei der Entwicklung der Mobilität im Szenario der vernetzten Universitäten (Nr. 2), bei der sich im Szenario die positiven und – aufgrund der prognostizierten Zunahme des Verkehrs – die negativen Effekte die Waage halten, die Personas hingegen deutlich positive Effekte für die Mobilität erwarten. In diesem Szenario zeigt sich zudem eine krasse Differenz bei den erwarteten Auswirkungen auf Arbeit und Flexibilität: Während das Szenario in diesen beiden Punkten positiv bewertet wurde, fällt das Urteil bei den Personas besonders negativ aus. Hier brechen sich offenbar die Erwartungen, die mit einem abstrakten, idealisierten Zukunftsszenario verbunden sind, mit der

Tab. 9 Abgleich von Szenarien und Personas nach relevanten Dimensionen (n.t. = nicht thematisiert; n.W. = niedrige Werte < 7 %; eigene Darstellung)

Szenario	Bereich	Mobilität	Nachhaltigkeit	Work	Flexibilität	Interaktion	Gesundheit	IT	Akzeptanz	Σ
Digitale Universität (1)	Szen.	o	+	++	+	-	n.t.	n.t.	n.t.	3
	Pers.	n.W.	n.W.	++	++	--	-	+	n.W.	2
Vernetzte Universitäten (2)	Szen.	o	n.t.	+	++	+	n.t.	++	n.t.	6
	Pers.	++	n.W.	--	--	n.W.	n.W.	n.W.	n.W.	-2
Fahrraduniversitäten (3)	Szen.	++	++	n.t.	n.t.	n.t.	++	n.t.	n.t.	6
	Pers.	++	+	n.W.	n.W.	n.W.	n.W.	n.W.	-	2
Universitäten als Hubs (4)	Szen.	++	++	n.t.	++	n.t.	n.t.	n.t.	n.t.	6
	Pers.	++	+	n.W.	+	n.W.	n.W.	n.W.	--	2

Lebenswirklichkeit der Menschen, aus deren Perspektive sich Manches, was im Konzept positiv zunächst wünschenswert erscheinen mag, im konkreten Alltag als schwierig und problematisch erweist, z. B. der häufige Wechsel zwischen den Standorten der UA Ruhr.

Darauf verweist auch die Dimension Akzeptanz, die in den Szenarien nicht vorkam und erst mit dem Blickwechsel auf den mobilen Alltag der Menschen in den Mittelpunkt rückte. So sieht sich das Fahrrad-Szenario (Nr. 3) trotz dessen erwarteter positiver Auswirkungen auf die Gesundheit ebenso mit Akzeptanzproblemen konfrontiert wie Szenario 4 (Hubs), das besonders schlechte Akzeptanzwerte hat.

Wenn man – wiederum rein schematisch – die Anzahl der Plus- und Minuszeichen addiert, fällt auf, dass alle Szenarien aus der Perspektive der Personas deutlich schlechter bewertet werden als in ihrer abstrakten Konzeption: Beispielsweise weist Szenario 2 (Vernetzt) mit minus 2 Punkten einen extrem schlechten Wert auf, der acht Punkte unter der Bewertung als abstraktes Szenario liegt. Die Vision vernetzter Universitäten als idealisierte Wunschvorstellung in ferner

Zukunft wird offenbar völlig anders bewertet als die alltagspraktischen Konsequenzen, die sich für einzelne Individuen aus der Umsetzung dieser Vision ergeben.

Die beiden Methoden Szenarien und Personas unterscheiden sich dahingehend, dass sie unterschiedliche Sichtweisen auf Zukunft beinhalten und die Workshop-Teilnehmer:innen dazu veranlassen, die Dinge aus unterschiedlichen Perspektiven zu betrachten. Die (nachträgliche) Kombination der beiden Methoden und die Kontrastierung der Workshopergebnisse ermöglicht einen Abgleich von Zukunftsszenarien mit den (in ihnen agierenden) fiktiven Personas und trägt so dazu bei, die Lebenswirklichkeit der Menschen stärker in den Blick zu nehmen und mögliche Friktionen zwischen abstraktem Entwurf und realer Praxis aufzudecken.

6 Ideation (vierter Workshop)

Ziel des vierten Workshops, welcher universitätsübergreifend online stattfand, war es, die Alltagsmobilität exemplarischer Personas zu beschreiben und Ideen sowie Handlungsempfehlungen zu entwickeln, wie diese nachhaltiger gestaltet werden könnte. Dies stand nur in losem Zusammenhang mit den zuvor entworfenen Szenarien (vgl. Abschn. 4).

6.1 Ablauf und verwendete Methoden

In vier Gruppen haben die Teilnehmenden mit jeweils einer transformationsfreudigen und einer transformationsskeptischen Persona gearbeitet. Zunächst wurden anhand der Bedürfnisse und Eigenschaften der transformationsfreudigen Persona konkrete Maßnahmen erarbeitet, die deren Tagesablauf verbessern könnten. Mithilfe der Methode des Backcastings wurde zudem ein zukünftiger, normativ gewünschter, nachhaltiger Zielzustand definiert und zur Rückprojektion der erforderlichen Zwischenschritte (Maßnahmen) genutzt. Diese Maßnahmen wurden mit der Perspektive der transformationsskeptischen Persona konfrontiert, um so eine breite Spanne an Bedürfnissen und möglichen Einwänden abzudecken. Methodisch wird dieses Vorgehen als Ideation bezeichnet. Schließlich wurden die Maßnahmen auf 200, 2000 und 20.000 Universitätsangehörige skaliert, um herauszufinden, ob und wie eine Adaption in unterschiedlichen Größenordnungen vorstellbar ist.

6.2 Zur Universität mit Kindern im Lastenrad (Gruppe 1)

Gruppe 1 arbeitete mit der transformationsfreudigen Persona eines Mitte-30-jährigen wissenschaftlichen Mitarbeiters, der den 10 Kilometer langen Arbeitsweg zur Universität (ca. 45 Min. pro Strecke) mit einem teuren Lastenfahrrad zurücklegt. Er lebt in einer Partnerschaft, hat zwei kleine Kinder und kein Auto. Da er sich die Kinderbetreuung mit seiner Partnerin teilt, muss er seinen Tagesablauf manchmal spontan umstellen, um die Kinder zum Kindergarten zu bringen, oder von dort abzuholen; daher ist ihm Flexibilität besonders wichtig sowie die Möglichkeit, bei schlechtem Wetter im Homeoffice zu arbeiten.

Für diese Persona wurden Maßnahmen entworfen, die auf den Komfort des Fahrrads zielen, z. B. Fahrradgaragen und Reparaturstationen, Duschmöglichkeiten und ein Verleihsystem für Regenkleidung, darüber hinaus Maßnahmen zur flexiblen Gestaltung des Tagesablaufs wie flexible Arbeitszeiten oder die Fahrradmitnahme im ÖPNV.

Die Skalierung erwies sich insofern als problematisch, da das Platzangebot in Fahrradgaragen begrenzt ist und diese bereits bei 2000 Nutzenden dezentral und in hoher Anzahl zur Verfügung gestellt werden müssten. Eine Größenordnung von 20.000 Nutzenden erschien kaum realistisch – auch mit Blick auf andere Komponenten (Duschen, Kleidungsservice, Reparaturstationen, Radmitnahme im ÖPNV), die sich nicht beliebig skalieren lassen. Maßnahmen wie flexible Arbeits- oder Studienzeiten sind hingegen leichter skalierbar, auch wenn sich Vorlesungszeiten nicht vollständig flexibilisieren lassen.

Als transformationsskeptische Persona wurde ein Ende-20-jähriger Angestellter aus Technik und Verwaltung gegenübergestellt, der trotz eines kurzen Arbeitsweges meist mit dem Pkw unterwegs ist. Als gewohnheitsmäßigen Autofahrer schreckt ihn die Wetterabhängigkeit des Fahrrads sowie die geringe Flexibilität des ÖPNV ab. Für ihn käme lediglich eine gelegentliche Nutzung des Fahrrads in Verbindung mit dem ÖPNV infrage – zudem nur bei gutem Wetter. Auch flexible Arbeitszeiten sieht er eher skeptisch, da dies Treffen mit Freund:innen oder Kolleg:innen erschwert, z. B. zum gemeinsamen Mittagessen.

6.3 Mit dem Auto 30 Kilometer zur Universität (Gruppe 2)

Gruppe 2 arbeitete mit der transformationsfreudigen Persona einer Mitte-30-jährigen Verwaltungsangestellten. Sie wohnt außerhalb, ist verheiratet, hat zwei kleine Kinder und besitzt ein Auto, welches sie nur für den 30 km langen Arbeitsweg nutzt. Aus ökologischen Gründen legt sie alle anderen Wege mit anderen Verkehrsmitteln zurück. In ihrer Freizeit gärtnert sie und singt im Chor.

Stärker als in Gruppe 1 zielten die in Gruppe 2 entwickelten Maßnahmen auf die Verbesserung der Arbeitsbedingungen ab, z. B. flexible Arbeitszeiten, mobiles Arbeiten, betriebliche Kinderbetreuung und terminfreie Randzeiten. Durch mehr Flexibilität sollte die Vereinbarkeit von Familie und Beruf verbessert werden. Zudem sollten Anreize zur Nutzung umweltfreundlicher Verkehrsmittel geschaffen werden, wie vergünstigte ÖPNV-Tickets oder Zuschüsse für Jobräder.

Maßnahmen wie die Kinderbetreuung lassen sich wegen des Raum- und Personalbedarfs deutlich schwerer auf die gesamte Universitätspopulation hochskalieren als günstige ÖPNV-Tickets oder Jobräder, die allerdings bei sehr hoher Nutzung zu finanziellen Problemen oder Kapazitätsengpässen führen können. Selbst leicht skalierbare Maßnahmen wie mobiles Arbeiten oder terminfreie Randzeiten können unerwünschte Folgewirkungen haben und beispielsweise die Koordination von Teams erschweren.

Als Kontrast kam in Gruppe 1 die transformationsskeptische Persona eines Projektleiters Ende 40 zum Einsatz, der sich nur widerstrebend mit Neuerungen wie virtuellen Meetings oder alternativen Transportmodi auseinandersetzt. Er betrachtet mobiles Arbeiten nicht als Gewinn, sondern als Verlust, verbunden mit hohem Aufwand für digitale Kommunikation. Helfen könnten ihm entsprechende Weiterbildungsangebote wie auch soziale Events in Präsenz. Ob seine Skepsis gegenüber neuen Verkehrsmitteln durch niederschwellige Angebote sowie gezielte Kommunikation der Vorteile beseitigt werden könnte, blieb offen, da dies die Universitäten nur bedingt leisten könnten.

6.4 Masterstudentin mit Halbtagsstelle (Gruppe 3)

Gruppe 3 arbeitete mit der transformationsfreudigen Persona einer 23-jährigen Masterstudentin, die in Universitätsnähe wohnt, viel mit eigenem Pkw und Fahrrad unterwegs ist, dabei aber versucht, so oft wie möglich auf das Auto zu verzichten. Neben ihrer Halbtagsstelle übt sie ein Ehrenamt aus, betreibt Vereinssport und lebt in einer Partnerschaft.

Vorgeschlagen wurden Maßnahmen zur Verbesserung des ÖPNV-Angebots und zur Verknüpfung des ÖPNV mit dem Fahrrad, z. B. mithilfe einer App zur Planung und Buchung intermodaler Wegeketten, ergänzt um Carsharing für Ad-hoc-Fahrten, wenn etwa der Weg zur Arbeit ohne Auto begonnen wurde und kurzfristig umgeplant werden muss. Zudem wurden finanzielle Anreize für Universitätsangehörige vorgeschlagen, die ihr Auto abgeben und aufs Rad umsteigen, ferner Schulungen und Trainings für neue Mobilitätsangebote. Sowohl der Ausbau des ÖPNV als auch des Carsharings lassen sich nur schwer skalieren, wenn diese Lösungen in einer Größenordnung zur Verfügung gestellt werden, die einem großen Teil der Angehörigen einer Universität (20.000) zugutekommt und damit entsprechende Kosten produziert. Eine Routing-App kennt hingegen kein Skalierungsproblem; ihre Verwendung durch viele Nutzende kann vielmehr perspektivisch zu einer effizienten Steuerung des Verkehrssystems beitragen.

Die transformationsskeptische Persona dieser Gruppe war eine 50 Jahre alte Verwaltungsangestellte mit Knieproblemen, die nicht weit laufen kann und daher vornehmlich den eigenen Pkw nutzt. Sie ist fest in ihrem Kollegium verwurzelt und steht neuen Technologien eher kritisch gegenüber, sei es eine neue App oder ein ungewohntes Carsharing-Fahrzeug. Ein nutzerfreundlicher und barrierefreier Zugang wäre daher ebenso hilfreich wie gezielte Schulungen. Schließlich wurde diskutiert, dass finanzielle Anreize allen Mitgliedern einer Universität zur Verfügung stehen müssten, um so die Akzeptanz zu gewährleisten.

6.5 Alleinerziehende Mutter mit Auto (Gruppe 4)

Die transformationsfreudige Persona, die von Gruppe 4 bearbeitet wurde, war eine 30-jährige alleinerziehende Mutter, die nach ihrer Ausbildung ein Studium begonnen hat und als wissenschaftliche Hilfskraft an der Universität arbeitet. Sie nutzt das Auto regelmäßig, um Zeit zu sparen, würde es aber gerne weniger nutzen. Sie mag das Theater und die Natur.

Es wurden Maßnahmen diskutiert, welche die Vereinbarkeit von Familie und Studium verbessern, etwa Beschäftigungsmöglichkeiten für Kinder im ÖPNV oder ein Ausbau der Kinderbetreuung auf dem Campus. Zudem wurde, ähnlich wie in Gruppe 3, eine Mobilitäts-App zur Buchung intermodaler Wegeketten sowie zur Bildung von Fahrgemeinschaften vorgeschlagen, evtl. ergänzt um einen Carsharingdienst, um das Ganze noch flexibler zu gestalten. Themen waren zudem der Ausbau sicherer Radwege, aber auch die Verknüpfung von Fahrrad und ÖPNV.

Die Skalierung wurde – ähnlich wie von Gruppe 3 – im Fall von Software als unproblematisch angesehen; der Ausbau der Kinderbetreuung hingegen macht vor allem auf einem mittleren Level Sinn (also bei etwa 2000 Nutzenden), da so eine kritische Masse von Mitarbeiter:innen und Infrastruktur erreicht wird. Bei 20.000

Nutzer:innen könnte dieser Service hingegen nicht mehr realisiert werden. Dies gilt gleichermaßen für den Carsharingdienst. Ein Aus- bzw. Umbau von Radwegen und ÖPNV-Angeboten wäre hingegen erst ab einer Größenordnung von 20.000 Nutzenden sinnvoll. Da dies nicht in die Verantwortung von Universitäten fällt, wurde dieser Vorschlag nicht weiterverfolgt.

Den transformationsskeptischen Part bildete eine 58 Jahre alte Ärztin am Universitätsklinikum, die zwar umweltbewusst und naturverbunden lebt, aber im Schichtdienst arbeitet und daher in der Regel mit dem Auto fährt. Aufgrund ihres Alters steht sie Neuerungen skeptisch gegenüber. Da das Thema Kinderbetreuung für sie nicht relevant ist, wurde vor allem die Frage diskutiert, ob eine Mobilitäts-App dazu beitragen könnte, ihr Mobilitätsverhalten zu beeinflussen. Als zentrale Punkte wurden die Nutzerfreundlichkeit und Bedienbarkeit diskutiert, die auf die Bedürfnisse von Personen wie dieser Ärztin zugeschnitten sein müssten.

6.6 Fazit und kritische Bilanz

Themen des vierten Workshops waren die Kontrastierung transformationsfreudiger und -skeptischer Personas sowie die Skalierbarkeit denkbarer Lösungen. Wie Tab. 10 zeigt, wurde eine Reihe von Maßnahmen diskutiert, die die Bereitschaft der transformationsfreudigen Personas steigern würde, ihr Mobilitätsverhalten in Richtung Nachhaltigkeit zu verändern bzw. an dem bereits eingeschlagenen Kurs festzuhalten. Wenig verwunderlich, begegnen die transformationsskeptischen Personas diesen Maßnahmen zumeist mit Skepsis, überraschenderweise aber nur in einem Fall (mobiles Arbeiten etc.) mit Ablehnung.

Interessanter sind die Aussagen zur Skalierbarkeit der Maßnahmen. In den meisten Fällen gilt eine Umsetzung im kleinen Maßstab (200) als unproblematisch, eine flächendeckende Umsetzung (20.000) hingegen als problematisch – mit einigen bemerkenswerten und nicht immer widerspruchsfreien Ausnahmen:

- Ein Ausbau des Radwegenetzes mache erst ab einer Größenordnung von 20.000 Universitätsangehörigen, die davon profitieren könnten, Sinn, während die Supportfunktionen (Abstellanlagen etc.) in dieser Größenordnung nicht zur Verfügung gestellt werden könnten – ein bemerkenswerter Widerspruch zwischen den Ergebnissen der Gruppen 1 und 4.
- Bessere ÖV- und Carsharing-Angebote für sehr viele Universitätsangehörige (20.000) sieht man skeptisch, ebenso wie die Möglichkeiten der Finanzierung in dieser Größenordnung. Dies gilt analog für Jobräder.

Partizipative Gestaltung von Zukunftsszenarien …

Tab. 10 Zusammenfassung der Ergebnisse, getrennt nach Gruppen (+/?/− = positive/fragliche/negative Wirkung; Punkt = nicht thematisiert; eigene Darstellung)

Maßnahmen	Details (Gruppe)	Personas		Größenordnung		
		transf.-freudig	transf.-skeptisch	200	2.000	20.000
Fahrrad	Abstellanlagen (1) Werkstatt (1) Duschen (1) Verleihsystem (1)	+	?	+	?	−
	Radwege (4)	+	.	−	−	+
ÖPNV	Bessere Angebote (3)	+	.	.	.	−
	Radmitnahme (1, 3, 4)	+	.	.	.	.
	Günstige Tickets (2)	+	?	+	+	?
Carsharing	Carsharing (3, 4)	+	?	.	.	−
Mobilitäts-App	Intermodales Reisen (3, 4)	+	?	+	+	+
Familie	Kinderbetreuung (2)	+	.	+	?	−
	Kinderbetreuung (4)	+	.	?	+	−
Arbeits-organisation	Flexible Arbeitszeiten (1, 2)	+	?	.	.	.
	Mobiles Arbeiten (2) Terminfreie Randzeiten (2)	+	−	+	?	?
Finanzielle Unterstützung	Jobräder (2)	+	?	+	+	?
	Anreize für Umsteiger (3)	+	?	.	.	.

- Die Mobilitäts-App ist die einzige Kategorie, in der keine Skalierungsprobleme gesehen werden.
- Bei der Kinderbetreuung war man sich einig, dass dies bei Level 20.000 nicht darstellbar ist; allerdings unterschieden sich die Gruppen dahingehend, ob dieser Service eher im kleinen Maßstab (200 – Gruppe 2) oder erst ab einer kritischen Masse (2000 – Gruppe 4) funktionieren würde.
- Bei der Arbeitsorganisation überwiegt die Skepsis, der zufolge eine Flexibilisierung im größeren (2000) oder sehr großen (20.000) Maßstab negative Konsequenzen für die Zusammenarbeit von Teams etc. hätte.

Kritische Bilanz

Im Nachhinein betrachtet, hat der vierte Workshop mit der Kontrastierung transformationsfreudiger und -skeptischer Personas sowie dem Thema Skalierbarkeit wichtige Facetten behandelt, die in den drei Workshops zuvor noch nicht thematisiert worden waren. Dennoch muss selbstkritisch konstatiert werden, dass eine Einbettung der acht Personas in die zuvor entwickelten Szenarien dazu hätte beitragen können, in stärkerem Maße an die Ergebnisse der vorherigen Workshops anzuknüpfen. So lief der vierte Workshop Gefahr, erneut in eine Ideensammlung in Form eines offenen Brainstormings abzugleiten. Von einigen Teilnehmer:innen wurde kritisch angemerkt, dass der vierte Workshop vieles wiederholt hat, was bereits in den drei Workshops zuvor stattgefunden hatte.

7 Prototyping (fünfter Workshop)

Der fünfte und letzte Workshop fand in Präsenz in Bochum statt. Hier wurden drei Ideen für Realexperimente diskutiert, die das Projektteam auf Basis der Ergebnisse des vierten Workshops entwickelt und zwischenzeitlich im Simulator getestet hatte: Fahrradhub, E-Carsharing und Mobilitätsbudget. Aufgabe des fünften Workshops war es, diese drei Vorschläge auf ihre Machbarkeit hin zu überprüfen. Drei Gruppen haben jeweils eine der drei Ideen bearbeitet und ihre Ergebnisse anschließend im Plenum präsentiert. Zudem war eine Gruppe von Hochschulangehörigen anwesend, die freiwillig als projektexterne Evaluator:innen fungierten.

Im fünften Workshop kamen die Methoden Storyboards, Prototyping und User Journey zum Einsatz (vgl. Abschn. 2), und zwar wie folgt:

- Mithilfe von Storyboards wurde zunächst der Tagesablauf einer hypothetischen Persona inklusive der damit verbundenen Bedürfnisse, Erwartungen, Herausforderungen und Risiken festgehalten.
- Danach wurde ein Prototyp des geplanten Realexperiments in Form eines dreidimensionalen Modells entwickelt, das die Idee auch visuell und haptisch greifbar machte.
- Schließlich wurden die praktische Umsetzung und Nutzung dieses Prototyps in Form einer User-Journey imaginiert, um die Interaktion im Detail nachzuvollziehen und Handlungsempfehlungen für die Realexperimente zu entwickeln.

Simulation

Zwischen dem vierten und dem fünften Workshop fanden an der TU Dortmund Simulationsexperimente mit der Mobilitätssimulation MATSim statt, deren Zweck es war, die drei Ideen auf den Prüfstand zu stellen und so den Teilnehmenden des fünften Workshops erste Hinweise zu geben, welche der besprochenen Maßnahmen erfolgversprechend sind und welche möglicherweise nicht (vgl. ausführlich Kap. 11 dieses Buchs). Zu diesem Zwecke wurde MATSim um eine sozialwissenschaftlich basierte subjektive Nutzenkalkulation ergänzt, die das alltägliche Mobilitätsverhalten der Menschen in realistischer Form abbildet.[4] Dies erwies sich als aufwändiger als gedacht, sodass nur zwei der drei geplanten Simulationsexperimente (Mobilitätsbudget und Fahrradhub) rechtzeitig abgeschlossen und die entsprechenden Realexperiment-Ideen simulativ getestet werden konnten.

Ziel der Experimente war herauszufinden, ob derartige Maßnahmen dazu beitragen können, den Modal Split spürbar zu verändern. Die Parameter wurden wie folgt justiert:

- Um das Mobilitätsbudget zu simulieren, wurden die subjektiv wahrgenommen Kosten des ÖVs und des Fahrrads auf null gesetzt.
- Für die Simulation des Fahrradhubs wurden die subjektiv wahrgenommenen Eigenschaften des Fahrrads in den Punkten Komfort und Sicherheit verdoppelt.

Abb. 15 zeigt auf der rechten Seite die Veränderung des Modal Split zwischen dem Basis-Szenario, das den Ist-Zustand, basierend auf unseren Befragungsdaten, darstellt, und dem Zustand nach Einführung des Mobilitätsbudgets. Deutlich erkennbar ist der Anstieg beim ÖPNV (+ 10,2 PP), der aber vor allem zulasten des Zu-Fuß-Verkehrs (- 9,6 PP) geht. Eine Verlagerung weg vom Auto (- 1,6 PP) bzw. hin zum Rad (+ 1,1 PP) findet nur in geringem Umfang statt.

Die linke Seite von Abb. 15 zeigt die Veränderung des Modal Split zwischen dem Basis-Szenario und dem Zustand nach Einführung des Fahrrad-Hubs. Die Fahrradnutzung konnte stark gesteigert (+ 9,9 PP) und die Autonutzung leicht reduziert werden (- 1,8 PP); allerdings nahmen auch der Zu-Fuß-Verkehr (- 6,6 PP) und die ÖV-Nutzung (- 1,4 PP) ab.

Diese Ergebnisse der Simulationsexperimente zeigen, dass beide Maßnahmen – mit gewissen Einschränkungen – zu Veränderungen in Richtung nachhaltiger Mobilität führen können. Sie wurden den Teilnehmenden zu Beginn des fünften

---

[4] Dazu wurden Elemente des Dortmunder Verkehrssimulators SimCo (Adelt et al. 2018) in MATSim integriert. SimCo legt den Akzent auf die sozialen Dimensionen von Mobilität und Verkehr und modelliert insbesondere die individuellen mobilitätsbezogenen Entscheidungen. Zum Vergleich von MATSim, SimCo und anderen Verkehrssimulatoren siehe Weyer 2023.

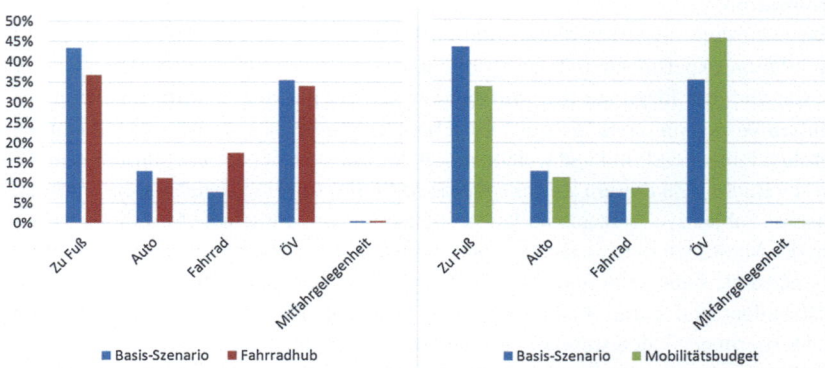

Abb. 15 Veränderung des Modal Split durch ein Mobilitätsbudget (links) und einen Fahrradhub (rechts) im Vergleich zum Basis-Szenario. (Eigene Darstellung)

Workshops nach einer kurzen Erläuterung der Methode präsentiert und mit ihnen diskutiert.

7.1 Fahrradhub

Als erstes Realexperiment war ein Fahrradhub an der TU Dortmund geplant, der neben überdachten Fahrradparkplätzen auch ein Bikesharing-Angebot, einen Reparaturservice und Dusch-Möglichkeiten umfasst.

Storyboard
Mittels des Storyboards eines Alltagsradlers – ähnlich der Persona aus Abschn. 6.2 – haben die Workshop-Teilnehmenden sowohl alltägliche Bedürfnisse als auch Brüche im Mobilitätsverhalten dieser Persona identifiziert. Sie muss auf dem Weg zur Arbeit häufig die Kinder in die Kita bringen, auf dem Rückweg Einkäufe erledigen oder zu weiteren Freizeit- und Familienaktivitäten radeln. Dabei könnten zahlreiche Probleme auftreten: Das Fahrrad könnte einen Platten haben und die Kleidung könnte an sonnigen Tagen verschwitzt bzw. an regnerischen Tagen nass sein.

Helfen würde es, wenn es Abstellmöglichkeiten gäbe oder wenn das Fahrrad mit dem ÖV zu einem Fahrradhub mit Reparaturwerkstatt transportiert werden könnte,

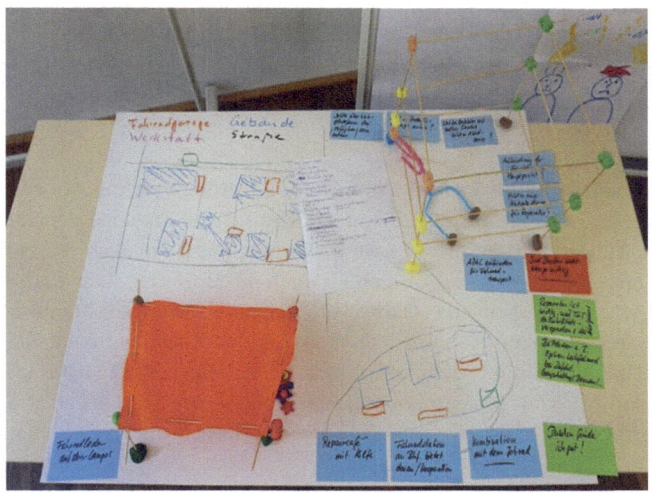

Abb. 16 Prototyp Fahrradhub. (Mit Feedback-Post-Its; Foto: Johannes Weyer)

in der es während der Arbeitszeit repariert wird. Auch Duschen und Umkleiden sowie Trocknungsmöglichkeiten für nasse Kleidung wären vorteilhaft.

Prototyping
In der Prototypenentwicklung (vgl. Abb. 16) schufen die Workshopteilnehmer:innen eine abstrakte Darstellung des Campus sowie des Fahrradhubs mittels Papier, Stiften, Knete und Holzstäben. Man war sich einig, dass die Zielgruppe weniger die Studierenden seien, da diese größtenteils günstigere Fahrräder besäßen, sondern die Mitarbeitenden der Universitäten, da sie potenziell teurere Fahrräder besäßen und den Campus regelmäßig besuchten.[5] Für diese Zielgruppe erschienen den Workshopteilnehmer:innen dauerhaft reservierbare Stellplätze sinnvoll, z. B. in Form von Fahrradboxen.

Die Fahrradboxen sollten im Idealfall modular aufgebaut sein, um so eine einfache Erweiterung der Kapazitäten zu ermöglichen. Sie sollten dezentral und in der Nähe der Bürogebäude aufgestellt werden, wohingegen die Reparaturwerkstatt zentral erreichbar sein sollte. Letztere sollte insbesondere dazu dienen, die Fahrtüchtigkeit eines Fahrrads wiederherzustellen. Wünschenswert wären zudem

---

[5] Anmerkung der Verfasser:innen: Diese Einschränkung ist im Nachhinein kaum nachvollziehbar und auch im Datenmaterial nur schwach begründet.

Leihfahrräder (z. B. Nextbikes), um die Mobilität auch während einer Reparatur sicherzustellen. Eine App wurde von den Teilnehmenden des fünften Workshops als selbstverständlich angesehen, um die unterschiedlichen Angebote zentral zu bündeln. Bezüglich der Finanzierung des Angebots wurde keine Lösung gefunden.

User Journey
Da der Fahrradhub als ein leicht zugängliches und attraktives Angebot eingeschätzt wurde, konzentrierte sich die Diskussion vornehmlich auf Fragen der Sicherheit, der Bequemlichkeit und des Service. Es wurde vorgeschlagen, in einer App sowohl die aktuelle Kapazität der Box anzuzeigen als auch die Buchung eines Platzes bereits am Vortag zu ermöglichen – das Ganze verbunden mit Anreizstrukturen wie einem Bonussystem oder Gamification-Elementen. Da das Realexperiment die Anreise zur Universität nicht direkt beeinflussen bzw. die Attraktivität des Fahrrads steigern kann, wurde vorgeschlagen, attraktive Fahrradrouten zum Campus zu erfassen, die Rad-Infrastruktur zu verbessern und Jobräder für Beschäftigte anzubieten.

Empfehlungen
Aus den Ergebnissen der Gruppenarbeit lassen sich folgende Empfehlungen für den Fahrradhub ableiten:

- Zielgruppe
  - Mitarbeitende (regelmäßiges Mobilitätsverhalten)
  - Kleiner Teil des Angebots für spontane Buchungen
- Hauptfunktionen Fahrradbox und Reparaturwerkstatt
  - Dezentrale Fahrradboxen
  - Zentrale Reparaturwerkstatt
  - Bikesharing (Ersatzfahrräder)
- Zusatzfunktionen
  - Mobilitäts-App
  - Kleiderservice
  - Duschen (ggf. vorhandene Infrastruktur)

7.2 E-Carsharing

Als zweites Realexperiment war ein Carsharing-Angebot an der Ruhr-Universität Bochum geplant, das sowohl Fahrzeuge für die freie Verwendung als auch Fahrzeuge zur Verbindung der Ruhr-Universität Bochum mit nahegelegenen ÖPNV-Knotenpunkten umfasst.

Storyboard
Basierend auf dem Storyboard der Persona eines Studierenden ohne festen Tagesablauf, der von Düsseldorf nach Bochum pendelt, konnte die dritte Gruppe Chancen und Probleme eines E-Carsharing-Angebots identifizieren. Vorteilhaft aus der Sicht dieser Persona wäre die größere Flexibilität und Unabhängigkeit vom ÖV-Angebot (was nicht mit einer Verkürzung der Reisezeit einhergehen muss). Allerdings müssten ausreichend Sharing-Fahrzeuge zur Verfügung stehen, was mit sechs Fahrzeugen, die für das Bochumer Realexperiment vorgesehen waren, kaum zu leisten sei.

Nachteilig für die Persona wäre hingegen, dass das Carsharing einen erhöhten Planungsaufwand mit sich bringe, da Fahrtstrecke und Kosten von den Nutzenden eigenständig kalkuliert werden müssten und eine Kombination mit dem (als unzuverlässig eingeschätzten) ÖV kompliziert sei. Am besten wäre es, wenn das Sharing-Angebot spontan buchbar wäre, was jedoch angesichts der begrenzten Kapazitäten kaum realistisch sei. Optimal wäre es, wenn beide Angebote (ÖV und Sharing) über eine einzige App verfügbar wären, die auch die Abrechnung von Ladevorgängen von E-Autos umfasst.

Insgesamt zeigte sich eine gewisse Skepsis, ob das geplante Carsharing-Angebot (in Form des Bochumer Realexperiments) zielgenau auf die Bedürfnisse der diskutierten Persona ausgerichtet ist – auch vor dem Hintergrund, dass ein Fahrzeug möglichst mehr als eine Person transportieren sollte. Als Alternative zum E-Carsharing schlugen die Teilnehmenden daher einen Shuttle-Service vor, der mit größeren Fahrzeugen während der Stoßzeiten die stark frequentierten Routen von der Universität zu Verkehrsknotenpunkten wie dem Bahnhof Langendreer bedient.

Prototyping
Beim Prototyping wurde eine dreidimensionale Darstellung unterschiedlicher E-Carsharing-Routen erstellt (vgl. Abb. 17). Die Diskussion drehte sich vor allem um die Frage, wie ein größerer Kreis von Nutzenden von einem E-Carsharing-Angebot profitieren könnte. Neben der naheliegenden Idee, die Zahl der E-Autos zu vergrößern, wurde innerhalb der Gruppe die Alternative eines Shuttle-Service rege diskutiert: Also Mini-Busse mit acht Sitzplätzen, die im Fünf-Minuten-Takt, also mit deutlich höherer Frequenz als nur stündlich fahrende Busse verkehren. Abends und in den frühen Morgenstunden, also abseits der Hauptnutzungszeiten, könnten diese Mini-Busse dann für konventionelles Carsharing genutzt werden. Das Angebot sollte per App buchbar sein, die auch Auslastungsinformationen enthält. Darüber hinaus wurde auch über E-Scootersharing diskutiert, wenngleich dies aufgrund zu großer Entfernungen für die in diesem Realexperiment geplanten Strecken nicht infrage kam.

Abb. 17 E-Carsharing Prototyp. (Foto: Johannes Weyer)

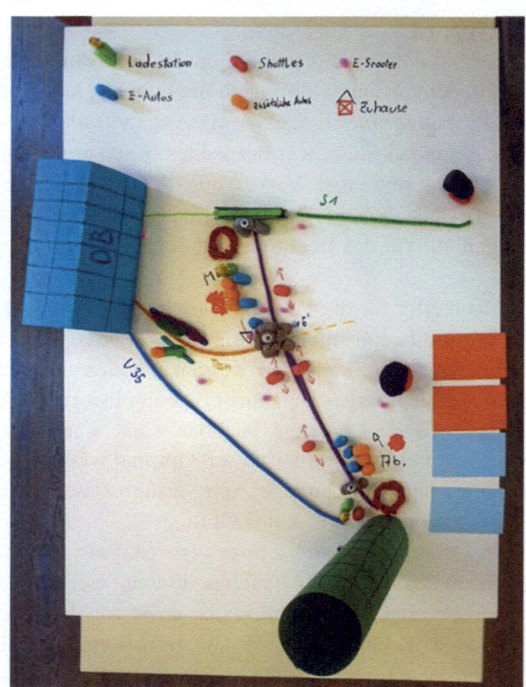

User Journey

Im Rahmen der User Journey wurde hauptsächlich die Frage adressiert, wie eine ausreichende Sichtbarkeit des Angebots gewährleistet werden könnte, z. B. durch InnaMoRuhr-Logos auf den E-Autos sowie an Bahnhöfen und Parkplätzen. Auch sollte die Ruhr-Universität das Angebot bewerben. Zudem entwickelte die Gruppe weitere Ideen, z. B. die Autos als Werbefläche zu nutzen (und auf diese Weise Einnahmen zu generieren) oder das Sharing-Angebot in das Monatsticket des ÖV zu integrieren. Zudem könnte der Shuttle-Service flexible und nicht-stationsgebundene Stopps einlegen und so als eine Art Pretest für künftige Busstrecken erkunden.

Empfehlungen
Aus den Ergebnissen der Gruppenarbeit lassen sich folgende Empfehlungen für das E-Carsharing ableiten:

- Zielgruppe
  - Kleine Gruppe von Nutzenden (sechs Fahrzeuge)
- Alternative
  - Shuttle-Service plus Carsharing
  - Kleinbusse statt Kleinwagen
- Hauptfunktion
  - Shuttle-Service (Stoßzeiten)
  - E-Carsharing (Randzeiten)
- Zusatzfunktionen
  - App für Buchung etc.
  - Pretest künftiger Buslinien

7.3 Mobilitätsbudget

Als drittes Realexperiment war ein Mobilitätsbudget geplant, das von der Universität Duisburg-Essen in Form einer virtuellen Kreditkarte ausgezahlt wird und den Teilnehmenden aller vier Standorte ermöglicht, sämtliche Formen öffentlichen Verkehrs flexibel und bedarfsorientiert zu nutzen.

Storyboard
Diese Gruppe hat mit der Persona einer jungen Mutter gearbeitet, die zwar mit dem ÖV unterwegs ist, aber die Universität nur mit mehrfachem Umsteigen erreicht. Zudem treten in ihrem mobilen Alltag immer wieder Komplikationen auf, z. B. der Ausfall der Tagesmutter oder ein kurzfristig anberaumter, auswärtiger Termin. Derart komplexe Wegeketten mit dem ÖV zu bewältigen, ist für sie auch deshalb ein Problem, weil die Ticketsysteme (z. B. für Bus und Bahn) unterschiedlich und die Informationssysteme unzureichend sind, die Barrierefreiheit nicht immer gegeben ist und alternative Verkehrsmittel oftmals nicht zur Verfügung stehen.

Von Vorteil für diese Persona wäre ein Mobilitätsbudget, das es z. b. ermöglicht, bei Bedarf statt des Schienenersatzverkehrs spontan ein E-Taxi zu nehmen. Hilfreiche Zusatzfunktionen wären zudem, wenn man mit einem einzigen Ticket sämtliche Verkehrsmittel nutzen könnte, den gültigen Fahrschein per ID auch bei leerem Handy-Akku ausweisen könnte (alternativ: Lademöglichkeiten für Handys) und ein

Informationssystem in Echtzeit über Mobilitätsalternativen aufklären würde. Idealerweise wären sämtliche hier genannte Verbesserungen in einer App kombiniert, welche eine durchgehende Buchung von Start bis Ziel ermöglicht.

Prototyping
Im Gegensatz zu den anderen beiden Realexperiment-Ideen ist das Mobilitätsbudget ein offenes Konzept, was die Erstellung eines Prototyps erschwert. Daher wurde ein Konzept ausgearbeitet und visuell dargestellt (vgl. Abb. 18), dessen Ziel es ist, den Nutzenden eine Vielzahl von Mobilitätsoptionen anzubieten und sie dabei zu unterstützen, ihre Mobilitätsgewohnheiten zu überdenken und neue Mobilitätspraktiken zu erproben.

Konkret wurde ein Mobilitätsbudget von 100 € pro Monat vorgeschlagen. Da diese Summe jedoch nicht ausreicht, um vielfältige neue Optionen auszuprobieren,

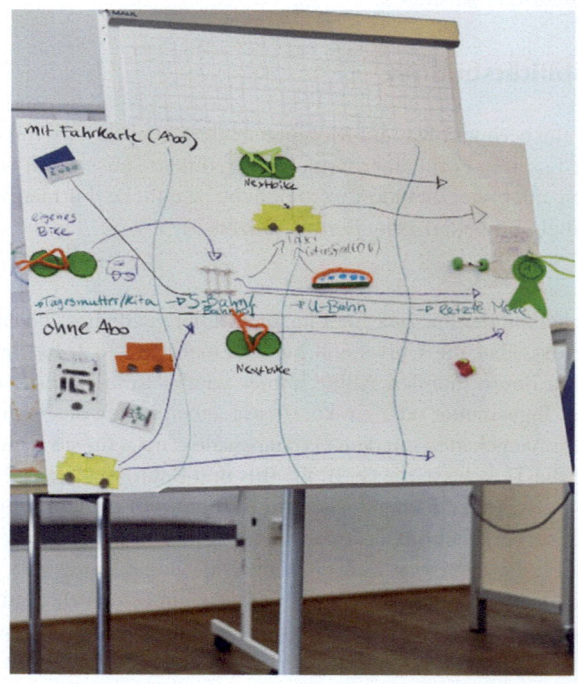

Abb. 18 Mobilitätsbudget Prototyp. (Foto: Johannes Weyer)

kam die Idee auf, das Mobilitätsbudget mit einem vorhandenen Ticket (Jobticket, Semesterticket etc.) zu kombinieren, um genügend finanziellen Spielraum zu schaffen. Wichtig sei zudem, dass der Geldbetrag frei verfügbar sei (also nicht gutscheinbasiert) und Restbeträge in den kommenden Monat übertragen werden dürften. Darüber hinaus wurden Gamification-Elemente diskutiert. So könnten in einer gemeinsam genutzten Mobilitäts-App soziale Gruppen gebildet werden, die Wettkämpfe untereinander austragen (beispielsweise um die Menge eingesparter CO_2-Emissionen).

User Journey
Die hypothetische Interaktion der Persona aus der Storyboard-Phase mit dem Prototyp im Rahmen der User Journey trug dazu bei, die Ausgestaltung des Mobilitätsbudgets weiter zu konkretisieren, und zwar in Richtung eines digitalen, barrierefreien und individualisierten Produkts, in welchem beispielsweise auch der Nachweis über den – für das Carsharing erforderlichen – Führerscheinbesitz enthalten ist. Mit einer einzigen App sollten verkehrsträgerübergreifend Informationen abgerufen und Buchungen vorgenommen werden. Wichtig sei zudem, Zielgruppen zu erreichen, die bereit sind, Neues auszuprobieren, was durch Gamification-Elemente gefördert werden könnte, z. B. durch Prämien für die erstmalige Nutzung eines neuen Verkehrsmittels.

Empfehlungen
Aus den Ergebnissen der Gruppenarbeit lassen sich folgende Empfehlungen für das Mobilitätsbudget ableiten:

- Zielgruppe
  - Alle (auch Besitzer von Job- bzw. Semestertickets)
- Hauptfunktion
  - Frei verfügbares Budget für alle öffentlichen Verkehrsmittel
- Zusatzfunktionen
  - App zur Buchung und Abrechnung (alle Verkehrsmittel)
  - Gamification
    Bonus für (erstmalige) Nutzung neuer Verkehrsmittel
    Wettbewerbe (z. B. für ökologische Nachhaltigkeit)

Tab. 11 Vergleich der Ergebnisse zu den drei Prototypen (eigene Darstellung)

	Fahrradhub	Carsharing	Mobilitätsbudget
Zielgruppe	1. Mitarbeitende 2. Weitere	1. Kleine Gruppe (E-Carsharing) 2. Alternativ: Shuttle	Alle Uni-Angehörigen (inkl. Ticketbesitzer)
Hauptfunktion	1. Dezentrale Radboxen 2. Zentrale Werkstatt 3. Bikesharing	1. Shuttle 2. E-Carsharing	Budget für alle VM
Zusatzfunktionen	1. App 2. Kleiderservice 3. Duschen / Umkleiden	1. App 2. Pretest	1. App 2. Gamification

7.4 Fazit und kritische Bilanz

Im Rahmen des fünften Workshops konnten – aufbauend auf den drei vom Projektteam entwickelten Ideen Fahrradhub, Mobilitätsbudget und E-Carsharing – etliche realisierbare Umsetzungsoptionen entwickelt, aber auch potenzielle Probleme identifiziert und Verbesserungsvorschläge erarbeitet werden. Wie Tab. 11 zeigt, gibt es – aufgrund der unterschiedlichen thematischen Schwerpunkte – kaum Gemeinsamkeiten zwischen den Gruppen. Durch alle drei Realexperiment-Konzepte zieht sich jedoch die Vorstellung, dass sämtliche Funktionen in einer App gebündelt und ein digitales, verkehrsträgerübergreifendes Angebot aus einem Guss geschaffen werden sollte.

Ein wenig aus dem Rahmen fällt lediglich die zweite Gruppe, die sich mit dem E-Carsharing beschäftigt und den Alternativvorschlag eines Shuttle-Service (in den Stoßzeiten) entwickelt hat, um die Gruppe der Personen, die mit diesem Service erreicht wird, deutlich gegenüber dem Vorschlag des Projektteams auszuweiten.

Kritische Bilanz

Abschließend soll auf einige Probleme des Workshopformats insbesondere im Prototyping hingewiesen werden. In den drei Gruppen entwickelten sich – teilwesies geprägt von aktiven, gelegentlich dominanten Einzelpersonen – unterschiedliche Dynamiken, weswegen die Arbeitsaufträge unterschiedlich interpretiert wurden und nicht immer zu vergleichbaren Ergebnissen führten. In der Fahrradhub-Gruppe etwa wurden konkrete Funktionen diskutiert, während in der E-Carsharing-Gruppe ein komplett neuer Vorschlag für einen Shuttle-Service auf Basis des E-Carsharings erarbeitet wurde. Hier wäre eventuell ein stärkeres Eingreifen der Moderation sinnvoll gewesen – was sich jedoch auch nachteilig auf die Kreativität der Gruppe hätte auswirken können. Die Teilnehmenden dieser Gruppe hatten sich mit ihren Mobilitätsvorstellungen in der Ausgangslösung nicht ausreichend wiedergefunden.

Zudem waren die für das Prototyping bereitgestellten Materialien wie Knete, Drähte, Holzstäbe, Tonpapier nicht hinreichend geeignet, um die Ideen für die Realexperimente haptisch und dreidimensional umzusetzen. Mangels stabiler Verbindungen brach eines der kunstvoll erbauten Gebilde beim Transport zusammen, mit dem Ergebnis, dass ein Teil der Abschlusspräsentation etwas ins Clowneske abglitt. Hilfreich wären robuste Konstruktionsmaterialien gewesen, etwa stabile Faltschachteln, Wellpappen oder Klemmbausteine.

8 Fazit

Ein Überblick über die wichtigsten Ergebnisse der fünf Szenario-Workshops findet sich in der Zusammenfassung am Beginn der Kapitels, deren nochmalige Lektüre an dieser Stelle empfohlen wird. Der letzte Abschnitt soll genutzt werden, den gesamten Prozess kritisch zu bilanzieren.

Die Zusammenarbeit der beiden Teams von InnaMoRuhr und Foresight Solutions war insgesamt sehr fruchtbar. Die Workshops waren professionell vorbereitet, wurden – trotz der Corona-bedingten Einschränkungen – professionell durchgeführt und zudem ausführlich dokumentiert. Sie lieferten einen wertvollen und durch nichts Anderes ersetzbaren Input für die drei Realexperimente, die anschließend mit großem Erfolg durchgeführt werden konnten.

Aus der Rückschau kann man einen gewissen „Bruch" zwischen den ersten drei Workshops und dem vierten erkennen, der sich hätte vermeiden lassen, wenn die heute vorliegenden Analysen, z. B. zu den Personas (vgl. Abschn. 6), bereits damals vorgelegen hätten.

Die von Foresight Solutions angefertigten Protokolle und Dokumentationen lieferten einen wertvollen Datenschatz, dessen Auswertung nicht nur einen hohen Aufwand bedeutete, sondern es auch erforderte, neue Wege in der Analyse „unschärferer", nicht-standardisierter Daten zu gehen, etwa durch Kombination qualitativer und quantitativer Methoden der empirischen Sozialforschung. Durch Codierung wurden den Personas zugeschriebene Statements vereinheitlicht und so in quantifizierbare Form gebracht; umgekehrt mussten die Befunde der statistischen Analysen interpretiert und unter Berücksichtigung des qualitativen Datenmaterials zu sinnhaften Aussagen über Zusammenhänge verdichtet werden. Insbesondere Abschn. 6 hat versucht, zu zeigen, wie durch einen derartigen Methodenmix Erkenntnisse aus „semi-qualitativen" Daten gewonnen werden können (d. h. standardisierte Eingabemasken mit Freitextangaben), die eine der beiden Methoden allein nicht hätte generieren können. Es wurden individuelle Statements zu Kategorien und Oberkategorien zusammengefasst (hier Dimensionen genannt), was eine Auswertung mit statistischen Methoden ermöglichte. Bei einer Gesamtzahl von 59 Personas und 408 Statements ließ es sich nicht vermeiden, mit teils recht kleinen Stichproben zu rechnen, z. B. Statements im Szenario 1 (Digitale Universität) zu den Dimensionen Flexibilität (N = 13) oder Gesundheit (N = 8).

Durch entsprechende Verfahren der Gewichtung war es dennoch möglich, Zusammenhänge zu identifizieren und Muster aufzudecken, denen wiederum mithilfe qualitativer Verfahren Sinn eingehaucht werden musste, um sie zu analytisch gehaltvollen Erkenntnissen zu verdichten. Ein Beispiel sind die Mitarbeitenden aus Technik und Verwaltung, die dem Szenario der vernetzten Universitäten unter dem Gesichtspunkt der Arbeitsorganisation recht skeptisch gegenüberstehen. Beim Einsatz quantitativer Verfahren ging es daher nicht um statistische Zusammenhänge, sondern in erster Linie um das Kenntlichmachen von Unterschieden und Akzentsetzungen, wenn beispielsweise ein Szenario anders eingeschätzt wurde als ein anderes.

Insofern verfolgt dieser Report auch das Anliegen zu zeigen, wie die beiden „Schulen" der empirischen Sozialforschung durch Verknüpfung von Methoden zu Erkenntnissen gelangen können, die eine Schule allein nicht erreichen kann. Und er zeigt, wie ein auf praktische Anwendungsfelder spezialisiertes Beratungsunternehmen und mehrere auf theoretische Reflexion spezialisierte Universitäten zusammenarbeiten und gemeinsam Ergebnisse generieren können, die einen Beitrag zur nachhaltigen Transformation von Mobilität und Verkehr leisten.

Literatur

Adelt, Fabian/Johannes Weyer/Sebastian Hoffmann/Andreas Ihrig, 2018: Simulation of the governance of complex systems (SimCo). Basic concepts and experiments on urban transportation. In: Journal of Artificial Societies and Social Simulation 21 (2), http://jasss.soc.surrey.ac.uk/21/2/2.html.
Brenner, Walter; Uebernickel, Falk (Hg.) (2016): Design thinking for innovation. Research and practice. 1. Edition. Cham, Heidelberg, New York, Dordrecht, London: Springer.

Janoff, Sandra; Weisbord, Marvin (1996): Future search: Finding common ground in organizations and communities. Systems Practice 9, 71–84. https://doi.org/10.1007/BF02173419

Müllert, Norbert R. (2009): Zukunftswerkstätten. In: Popp, R., Schüll, E. (Hg.) Zukunftsforschung und Zukunftsgestaltung. Zukunft und Forschung. Berlin, Heidelberg, Springer Verlag.

Plattner, Hasso; Meinel, Christoph; Leifer, Larry (Hg.) (2013): Design Thinking. Understand – Improve – Apply. Heidelberg: Springer.

Weyer, Johannes, 2022: Mobilitätspraktiken und Mobilitätsbedarfe. Ergebnisse einer Befragung von Angehörigen der UA-Ruhr-Universitäten (Mobility Report 2/2022). Dortmund: InnaMoRuhr, https://innamo.ruhr/wp-content/uploads/2022/06/Report_02_Befragung_250422_final.pdf.

Weyer, Johannes, 2024: Modellierung und Simulation von Mobilität und Verkehr. In: Weert Canzler et al. (Hg.), Handbuch Sozialwissenschaftliche Verkehrs- und Mobilitätsforschung, Berlin: Springer (im Ersch.).

Johannes Weyer, Dr. phil., ist seit 2022 Seniorprofessor für nachhaltige Mobilität an der Fakultät Sozialwissenschaften der TU Dortmund.

Bernhard Albert, Dr. phil., ist Gründer und Inhaber des Beratungshauses Foresight Solutions mit den Schwerpunkten Zukunftsforschung, strategische Vorausschau und Partizipation.

Fabian Adelt, Dipl.-Inf., ist wissenschaftlicher Mitarbeiter an der Seniorprofessur Nachhaltige Mobilität und seit 2011 an der TU Dortmund.

Kay Kohaupt-Cepera, M.A., ist wissenschaftlicher Mitarbeiter an der Seniorprofessur Nachhaltige Mobilität und seit 2017 an der TU Dortmund tätig.

Carsten Hesse, M.A., ist wissenschaftlicher Mitarbeiter des Beratungshauses Foresight Solutions und Gründer der Zukunft X UG.

Sebastian Hoffmann, M.Sc., ist wissenschaftlicher Mitarbeiter an der Seniorprofessur Nachhaltige Mobilität und seit 2012 an der TU Dortmund tätig.

Luca Köppen, B.Sc., war von 2020 bis 2023 wissenschaftliche Hilfskraft an der Seniorprofessur Nachhaltige Mobilität der TU Dortmund.

Edeltraud Kruse, M.A., ist wissenschaftliche Mitarbeiterin des Beratungshauses Foresight Solutions.

Marlon Philipp, M.Sc., ist seit 2020 wissenschaftlicher Mitarbeiter an der Seniorprofessur Nachhaltige Mobilität der TU Dortmund.

Das Reallabor als Testfeld nachhaltiger Mobilität

Ergebnisse dreier Realexperimente im Projekt InnaMoRuhr

Kay Kohaupt-Cepera⬤, Elvira Domracev, Marcus Handte⬤, Sebastian Hoffmann⬤, Luca Husemann⬤, Lisa Drees, Pedro José Marrón⬤, Marlon Philipp⬤, Timo Leontaris⬤, Michael Roos⬤, Marvin Siegmann⬤, Constantinos Sourkounis⬤, Philipp Spichartz⬤, Sebastian Willen, Johannes Weyer⬤ und Heike Proff

Inhaltsverzeichnis

1	Was sind Reallabore?	213
2	Fahrradhub an der TU Dortmund	216
3	E-Carsharing an der Ruhr-Universität Bochum	234
4	Mobilitätsbudget für die Universitätsallianz Ruhr	251
5	Mobilitäts-App	263
6	Fazit: Lehren aus dem Reallabor	273
	Literatur	275

K. Kohaupt-Cepera (✉) · S. Hoffmann · M. Philipp · J. Weyer
Technische Universität Dortmund, Dortmund, Deutschland
E-Mail: kay.kohaupt@tu-dortmund.de

S. Hoffmann
E-Mail: sebastian3.hoffmann@tu-dortmund.de

M. Philipp
E-Mail: marlon.philipp@tu-dortmund.de

J. Weyer
E-Mail: johannes.weyer@tu-dortmund.de

E. Domracev · L. Husemann · L. Drees · T. Leontaris · S. Willen
Universität Duisburg-Essen, Duisburg, Deutschland
E-Mail: elvira.domracev@stud.uni-due.de

© Der/die Autor(en), exklusiv lizenziert an Springer Fachmedien Wiesbaden GmbH, ein Teil von Springer Nature 2025
J. Weyer (Hrsg.), *Nachhaltig mobil*, https://doi.org/10.1007/978-3-658-45236-0_9

Zusammenfassung

Das Projekt InnaMoRuhr verfolgte das Ziel, nachhaltige Mobilitätskonzepte im Universitätskontext zu erforschen und diese dann im Realbetrieb zu erproben, was eine große Herausforderung für alle Beteiligten darstellte. Zu Beginn des Projekts 2020 war zunächst ein E-Shuttle-Service zwischen den Universitätsstandorten geplant, doch die Corona-Pandemie und der geringe Bedarf an solchen Diensten führten dazu, dass die Idee überdacht wurde. Stattdessen wurden im Herbst 2021 auf Basis einer Befragung aller Universitätsangehörigen gemeinsam mit diesen in einem partizipativen Prozess neue Mobilitätslösungen erarbeitet und 2022 in einem Reallabor umgesetzt. Dieses beinhaltete drei Realexperimente: Einen Fahrrad-Hub an der TU Dortmund,

L. Husemann
E-Mail: luca.husemann@uni-due.de

L. Drees
E-Mail: lisa.drees@isse.ruhr-uni-bochum.de

T. Leontaris
E-Mail: timo.leontaris@uni-due.de

S. Willen
E-Mail: sebastian.willen@uni-due.de

M. Handte · P. J. Marrón · H. Proff
Universität Duisburg-Essen, Essen, Deutschland
E-Mail: marcus.handte@uni-due.de

P. J. Marrón
E-Mail: pjmarron@uni-due.de

H. Proff
E-Mail: heike.proff@uni-due.de

M. Roos · M. Siegmann · C. Sourkounis · P. Spichartz
Ruhr-Universität Bochum, Bochum, Deutschland
E-Mail: michael.roos@rub.de

M. Siegmann
E-Mail: marvin.siegmann@ruhr-uni-bochum.de

C. Sourkounis
E-Mail: office@enesys.rub.de

P. Spichartz
E-Mail: p.spichartz@enesys.ruhr-uni-bochum.de

ein E-Carsharing-Angebot an der Ruhr-Universität Bochum und ein Mobilitätsbudget an der Universität Duisburg-Essen. Der Fahrrad-Hub ermöglichte die Nutzung von Fahrradabstellanlagen, Leihrädern und Reparaturdiensten, wobei die Auslastung und das Nutzerfeedback positive Rückmeldungen gaben, aber auch Wünsche nach dezentraleren Anlagen aufkamen. Das E-Carsharing-Projekt an der RUB bot Elektroautos, die vor allem zur Verbindung von Universitätsstandorten und nahegelegenen Bahnhöfen genutzt wurden. Es zeigte sich, dass das Angebot gut angenommen wurde, insbesondere von Nutzer:innen, die erstmals Erfahrungen mit Elektrofahrzeugen machten. Beim Mobilitätsbudget konnten die Teilnehmer:innen flexibel verschiedene nachhaltige Verkehrsmittel nutzen, wobei der Großteil der Fahrten mit E-Scootern und dem öffentlichen Nahverkehr durchgeführt wurde. Insgesamt waren die Nutzer:innen größtenteils zufrieden, die Realexperimente förderten zudem intermodale Verkehrsmuster. Unterstützt wurden die Experimente durch die InnaMoRuhr-App, die als Mobilitätsplaner und Mobilitätstagebuch diente, um Daten zu sammeln und Nutzerfeedback zu integrieren. Die Auswertungen der Experimente dokumentierten veränderte Mobilitätsmuster, wie den Rückgang des Pkw-Verkehrs bei Nutzung des E-Carsharing-Services. Zudem zeigte sich, dass die App das Potenzial hätte, nachhaltige Mobilitätsgewohnheiten durch sanfte Anreize zu fördern.

1 Was sind Reallabore?

Kay Kohaupt-Cepera

Reallabore sind eine neue Methode der transdisziplinären Nachhaltigkeitsforschung, da sie unterschiedliche wissenschaftliche Disziplinen und Akteure in einem Forschungsprozess vereinen (vgl. Schneidewind und Singer-Brodowski 2015, S. 15). Ähnlich wie die bereits durchgeführten Befragungen und Szenario-Workshops ermöglichen Reallabore in der Wissensgesellschaft eine praxisorientierte Einbindung von Stakeholdern mit ihren spezifischen Kenntnissen, Werten und Wahrnehmungen (vgl. Hebestreit 2013, 60 f.).

Notwendige Veränderungen werden umso mehr gesellschaftlich akzeptiert, je „demokratischer" die Modernisierungsprozesse sind, d. h. je mehr die vom Wandel Betroffenen an seiner Gestaltung beteiligt werden (vgl. Groß et al. 2005, S. 210). Genau in dieser partizipativen Charakteristik liegt die Stärke des gewählten Ansatzes und seiner Weiterführung in Form von Realexperimenten in einem Reallabor. In diesem neuen Umfeld und Kontext kann bereits die Anwendung von erprobtem Wissen zum Erwerb von neuem Wissen und zu einer höheren Akzeptanz für Veränderungsprozesse führen (vgl. Groß et al. 2005, 209 ff.).

> **Reallabor**
> Ist eine Methode der Innovationsforschung, bei welcher eine partizipative Beteiligung der Gesellschaft im Forschungsprozess im Vordergrund steht.
> Reallabore bilden den Rahmen für Realexperimente und zeichnen sich in der Regel vor allem durch ein „transdisziplinäres Forschungsverständnis" und eine „langfristige Begleitung und Anlage des Forschungsdesigns" (Schneidewind 2014) aus.

Weiter zeigt sich der Nutzen von Reallaboren darin, dass sie eine praktische Erprobung innovativer Lösungen ermöglichen, die nicht im Labor stattfinden kann. Dadurch wird der Erkenntnis entgegengewirkt, „dass die Implementierung erprobten Wissens (nolens volens) die Erprobung unsicherer Implementierungen ist" (Krohn und Weyer 1989, S. 349). Dies meint, dass im Rahmen der Realimplementation bereits im Labor erprobter Verfahrensweisen stets nur diese Prozesse selbst, nicht aber ihr Anschluss an die alltägliche Lebenswelt zuvor schon erprobt sein können. Es erscheint daher sinnvoll den Prozess der Realimplementation an sich zum Gegenstand wissenschaftlicher Erprobung und Evaluation zu machen. Darüber hinaus bedeutet dies, dass im Unterschied zu Laborexperimenten bei Realexperimenten eine Kontrolle der Randbedingungen nicht möglich ist. Folglich werden hierbei die Einflüsse dieser Randbedingungen auf die implementierte sozio-technische Innovation selbst zum Bestandteil des Forschungsgegenstandes (vgl. Groß et al. 2005, S. 75).

> **Realexperiment**
> Mit diesem Begriff bezeichnet man gezielt als Intervention eingesetzte gesellschaftliche Prozesse, welche einer Erprobung sozio-technischer Innovationen im alltäglichen gesellschaftlichen Leben dienen.
> Diese Experimente finden folglich nicht wie klassische Experimente in einer streng kontrollierten, wissenschaftlichen Umgebung statt, sondern ermöglichen eine praxisnahe Implementation unter sich wandelnden Rahmenbedingungen.

Reallabore sind als Testfelder der Stadtentwicklung dabei sowohl in Deutschland als auch im internationalen Raum zu finden. So wurden beispielsweise seit 2015 „in Baden-Württemberg insgesamt 14 Reallaborprojekte aus den Bereichen klimaverträgliches Wohnen, Mobilität, demographischer Wandel und Digitalisierung gefördert" (Kern und Haupt 2021, S. 324). Auf europäischer Ebene wurde bereits 2006 „auf Betreiben der finnischen Ratspräsidentschaft das European Network of Living Labs (ENOLL) ins Leben gerufen" (Kern und Haupt 2021, S. 326).

Unabhängig von der jeweiligen Konzeption dieser Projekte, welche sich je nach Ausrichtung und Kontext durchaus unterscheiden kann, haben transdisziplinär ausgelegte Reallabore die Gemeinsamkeit einer „partizipativen Kontrolle über das Experiment sowie seinen Kontext" (Schäpke et al. 2017, S. 15). Dies meint, dass die jeweiligen Schritte nicht nur durch die Forscher:innen sondern ebenso durch beteiligte Teilnehmer:innen und Stakeholder:innen evaluiert und weiterentwickelt werden. Dies unterstreicht den zuvor beschriebenen demokratischen Charakter dieses Forschungsansatzes.

Trotz dieser gemeinsamen Grundlagen lassen sich auch Unterschiede zwischen den verschiedenen Typen von Reallaboren feststellen: So sind beispielsweise die Abgrenzung und lokale Gebundenheit zwischen einzelnen Projekten durchaus verschieden. Das bedeutet, dass sich manche Ansätze gezielt auf einzelne Stadtteile oder andere festgelegte Gebiete beziehen, während andere Projekte einen räumlich unabhängigen Kreis von Teilnehmer:innen einschließen (vgl. Kern und Haupt 2021, S. 326).

Das in diesem Projekt durchgeführte Reallabor vereint dabei einige der zuvor genannten Ansatzpunkte: So waren die Realexperimente „E-Carsharing" und „Fahrradhub" jeweils lokal auf die Campus in Bochum und Dortmund konzentriert, während das „Mobilitätsbudget" zwar von Duisburg aus koordiniert wurde, gleichzeitig aber Teilnehmer:innen aller UA Ruhr-Universitäten offen stand. Auf diese Weise wurden sowohl lokale infrastrukturelle Interventionen erforscht, welche direkten Einfluss auf den öffentlichen Verkehr und den Radverkehr hatten, als auch eine anreizbasierte Intervention, welche durch das zur Verfügung gestellte Budget zur Nutzung neuer Verkehrsangebote animierte, dabei aber keine konkreten Verkehrsmittel vorgab.

In den nächsten Abschnitten werden die drei durchgeführten Realexperimente im Detail beschrieben. Dabei werden einerseits der jeweilige Hintergrund und Motivationsrahmen erläutert und andererseits die erzielten Ergebnisse und Erfahrungen berichtet.

2 Fahrradhub an der TU Dortmund

Kay Kohaupt-Cepera, Marlon Philipp und Sebastian Hoffmann

An der TU Dortmund wurde vom 19.09. bis 16.12.2022 das Realexperiment „Fahrradhub" durchgeführt. Der folgende Abschnitt umreißt kurz die wissenschaftliche Entstehung der Idee für dieses Realexperiment und stellt die Rahmenpunkte der Planung und Funktionsweise vor. Anschließend werden Ergebnisse der wissenschaftlichen Begleitforschung präsentiert und ein Fazit gezogen.

2.1 Warum ein Fahrradhub?

Basierend auf den vorherigen Forschungsergebnissen der Befragung aller Universitätsangehörigen (vgl. Kap. 3 dieses Buchs und Weyer 2022) als auch der Szenario-Workshops (vgl. Kap. 8) wurde ein Fahrradhub als ein möglicher Ansatz identifiziert, um das Mobilitätsverhalten der Universitätsangehörigen nachhaltiger zu gestalten.

Die Befragung zeigte, dass viele Befragte ein Fahrrad zur Verfügung haben und dass das Rad ein wichtiger Bestandteil der zukünftigen Mobilität der Universitätsangehörigen sein wird, da es vielfach als Bestandteil der erfragten Wunsch-Wegekette genannt wurde Zudem zeigten die Befragten in einem intermodalen Szenario, in welchem mit dem Fahrrad zur nächsten ÖPNV-Station gefahren wird, die höchste Wechselbereitschaft im Vergleich zu den anderen erfragten Szenarien.

Innerhalb der fünf Szenario-Workshops wurden von den Universitätsangehörigen zudem Möglichkeiten zur Veränderung des Mobilitätsverhaltens formuliert. Insbesondere wurden gesicherte Abstellmöglichkeiten (z. B. Fahrradabstellboxen), ein verbessertes Fahrradservice-Angebot (z. B. Reparatur, Wartung, Wäsche), die Möglichkeit Kleidung sicher zu verwahren und die Bereitstellung von Duschen diskutiert. Darüber hinaus wünschten sich die Teilnehmer:innen eine bessere ÖPNV-Integration und bessere Fahrradwege. Im fünften Workshop wurde dann konkret die explizite Ausgestaltung eines Fahrradhubs diskutiert: Im Idealfall sollte dieser in Form eines variablen, modularen Konzepts (Einzel- oder Sammelboxen) mit Kapazitätsanzeige realisiert werden und an eine Reparaturwerkstatt angeschlossen sein. Als wünschenswert wurde zudem eine dezentrale Verteilung der Boxen auf dem Campus genannt, um eine möglichst nahe Anbindung an den Arbeitsplatz sicherzustellen.

Das Reallabor als Testfeld nachhaltiger Mobilität

Abb. 1 Die Fahrrad-Abstellanlage an der TU Dortmund. (Foto: Johannes Weyer)

2.2 Planung und Durchführung

Um möglichst viele der zuvor genannten Ansatzpunkte einer nachhaltigen Fahrradmobilität zu kombinieren sowie die unterschiedlichen Service-Angebote im Rahmen eines Fahrradhubs bereitstellen zu können, war eine umfassende Planung und Zusammenarbeit mit verschiedenen Partnern notwendig. Zunächst wurden Gespräche mit unterschiedlichen Fahrradbox-Anbietern, Fahrradreparaturbetrieben, Bikesharing-Anbietern und der Universität selbst geführt, um die Bedürfnisse, Anforderungen und Möglichkeiten hinsichtlich eines Fahrradhubs zu erörtern. Auf Basis der Vorgespräche entschied sich das Projekt-Team schließlich dafür eine montagefertige, mobile Fahrradbox mit mehreren Stellplätzen (Modell „K21" der Firma Kienzler, siehe Abb. 1) einzusetzen, da diese kurzfristig geliefert und aufgestellt werden konnte und als temporärer Bau auch auf bestehenden Parkplätzen ohne ein zusätzliches Fundament platziert werden konnte.[1]

Die genaue Standortfindung wurde in Absprache mit der Universität durchgeführt. Der Anspruch bestand darin, einen zentralen Standort zu finden, da

---

[1] Unser Dank geht an Michael Zyweck vom VRR, der in dieser Sache vermittelt hat.

nur eine einzelne Fahrradbox für das Projekt finanziell tragbar war. Zudem mussten auch infrastrukturelle und gesetzliche Restriktionen berücksichtigt werden, wie beispielsweise Rettungswege und der benötigte Platz für die zusätzlich geplanten Angebote des Hubs. Weitere wichtige Aspekte für die Standortfindung beinhalteten, dass der Standort in der Nähe des öffentlichen Nahverkehrs sowie von Arbeitsplätzen, Seminarräumen und Duschen lag. Letztere konnten nach Rücksprache im Gebäude des Instituts für Sport und Sportwissenschaft der TU Dortmund für die Nutzer:innen der Fahrradhubs bereitgestellt werden. Final wurde der Parkplatz am Audimax gewählt, da dieser zentral auf dem Campus gelegen ist und ÖPNV und Duschen von hier fußläufig erreichbar sind (vgl. Abb. 2).

Um die Fahrradnutzung abseits der sicheren Abstell- und Duschmöglichkeiten komfortabel zu gestalten, wurden zudem Gespräche mit Fahrradreparaturdiensten geführt, um einen wöchentlichen Reparaturservice am Fahrradhub zu ermöglichen. Schlussendlich fiel hier die Wahl auf das finnische Start-Up Yeply, welches sich mit einer mobilen Werkstatt neben die Fahrradbox stellen konnte und ein leicht zu nutzendes Buchungssystem offerierte (Abb. 3). Zusätzliche Dienste des Fahrradhubs umfassten eine temporäre Bikesharing-Station des im Ruhrgebiet etablierten Anbieters Nextbike by Tier (Schymiczek 2021; metropolradruhr 21.12.2022).

Abb. 2 Standort des Fahrradhubs an der TU Dortmund. (Eigene Darstellung mittels openstreetmap.org)

Abb. 3 Die mobile Reparaturwerkstatt an der TU Dortmund. (Foto: Johannes Weyer)

Zudem sollte im Rahmen des Fahrradhubs auch die Möglichkeit der intermodalen Fahrradnutzung gefördert werden. Hierfür wurden Gespräche mit DeinRadschloss und der Radstation Dortmund geführt. Bei beiden Anbietern konnten für die Dauer des Fahrradhubs Plätze für die Reallabor-Teilnehmer:innen reserviert werden. Dies ermöglichte das sichere Abstellen von Fahrrädern am Hauptbahnhof (Radstation) und im Dortmunder Vorort Mengede (DeinRadschloss). Von hier konnten die Teilnehmenden dann mit der Direktverbindung der S. 1 bzw. dem Bus X13 direkt zum Campus fahren.

Insgesamt war die Planung und Durchführung des Fahrradhubs an der TU Dortmund eine kooperative Anstrengung, bei der verschiedene Partner und Abteilungen der Universität zusammenarbeiteten, um einen zentralen Standort zu finden, der den Bedürfnissen der Studierenden und der Universität gerecht wurde.

2.3 Wie funktioniert ein Fahrradhub?

Wie zuvor dargestellt, sollte der Fahrradhub möglichst zentral eine Vielzahl an Diensten und Angeboten bündeln und möglichst einfach zur Verfügung stellen. Hierfür erhielten die Teilnehmenden alle relevanten Informationen zur Nutzung des Fahrradhubs in einem Textdokument, nachdem sie die Teilnahmebedingungen unterschrieben hatten und sich bereit erklärten, an der wissenschaftlichen Begleitforschung teilzunehmen, und zwar in Form von Feedback per App (vgl. Abschn. 5) und durch mehrfache Befragungen (vgl. Abschn. 2.5). Hierbei waren alle Dienste des Fahrradhubs kostenlos. Zudem wurde zu Beginn des Realexperiments ein Online-Seminar angeboten, in dem alle Dienste des Fahrradhubs vorgestellt und die Nutzung erklärt wurden.

Für die Nutzung der Fahrradbox war eine Online-Reservierung über die Kienzler-App oder die entsprechende Website erforderlich. Nach der Reservierung wurde ein Code (als Zahl oder QR-Grafik) zur Öffnung der Box an die Nutzer:innen gesendet. Sie konnten ihr Fahrrad in der Box abstellen und sollten es zusätzlich abschließen, da es sich um eine Sammelbox handelte. Die Abholung erfolgte mit dem gleichen Code. Es existierten verschiedene Optionen bei den Buchungszeiträumen: Ein Tag, drei Tage oder eine Woche. Die reservierten Fahrradabstellplätze in Mengede konnten ebenso über eine Website bzw. App reserviert werden, wohingegen die Fahrradabstellplätze der Radstation am Hauptbahnhof während der Öffnungszeiten nach Vorlage des Studierenden- oder Beschäftigtenausweises ohne vorherige Reservierung genutzt werden konnten.

Für die Nutzung der Servicedienstleistungen von Yeply erfolgte die Buchung über eine firmeneigene Website. Einmal pro Woche stand an der Fahrradbox die mobile Reparaturwerkstatt und ein zusätzlicher Pavillon zur Verfügung. Fahrräder konnten hier am Vormittag vorbeigebracht werden, um kostenlos eine große Inspektion durchführen zu lassen, etwaige Ersatzteile (z. B. neue Bremsbeläge) mussten von den Reallabor-Teilnehmer:innen jedoch selbst bezahlt werden. Die Abholung erfolgte dann nach einer SMS-Benachrichtigung am Nachmittag. Somit konnte eine Reparatur während der Arbeitszeit ermöglicht werden, ohne einen zusätzlichen Zeitaufwand für Studierende oder Beschäftigte zu erzeugen. Das Bikesharing-Angebot von Nextbike war über die firmeneigene App zu buchen, die Duschen des Sportinstituts konnten zu Fuß und ohne Kontrolle genutzt werden.

2.4 Ablauf des Realexperiments

Das Realexperiment startete am 19.09.2022 und lief bis zum 16.12.2022. Anfangs waren nur Menschen aus der initialen InnaMoRuhr-Umfrage, welche ihr Interesse am Reallabor geäußert hatten, als Teilnehmer:innen eingeladen. Damit war der Fahrradhub jedoch noch nicht ausgelastet; deshalb wurde der Teilnehmer:innenkreis stufenweise erweitert: In einer ersten Welle wurden zunächst Ende Oktober 2022 die Mitglieder der Fakultät Sozialwissenschaften zur Teilnahme eingeladen. Final wurde die Anmeldung zu diesem Realexperiment für alle Beschäftigten der TU Dortmund freigegeben (07.11.2022).

Am 5. Oktober 2022 wurde der InnaMoRuhr-Fahrradhub offiziell durch den Minister für Umwelt, Naturschutz und Verkehr des Landes Nordrhein-Westfalen, Oliver Krischer, sowie die Bürgermeisterin der Stadt Dortmund, Barbara Brunsing, und den Kanzler der TU Dortmund, Albrecht Ehlers, eröffnet (vgl. Abb. 4). Unter den weiteren Gästen befanden sich zudem Teilnehmer:innen des Realexperiments sowie Vertreter:innen der Lokalpresse, der Universität sowie des lokalen ÖV-Anbieters.

Abb. 4 Minister Oliver Krischer (mitte) am 5. Okt. 2022 mit Albrecht Ehlers, Barbara Brunsing und Johannes Weyer. (v.l.n.r.; Foto: Oliver Schraper)

Während des gesamten Realexperiments waren die Teilnehmenden dazu angehalten, sich an der wissenschaftlichen Begleitforschung zu beteiligen. Dazu zählte die Nutzung der InnaMoRuhr-App, um die tatsächlich absolvierten Wegeketten zu erfassen und wissenschaftlich auswertbar zu machen. Zudem wurden drei Online-Befragungen vor, während und nach dem Realexperiment durchgeführt, um etwa das Feedback der Teilnehmenden einholen oder mögliche Verhaltensveränderungen identifizieren zu können.

2.5 Auswertung der Daten

Im Folgenden werden die Ergebnisse der wissenschaftlichen Begleitforschung präsentiert: Die Datengrundlage hierfür liefern die tatsächlichen Nutzungszahlen, die von den am Fahrradhub beteiligten Unternehmen bereitgestellt wurden (Yeply, Nextbike, Kienzler), sowie andererseits die drei durchgeführten Online-Befragungen.

2.5.1 Nutzungszahlen und Auslastung

Die Nutzungszahlen des Bikesharing-Angebots (Nextbike), der Fahrradbox am Campus der TU Dortmund, der Fahrradbox in Dortmund Mengede (beide Kienzler) und des Reparaturdienstes (Yeply) sind in Abb. 5 dargestellt. Nicht messbar war hingegen die Nutzung der Duschen sowie die Nutzung der Radstation am Dortmunder Hauptbahnhof, da hier keine Daten erhoben wurden. In der Legende der Abbildung ist die maximale Kapazität der einzelnen Dienste dargestellt: Die Fahrradbox am Campus hatte 20 Abstellplätze, in Mengede waren 10 Plätze reserviert. Yeply konnte maximal 12 Reparaturen am Tag durchführen.

Grundsätzlich zeigte sich eine starke Nutzung des Bikesharing-Angebots über den kompletten Zeitraum mit bis zu 20 getätigten Ausleihen an pro Tag. In der Fahrradbox am Campus waren in den ersten Wochen maximal fünf Plätze belegt, im Zuge der Öffnung des Realexperiments für weitere Teilnehmer:innen (ab dem 07.11.2022) konnte jedoch eine Auslastung von maximal 12 Plätzen verzeichnet werden. Gegen Ende des Zeitraums fiel die Nutzung jedoch wieder ab, was am Beginn der Weihnachtszeit gelegen haben kann. Ein Zusammenhang zwischen Nutzungs- und Wetterdaten (Durchschnittstemperatur und Gesamtniederschlag am Tag) konnte jedoch nicht nachgewiesen werden. Die Fahrradbox in Mengede wurde nur zweimal (09.10.2022 und 17.10.2022) genutzt und schien für die Realexperiment-Teilnehmer:innen daher nicht von großem Interesse. Der Fahrradreparaturservice Yeply wurde, wenn er vor Ort war, zumindest vereinzelt genutzt. Leider wurden keine weiteren Nutzungszahlen von Yeply ab dem

Das Reallabor als Testfeld nachhaltiger Mobilität   223

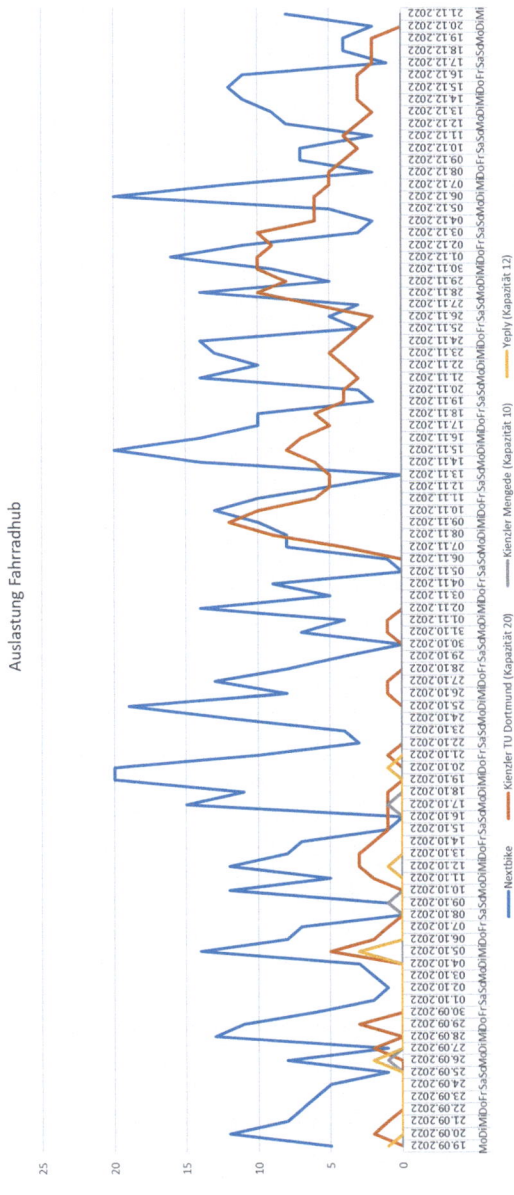

Abb. 5 Auslastung des Fahrradhubs an der TU Dortmund. (Eigene Darstellung)

20.10.2022 bereitgestellt, wenngleich auch hier, basierend auf der subjektiven Wahrnehmung des Teams, eine starke Zunahme im Rahmen der Nachfassung der Teilnehmenden stattgefunden hat.

Übergreifend lässt sich ein Nutzungsmuster bezüglich der Wochentage erkennen: An den Wochenenden wurden die angebotenen Dienste oftmals weniger genutzt, was sich besonders deutlich in den Nutzungszahlen von Nextbike sehen lässt. Die Nutzungszahlen der Fahrradbox am Campus schwankten hingegen weniger stark, was an den längeren Buchungsdauern von bis zu sieben Tagen liegen kann. Zusammengefasst wurde der Fahrradhub zwar rege, aber nicht an seiner Kapazitätsgrenze genutzt. Dies lässt vermuten, dass entweder die Teilnehmer:innenzahl trotz der Nachrekrutierung zu gering war, dass es Probleme mit der Nutzung der einzelnen Dienste gab oder dass die angebotenen Dienstleistungen letztlich nicht wirklich gebraucht wurden. Die Auswertung der Befragung im folgenden Abschnitt kann hier helfen, die Gründe für die (Nicht-)Nutzung des Fahrradhubs besser zu verstehen.

2.5.2 Begleitende Online-Befragungen

Insgesamt haben 89 Personen an der Evaluation des Fahrradhubs teilgenommen: Die Vorab-Befragung zählte 58 Teilnehmende, die Zwischen-Befragung 52 und die Abschluss-Befragung 45. Von den 89 Personen haben 45 (ca. 50 %) nur zu einem der drei Befragungszeitpunkte teilgenommen, während jeweils 22 Personen (ca. 25 %) zu zwei bzw. allen drei Zeitpunkten mitgewirkt haben.

Die Vorab-Befragung (Oktober 2022) diente vor allem der Erhebung der bisherigen Verkehrsmittelwahl sowie der Erwartungen an den Fahrradhub. In der Zwischen- (Dezember 2022) und Abschluss-Befragung (Februar 2023) wurde hingegen hauptsächlich Feedback zur Nutzung des Fahrradhubs gesammelt (z. B. hinsichtlich Zufriedenheit, Einschätzung von Fahrradkomfort und -sicherheit sowie Verbesserungsvorschläge).

Die Verteilung der Teilnehmer:innen hinsichtlich verschiedener Status- und Altersgruppen sowie hinsichtlich ihres Geschlechts ist in Tab. 1 zu finden: Demnach besteht der Kreis der Teilnehmer:innen größtenteils aus Studierenden (54 %), Männern (58 %) sowie Personen im Alter von 25 bis 39 Jahren (66 %).

Abb. 6 stellt die Verkehrsmittel, mit denen Realexperiment-Teilnehmer:innen üblicherweise zum Campus gelangen, als Sunburst-Diagramm dar.[2]

---

[2] Es handelt sich hierbei nicht notwendigerweise um Verkehrsmittel-Kombinationen im Sinne einer Wegekette, sondern es ist auch möglich, dass angegebene Verkehrsmittel getrennt voneinander bzw. an unterschiedlichen Tagen genutzt werden.

Tab. 1 Übersicht aller Teilnehmenden an der Evaluation des Fahrradhubs (eigene Darstellung)

		Häufigkeit	Prozent
Statusgruppe	Mitarbeiter:in in Forschung und Lehre	29	35 %
	Mitarbeiter:in in Technik und Verwaltung	9	11 %
	Student:in (auch mit Hilfskraft-Vertrag)	44	54 %
	Gesamt	**82**	**100 %**
Geschlecht	Männlich	46	58 %
	Weiblich	32	41 %
	Divers	1	1 %
	Gesamt	**79**	**100 %**
Altersgruppe	20 bis 24 Jahre	21	26 %
	25 bis 29 Jahre	31	38 %
	30 bis 39 Jahre	23	28 %
	40 bis 49 Jahre	5	6 %
	50 bis 59 Jahre	1	1 %
	60 Jahre und älter	1	1 %
	Gesamt	**82**	**100 %**

Wie dem Diagramm zu entnehmen ist (innerer Ring), greifen 25 von 89 Teilnehmer:innen auf ein Auto zurück (28 %, blau), 71 auf ein Fahrrad (80 %, orange) und 47 auf den öffentlichen Verkehr (53 %, grau).[3] Viele Teilnehmer:innen greifen demnach auf mehrere Verkehrsmittel zurück (äußerer Ring): Von den 71 Personen, die ein Fahrrad nutzen, verwenden beispielsweise 10 Personen zudem ein Auto (14 %), 33 Personen den ÖV (46 %) und 7 Personen alle drei Verkehrsmittel (10 %). Ausschließlich monomodal sind 6 (24 % aller Autonutzer:innen), 21 (30 % aller Fahrradnutzer:innen) bzw. 5 (11 % aller ÖV-Nutzer:innen) Personen unterwegs.

2.5.3 Feedback zur Nutzung des Fahrradhubs

Insgesamt wurden der Fahrradhub und die damit verbundenen Dienste von den Teilnehmer:innen in der Zwischen- bzw. Abschlussbefragung eher positiv bewertet: Sowohl die Fahrradbox auf dem Campus (N = 27) als auch das

---

[3] Aus Gründen der Übersichtlichkeit wurden Bus sowie (Stadt-, U- und H-) Bahn zu „öffentlichem Verkehr" kombiniert; darüber hinaus werden Fußwege hier nicht berücksichtigt.

Abb. 6 Verkehrsmittelwahl (Auto, Fahrrad und öffentlicher Verkehr) der Fahrradhub-Teilnehmer:innen als Sunburst-Diagramm. (Eigene Darstellung)

Bikesharing-Angebot von Nextbike (N = 27) und der Reparatur- und Inspektionsservice von Yeply (N = 14) erhielten im Median alle die Note „gut" (2) – die Duschen wurden mit der Note „sehr gut" (1,5) etwas besser bewertet (N = 12).

Demnach waren besonders viele Teilnehmer:innen (eher oder sehr) zufrieden damit, dass immer ausreichend Stellplätze in der Fahrradbox zur Verfügung standen (23 Personen) und diese gegen Ende des Realexperiments in einem guten, funktionstüchtigen Zustand war (20 Personen, vgl. Abb. 7). Auch mit der Bikesharing-Station von Nextbike waren die Teilnehmer:innen zufrieden – sei es hier mit dem Buchungssystem (19 Personen) oder dem Zustand der Leihräder (17). Die Nutzer:innen des Reparaturservice waren größtenteils sehr zufrieden mit der Bedienung des Buchungssystems, der Verfügbarkeit sowie den Terminen und schließlich dem Kontakt zu den Mitarbeitern.

Unzufrieden waren einige Teilnehmer:innen hingegen im Hinblick auf den Standort (16 Personen) sowie die Bedienung vor Ort (7) und das Buchungssystem (8) der Fahrradbox.

Insgesamt war die Auslastung des Fahrradhubs und der damit verbundenen Dienstleistungen geringer, als die von den Teilnehmer:innen geäußerten Nutzungswünsche hatten erwarten lassen: So hatten in der Vorab-Befragung 31 von 58 Personen (53,4 %) angegeben, dass sie beabsichtigten, den Fahrradhub zwei- bis dreimal pro Woche zu nutzen – weitere sieben Personen (12 %) sogar häufiger.

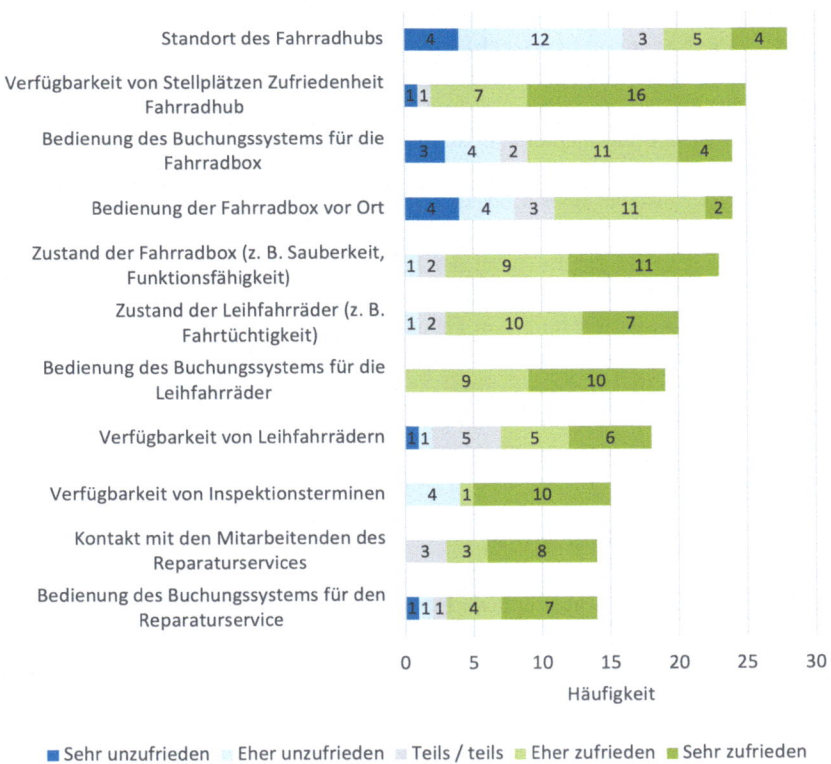

Abb. 7 Zufriedenheit mit den Diensten des Fahrradhub. (Eigene Darstellung)

Die Auswertung des schriftlichen Feedbacks zu den Gründen der Nicht-Nutzung in der Zwischen-Befragung zeigt, dass diese vor allem im Standort des Fahrradhubs begründet lag (19 von 33 Kommentaren). Vorhandene und bereits genutzte Park- oder Abstellmöglichkeiten wurden als komfortabler angesehen, u. a. weil sie näher zur Dienststelle bzw. zu den eigenen Büros liegen. Weitere häufig angegebene Gründe für die Nicht-Nutzung des Hubs waren die Funktionsprobleme, die sich daraus ergaben, dass der Schließmechanismus der Radbox zeitweise defekt war oder dass man zusätzlich ein eigenes Schloss benötigt, da alle Räder offen in der Box stehen. Auch die umständliche Bedienung der Box (8 Nennungen) sowie das schlechte Wetter (7 Nennungen) oder der Wegfall von Arbeitswegen während des Realexperiments, etwa durch Krankheit, Homeoffice oder Umzüge, wurden als Gründe für die Nicht-Nutzung genannt.

2.5.4 Verbesserungsvorschläge

Einige der genannten Aspekte tauchten auch bei den Verbesserungsvorschlägen auf, beispielsweise eine Verlegung der Fahrradbox an andere Standorte bzw. die dezentrale Aufstellung mehrerer Boxen (19 von 30 Kommentaren). Auch wurde ein leichterer Zugang zur Box (7) gewünscht, etwa mittels eines (physischen) Transponders (anstelle eines Codes), mit dem sich die Tür problemlos öffnen lässt, ggf. unterstützt durch von Erklärvideos.

Auch bei der App zur Buchung der Fahrradbox (5 Nennungen) werden Verbesserungsmöglichkeiten aufgeführt, z. B. eine einfache und intuitiv verständliche Bedienung (z. B. Speicherung von Daten für wiederholte Nutzung, zeitgemäße Nutzungsoberfläche) sowie eine Kombination mit anderen Apps (z. B. Buchung des Reparaturservice). Ferner wurden die Bereitstellung von Einzelboxen (3) – beispielsweise für besonders wertvolle Fahrräder –, ein häufigeres Angebot des Reparaturservice (3) sowie eine bessere Sicherung bzw. Überwachung der Boxen (2) genannt.

2.5.5 Abschlussbefragung

Das schriftliche Feedback zu Verbesserungsmöglichkeiten und Gründen der Nicht-Nutzung wurde schließlich als Input für die Abschluss-Befragung genutzt, um die Faktoren, die eine regelmäßige, zukünftige Nutzung des Fahrradhubs seitens der Teilnehmer:innen fördern würden, weiter zu quantifizieren. Dazu sollten

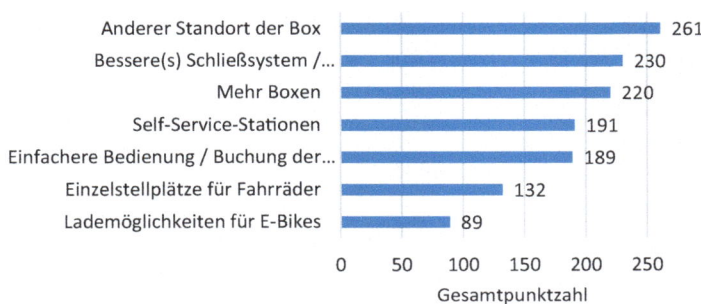

Abb. 8 Gesamtpunktzahl verschiedener Verbesserungsfaktoren des Fahrradhubs. (Eigene Darstellung)

Proband:innen sieben Faktoren in eine Rangfolge bringen; zu Auswertungszwecken wurde daraufhin für jeden Faktor eine Gesamtpunktzahl[4] berechnet. Die Ergebnisse sind in Abb. 8 zu finden. Im Wesentlichen bestätigen sich hier die vorherigen Beobachtungen: Die Teilnehmer:innen sehen vor allem mehr bzw. dezentrale Standorte sowie eine (technisch) sicherere Box als wichtige Verbesserungsfaktoren an. Zusatzdienste wie eine Fahrrad-Self-Service-Station (z. B. mit Pumpen oder Schlauchautomat) als auch die intuitivere, nutzungsfreundlichere Bedienung bzw. Buchung der Box bewegen sich hier im Mittelfeld. Das Schlusslicht bilden Einzelabstellplätze und Lademöglichkeiten für E-Bikes.

Insgesamt gaben in der Abschlussbefragung fast 56 % der 45 Teilnehmer:innen an, dass sie den Fahrradhub wahrscheinlich weiterhin nutzen würden, wenn er dauerhaft zur Verfügung stünde; weitere 18 % könnten sich eine zukünftige Nutzung „vielleicht" vorstellen. 46 % der Teilnehmenden wären ferner dazu bereit, den Fahrradhub auch kostenpflichtig zu nutzen.

2.5.6 Bewertung des Fahrrads und wahrgenommener Veränderungen

Die Teilnehmenden wurden weiterhin in den Befragungen gebeten, ihre Anreise mit dem Fahrrad *vor* (Vorab-Befragung) und *nach* dem Realexperiment (Zwischen- und Abschlussbefragung) zu bewerten: Hierzu konnten sie auf einer

---

[4] Hierzu wurde pro Faktor der invertierte Rang (Rang 1 erhielt den Wert 7, Rang 2 den Wert 6 usw.) mit der Anzahl der jeweiligen Nennungen multipliziert und anschließend aufsummiert. Der beste Rang bekommt also die meisten Punkte.

Skala von 0 (negative Attribution) bis 10 (positive Attribution) angeben, ob sie die Fahrt mit dem Fahrrad als

- langsam oder schnell,
- teuer oder kostengünstig,
- umweltschädigend oder -freundlich,
- unsicher oder sicher,
- unkomfortabel oder komfortabel oder
- unzuverlässig oder zuverlässig einschätzen.

Ziel war es, die Auswirkung einer Intervention (d. h. des Realexperiments) auf die generelle Bewertung des Fahrrads zu überprüfen. Da mit einem Fahrradhub jedoch nicht sämtliche sechs Dimensionen adressiert werden, konzentrieren sich die folgenden Auswertungen auf die Dimensionen Sicherheit und Komfort, d. h. auf die Verminderung des Risikos von Diebstählen und auf die Bequemlichkeit der Nutzung des Verkehrsmittels Fahrrad. Um herauszufinden, ob die Bewertung des Fahrrads nach Nutzung des Fahrradhubs signifikant besser ausfällt, wurde ein exakter Wilcoxon-Test für verbundene Stichproben durchgeführt.[5] Während die Bewertung der Sicherheit nach Nutzung des Hubs besser ausfällt (Mdn = 6) als davor (Mdn = 5; z = -2,337, p = 0,019, N = 28), konnte hinsichtlich des Komforts jedoch keine signifikante Verbesserung festgestellt werden (z = -0,81, p = 0,077, N = 28). Die Effektstärke bei der Bewertung der Sicherheit liegt bei r = 0,442 und entspricht nach Cohen (1992) einem starken Effekt.

Zusätzlich zu dieser allgemeinen Bewertung des Fahrrads konnten die Teilnehmenden außerdem in den Befragungen angeben, inwieweit sie durch die Nutzung des Fahrradhubs explizit Veränderungen hinsichtlich Sicherheit und Komfort der Fahrradnutzung *erwartet* (Vorab-Befragung) bzw. *wahrgenommen* hatten (Zwischen- und Abschluss-Befragung).[6]

Abb. 9 zeigt, dass 66 % der Teilnehmenden in der Vorab-Befragung eine Zunahme der Sicherheit erwarteten. Zwar haben nach Nutzung des Realexperiments insgesamt etwas weniger Personen eine Zunahme der Sicherheit wahrgenommen (ca. 57 % der Teilnehmenden) – dafür fällt diese jedoch insgesamt auch deutlich stärker aus: Während in der Vorab-Befragung nur 9 % der

---

[5] Da nicht alle Teilnehmenden zu allen Befragungszeitpunkten teilgenommen haben, beträgt das N hier 28 (d. h. alle Personen, die das Fahrrad sowohl in der Vorab-Befragung als auch in der Zwischen- oder Abschlussbefragung vollständig bewertet haben).

[6] Das kleinere N bei den wahrgenommenen Veränderungen ergibt sich dadurch, dass in der Zwischen- bzw. Abschluss-Befragung nur denjenigen Personen die entsprechende Frage angezeigt wurde, die den Fahrradhub mindestens einmal genutzt haben.

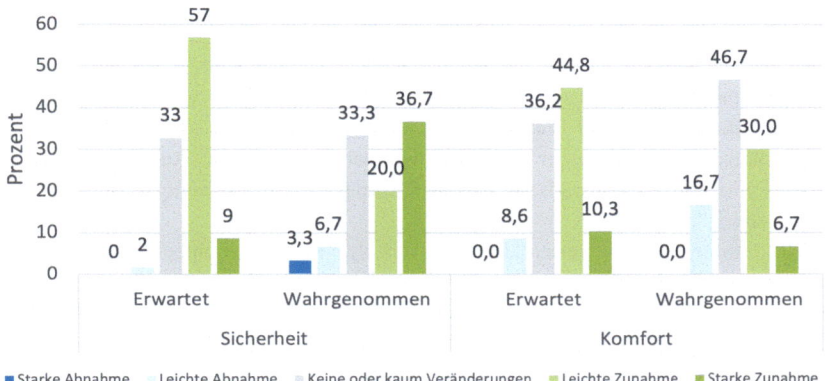

Abb. 9 Erwartete (N = 58) und wahrgenommene (N = 28) Veränderungen hinsichtlich Sicherheit und Komfort durch Nutzung des Fahrradhubs. (Eigene Darstellung)

Teilnehmenden eine starke Zunahme erwarteten, liegt der Anteil der Personen, die nach dem Realexperiment eine deutliche Zunahme der Sicherheit festgestellt haben, bei gut 37 %.

Hinsichtlich des Komforts fällt das Bild nicht so positiv aus: Während in der Vorab-Befragung noch ca. 55 % der Teilnehmenden eine Erhöhung des Komforts erwartet haben, wurde eine solche Erhöhung nach Nutzung des Realexperiments immerhin noch von 37 % der Personen konstatiert; fast die Hälfte (46,7 %) hat demnach keine oder kaum Veränderungen beim Komfort festgestellt, ein Teil der Befragten (ca. 17 %) hat sogar eine leichte Abnahme wahrgenommen. Mögliche Gründe hierfür wurden bereits im vorigen Unterabschnitt angesprochen (z. B. Standorte, Bedienung).

2.5.7 Unterschiede zwischen Autofahrer:innen und Nicht-Autofahrer:innen

Da es das Ziel des Fahrradhubs war, die Anreise zum Campus mit dem Rad attraktiver zu machen – und somit eine Reduktion der Autonutzung zu bewirken – sind insbesondere die Reaktionen und Wahrnehmungen der Personen von Interesse, die am Realexperiment teilgenommen haben, zuvor aber angegeben hatten, dass sie in der Regel den eigenen Pkw für den Weg zur Universität nutzen.

Daher wurden Mann–Whitney-U-Tests durchgeführt, um signifikante Unterschiede zwischen Personen zu identifizieren, die ein Auto bei ihrer Reise zum Campus nutzen (vgl. grauen Bereich in Abb. 6), und denen, die nicht auf ein

Auto zurückgreifen (grüne und hellblaue Bereiche). Unter den zuvor behandelten Faktoren finden sich folgende signifikante Unterschiede:[7]

- Autofahrer:innen sehen den Aspekt Sicherheit kritischer als Nicht-Autofahrer:innen und fordern in stärkerem Maße eine Verbesserung des Schließsystems sowie der Überwachung der Fahrradbox.[8] Auch nehmen sie die Nutzung des Fahrrads nach dem Realexperiment als weniger sicher wahr als zuvor.[9]
- Autofahrer:innen bewerten den Komfort des Fahrrads schlechter als Nicht-Autofahrer:innen.[10]
- Autofahrer:innen geben der Fahrradbox an der TU Dortmund eine deutlich schlechtere Note als Nicht-Autofahrer:innen.[11]

2.6 Resümee

Insgesamt kann der Fahrradhub an der TU Dortmund als Erfolg angesehen werden, da durch die Vorbereitung die relevanten Akteure miteinander in Kontakt gebracht werden konnten, um nachhaltige Mobilitätsformen an der TU Dortmund attraktiver zu gestalten. Weiterhin wurde die Nutzung des Angebots von den Teilnehmenden größtenteils als zufriedenstellend bis gut bewertet, und das reichhaltige Feedback zeigt, dass sich zumindest ihre Einschätzung der Fahrradsicherheit durch die Teilnahme am Realexperiment verbessert hat. In puncto Komfort blieb das Ergebnis jedoch hinter den Erwartungen zurück. Auch zeigten sich die teilnehmenden Autonutzer:innen etwas skeptischer und etwas weniger

---

[7] Die Verteilungen beider Gruppen sind bei allen der im Folgenden aufgeführten Faktoren gleich (Kolmogorov–Smirnov p > .05).

[8] Mdn = 4 (eher Zustimmung) versus Mdn = 3 (teils-teils); exakter Test, N = 37, U = 78.500, Z = -2.405, p = .019, Cohens r = .395 (mittlere Effektstärke).

[9] Mdn = -0,5 (leicht schlechtere Attribution als zuvor) versus Mdn = 1 (bessere Attribution als zuvor); exakter Test, N = 15, U = 6.000, Z = -2.638, p = 0.012, r = 0.681 (starker Effekt).

[10] Mdn = 5 (neutrale Attribution) versus Mdn = 7 (eher positive Attribution); asymptotischer Test, N = 53, U = 207.500, Z = -2.175, p = .03, Cohens r = .299 (schwache bis mittlere Effektstärke).

[11] Mdn = 4 (ausreichend) versus Mdn = 2 (gut); exakter Test, N = 27, U = 42.500, Z = -2.333, p = .023, Cohens r = .449 (mittlere Effektstärke).

leicht für die Nutzung des Fahrrad-Hubs zu begeistern. Hier wären weitere Verbesserungen in den Dimensionen Komfort und Sicherheit erforderlich, um ihre Bereitschaft zur Radnutzung zu erhöhen.

Von den Teilnehmenden kam viel Feedback; zudem haben sie auf Verbesserungsmöglichkeiten verwiesen, insbesondere hinsichtlich der Nutzerfreundlichkeit, u. a. im Umgang mit der Kienzler-App, über die die Buchung der Radbox erfolgte. Gewünscht wurde die Integration sämtlicher Services und Funktionalitäten (Yeply-Reparaturservice, DeinRadschloss etc.) in einer einzigen App. Auch traten mechanische Probleme an der Box auf: Die Tür der Fahrradbox war teilweise schwergängig, und es fehlte ein Kontrollmechanismus, um sicherzustellen, dass die Tür ordnungsgemäß geschlossen ist. Dies führte gelegentlich zu Verwirrung bei den Teilnehmenden, und die Firma Kienzler musste wiederholt nachbessern, bis der Zugang zur Box einigermaßen problemlos funktionierte.

Ein immer wieder geäußerter Wunsch war die Aufstellung dezentraler Boxen in der Nähe der Arbeits- bzw. Studienorte. Zudem wurde Einzelboxen – statt einer großen Sammelbox – gewünscht, um den individuellen Bedürfnissen der Nutzenden besser gerecht zu werden und z. B. das Deponieren von Kleidung, Helm etc. zu ermöglichen.

Noch während der Laufzeit des Projekts InnaMoRuhr wurden einige der Verbesserungsvorschläge aufgegriffen. In enger Abstimmung mit dem Dezernat 6 und dem Nachhaltigkeitsbüro der TU Dortmund wurde ein neuer Standort für die Fahrradbox gefunden, und zwar auf einem Parkplatz vor einem der größeren Campus-Gebäude in der Emil-Figge-Straße 50, in dem mehrere Fakultäten untergebracht sind und sich neben Büros auch Vorlesungssäle und Seminarräume befinden. Hierdurch steht die Box nun direkt an einem Arbeits- und Studienort und ist zudem gut an einen der Hauptfahrradwege zum Campus angebunden.

Zudem ist es mittlerweile gelungen, die Radbox nach Ablauf des befristeten Mietvertrags von der Firma Kienzler käuflich zu erwerben und dauerhaft an der TU Dortmund zu installieren. Das InnaMoRuhr-Projektteam hat die Verantwortung für den operativen Betrieb nach Abschluss des Realexperiments schrittweise an die Verwaltung der TU Dortmund abgegeben, die neben der Radbox weitere Radabstellanlagen betreibt und sich zum Ziel gesetzt hat, diese Kapazitäten auszuweiten.

3 E-Carsharing an der Ruhr-Universität Bochum

Philipp Spichartz, Marvin Siegmann, Constantinos Sourkounis und Michael Roos

Als weiteres Realexperiment wurde an der Ruhr-Universität Bochum (RUB) zwischen dem 10.10.2022 und dem 16.12.2022 ein kostenloses Carsharing-Angebot mit sechs Elektrofahrzeugen (nachfolgend E-Carsharing) organisiert. Abb. 10 zeigt einen Teil der eingesetzten Elektrofahrzeuge. Die Idee hinter diesem Realexperiment, die wesentlichen Schritte der Planung und Durchführung sowie die wichtigsten Ergebnisse des Realexperiments werden in diesem Abschnitt präsentiert.

3.1 Warum E-Carsharing?

Das E-Carsharing hatte mehrere Ziele. Zum Ersten sollten Angebotslücken im öffentlichen Personennahverkehr (ÖPNV) zwischen der RUB und den anderen Universitätsstandorten im Ruhrgebiet versuchsweise geschlossen werden.

Abb. 10 Fahrzeugflotte des Realexperiments E-Carsharing. (Foto: Philipp Spichartz)

Die Angebotslücken wurden im Rahmen einer Potenzialanalyse zu Projektbeginn identifiziert. Zum Zweiten sollten Erkenntnisse aus der Mobilitätsbefragung aller Universitätsangehörigen, die im Rahmen des Projekts durchgeführt wurde, aufgegriffen werden (vgl. Kap. 3 dieses Buchs). In der Mobilitätsbefragung zeigte sich, dass der Wunsch nach mehr individueller Mobilität besteht. Außerdem möchte ein beachtlicher Teil der Autofahrer:innen vom klassischen Pkw mit Verbrennungsmotor auf Elektrofahrzeuge umsteigen. Ein Carsharing-Angebot mit Elektrofahrzeugen erschien besonders geeignet, Angebotslücken im ÖPNV zu schließen und den genannten Wünschen zu begegnen. Alternativen wie E-Fahrräder, E-Scooter oder andere Kleinstfahrzeuge mit Elektroantrieb wurden als weniger geeignet eingestuft, weil die Pendelstrecken zwischen der RUB und den nächstgelegenen Bahnhöfen des Regionalverkehrs zu lang und mit zu vielen Steigungen versehen sind, um sie regelmäßig mit kleineren Verkehrsmitteln bewältigen zu können.

Die Idee, Angebotslücken im ÖPNV mithilfe von Direktverbindungen zu schließen, wurde auch in den Szenario-Workshops diskutiert, die im Rahmen des Projekts veranstaltet wurden (vgl. Kap. 8 dieses Buchs). Dabei wurde darauf verwiesen, dass Carsharing zwar eine Form geteilter Mobilität ist, aber auch das Risiko einer Verlagerung des Verkehrs weg vom ÖPNV birgt, was den Zielen des Projekts widersprechen würde. Das E-Carsharing sollte deshalb vor allem mit bestehenden Angeboten im ÖPNV kombiniert werden, um die Intermodalität zu stärken. Ziel war es, Anreize zu schaffen, die zu einer Verlagerung des privaten Autoverkehrs zum E-Carsharing bei kombinierter Nutzung mit dem ÖPNV führen. Um weitere Angebotslücken zu identifizieren, sollte jedoch ein Teil der Fahrzeuge auch auf freien Pendelstrecken genutzt werden können.

3.2 Planung und Durchführung

Wie zuvor beschrieben, sollten mithilfe des E-Carsharings zum einen Angebotslücken im ÖPNV geschlossen werden. Zum anderen sollten Fahrten mit freier Wahl des Zielorts ermöglicht werden, um ggfs. weitere Angebotslücken identifizieren zu können. Hierfür wurde eine Flotte mit mindestens sechs Elektrofahrzeugen benötigt. Der Projektpartner EneSys stellte drei Fahrzeuge (Peugeot iOn, Opel Ampera, Think City) aus seiner bestehenden Forschungsflotte zur Verfügung. Drei weitere Fahrzeuge wurden für die Laufzeit des Realexperiments gemietet. Im Hinblick auf die überwiegende Anwendung der Fahrzeuge im urbanen Raum, den Energieverbrauch und die Kosten lag der Fokus auf Fahrzeugen der Klein-

oder Kleinstwagenklasse. Die Wahl fiel auf drei vollelektrische Dacia Spring des Mobilitätsanbieters MHC Mobility.

Für einen sinnvollen Sharing-Betrieb mussten alle sechs Fahrzeuge auf ein schlüsseloses Zugangssystem umgerüstet werden. Bei der Recherche nach einem passenden System galten folgende Anforderungen:

- möglichst aufwandsarme Installation und Deinstallation;
- keine bleibenden Änderungen am Fahrzeug nach Deinstallation;
- Präferenz einer Lösung mit Smartphone gegenüber einer Lösung mit auszugebenden RFID-Zugangskarten;
- Zuteilung und, insbesondere im Falle von unsachgerechter Nutzung, zeitnaher Entzug der Zugangsrechte für einzelne Personen.

Das im folgenden Unterabschnitt näher beschriebene System „flinkey" der WITTE Automotive GmbH konnte diese Anforderungen erfüllen.[12]

Der Aufbau des Realexperiments war mit diversen organisatorischen Aufgaben verbunden. In Zusammenarbeit mit dem Justitiariat der RUB wurden die Nutzungsbedingungen des E-Carsharings entwickelt. Neben Haftungs- und Versicherungsfragen wurden darin grundsätzliche Nutzungseinschränkungen, das Verhalten der Nutzer:innen bei Unfällen sowie weitere Rahmenbedingungen behandelt. Eine separate Datenschutzerklärung hinsichtlich der erhobenen Forschungsdaten über die Nutzung der Fahrzeuge musste für dieses Realexperiment zusätzlich erarbeitet werden. Durch zwei angebotene Infotermine und eine Infomappe in jedem Fahrzeug sollte ein möglichst reibungsloser Ablauf erreicht werden. Schließlich musste bei der Registrierung der Nutzer:innen auch geprüft werden, ob sie eine gültige Fahrerlaubnis hatten.

Die Standorte, an denen die Fahrzeuge bereitgestellt wurden und nach deren Benutzung wieder abgestellt werden mussten, wurden zuerst anhand der Angebotslücken im ÖPNV bestimmt. Im Rahmen einer Potenzialanalyse wurden insbesondere zwei Angebotslücken erkannt:

- Der ÖPNV zwischen der RUB und der TU Dortmund verläuft weitgehend über den Bochumer Hauptbahnhof, was zu Umwegen und Zeiteinbußen führt. Eine Direktverbindung zwischen der RUB und dem S-Bahnhof in Langendreer West, der im Osten Bochums und damit in Richtung Dortmund liegt, erschien aussichtsreich, um den ÖPNV zwischen diesen beiden Universitäten attraktiver zu gestalten. Die Direktverbindung sollte mithilfe eines streckengebundenen

---

[12] www.flinkey.com.

E-Carsharings erfolgen. Anschließend würde der bestehende S-Bahnverkehr genutzt, um zur TU Dortmund zu gelangen. Umgekehrt würde bei Pendelstrecken von der TU Dortmund zur RUB zuerst der S-Bahnverkehr genutzt und danach auf das E-Carsharing umgestiegen
- Auch der ÖPNV zwischen der RUB und der Universität Duisburg-Essen (UDE) verläuft weitgehend über den Bochumer Hauptbahnhof. Das führt ebenso zu Umwegen und Zeiteinbußen. Eine Direktverbindung zwischen der RUB und dem Bahnhof in Wattenscheid, der im Westen Bochums und damit in Richtung Duisburg und Essen liegt, erschien aussichtsreich für eine attraktivere Gestaltung des ÖPNV zwischen diesen beiden Universitäten. Die Direktverbindung sollte auch hier mithilfe eines streckengebundenen E-Carsharings erfolgen. Anschließend würde der bestehende Bahnverkehr genutzt, um zu den Standorten der UDE zu gelangen. Umgekehrt würde auch bei Pendelstrecken von UDE zur RUB zuerst der Bahnverkehr genutzt und danach auf das Carsharing umgestiegen.

Sowohl der S-Bahnhof in Langendreer West als auch der Bahnhof in Wattenscheid verfügen über P + R-Plätze, die als Standorte für die Carsharing-Fahrzeuge geeignet schienen. Die Nähe der P + R-Plätze zum jeweiligen Bahnhof ermöglichte zudem kurze Umsteigezeiten. Auf den beiden Pendelrouten wurden jeweils zwei Fahrzeuge eingesetzt. In beiden Fällen sollte die Intermodalität gefördert werden, also die Verknüpfung von Mobilitätsoptionen.

Daneben wurden zwei Standorte auf dem Campus der RUB bestimmt, an denen die Fahrzeuge bereitgestellt wurden und nach deren Nutzung wieder abgestellt werden mussten. Der erste Standort befand sich auf dem zentralen Besucherparkplatz der RUB, der zweite im nordöstlichen Teil des Campus (vgl. Abb. 11).

Es wurde darauf geachtet, die Fahrzeuge an leicht zugänglichen Standorten bereitzustellen. Zudem orientierte sich die Standortfindung an der bestehenden Ladeinfrastruktur auf dem Campus. An den Bahnhöfen in Langendreer West und in Wattenscheid bestanden keine Lademöglichkeiten, weshalb die Fahrzeuge auf dem RUB-Campus geladen werden mussten. Die zwei verbleibenden Fahrzeuge, die für freie Wegstrecken zur Verfügung standen, mussten ebenso am RUB-Campus ausgeliehen und innerhalb von 24 h dorthin wieder zurückgebracht werden. Bei Ankunft an der RUB sollten alle Fahrzeuge immer an den vorgesehenen Ladepunkt angeschlossen werden, damit die nachfolgenden Nutzer:innen die Fahrzeuge mit möglichst hohem Ladezustand vorfinden konnten.

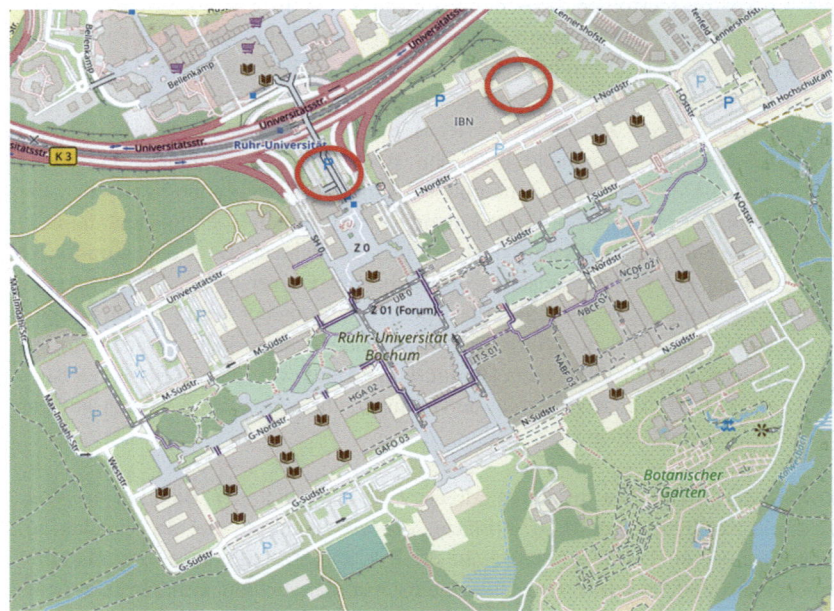

Abb. 11 Standorte des E-Carsharings inkl. Lademöglichkeit auf dem Campus der RUB. (Eigene Darstellung auf Basis von www.openstreetmap.de)

3.3 Wie funktioniert das E-Carsharing?

Die Nutzung des E-Carsharings erfolgte mithilfe von zwei Smartphone- bzw. Web-Apps. Die Reservierung eines Fahrzeugs wurde über die InnaMoRuhr-App getätigt (vgl. Abb. 12, siehe auch Abschn. 5). Bei der Registrierung zur Teilnahme am Realexperiment E-Carsharing erhielten die Nutzer:innen jeweils einen Code, mit dem sie die Funktion in der App freischalten konnten. Da es sich um einen persönlichen Code handelte, war es auch möglich, eine Reservierung z. B. in der Web-App vorzunehmen und anschließend in der Smartphone-App zu verwalten. Wenn ein Fahrzeug am gewünschten Standort zur Verfügung stand, konnte es bis zu drei Stunden im Voraus reserviert werden. Eine längere Reservierungsdauer hätte die Fahrzeuge zu lange blockiert. Die Reservierung für einen weiter in der Zukunft liegenden Zeitraum war wegen des damit verbundenen logistischen

Aufwands hinsichtlich der Bereitstellung der Fahrzeuge an den entsprechenden Stationen nicht möglich.

Der schlüssellose Zugang zu den Fahrzeugen erfolgte über das flinkey-System. Hierbei befindet sich der Fahrzeugschlüssel in einer Schlüsselbox im Fahrzeug, die via Low Energy Bluetooth mit der Smartphone-App flinkey kommuniziert (vgl. Abb. 13). Sobald in der App ein Ent- oder Verriegelungssignal ausgesendet wird, drücken mechanische Hebel in der Box auf die entsprechende Taste des Schlüssels. Die Box selbst wird ebenfalls entsperrt bzw. verriegelt. Wegen der eingeschränkten Reichweite von Bluetooth müssen berechtigte Nutzer:innen mit ihrem Smartphone sinnvollerweise in der Nähe der Box sein. Nutzer:innen kann die Berechtigung für unterschiedliche Boxen, und damit für den Zugriff auf mehrere Fahrzeuge, erteilt werden (vgl. Abb. 14).

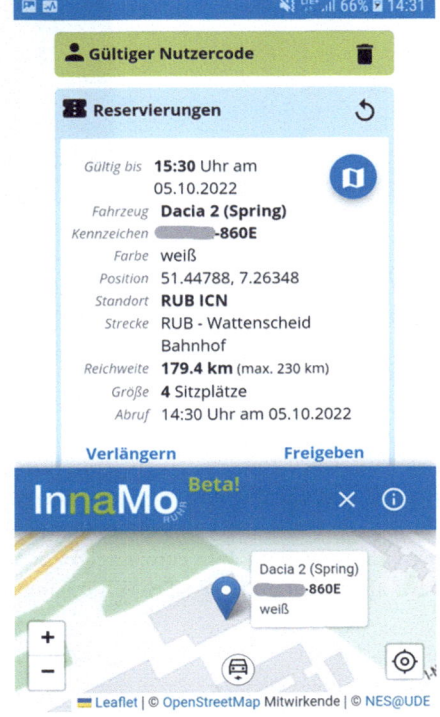

Abb. 12
Reservierungsmöglichkeit mit Standortanzeige über die InnaMoRuhr-App.
(Eigene Darstellung)

Abb. 13 Schlüsselbox von flinkey in einem Dacia Spring der E-Fahrzeugflotte. (Foto: Philipp Spichartz)

Während des Realexperiments konnten die Projektverantwortlichen über ein Portal alle Ent- und Verriegelungsvorgänge der Nutzer:innen einsehen. Im Falle einer nicht gemeldeten Beschädigung hätte so der letzte Nutzer bzw. die letzte Nutzerin ermittelt werden können.

Alle sechs Fahrzeuge wurden mit einem selbst entwickelten Mess- und Kommunikationssystem ausgestattet, das u. a. einen Zugriff auf Daten des Fahrzeug-CAN-Bus ermöglicht. Im Fokus standen Daten, die für den Carsharing-Betrieb und für die Analyse der Fahrzeugnutzungen benötigt wurden, wie der aktuelle Standort, der Ladezustand der Fahrzeugbatterie, die Geschwindigkeit und der Kilometerstand. In regelmäßigen Zeitabständen wurden diese Daten gemessen bzw. abgerufen und per LTE-Verbindung auf einen RUB-Server übertragen.

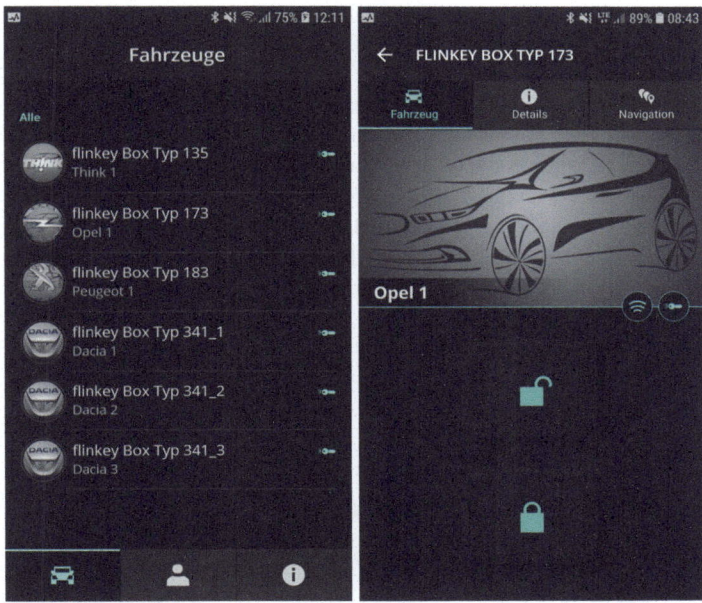

Abb. 14 Auswahl der zum Öffnen und Verriegeln freigegebenen Fahrzeuge im Realexperiment (links) und die Schaltflächen zum Ent- bzw. Verriegeln eines ausgewählten Fahrzeugs (rechts) in der Smartphone-App flinkey. (Eigene Darstellung)

3.4 Ablauf des Realexperiments

Das Realexperiment E-Carsharing startete am 10.10.2022 und endete am 16.12.2022, sodass ein Zeitraum von etwa zehn Wochen abgedeckt wurde. Vor dem Start des Realexperiments wurden die Teilnehmer:innen rekrutiert. Die Teilnehmerzahl wurde begrenzt, um bei der begrenzten Fahrzeugzahl einer übermäßigen Auslastung vorzubeugen. Es sollte sichergestellt werden, dass alle Teilnehmer:innen regelmäßig Zugang zu den Fahrzeugen haben und dadurch neue Mobilitätsroutinen austesten können.

Darüber hinaus wurden zwei inhaltsgleiche Infotermine veranstaltet, in denen die Nutzungsbedingungen des E-Carsharings, die Ladefunktion der Elektrofahrzeuge und die Verhaltensweisen bei Problemen behandelt wurden. Die Infotermine fanden online nach 17 Uhr statt, um möglichst allen Interessenten eine Teilnahme zu ermöglichen. Alle relevanten Informationen wurden jedoch auch in schriftlicher Form bereitgestellt.

Während des Realexperiments kam es nur vereinzelt zu Mehraufwand. Dieser bestand etwa darin, dass die Fahrzeuge gelegentlich gereinigt werden mussten. Eine ungewöhnlich häufige Verschmutzung der Fahrzeuge stellte jedoch kein anhaltendes Problem dar. Gegen Ende des Realexperiments ereignete sich zudem ein kleinerer Parkunfall mit Blechschaden. Daraus ergaben sich jedoch keine größeren Einschränkungen, weil das Fahrzeug noch fahrtüchtig war und das Realexperiment kurz darauf endete. Die Bedienung der Reservierungs- und Zugangssysteme verlief weitgehend reibungslos.

Im Rahmen eines Besuchs von Herrn Josef Hovenjürgen, dem Parlamentarischen Staatssekretär im Ministerium für Heimat, Kommunales, Bau und Digitalisierung des Landes NRW, wurde das E-Carsharing präsentiert und praktisch vorgeführt (vgl. Abb. 15).

Abb. 15 Präsentation des E-Carsharings an der RUB mit Dr. Timo Klünder, Marvin Siegmann, Ina Schwarz, Prof. Constantinos Sourkounis, Josef Hovenjürgen, Prof. Michael Roos und Dr.-Ing. Philipp Spichartz (v.l.n.r.). (Foto: Fabian Riediger)

3.5 Auswertung der Daten

3.5.1 Nutzungszahlen und Auslastung

Insgesamt registrierten sich 17 Nutzer:innen (überwiegend Studierende) für das E-Carsharing. Auf eine weitere Werbe- und Rekrutierungswelle wurde bewusst verzichtet, da mit einer schnellen und sehr hohen Abnahme der Akzeptanz und Zufriedenheit gerechnet wurde, wenn die Fahrzeuge nur selten verfügbar gewesen wären.

Innerhalb des 68-tägigen Realexperimentzeitraums wurden insgesamt 412 Fahrten mit einer Gesamtfahrleistung von 6502 km getätigt. Erwartungsgemäß war die Auslastung bei den Fahrzeugen mit freier Zielwahl höher als bei den streckengebundenen Fahrzeugen. Mit 85 % der Fahrten (351 von 412 Fahrten, vgl. Abb. 16) und fast 88 % der Gesamtfahrleistung (5704 von 6502 km, vgl. Abb. 17) fiel der Anteil allerdings sehr groß aus. Auf der Pendelroute zum Bahnhof Wattenscheid wurden immerhin 52 Fahrten (entspricht 12,6 %) verzeichnet, während die Route zum Bahnhof Langendreer West mit nur 9 Fahrten (entspricht 2,2 %) kaum genutzt wurde. Die entsprechenden Fahrleistungen betrugen 11,1 bzw. 1,2 % der Gesamtfahrleistung.

Die Anzahl der Nutzer:innen lässt keine definitiven Aussagen über die Gründe und den generellen Mobilitätsbedarf auf den festen Pendelrouten zu. Es gibt allerdings Erklärungsansätze, die zum Teil auch auf den Aussagen in den Befragungen beruhen. Grundsätzlich bevorzugen viele Personen die direkte Fahrt mit einem Pkw zum Zielort, insbesondere, wenn Gepäck transportiert werden muss oder Zeitdruck besteht. Mit den beiden Fahrzeugen ohne Routenbindung konnten darüber hinaus auch Ziele nördlich oder südlich der RUB angesteuert sowie Wegeketten mit Zwischenzielen bewältigt werden.

Abb. 16
Häufigkeitsverteilung der Fahrten zwischen der RUB und den Bahnhöfen in Langendreer West und Wattenscheid sowie den Fahrten ohne Routenbindung (eigene Darstellung)

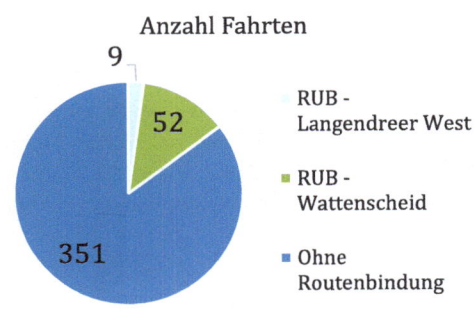

Abb. 17 Fahrleistungen der Fahrten zwischen der RUB und den Bahnhöfen in Langendreer West und Wattenscheid sowie der Fahrten ohne Routenbindung. (Eigene Darstellung)

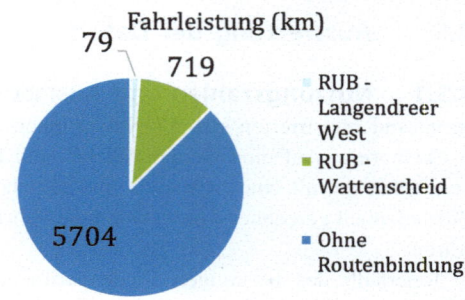

Die unterschiedliche Nutzungshäufigkeit bei den beiden festen Pendelrouten könnte mit dem bestehenden ÖPNV-Angebot zusammenhängen. Bei der letzten Überarbeitung des Netzplans des Nahverkehrsbetreibers Bogestra wurden die Anzahl und die Taktfrequenz der ÖPNV-Verbindungen zwischen der RUB und dem Bochumer Stadtteil Langendreer erhöht. Der Zeitgewinn bei Nutzung eines Autos ist dadurch nur sehr gering. Da am Bahnhof Langendreer West nur S-Bahnen halten, ist die Verbindung zum Dortmunder Hauptbahnhof mit der Stadtbahn U35 und einem Regionalexpress (Umstieg Bochum Hbf) oftmals sogar schneller. Die direkt verbindende Buslinie zwischen der RUB und dem Bahnhof Wattenscheid verkehrt dagegen in der Regel nur einmal pro Stunde, wodurch der Bedarf nach dem flexiblen Carsharing hier größer auszufallen scheint.

Die Elektrofahrzeuge standen den Nutzer:innen sowohl an Arbeitstagen als auch an Wochenenden zur Verfügung. Die Nutzungshäufigkeit an den Arbeitstagen war weitgehend gleich (vgl. Abb. 18). Dass etwa 15 % der Fahrten an Wochenenden durchgeführt wurden, deutet darauf hin, dass die RUB für einige ihrer Angehörigen als Drehscheibe für private Mobilität dient bzw. dienen kann.

Die Streckenlänge zwischen der RUB und dem Bahnhof Langendreer West beträgt ca. 6 km. Die Pendelroute bis zum Bahnhof Wattenscheid ist normalerweise ca. 12 km lang. Wegen einer Straßensperrung wurden zum Teil jedoch Umleitungen genutzt, die bis zu 19 km lang waren. Grundsätzlich dominierten im Realexperiment Fahrten mit kurzer Strecke, auch bei den Fahrzeugen ohne Routenbindung. Insgesamt waren 50 % aller Fahrten unter 10 km, 80 % unter 20 km und 90 % unter 30 km lang (vgl. Abb. 19).

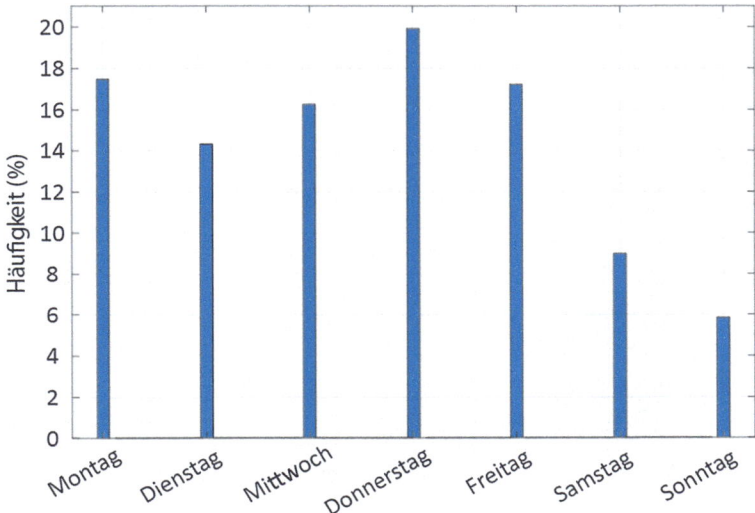

Abb. 18 Häufigkeitsverteilung der Fahrzeugnutzungen an einzelnen Wochentagen. (Eigene Darstellung)

3.5.2 Begleitende Online-Befragungen

Es wurden zwei Online-Befragungen durchgeführt, um das Realexperiment wissenschaftlich zu begleiten. Die erste Befragung erfolgte während des Realexperiments; Thema waren allgemeine Erfahrungen und Einstellungen zum Carsharing und zu Elektrofahrzeugen. Außerdem wurde nach der bis dahin geltenden Zufriedenheit mit dem Realexperiment gefragt. In der zweiten Befragung, die im Anschluss an das Realexperiment erfolgte, standen die Erfahrungen mit dem Realexperiment im Vordergrund. Im Folgenden werden die Ergebnisse jeweils zusammengefasst. Es ist zu betonen, dass die Befragungen keine repräsentativen Aussagen über Carsharing-Angebote im Allgemeinen zulassen. Einerseits war das E-Carsharing nur an ausgewählte Universitätsangehörige im Ruhrgebiet gerichtet. Andererseits war die Zahl der Befragten zu gering, um statistisch signifikante Aussagen treffen zu können. Die Befragungsergebnisse sollen jedoch als grobe Orientierung für weitere Überlegungen genutzt werden.

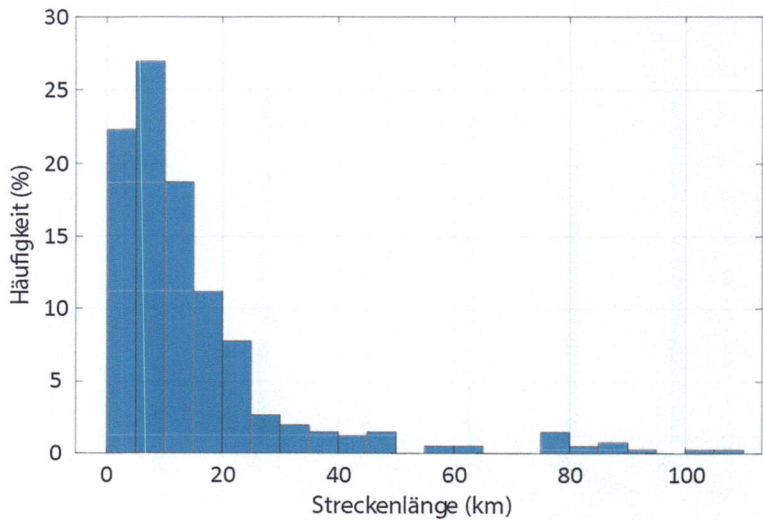

Abb. 19 Häufigkeitsverteilung der gefahrenen Streckenlängen. (Eigene Darstellung)

3.5.3 Erste Online-Befragung

In der ersten Befragung gaben 14 von 19 Personen (ca. 74 %) an, vor dem Realexperiment noch nie ein Elektroauto gefahren zu haben. Drei Personen (ca. 17 %) waren bis zu zehn Mal ein Elektroauto gefahren und zwei Personen (ca. 11 %) bereits mehr als zehn Mal. Zehn von 19 Personen (ca. 53 %) hatten vor dem Realexperiment noch nie ein Carsharing genutzt. Fünf Personen (ca. 26 %) hatten bis zu zehn Mal und vier Personen (ca. 21 %) mehr als zehn Mal ein Carsharing genutzt. Beim Carsharing gab es somit größere Vorerfahrungen als bei der Benutzung von Elektrofahrzeugen.

Daneben wurde nach der Zufriedenheit mit dem E-Carsharing zum aktuellen Zeitpunkt im Rahmen des Realexperiments gefragt. Die Ergebnisse sind in Abb. 20 für verschiedene Kategorien zusammengefasst. Dazu zählen die Zufriedenheit mit der Verfügbarkeit der Fahrzeuge, der Erreichbarkeit der Ladepunkte auf dem RUB-Campus sowie der Bedienung des Reservierungs- und des Zugangssystems. Außerdem wurde nach der Zufriedenheit mit der Bedienung der Ladepunkte und -kabel und der Bedienung der Fahrzeuge sowie nach dem Zustand der Fahrzeuge und der P + R-Plätze in Langendreer West und Wattenscheid gefragt. Die meistens linksschiefe Verteilung lässt auf eine tendenziell hohe Zufriedenheit schließen. Die Verfügbarkeit der Fahrzeuge und die Bedienung des Reservierungssystems wurden im Vergleich zu den anderen Kategorien schlechter bewertet. Das könnte jedoch nicht auf die Bedienung an sich bezogen sein, sondern darauf, dass die Fahrzeuge häufig ausgebucht waren. Besonders schlecht wurde der Zustand des P + R-Platzes in Langendreer West bewertet.

Abschließend wurde nach allgemeinen Verbesserungsvorschlägen gefragt. Dazu wurden freie Antwortfelder angeboten. Mehrfach wurde die Verfügbarkeit der Fahrzeuge ohne Routenbindung kritisiert. Ein interessanter Verbesserungsvorschlag, der daran anknüpft, ist eine frühzeitige Reservierungsfunktion. Wie bereits beschrieben, wäre das jedoch mit einem hohen logistischen Aufwand verbunden gewesen. Ein weiterer Verbesserungsvorschlag bestand darin, Mitfahrgelegenheiten zu ermöglichen, in dem Sinne, dass sich mehrere Nutzer für gemeinsame Fahrten zusammenschließen können. Diese Funktion wurde bei der Planung des

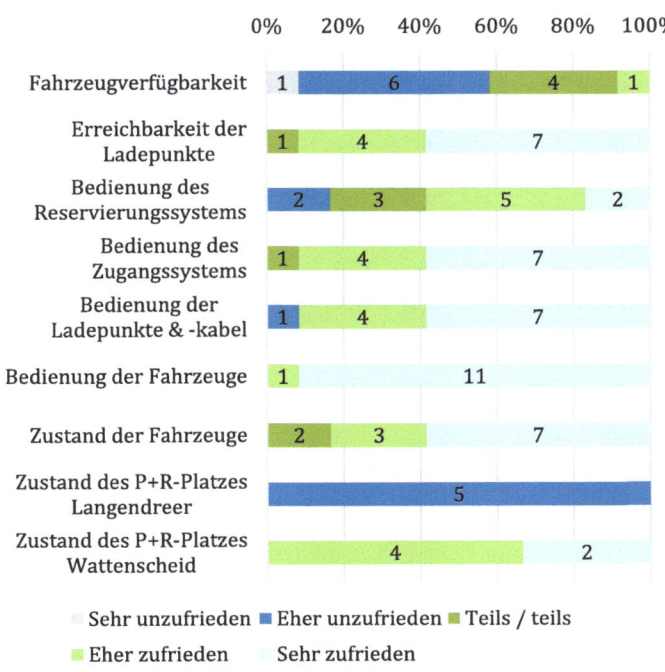

Abb. 20 Zufriedenheit mit verschiedenen Aspekten des E-Carsharings. (Eigene Darstellung)

Realexperiments auch im Projektteam diskutiert, die technische Umsetzung wäre aber sehr aufwendig gewesen und das Potenzial wurde bei einer kleinen Anzahl an Teilnehmer:innen als relativ gering angesehen.

3.5.4 Zweite Online-Befragung

In der zweiten Befragung gaben die meisten Personen an, dass sich ihre Meinung zum Carsharing durch das Realexperiment eher verbessert bzw. stark verbessert hat. Ein ähnliches Bild zeichnete sich bei der Frage ab, inwiefern sich die Meinung zu Elektrofahrzeugen durch das Realexperiment verbessert hat (vgl. Abb. 21).

Außerdem stimmten die meisten Personen der Aussage zu, dass sich die eigene Mobilität durch das E-Carsharing verbessert hat. Genauso wurde die Aussage, dass das bestehende ÖPNV-Angebot durch das E-Carsharing sinnvoll ergänzt wurde, weitgehend bestätigt. Nur eine Person wählte die Antwortmöglichkeit „stimme nicht zu" (vgl. Abb. 22).

Abschließend wurde einerseits gefragt, wie oft das E-Carsharing anstelle eines anderen Verkehrsmittels bzw. dem Zufußgehen genutzt wurde (vgl. Abb. 23). Die Ergebnisse zeigen, dass mehrere Nutzer:innen mit dem E-Carsharing vor allem ÖPNV-Fahrten ersetzt haben, was angesichts der hohen Anzahl an Studierenden unter den Teilnehmer:innen nicht überraschend ist. Am zweithäufigsten wurde der Ersatz von Fahrten mit dem eigenen Auto genannt.

Andererseits wurde gefragt, wie häufig das E-Carsharing mit anderen Verkehrsoptionen kombiniert wurde (vgl. Abb. 24). Hier wird deutlich, dass das E-Carsharing mit dem ÖPNV, aber auch mit dem Fahrrad, dem eigenen Auto und sonstigen Optionen kombiniert wurde.

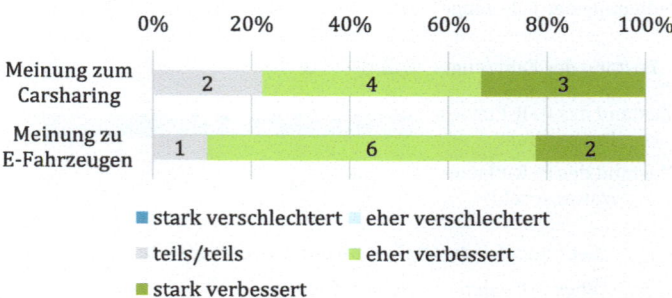

Abb. 21 Befragungsergebnisse: „Inwiefern hat sich Ihre Meinung zum Carsharing bzw. zu Elektrofahrzeugen durch das E-Carsharing verändert?" (Eigene Darstellung)

Das Reallabor als Testfeld nachhaltiger Mobilität

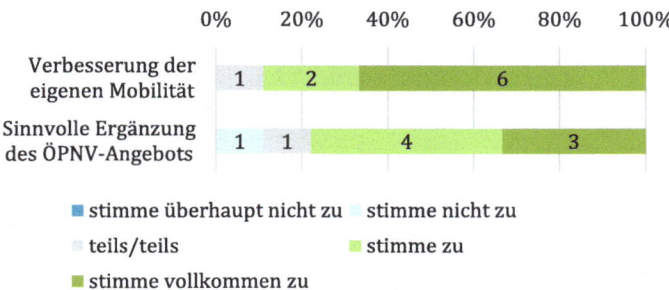

Abb. 22 Befragungsergebnisse: „Das E-Carsharing hat meine Mobilität verbessert." bzw. „Das bestehende ÖPNV-Angebot wurde durch das E-Carsharing sinnvoll ergänzt." (Eigene Darstellung)

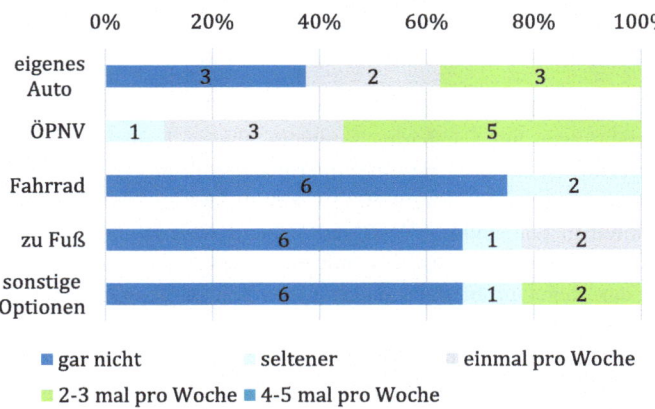

Abb. 23 Nutzung des E-Carsharings anstelle anderer Verkehrsoptionen. (Eigene Darstellung)

3.6 Resümee

Sowohl die Nutzungszahlen als auch die Umfrageergebnisse lassen eine weitgehend positive Bewertung des E-Carsharing-Realexperiments zu und bestätigen das bereits in der Befragung unter den Universitätsangehörigen der UA Ruhr festgestellte Interesse an individueller Mobilität mit Elektrofahrzeugen. Mehrere

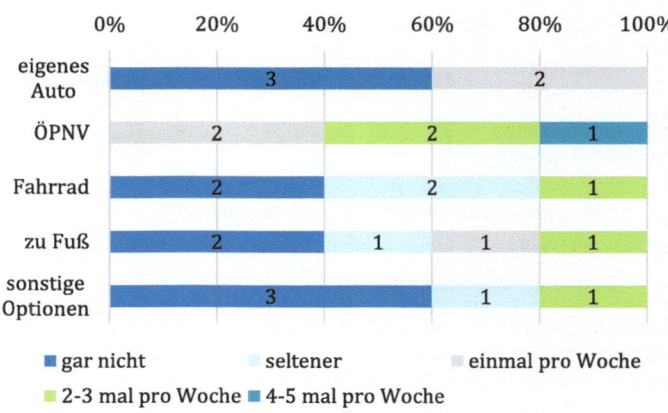

Abb. 24 Kombination des E-Carsharings mit anderen Verkehrsoptionen. (Eigene Darstellung)

Teilnehmer:innen sind zum ersten Mal ein Elektrofahrzeug gefahren und konnten erste Erfahrungen mit Carsharing sammeln. Einige Teilnehmer:innen haben die Fahrzeuge für Teilstrecken auf einer intermodalen Route genutzt und sie, wie erhofft, z. B. mit dem ÖPNV verknüpft. Trotz fehlender Ladeinfrastruktur an den zwei Bahnhöfen in Langendreer West und Wattenscheid konnte der Mobilitätsbedarf, der überwiegend aus Strecken mit einer Länge von weniger als 20 km bestand, in der Regel problemlos durch Elektrofahrzeuge mit relativ geringer Reichweite bewältigt werden.

Es herrschte eine weitgehend hohe Zufriedenheit mit der Umsetzung des Realexperiments. Eine leichte Unzufriedenheit war hinsichtlich der Verfügbarkeit der Fahrzeuge festzustellen, und das trotz der relativ niedrigen Quote von Teilnehmer:innen zu Fahrzeugen. Dies dürfte sich vor allem auf die Fahrzeuge ohne Routenbindung bezogen haben. Ein Ansatz zur Verbesserung der Verfügbarkeit bei gleichzeitiger Steigerung der Nutzungszahlen könnte der bereits genannte Verbesserungsvorschlag sein, eine technische Lösung zur Vereinbarung einer gleichzeitigen gemeinsamen Nutzung anzubieten. In diesem Fall könnte es unter soziologischen und psychologischen Gesichtspunkten auch interessant sein, zu untersuchen, wie der Fahrer bzw. die Fahrerin jeweils bestimmt werden. Leichte Kritik bezog sich auch auf die Carsharing-Standorte auf dem Campus, die nicht ausschließlich zentral oder alternativ an mehr Orten auf dem Campus platziert wurden. Hierbei ist zu berücksichtigen, dass es aufgrund des begrenzten Angebots an Ladepunkten auf dem Campus keine kurzfristig realisierbaren Alternativen gab. Der Bedarf an zusätzlichen Mobilitätsangeboten zu den zwei ausgewählten Bahnhöfen hat sich nur teilweise bestätigt. Insbesondere die Auslastung der Fahrzeuge zum Bahnhof Langendreer West war sehr niedrig. Als Vorschläge für weitere oder alternative Carsharing-Stationen wurden zum einen die Hauptbahnhöfe in Bochum, Essen und Dortmund genannt. Neben ihrer zentralen Lage bieten die Hauptbahnhöfe eine große Auswahl an Umsteigemöglichkeiten zum ÖPNV. Zum anderen wurden die Bahnhöfe in Herne und Witten, also in den Nachbarstädten Bochums in Richtung Norden bzw. Süden, vorgeschlagen. Zusätzlich wurden die Campus der UDE und der TU Dortmund genannt, was mit dem Fokus auf intermodale Verbindungen im Projekt bewusst nicht umgesetzt wurde. Nichtsdestotrotz konnten die Fahrzeuge ohne Routenbindung für solche Direktfahrten genutzt werden.

Im Hinblick auf den festgestellten Mobilitätsbedarf und einer möglichen Rolle einer Universität als Mobilitäts-Hub könnte ein E-Carsharing eine interessante zusätzliche Mobilitätsoption darstellen. Dies gilt verstärkt für Campus-Universitäten wie der RUB und den anderen UA Ruhr-Universitäten. Für den regulären Betrieb eines Carsharing-Angebots in dieser Form durch eine Universität gilt es, die organisatorischen, rechtlichen und finanziellen Rahmenbedingungen zu klären. Es könnte sich auch anbieten, mit bestehenden Carsharing-Anbietern zu kooperieren.

4 Mobilitätsbudget für die Universitätsallianz Ruhr

Timo Leontaris, Lisa Drees, Sebastian Willen, Elvira Domracev, Luca Husemann und Heike Proff

4.1 Warum Mobilitätsbudget?

In den Szenario-Workshops haben sich Angehörige der UA Ruhr damit befasst, wie sich die Mobilität zu und zwischen den UA Ruhr-Universitäten nachhaltiger gestalten lässt (Weyer et al. 2023). Der Status Quo stellt sich aus Sicht der Teilnehmenden dabei defizitär dar: Problematisiert wurden die undurchsichtigen Tarifstrukturen des ÖPNV, eine zu geringe Taktung im öffentlichen Verkehr, eine unattraktive Fahrradinfrastruktur, eine unzufriedenstellende Verfügbarkeit von Carsharing-Angeboten und eine mangelnde Flexibilität bei der Nutzung all dieser Mobilitätsformen. Außerdem wurden die Kosten für den ÖPNV von einigen Workshop-Teilnehmenden als sehr hoch eingeschätzt, was eine zusätzliche Hemmschwelle für eine Nutzung darstellt.

Um diesen Problemlagen zu begegnen, wurden im Rahmen der Workshops unterschiedliche Vorschläge zur Lösung der genannten Herausforderungen erarbeitet. Hierzu gehört u. a. die Vereinfachung und Senkung von Ticketpreisen für den ÖPNV, die finanzielle Unterstützung (durch den Arbeitgeber oder durch Subventionen) bei der Anschaffung oder Nutzung von Fahrrädern bzw. von Carsharing, die bessere Verbindung von Radverkehr und ÖPNV, bessere On-Demand-Angebote sowie eine Mobilitätsapp, die Angebote koordiniert und zusammenführt. Zentrale Wünsche der Teilnehmenden waren:

- Mehr *Transparenz* bei der Nutzung bestehender Fortbewegungsmöglichkeiten,
- bessere Möglichkeiten zur *Kombination* bestehender Mobilitätsangebote,
- die Option, Angebote *unkompliziert* zu buchen,
- eine stärkere *Digitalisierung* von Angeboten sowie
- *finanzielle Anreize* für die Nutzung von Alternativen zum motorisierten Individualverkehr (MIV).

Basierend auf den Erkenntnissen der Szenario-Workshops, wurde vom Projektteam ein Mobilitätsbudget als eine mögliche Lösung konzipiert und in einem weiteren Prototyping-Workshop weiterentwickelt. Als Mobilitätsbudget wird ein finanzielles Budget bezeichnet, das Arbeitgeber ihren Angestellten als eine zusätzliche Leistung („Benefit") für deren individuelle Fortbewegung für das Pendeln, aber auch für Freizeitwege zur Verfügung stellen. Das Mobilitätsbudget kann dabei, je nach Präferenz der Nutzenden, flexibel für verschiedene ÖPNV- (Bus, Bahn, Zug) und On-Demand-Angebote (bspw. Leihräder, Carsharing und E-Scootersharing) eingesetzt werden: entweder in Form einer Pay-as-you-go- (z. B. kurzfristige Fahrt mit gerade vorhandenem E-Scooter) oder einer Abonnement-Option (z. B. als Monatsticket für den ÖPNV). Das Mobilitätsbudget soll einen Anreiz dafür bieten Verkehrsmittel des Umweltverbundes zu nutzen und die eigenen Wegeketten nach den persönlichen Mobilitätsbedürfnissen zu gestalten. Anforderungen der Teilnehmenden an ein Budget waren:

- Es sollte möglichst mittels *App* zur Verfügung gestellt werden, sodass Tickets mit dem Smartphone gebucht werden können.
- Gewünscht wurde ein *Prepaid-Budget,* bei dem Teilnehmende nicht in Vorleistung gehen und sich auch nicht im Nachhinein mit zeitaufwändigen Abrechnungsvorgängen befassen müssen.

- Das Budget sollte auch für *Freizeitwege* nutzbar sein, um Wege zur Universität flexibel mit anderen Alltagswegen (z. B. dem Weg zum Kindergarten oder zum Sport) verbinden zu können.
- Zudem sollten *Gamification-Elemente* enthalten sein, um die Nutzer:innen zu einer möglichst nachhaltigen Fortbewegung zu motivieren.

4.2 Planung und Durchführung

Im März 2023 wurde mit den Vorbereitungen für die Konzeption und die Durchführung des Realexperiments begonnen. Die vorbereitenden Schritte beinhalteten:

- Eine Prüfung der rechtlichen Grundlagen (insbesondere, inwieweit im Rahmen des Projekts finanzielle Mittel zum Testen unterschiedlicher Mobilitätsdienste bereitgestellt werden dürfen),
- eine Recherche zu Mobilitätsdienstleistungen, die in den vier Universitätsstädten Duisburg, Essen, Bochum und Dortmund zur Verfügung stehen, sowie
- eine Recherche zu Unternehmen, die Mobilitätsbudgets anbieten und als potenzielle Partner infrage kommen, sowie erste Gespräche mit Mobilitätsbudget-Anbietern.

4.2.1 Anbieter von Mobilitätsbudgets

Die Recherche zu Mobilitätsdienstleistern in den Universitätsstädten hat ergeben, dass an allen Standorten verschiedene Mobilitätsdienstleistungen verfügbar sind, sodass im Rahmen des Realexperiments (je nach Wohnstandort und Wegen) mit unterschiedlichen Fortbewegungsformen experimentiert werden kann. Abb. 25 führt die verschiedenen Mobilitätsdienstleistungen getrennt nach Fortbewegungsform auf, die in den vier Universitätsstädten zum Zeitpunkt der Vorbereitungen auf das Reallabor zur Verfügung standen.

Aus einer Recherche zu Anbietern von Mobilitätsbudgets gingen im Frühjahr 2022 vier potenzielle Anbieter von Prepaid-Karten für Mobilitätsbudgets hervor:

- 1st Mobility AG: Sie bietet ein breites Leistungsspektrum zur Mitarbeitermobilität an, kann aber selbst keine Kreditkarte zur Verfügung stellen.
- XXImo GmbH: Das Unternehmen bietet zwar ein Mobilitätsbudget an, das allerdings nur auf wöchentlicher Basis zur Verfügung steht. Darüber hinaus wird die Kreditkarte physisch bereitgestellt.

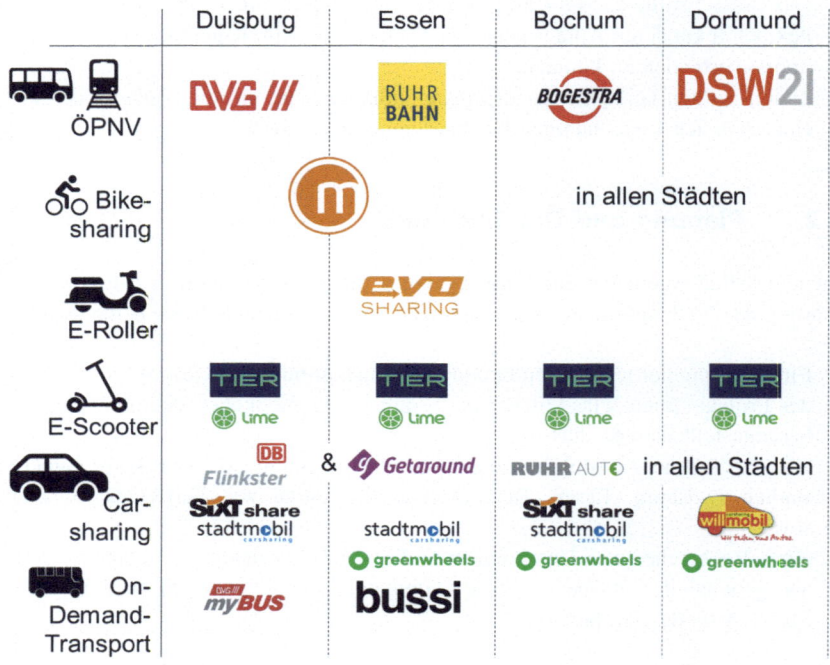

Abb. 25 Mobilitätsdienstleister nach Stadt. (Eigene Darstellung)

- Belmoto Mobility GmbH: Sie bietet ebenfalls physische Visa-Karten an. Ab einem Budget, das 50 € überschreitet, bietet Belmoto ausschließlich eine Mobility Card an, die weltweit alle Mobilitätsanbieter abdeckt. Dadurch ist kein Ausschluss von weniger nachhaltigen Mobilitätsdienstleistungen wie Flügen möglich. Da dies nicht dem Projektziel der Erprobung einer nachhaltigen Mobilität für die vier Ruhrgebietsstädte entspricht, kam dieser Anbieter nicht infrage.
- RYDES GmbH: Alleinstellungsmerkmal dieses Anbieters ist die Bereitstellung von Mobilitätsbudgets über eine App, in der eine virtuelle Prepaid-Kreditkarte integriert ist.

Um den Wünschen der Workshop-Teilnehmer:innen zu entsprechen und ein möglichst digitales Mobilitätsbudget bereitzustellen, fiel die Wahl daher auf den Anbieter RYDES.[13]

4.2.2 Akquisition der Teilnehmenden

Nach Abschluss der Vorarbeiten und der Abstimmung mit RYDES als Dienstleister für das Mobilitätsbudget wurde im Juli 2023 mit der Akquise der Teilnehmenden begonnen, wobei das Ziel war 200 Teilnehmer:innen zu akquirieren. Die Ansprache erfolgte über einen Mail-Verteiler, in den sich Teilnehmende der Befragung aller UA Ruhr-Angehörigen im Frühjahr 2021 eingetragen hatten, also sowohl Mitarbeitende als auch Studierende. Um mögliche Rebound-Effekte zu erforschen, wurden nicht nur Personen, die sich hauptsächlich mit dem Pkw fortbewegen, in das Realexperiment mit einbezogen, sondern auch Personen, die den Umweltverbund bereits nutzen.[14]

Da die Gruppe Technik und Verwaltung, verglichen mit den wissenschaftlichen Beschäftigten sowie den Studierenden, unterrepräsentiert war, wurden über diverse Mailverteiler der Universitäts-Verwaltungen weitere teilnahmewillige Personen gezielt nacherhoben. Insgesamt konnten 214 Teilnehmer:innen akquiriert werden, denen für eine verbindliche Anmeldung die Nutzungsbedingungen zur Teilnahme am Realexperiment zugesendet wurden. Diese Nutzungsbedingungen wurden von 138 Teilnehmenden unterschrieben, für die im Anschluss Accounts für die Nutzung des Mobilitätsbudgets angelegt wurden.

Um die Teilnehmenden möglichst gut in die Nutzungsmöglichkeiten des Mobilitätsbudgets einzuführen, wurde am 03.11.2023 eine virtuelle Onboarding-Veranstaltung von zwei Projektmitarbeiter:innen und einer Mitarbeiterin von RYDES durchgeführt. Dabei wurden die grundlegende Funktionalität der App sowie die Einsatzmöglichkeiten des Budgets erläutert. Zudem hatten Teilnehmende die Möglichkeit Fragen zu stellen und erste Probleme zu schildern (das Budget war zu diesem Zeitpunkt bereits zwei Tage nutzbar). Bei technischen Problemen stand den Teilnehmenden über die Dauer des Realexperiments durchgehend der Support von RYDES zur Verfügung, der über die App kontaktiert werden konnte. Konzeptionelle Rückfragen wurden durch das Projektteam beantwortet.

---

[13] Nach Abschluss des Reallabors wurde die RYDES GmbH in NAVIT umbenannt.

[14] Als Rebound-Effekte werden sekundäre Folgen von politischen oder technischen Maßnahmen bezeichnet, die der ursprünglich beabsichtigten Wirkung zuwider laufen (Haan et al. 2015).

4.3 Wie funktioniert ein Mobilitätsbudget?

Vor Beginn des Realexperiments wurde für jeden Teilnehmenden ein RYDES-Konto sowie eine individuelle Prepaid-Kreditkarte erstellt, die im persönlichen RYDES-Account hinterlegt wurde. Diese Prepaid-Karten der Teilnehmenden wurden jeweils zum Monatsbeginn mit 120 € Budget aufgeladen und stand den Teilnehmer:innen des Realexperiments für ihre individuelle Mobilität flexibel zur Verfügung.[15] Ein Budget, welches im ersten Monat nicht genutzt wurde, blieb für den Folgemonat erhalten. Mit Abschluss des Realexperiments sind Restbudgets verfallen und wurden den Teilnehmenden nicht ausgezahlt.

Da das Mobilitätsbudget als Ergebnis der partizipativen Szenario-Workshops als rein digitales Budget konzipiert wurde, war eine Zahlung ausschließlich über die Apps von Mobilitätsdienstleistern möglich. Voraussetzung für die Teilnahme am Realexperiment war daher ein funktionsfähiges Smartphone. Auf diesem mussten die Teilnehmenden für einen Nutzung des Mobilitätsbudgets zum einen die RYDES-App installieren. In dieser konnten Sie jederzeit ihr individuelles Budget (Abb. 26 links) sowie ihre gebuchten Fahrten und ihren persönlichen Modal-Split einsehen (Abb. 26 Mitte). Zum anderen mussten die Teilnehmenden die Mobilitäts-Apps der Anbieter, über die sie ihre Mobilitätsdienstleistungen buchen wollten, installieren.

Um Fahrten mittels Mobilitätsbudget zu bezahlen, mussten die Daten der virtuellen Kreditkarten initial als Zahlungsinformation in den Apps, über die Fahrten gebucht werden sollten, hinterlegt werden. Hierzu konnten die persönliche Kreditkartennummer mittels Zwischenablage bequem aus der RYDES-App in die gewünschte Mobilitäts-App kopiert werden. Sicherheitscode und Ablaufdatum mussten manuell eingetragen werden. Anschließend wurden alle Fahrten automatisch über das Mobilitätsbudget abgerechnet.

4.4 Ergebnisse des Realexperiments

Das Realexperiment wurde mit einer Laufzeit von zwei Monaten im November und Dezember 2022 durchgeführt. Insgesamt haben von den 138 registrierten

---

[15] Das Budget konnte dabei ausschließlich für mobilitätsbezogene Dienstleistungen verwendet werden. Andere Dienstleistungen oder Waren ließen sich mit der virtuellen Kreditkarte nicht bezahlen. Prinzipiell konnten alle mit Kreditkarte zahlbaren Mobilitätsdienstleistungen gebucht werden, aufgrund der Zielsetzung einer nachhaltigeren Gestaltung der Fortbewegung wurden jedoch die Buchung von Flügen sowie das Tanken privater Pkw von der freien Verwendung des Budgets ausgenommen.

Das Reallabor als Testfeld nachhaltiger Mobilität

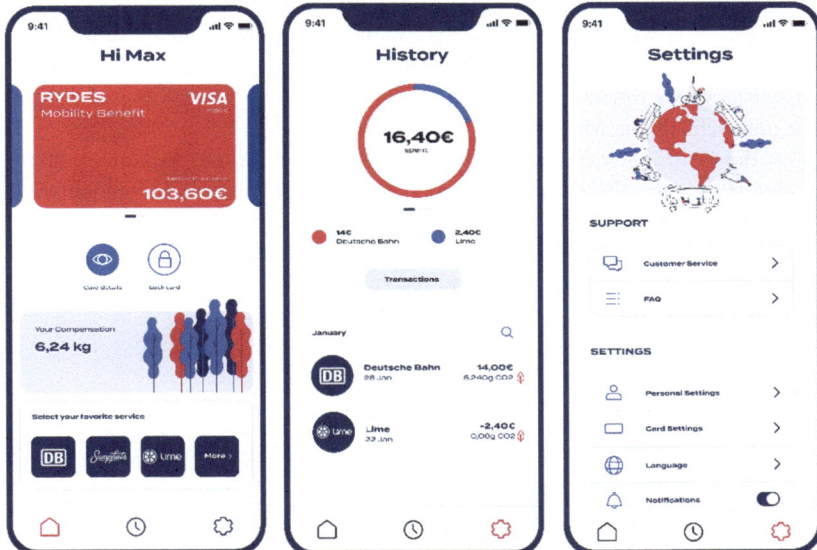

Abb. 26 RYDES App. (RYDES GmbH; eigene Darstellung)

Teilnehmer:innen 109 Personen das Mobilitätsbudget genutzt.[16] Alle über das Mobilitätsbudget abgerechneten Fahrten wurden in anonymisierter Form in einen Datensatz überführt und anschließend ausgewertet.

4.4.1 Buchungsdaten

In den zwei Monaten des Realexperiments wurden von den Teilnehmenden insgesamt 1570 Fahrten bei 31 unterschiedlichen Anbietern gebucht. Im Durchschnitt haben die Teilnehmenden während dieses Zeitraums 179 € und damit etwa drei Viertel ihres verfügbaren Budgets ausgegeben. Zwei Drittel der Buchungen wurden zwischen Montag und Freitag getätigt, ein Drittel am Wochenende. Das

---

[16] Die übrigen 29 Teilnehmenden haben aus unterschiedlichen Gründen kein Budget verausgabt. Vereinzeltes Feedback zeigt, dass es in einigen wenigen Fällen es zu technischen Schwierigkeiten kam, die nicht gelöst werden konnten, und in anderen Fällen das Interesse an einer Teilnahme verloren gegangen ist. Ungünstige Randbedingung war zudem, dass die Universität Duisburg-Essen im November von einem Cyberangriff getroffen wurde, der die universitätsinterne Kommunikation temporär weitgehend zum Erliegen gebracht hat, wodurch temporär auch Projektmitglieder für Rückfragen nicht erreichbar waren.

Realexperiment sollte dazu anregen mit verschiedenen Verkehrsmitteln zu experimentieren, was von den Teilnehmenden mehrheitlich gut genutzt wurde: Mehr als die Hälfte hat während des Realexperiments mit mindestens drei Mobilitätsdienstleistern experimentiert, etwa 20 % haben ihr Budget sogar für fünf oder mehr unterschiedliche Mobilitätsdienstleistungen genutzt.

Fast die Hälfte aller gebuchten Fahrten (48,3 %) entfiel auf Mikromobilitätsoptionen (E-Scooter, Bikesharing), weitere 42 % auf Fahrten mit Verkehrsmitteln des öffentlichen Verkehrs (Bus, Bahn, Straßen- und U-Bahn, vgl. Abb. 27). Mobilitätsoptionen, die einen Pkw involvieren (Carsharing und Ridehailing) wurden demgegenüber eher wenig genutzt und machen gemeinsam deutlich weniger als 10 % der gebuchten Fahrten aus.

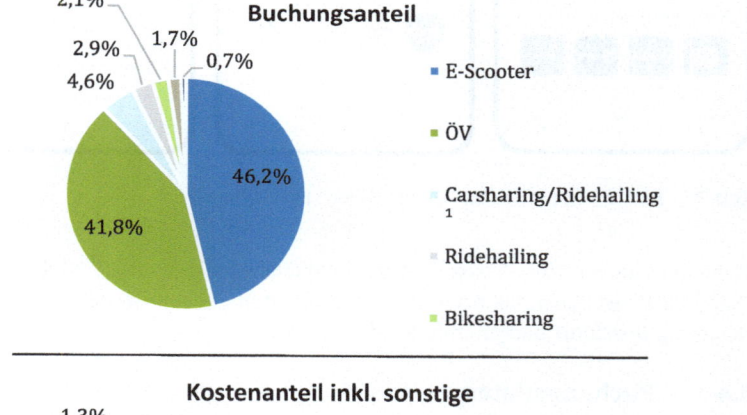

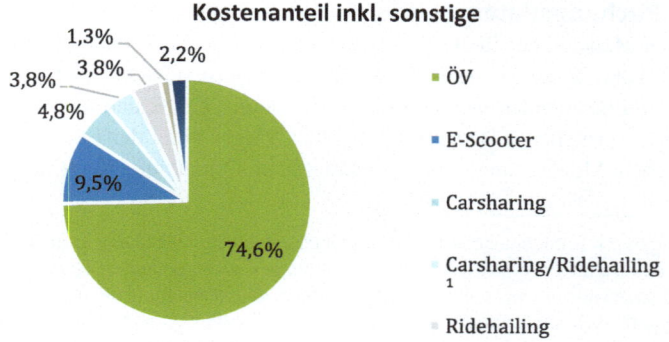

Abb. 27 Verwendung des Mobilitätsbudgets. (Eigene Darstellung)

Tab. 2 Anteil mindestens einmal genutzter Verkehrsmittel an Gesamtbuchungen (eigene Darstellung)

Verkehrsmittel	mind. einmal genutzt
ÖV	87,2 %
E-Scooter	59,6 %
Bikesharing	22,9 %
Carsharing/Ridehailing[1]	14,7 %
Ridehailing	12,8 %
Carsharing	9,2 %
Sonstige	10,1 %

1: Ein Anbieter hat beide Dienste angeboten, die Daten aber nicht getrennt ausgewiesen

Betrachtet man die Ausgaben für verschiedene Verkehrsmittel, zeigt sich, dass der öffentliche Verkehr dominiert, für den knapp 75 % des genutzten Budgets ausgegeben wurde, gefolgt von Mikromobilitätsoptionen (E-Scooter plus Bikesharing), die trotz der Vielzahl an Buchungen insgesamt nur für 10,8 % der Ausgaben verantwortlich waren. Dieser Unterschied lässt sich auf die unterschiedlichen mittleren Fahrtkosten zurückführen. So wurden für ÖV-Fahrten im Median 10,90 € ausgegeben, für E-Scooter-Fahrten jedoch nur 1,47 € und für Bikesharing 1,00 €.

Betrachtet man die mindestens einmalig genutzten Verkehrsmittel (vgl. Tab. 2), zeigt sich, dass fast 90 % aller Nutzer:innen mindestens eine ÖV-Fahrt gebucht haben, gefolgt von knapp 60 %, die E-Scooter genutzt haben.

4.4.2 Befragungsdaten

Neben den Buchungsdaten wurden zwei Wellen einer Online-Befragung durchgeführt, um neben der tatsächlichen Verwendung des Mobilitätsbudgets (abgebildet über die aggregierten Buchungsdaten) auch die subjektive Wahrnehmung der Budgetverwendung sowie eine Einschätzung dazu zu erhalten, wie hoch ein Mobilitätsbudget aus Sicht der Teilnehmer:innen sein müsste, sollte es an den UA Ruhr-Universitäten eingeführt werden.

4.4.3 Wahrnehmung und Bewertung der Nutzung

Um zu identifizieren, wie zufrieden die Teilnehmer:innen des Reallabors mit dem unterbreiteten Angebot waren, wurden sie gebeten, verschiedene Aspekte des Mobilitätsbudgets hinsichtlich ihrer Zufriedenheit mit diesen zu bewerten. In

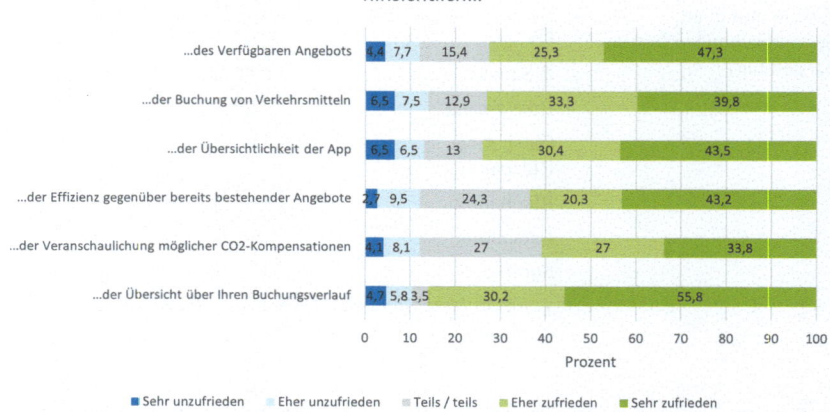

Abb. 28 Zufriedenheit mit dem Mobilitätsbudget. (N = 74 bis 93; eigene Darstellung)

der Gesamtschau zeigt sich, dass die Teilnehmenden sehr hohe zufriedenheitswerte bezüglich aller abgefragten Aspekte des Mobilitätsbudgets zurückgemeldet haben (siehe Abb. 28).

Besonders zufrieden waren die Probanden mit der Übersicht über den Buchungsverlauf (86 %), der Übersichtlichkeit der App (73,9 %), mit der Buchung von Angeboten (73,1 %) sowie mit dem verfügbaren Angebot (72,6 %). Mit der Effizienz gegenüber dem bestehenden Angebot (63,5 %) sowie die Veranschaulichung von CO2-Kompensationen (60,8 %) in der App zeigen sich etwas weniger Personen, wenn auch immer noch die Mehrheit zufrieden.

Das im Rahmen des Reallabors angebotene Mobilitätsbudget basierte auf den in den Szenario-Workshops identifizierten Wunsch nach einem möglichst flexibel einsetzbaren digitalen Angebot. Gleichzeitig wurde getestet, inwiefern ein Mobilitätsbudget dazu beitragen kann, dass sich Personen nachhaltiger fortbewegen. Vor diesem Hintergrund wurden die Teilnehmer:innen gebeten, die Eignung der virtuellen Kreditkarte für die Buchung von Fahrten, die Eignung des Mobilitätsbudgets für intermodale Fahrten, sowie die Möglichkeit mit dem Mobilitätsbudget private Pkw-Fahrten zu ersetzen auf einer fünfstufigen Skala (1 – „Überhaupt nicht" bis 5 –„Hervorragend") zu bewerten (siehe Tab. 3).

Es zeigt sich, dass der Einsatz der virtuellen Kreditkarte als ein rein digitales Angebot zur Abwicklung der Buchung von Mobilitätsdienstleistungen von den

Tab. 3 Eignung des Mobilitätsbudgets zur Zahlungsabwicklung sowie zur intermodalen Fortbewegung und Pkw-Substitution (eigene Darstellung)

	1 (überhaupt nicht)	2	3	4	5 (hervorragend)
Wie gut eignete sich die virtuelle Kreditkarte als Zahlungsmittel für die Buchung von Fahrten? (N = 94)	2,1 %	2,1 %	16 %	34 %	45,7 %
Wie gut eignete sich das Mobilitätsbudget dazu, sich intermodal fortzubewegen? (N = 86)	0 %	5,8 %	19,8 %	39,5 %	34,9 %
Wie gut eignete sich das Mobilitätsbudget dazu, private Pkw-Fahrten zu ersetzen? (N = 71)	0 %	7 %	33,8 %	28,2 %	31 %

Teilnehmer:innen weitergehend sehr positiv bewertet wird (Mean = 4,19; Median = 4). Auch den Einsatz des Budgets für intermodale Fahrten (Mean = 4,03; Median = 4) sowie zur Substitution privater Pkw-Fahrten (Mean = 3,83; Median = 4) bewerten die Teilnehmenden überwiegend positiv. Bei der Substitution der Pkw-Fahrten durch das Mobilitätsbudget zeigt sich jedoch auch, dass ein Drittel der Befragten die Eignung eher ambivalent einschätzt.

Um weiteres Feedback zu generieren, wurden den Teilnehmerinnen die Möglichkeit gegeben, im Rahmen offener Items weiteres Feedback zu geben. Auch hier zeigt sich in der Gesamtschau, dass die Teilnehmenden weitgehend zufrieden waren. Im Rahmen des Reallabors wurde nach Alternativen für zuvor im Alltag etablierte Verkehrsmittel gesucht und mit diesen experimentiert. Besonders positiv hervorgehoben wurden die durch das Mobilitätsbudget zunehmend wahrgenommene Flexibilität sowie der Komfort, den die ausschließlich digitale Buchung von Mobilitätsdienstleistungen mit sich brachte. Letzteres wurde speziell von Personen hervorgehoben, die sich zuvor noch an Fahrkartenautomaten manuell Tickets für einzelne Wege gezogen hatten. Zudem wurde die neue Flexibilität, z. B. im Bereich Mikromobilität (insbesondere E-Scooter), positiv gewürdigt; denn dies trug nach Ansicht einiger Teilnehmenden auch zur Steigerung der Attraktivität des ÖV und zu intermodalen Wegeketten unter Einschluss des ÖV bei.

Neben den vielen positiven Aspekten zeigt sich aber auch, dass das Reallabor dafür gesorgt hat, dass einige Teilnehmer:innen mehr Wege zurückgelegt haben als zuvor und die Bereitstellung des Budgets somit eine verkehrsinduzierende Wirkung hatte. Zwar war im Rahmen des Realexperiments vorgesehen und gewünscht, dass die Teilnehmenden mit verschiedenen Fortbewegungsmöglichkeiten experimentieren, eine dauerhafte Zunahme der zurückgelegten Wege durch die Bereitstellung von Mobilitätsbudgets ist jedoch nur dann positiv zu bewerten, wenn dabei weitgehend Verkehrsmittel des Umweltverbundes genutzt werden.

Gleichzeitig wird auch deutlich, dass ein Mobilitätsbudget die Alltagsmobilität für Viele zwar nachhaltiger gestalten kann, es jedoch als Instrument sehr stark von den lokalen Angebotsstrukturen abhängt. Insbesondere Stadtgrenzenübergreifende Wege stellen Teilnehmer:innen vor Herausforderungen, da diese häufig mit mehrfachen Verkehrsmittelwechseln/Umstiegen sowie daraus resultierenden Wartezeiten verbunden sind, da durchgehende Verbindungen nicht existieren.

4.5 Resümee

Insgesamt kann das Realexperiment als Erfolg bezeichnet werden. Die Teilnehmenden haben sich durch die Bereitstellung des Mobilitätsbudgets dazu ermutigt gefühlt, sich mit alternativen Fortbewegungsmöglichkeiten auseinanderzusetzen und mit diesen zu experimentieren. Unter Nachhaltigkeitsgesichtspunkten sind die gewählten Fortbewegungsformen (wenn auch mit wenigen Einschränkungen) positiv zu bewerten. Insbesondere der hohe Anteil des Budgets, der für öffentliche Verkehrsmittel verausgabt wurde, sticht mit knapp 75 % des Gesamtbudgets bei Betrachtung der Daten hervor. Zudem haben 87,2 % aller Teilnehmenden das Budget genutzt, um Fahrten mit öffentlichen Verkehrsmitteln zu buchen.

Etwas ambivalent fällt die Einschätzung zu den vielen Fahrten, die mit E-Scootern unternommen wurden, aus. Diese sind insbesondere dort keine nachhaltige Form der Fortbewegung, wo sie Wege ersetzen, die andernfalls zu Fuß, mit dem Fahrrad oder dem öffentlichen Verkehr zurückgelegt worden wären. Gleichwohl verweisen die offenen Rückmeldungen aus unseren Befragungen darauf, dass E-Scooter auch in Verbindung mit weiteren Verkehrsmitteln intermodal genutzt wurden und dass ihr Nutzen für intermodale Fortbewegung als positiv eingeschätzt wird. Hervorgehoben wurde beispielsweise, dass zu Abendstunden, in denen öffentliche Verkehrsmittel nur noch mit geringerer Taktung verkehren, Mikromobilitätsoptionen eine Möglichkeit bieten, lange Wartezeiten zu vermeiden. Die Zufriedenheit mit verschiedenen Aspekten des Mobilitätsbudgets stellte sich unter den Teilnehmenden als durchgehend hoch heraus. Dabei wurde insbesondere der von der RYDES-App erstellte individuelle Buchungsverlauf und der daraus generierte Modal Split sehr positiv bewertet. Die virtuelle Kreditkarte eignete sich zudem aus Sicht der überwiegenden Mehrheit gut zur Buchung von Fahrten. Schließlich wurde auch der Einsatz des Mobilitätsbudgets für intermodale Fortbewegung sowie die Möglichkeit, Pkw-Fahrten zu substituieren, positiv bewertet.

Die Rückmeldungen verweisen insgesamt darauf, dass es gelungen ist, im Rahmen des Reallabors mit einem Angebot zu experimentieren, dass die in den Szenario-Workshops formulierten Wünsche der Teilnehmenden aufgegriffen hat. Die Verfügbarkeit des Mobilitätsbudget über eine in eine App integrierte virtuelle Kreditkarte hat (nach einmaliger Einrichtung) aus Sicht der Teilnehmer:innen eine niedrigschwellige und flexible Buchung verschiedener Verkehrsmittel ermöglicht. Gleichzeitig wurden mit der Bereitstellung des Budgets finanzielle Anreize gegeben, um mit alternativen und nachhaltigen Fortbewegungsmöglichkeiten zu experimentieren, wovon die Teilnehmer:innen weitgehend Gebrauch gemacht haben. Schließlich hat der in der RYDES-App angezeigt individuelle Modal Split bei einigen Teilnehmenden dazu geführt, dass ihr Mobilitätsverhalten stärker reflektiert wurde. Nicht lösen konnte das Realexperiment auf der anderen Seite Unzufriedenheiten, die aufgrund defizitär wahrgenommener Infrastruktur und Fahrpläne resultiert.

5 Mobilitäts-App

Marcus Handte, Pedro José Marrón und Lisa Drees

5.1 Warum eine Mobilitäts-App?

Übergreifendes Ziel der InnaMoRuhr-App war die Unterstützung der Experimente in den zuvor beschriebenen Realexperimenten in Dortmund, Bochum, Duisburg und Essen. Die App sollte zum einen die Angebote bestehender Mobilitätsanbieter in der Zielregion mit den zusätzlichen Angeboten des jeweiligen Reallabors integrieren, sodass ein automatisierter Abgleich von bestehenden Angeboten und dem Mobilitätsbedarf der Teilnehmer:innen möglich werden würde. Zum anderen sollte die App die zuvor beschriebenen Auswertungen durch eine In-situ-Erfassung der Mobilität derjenigen Personen unterstützen, die sich dafür freiwillig zur Verfügung gestellt hatten. Um eine möglichst durchgängige Datenerfassung zu erleichtern, sollte die App dabei manuelle Eingaben weitestgehend durch eine automatisierte Erfassung ersetzen.

Aufgrund der spezifischen Zielsetzung zur Umsetzung eines Mobilitätsplaners mit integriertem Mobilitätstagebuch für die Realexperimente konnte nicht auf bestehende Lösungen zurückgegriffen werden. Zwar gab es bereits vor Projektstart zahlreiche Apps zur Erfassung von Standortverlaufsdaten als auch Apps zur Berechnung intermodaler Wegstrecken, aber eine integrierte und erweiterbare Lösung war nicht verfügbar. Gespräche mit Anbietern bestehender Mobilitätsplaner verdeutlichten schnell, dass die Erweiterung einer bestehenden App mit zusätzlichen Diensten für eine (vergleichsweise) kleine Nutzergruppe als „nicht machbar" erachtet wurde. Entsprechend wurde eine eigene App für die primären Mobilplattformen (Apple, Google) entwickelt und über die zugehörigen Marktplätze zur kostenlosen Nutzung angeboten.

5.2 Planung und Durchführung

Aufbauend auf der ursprünglichen Planung des Projektvorhabens, erfolgte die Entwicklung der InnaMoRuhr-App in einem mehrstufigen, kooperativen Prozess, in dem die Funktionen Mobilitätsplaner und Mobilitätstagebuch parallel entwickelt wurden.

5.2.1 Mobilitätsplaner

Für die Umsetzung des Mobilitätsplaners wurden zunächst eine Datenrecherche durchgeführt, deren Fokus auf der Untersuchung von Datensätzen lag, die z. B. im Rahmen von OpenData-Initiativen dauerhaft verfügbar waren, sowie auf offenen (Programmier-)Schnittstellen, die für eine Systemintegration genutzt werden konnten. Dazu gehörten u. a. die Karten- und Adressdaten der OpenStreetMap,[17] die Soll-Fahrplandaten des ÖPNV,[18] die Verfügbarkeitsdaten von Leihfahrrädern,[19] öffentliche Ladepunkte für E-Fahrzeuge der Bundesnetzagentur,[20] sowie die Datenangebote verschiedener Städte im Ruhrgebiet.[21] Nach Abschluss der

---

[17] https://openstreetmap.org.
[18] www.opendata-oepnv.de.
[19] www.nextbike.de.
[20] www.bundesnetzagentur.de/
[21] https://opendata-duisburg.de, https://opendata.essen.de, https://opendata.dortmund.de/

Recherche wurden die vorhandenen Datensätze und Schnittstellen priorisiert. Im Anschluss an die Priorisierung wurden Gespräche mit dem Verkehrsverbund Rhein-Ruhr und dem Mikromobilitätsanbieter TIER Mobility aufgenommen, um auszuloten, inwiefern ein Zugriff auf vertrauliche Daten und proprietäre Dienste möglich ist. Nach erfolgreichem Abschluss dieser Bestandsaufnahme wurde die Architektur des Backendsystems konzipiert und die Anbindungen an bestehende Datensätze und Anbieter entwickelt. Als Basis für die Daten- und Dienstintegration wurden Geodienste und Softwarekomponenten der LocosLab GmbH eingesetzt, die für die technische Umsetzung der InnaMoRuhr-App kostenlos bereitgestellt wurden.

Zusätzlich zu den Integrationsarbeiten wurden weitere Dienste für die jeweiligen Reallabore entwickelt. Dazu gehörte zum Beispiel die Umsetzung eines einfachen Reservierungsdiensts für das Carsharing der Ruhr-Universität Bochum oder die Berechnung statistischer Verfügbarkeiten auf Basis der Echtzeitdaten von Fahrradstationen. Abschließend wurde für die Dienste eine integrierte Webanwendung als Nutzerschnittstelle entwickelt, die in die mobile App integriert wurde. Die Nutzerschnittstelle wurde dabei an bekannte Karten- und Navigationsanwendungen angelehnt, um hohe Einstiegshürden zu vermeiden.

5.2.2 Mobilitätstagebuch

Für die Umsetzung des Mobilitätstagebuchs wurden zeitgleich die Anforderungen an die Datenerfassung und -verarbeitung im Projektverbund erarbeitet. Auf Basis der Anforderungen wurde eine erste Version der App entwickelt und für interne Tests über die üblichen Marktplätze der Mobilplattformen (Google Play, App Store) bereitgestellt. Im Anschluss wurde die App im Verbund getestet und iterativ verfeinert. Dabei wurden die grundlegenden Funktionen zur Datenerfassung, die integrierte Fragebögen und die Darstellung der erfassten Daten mehrfach erweitert und verbessert. Nach der Umsetzung aller Kernfunktionen wurde die App im Rahmen eines Workshops einem ausgewählten Nutzerkreis zugängig gemacht und bewertet. Auf Basis des Feedbacks der Teilnehmer:innen wurde eine Reihe weiterer Verbesserungen implementiert. Dazu gehörte z. B. die Vergabe von Auszeichnungen zur Motivation der Nutzer sowie die Unterstützung von Wearables.

Einige Wochen vor Beginn der Reallaborphase konnten die Entwicklungsarbeiten beendet und der Betrieb der finalen Versionen der Dienste und Apps aufgenommen werden. Hierfür wurden die Dienste auf mehreren Servern für den Produktionsbetrieb konfiguriert und letzte Anpassungen an den Beschreibungen der App in den Marktplätzen der Plattformbetreiber vorgenommen. Während dieser Phase wurde die Ausführung der Dienste und die Datenuploads der App über entsprechende Werkzeuge kontinuierlich beobachtet, um mögliche Fehler frühzeitig zu erkennen. Einige Wochen nach dem Ende der Reallaborphase wurden die Apps so angepasst, dass Nutzer:innen über das Ende der Datenerfassung informiert wurden und zudem erfasste Daten nicht mehr von ihren Endgeräten hochgeladen wurden. Darüber hinaus wurde eine Exportfunktion in die Apps integriert, um den Nutzer:innen die Nutzung der eigenen Daten zu erleichtern.

5.3 Wie funktioniert die App?

5.3.1 Mobilitätstagebuch

Über die Funktion Mobilitätstagebuch ermöglichte die InnaMoRuhr-App die automatisierte Erfassung der Mobilität ihrer Nutzer:innen. Um die Daten den einzelnen Nutzergruppen zuordnen zu können, wurde beim ersten Start der Anwendung zunächst ein Fragebogen angezeigt, mit dem auf Wunsch die Statusgruppe, die Zugehörigkeit zu einer bestimmten Universität und die Teilnahme an den verschiedenen Realexperimenten angegeben werden konnte. Nach Abschluss des Fragebogens öffnete sich der eigentliche Startbildschirm der Anwendung, mit dem die Datenerfassung gesteuert und der Zugriff auf die verschiedenen Funktionen des Mobilitätstagebuchs und des integrierten Mobilitätsplaners ermöglicht wurde.

Solange die Datenerfassung aktiviert war, bestimmte die App regelmäßig den aktuellen Standort des Geräts und speicherte diesen auf dem Gerät. Um einen möglichst lückenlosen Verlauf zu erfassen, erfolgte die Standortbestimmung auch dann, wenn die App nicht mehr aktiv genutzt wurde. Um die Privatsphäre der Nutzer:innen bei der Datenerfassung zu schützen, wurde eine Vorverarbeitung der Standortdaten auf dem mobilen Gerät umgesetzt. Da für die Auswertung lediglich die Mobilitätsmuster erforderlich waren, segmentierte die Vorverarbeitung den Standortverlauf zunächst heuristisch in Aufenthalte und Wegstrecken. Im Anschluss wurden Standortdaten, die lediglich Aufenthalte betrafen, aus dem Verlauf entfernt und die Start- und Endpunkte der Wegstrecken verschleiert. Um eine mögliche Umkehr der Verschleierung zu erschweren, wurden Start und Ziel einer Wegstrecke auf ein Gitter abgebildet und angrenzende Standorte systematisch entfernt.

Abb. 29 zeigt exemplarisch einige der Funktionen des Mobilitätstagebuchs. Dazu gehört neben der Steuerung der Datenerfassung auch eine Übersicht über die erfassten Wegstrecken. Nach Auswahl einer Wegstrecke wird diese zunächst auf einer Karte darstellt. Über eine Schaltfläche kann ein zugehöriges Formular geöffnet werden, das es den Nutzer:innen ermöglicht, weitere Details zur

Das Reallabor als Testfeld nachhaltiger Mobilität

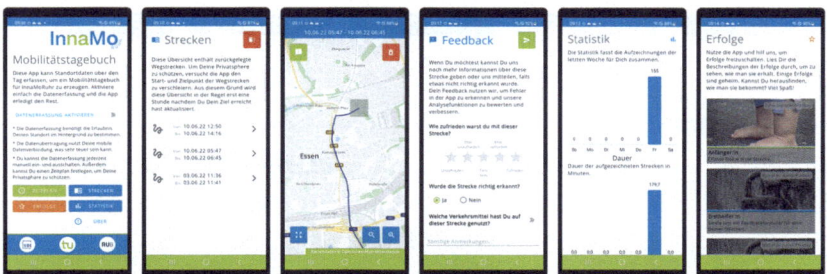

Abb. 29 InnaMoRuhr App für Android (v.l.n.r.): Startbildschirm, erfasste Strecken, Detailansicht zu einer Wegstrecke, Fragebogen zur Wegstrecke, Mobilitätsstatistik, Erfolge. (Eigene Darstellung)

Wegstrecke zu erfassen. Dazu gehört neben einer Bewertung der Fahrt auch die Angabe der genutzten Verkehrsmittel. Die Statistikseite aggregiert die erfassten Wegstrecken für jeden Tag und stellt neben der Anzahl der Strecken auch die Reisedauer und die zurückgelegte Distanz dar. Für bestimmte Aktionen, wie z. B. das lückenlose Erfassen eines gesamten Tages, werden Erfolge vergeben, die beim Erreichen eine Benachrichtigung auslösen. Die bereits erreichten und noch ausstehenden Erfolge werden in einer Übersicht dargestellt.

5.3.2 Mobilitätsplaner

Die Funktion Mobilitätsplaner integriert verschiedene Mobilitätsangebote im Ruhrgebiet nach dem Vorbild weit verbreiteter Karten- und Navigationsapps. Über die Eingabe von Start- und Zieladresse sowie des gewünschten Reisezeitpunkts können die verfügbaren Mobilitätsoptionen in gebündelter Form abgerufen und dargestellt werden (siehe Abb. 30). Mithilfe eines integrierten Routingalgorithmus, der im Rahmen von InnaMoRuhr entwickelt wurde, werden die Angebote dabei auf Wunsch intermodal verknüpft.

Neben den üblichen Informationen schätzt die App auch den Ausstoß an Treibhausgasen ab, die durch die jeweilige Routenoption erzeugt wird. Darüber hinaus bietet sie Zugriff auf verschiedene Echtzeitdaten der jeweiligen Anbieter. Für Verbindungen des ÖPNV zeigt sie beispielsweise die aktuelle Verspätungslage an. Für Mikromobilitätsangebote, wie z. B. Leihfahrräder des Anbieters NextBike oder E-Scooter des Anbieters TIER Mobility, liefert die App neben der Anzeige der aktuellen Verfügbarkeit auch Abschätzungen zur zukünftigen Verfügbarkeit.

Abb. 30 InnaMoRuhr App für Browser (v.l.n.r.): Suche nach Orten, Wegstreckenberechnung, Wegstreckendetails mit Echtzeitdaten des VRR, Echtzeit- und statistische Daten zur Verfügbarkeit von Leihfahrrädern des Anbieters NextBike, Echtzeitdaten zu Fahrzeugen des Mikromobilitätsanbieters TIER Mobility. (Eigene Darstellung)

Basis für die Berechnung sind historische Daten, die durch die Dienste der App im Hintergrund erfasst werden.

5.4 Auswertung der Daten

Mithilfe der InnaMoRuhr App konnten im Verlauf der Experimente in den Reallaboren Daten von 161 Geräten ausgewertet werden. Zwischen September 2022 und Januar 2023 wurden in Summe 4,43 Mio. Standorte auf 13.329 Wegstrecken mit einer Gesamtlänge von 141.842 km erfasst. Da die Nutzer:innen zu mehr als 4000 Wegstrecken weitere Angaben zu den genutzten Verkehrsmitteln gemacht hatten, konnte für die detaillierte Datenauswertung auf Verfahren des maschinellen Lernens zurückgegriffen werden. Hierfür wurde mithilfe der Angaben aus den Feedbackformularen zu den zurückgelegten Wegstrecken ein mehrstufiger Klassifikationsalgorithmus entwickelt, der für jeden Streckenabschnitt das genutzte Verkehrsmittel bestimmt. Auswertungen zur Genauigkeit des Algorithmus ergaben mit weit über 90 % sehr hohe Werte. Eine detaillierte Beschreibung wurde in Form eines Beitrags im Rahmen des Wissenschaftsforum Mobilität der Universität Duisburg-Essen veröffentlicht (Handte et al. 2024).

Um die Nützlichkeit der Daten zur Untersuchung der Mobilität zu verdeutlichen, werden im Folgenden drei Beispielvisualisierungen vorgestellt. Die erste Visualisierung aggregiert die Daten, basierend auf der Statusgruppe (Technik und Verwaltung, Forschung und Lehre, Studierende) der jeweiligen Teilnehmer:innen, die durch das Formular beim ersten Start der App erfasst wurde. Abb. 31 stellt die resultierende Verteilung der genutzten Verkehrsmittel dar.

Betrachtet man die Anzahl der Wege, so zeigt sich für alle drei Gruppen, dass Fußwege mit ca. 40 % den größten Anteil ausmachen. Studierende nutzen häufiger öffentliche Verkehrsmittel als Lehrkräfte oder Verwaltungspersonal. Für alle drei Gruppen sind Bahn und Bus die am häufigsten genutzten öffentlichen Verkehrsmittel. Beim Vergleich von Lehrkräften mit Verwaltungspersonal nutzen Lehrkräfte häufiger das Fahrrad, um sich fortzubewegen, und weisen eine etwas höhere Anzahl von Fußwegen auf. Letzteres könnte ein Hinweis auf einen erhöhten Anteil an Kurzstrecken sein, der wiederum eine Folge von Lehrtätigkeiten in verschiedenen Universitätsgebäuden sein könnte.

Betrachtet man die mit verschiedenen Verkehrsmitteln zurückgelegten Entfernungen, so liegt der Anteil von Auto- und Bahnfahrten bei nahezu 80 %. Vergleicht man dies mit der Häufigkeit der Verkehrsmittel, kann man daraus schließen, dass die anderen Verkehrsmittel, wie z. B. Gehen, Radfahren oder Busfahren, meist zur Überbrückung vergleichsweise geringer Entfernungen genutzt werden. Das bedeutet, dass neben dem Auto vor allem die Zugverbindungen wichtig sind, um weit entfernte Ziele zu erreichen. Das allgemeine Verhältnis zwischen den Gruppen bleibt ähnlich, das heißt, dass Studierende weniger Auto fahren als Lehrkräfte und Verwaltungspersonal und dass Lehrkräfte tendenziell längere Strecken mit dem Fahrrad zurücklegen.

Neben der Aggregation der Daten nach Zugehörigkeit zu Statusgruppen ermöglichen die Daten auch die Untersuchung der Variabilität von Mobilitätsentscheidungen im Zeitverlauf. Dazu können die Fahrten der Nutzer:innen zeitlich aggregiert werden. Abb. 32 zeigt hierfür die wöchentliche Verteilung der Verkehrsmittelnutzung in Bezug auf die zurückgelegte Distanz für 13 Wochen vom 6. Oktober 2022 bis zum 4. Januar 2023.

Auf das Carsharing-Experiment mit Elektrofahrzeugen entfallen ca. 1–5 % der zurückgelegten Strecke von Woche 1 bis Woche 11. Ende Oktober (Woche 4) sinkt die mit dem Auto zurückgelegte Strecke um fast 10 %, was zeitlich mit dem Beginn der Mobilitätsbudget-Experimente zusammenfällt. Zugfahrten, Radfahren und Carsharing zählen zu den am stärksten profitierenden Verkehrsträgern. In den Wochen 12 und 13 steigt der Anteil an Autofahrten dramatisch. Eine mögliche Erklärung hierfür könnte die in diesem Zeitraum liegende Ferienzeit zwischen Weihnachten und Neujahr sein, bei der regelmäßige Fahrten zum Arbeitsplatz stark abnehmen und durch Fahrten zu Freunden und Familie ersetzt werden, die wie die Daten belegen, deutlich häufiger mit dem Auto zurückgelegt werden.

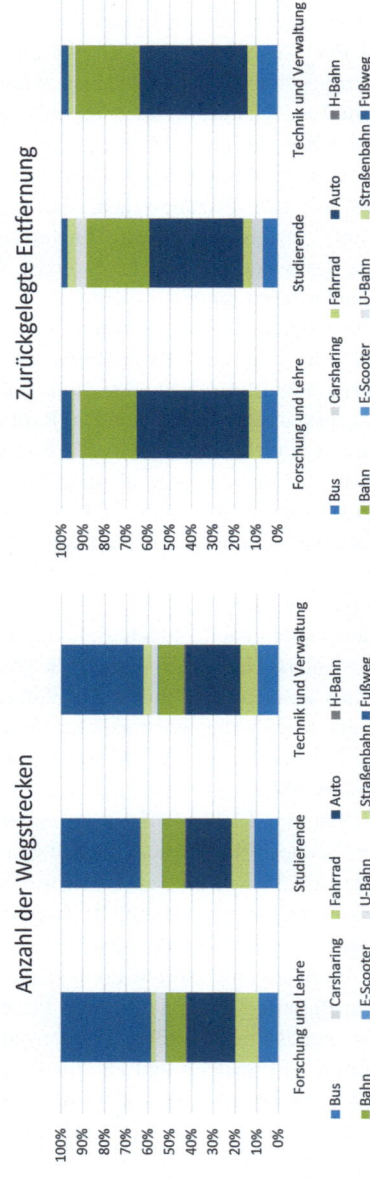

Abb. 31 Erfasste Mobilität nach Verkehrsmittel und Statusgruppe. Links: Anzahl der Wegstrecken, rechts: zurückgelegte Entfernung. (Eigene Darstellung)

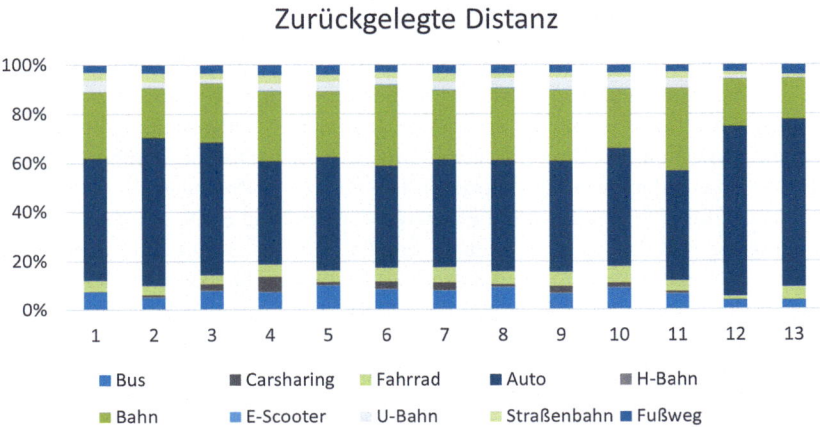

Abb. 32 Wöchentliche Mobilität nach Verkehrsmittel im Zeitraum vom 6. Oktober 2022 bis 4. Januar 2023. (Eigene Darstellung)

Eine weitere Verwendungsmöglichkeit der Daten besteht in der Erstellung von Heatmaps, die die Standortverläufe örtlich aggregieren. Anhand der Klassifikationsergebnisse können die Daten dabei zusätzlich in unterschiedliche Verkehrsmittel gruppiert werden. Abb. 33 zeigt die resultierende Kartendarstellungen für die Daten, die als Autofahrt erkannt wurden, und die Daten, die als ÖPNV-Nutzung klassifiziert wurden.

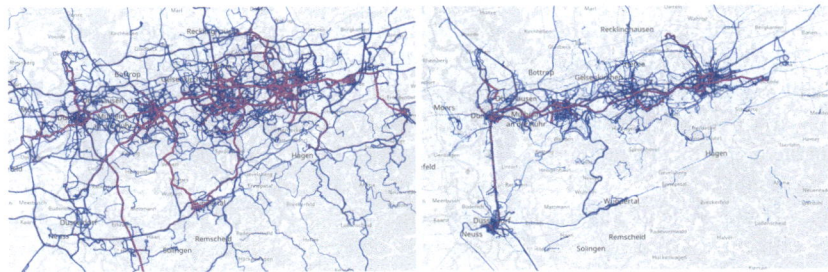

Abb. 33 Heatmap der Autofahrten (links) und der ÖPNV-Nutzung (rechts) im Zeitraum vom 6. Oktober 2022 bis zum 4. Januar 2023. (Eigene Darstellung auf Basis von Kartendaten © OpenStreetMap)

In der Visualisierung der Autofahrten ist zu erkennen, dass die meisten großen Autobahnen häufig befahren werden. Beispiele sind u. a. die A3 (von Süden nach Norden) oder die A40 (von Osten nach Westen). Auch größere Straßen, die Ringe um die Stadtzentren bilden, werden erwartungsgemäß häufig genutzt.

Die ÖPNV-Karte zeigt, dass die Bahnstrecke, die im Südwesten in Düsseldorf beginnt und durch das Ruhrgebiet von Duisburg nach Dortmund führt, zu den am häufigsten befahrenen Strecken zählt. Die übrigen Verbindungen bilden meist spinnennetzförmige Gebilde um die Zentren der Großstädte. Dieses Muster steht im Einklang mit den zuvor erwähnten Ergebnissen, die darauf hindeuten, dass Züge das primäre öffentliche Verkehrsmittel für die Überbrückung großer Entfernungen sind. Andere Verkehrsmittel des ÖPNV werden vorwiegend für kürzere Fahrten genutzt.

Beim Vergleich der beiden Visualisierungen fällt auf, dass das Auto außerhalb der Städte und in deren Umland deutlich stärker im Einsatz ist. So decken Autofahrten auch ländliche Gebiete im Südosten der Karte ab, die eine geringe Nutzung öffentlicher Verkehrsmittel aufweisen. Dies könnte ein Hinweis darauf sein, dass es in diesen Gebieten an wettbewerbsfähigen ÖPNV-Angeboten mangelt.

5.5 Resümee

Zusammenfassend lässt sich festhalten, dass die Erfassung der Nutzermobilität mithilfe der im Projektverlauf entwickelten Mobilitätsapp überaus erfolgreich war. Dies lag vor allem an der tatkräftigen und aktiven Mitwirkung der Nutzer:innen. Die Vielzahl an Angaben zur Verkehrsmittelnutzung, die von den Nutzer:innen über die Feedback-Mechanismen der App gemacht wurden, waren eine wesentliche Basis für die Entwicklung eines genauen Klassifikationsverfahren. Mithilfe dieses Verfahrens konnten die Mobilitätsentscheidungen detailliert analysiert werden.

Darüber hinaus bewährte sich der im Projekt verfolgte, dynamische Entwicklungsprozess mit mehrstufigen Tests und Workshops, durch den eine sehr hohe App-Qualität bereits vor der Inbetriebnahme und Veröffentlichung erreicht werden konnte. Entsprechend gab es während der Durchführung der eigentlichen Experimente nur noch geringfügige technische Probleme, die in der Regel durch Änderungen von Einstellungen am Mobiltelefon der Nutzer:innen gelöst werden konnten.

6 Fazit: Lehren aus dem Reallabor

Johannes Weyer

Ein knapper Überblick über die wichtigsten Ergebnisse des Reallabors und der drei Realexperimente findet sich im Abschnitt Zusammenfassung am Anfang dieses Textes, dessen nochmalige Lektüre an dieser Stelle empfohlen wird. Statt die vorherigen Ausführungen zu wiederholen, soll das abschließende Fazit genutzt werden, um das Reallabor insgesamt zu reflektieren und „lessons learned" zu beschreiben.

6.1 Lernprozess (Teil 1)

Ein Reallabor zu konzipieren und Realexperimente durchzuführen, war für einen Großteil der beteiligten Wissenschaftler:innen eine ungewohnte Aufgabe, die mit großen Herausforderungen einherging und ein hohes Engagement verlangte. Verhandlungen mit Anbietern, Universitätsverwaltungen, Behörden etc. zu führen, erfordert Fähigkeiten, die im Prozess der akademischen Forschung typischerweise nicht verlangt werden. Dank einer großen Kooperationsbereitschaft aller Beteiligten – wofür hier ausdrücklich gedankt wird – ist es jedoch gelungen, die drei Realexperimente erfolgreich durchzuführen und zugleich Erfahrungen zu sammeln, die weit über das hinausgehen, was man bei akademischer Forschung typischerweise lernt.

6.2 Lernprozess (Teil 2)

Zu dem beschriebenen Lernprozess gehört auch die Erfahrung, dass ein Realexperiment kein Selbstläufer ist, selbst wenn man glaubt, eine hinreichende Zahl potenzieller Teilnehmer:innen rekrutiert zu haben. Insbesondere beim Fahrrad-Hub blieb die Zahl derjenigen, die ihn nutzten, anfangs unter den Erwartungen. Auf Nachfrage bei den Teilnehmer:innen gab es jede Menge Erklärungen: Homeoffice, Online-Konferenzen, schlechtes Wetter, neuer Job usw. wurden als Gründe genannt. Erst nach mehreren Nachrekrutierungsrunden konnte eine zufriedenstellende Auslastung des Fahrrad-Hubs erzielt werden.

Ähnliches gilt für das E-Carsharing. Auch hier lag die Nutzungshäufigkeit unter den Erwartungen, was zum Teil aber auch daran lag – ähnlich wie beim Fahrrad-Hub –, dass potenzielle Nutzer:innen den Dienst am liebsten direkt vor ihrer Bürotür haben wollten, also wie einen Radständer auch eine Carsharing-Station direkt am Eingang des häufig besuchten Gebäudes und nicht irgendwo auf dem Campus. Diese vielfältigen Wünsche nach einem breit verfügbaren Angebot konnten die Realexperimente, die das Projekt InnaMoRuhr durchgeführt hat, jedoch nicht erfüllen.

6.3 Motivation und Engagement

Ein großer Pluspunkt waren die hohe Motivation und das Engagement der UA Ruhr-Angehörigen, die an den drei Realexperimenten teilgenommen haben. Etliche Nutzer:innen haben uns ihrer Mobilitätsdaten – selbstverständlich in anonymisierter Form – bereitwillig zur Verfügung gestellt und so dazu beigetragen, das Verkehrsmodell der UDE mit Daten zu füttern. Auch hat das Feedback, das wir in großer Zahl erhalten haben, geholfen, die Datenqualität erheblich zu verbessern. Die Tracking-Information, dass Person x die Kante y mit einer Geschwindigkeit von 15 km/h befahren hat, gewinnt erheblich an Wert, wenn die Nutzer:in in der Mobilitäts-App ankreuzt, ob sie den Bus oder das Rad genutzt hat. Denn beide Verkehrsmittel verkehren auf der gleichen Strecke mit ungefähr der gleichen Geschwindigkeit, sodass eine rein technische Unterscheidung schwierig sein kann.

Zweifellos spiegeln die von uns durchgeführten Kurzbefragungen vor, während und nach den Realexperimenten nur einen Teil der Wirklichkeit wider, da an ihnen nur motivierte Teilnehmer:innen teilgenommen haben, deren Aussagen kein repräsentatives Bild der Gesamtpopulation an Teilnehmer:innen ergeben. Dennoch ließen sich daraus wertvolle Erkenntnisse ableiten, die in künftigen Reallaboren genutzt werden können.

6.4 Nachhaltige Mobilität

Das Reallabor mit seinen drei dezentralen Realexperimenten hat den UA Ruhr-Angehörigen die Möglichkeit eröffnet, Erfahrungen – teils erstmalig – mit alternativen Verkehrsmitteln (z. B. Elektrofahrzeugen) zu machen und mit neuen Optionen (z. B. Radboxen) zu experimentieren, ohne dass damit kostenträchtige und riskante Investitionsentscheidungen verbunden waren (z. B. ein langfristiges Carsharing-Abonnement). Das Feedback der Teilnehmer:innen war überwiegend positiv. Realexperimente können also ein Anstoß sein, festgefahrene Routinen zu überdenken und sich für Neues zu öffnen.

6.5 Kooperation von Sozial- und Datenwissenschaften

Ein nicht zu unterschätzender Gewinn, den das Reallabor erbracht hat, ist die intensive Kooperation von Sozial- und Datenwissenschaften, die vor allem bei der Entwicklung und Nutzung der InnaMoRuhr-App praktiziert wurde. Denn Annahmen über soziales Verhalten gewinnen an Plausibilität, wenn sie mit Daten unterfüttert werden. Und umgekehrt: Daten gewinnen an Aussagekraft, wenn sie mit Informationen zu sozialem Verhalten kombiniert werden.

Eine Mobilitäts-App, die beides kann – Daten erheben und Nutzer:innen-Feedback erfassen – und diese beiden Datenquellen kombiniert, ist von unschätzbarem Wert. Es ist daher geplant, diese Kooperation in einem Folgeprojekt fortzusetzen.

Literatur

Groß, Matthias; Hoffmann-Riem, Holger; Krohn, Wolfgang (2005): Realexperimente. Ökologische Gestaltungsprozesse in der Wissensgesellschaft. Bielefeld: transcript (Science studies).

Haan, Peter de; Peters, Anja; Semmling, Elsa; Marth, Hans; Kahlenborn, Walter (2015): Rebound-Effekte: Ihre Bedeutung für die Umweltpolitik. In: UBA-Texte: Berlin, Germany 31. Online verfügbar unter https://www.umweltbundesamt.de/publikationen/rebound-effekte-ihre-bedeutung-fuer-die.

Handte, Marcus; Kraus, Lisa; Marrón, Pedro José; Proff, Heike (2024): Analyzing the Mobility of University Members for InnaMoRuhr. In: Heike Proff (Hg.): Next Chapter in Mobility. Wiesbaden: Springer Gabler (in Druck).

Hebestreit, Ray (2013): Die Transformation der Gesellschaft zur Wissensgesellschaft. In: Ray Hebestreit (Hg.): Partizipation in der Wissensgesellschaft. Funktion und Bedeutung diskursiver Beteiligungsverfahren. Wiesbaden: Springer VS (Studien der NRW School of Governance), S. 29–61.

Kern, Kristine; Haupt, Wolfgang (2021): Von Reallaboren zu urbanen Experimenten: deutsche und internationale Debatten. In: RuR 79 (4), S. 322–335. https://doi.org/10.14512/rur.48.

Krohn, Wolfgang; Weyer, Johannes (1989): Gesellschaft als Labor: Die Erzeugung sozialer Risiken durch experimentelle Forschung. In: Soziale Welt 40 (3), S. 349–373. Online verfügbar unter http://www.jstor.org/stable/40877604.

metropolradruhr (21.12.2022): 1 Million Ausleihen erreicht! Online verfügbar unter https://www.metropolradruhr.de/de/news/1-million-ausleihen-erreicht.

Schäpke, Niko; Franziska Stelzer; Matthias Bergmann; Mandy Singer-Brodowski; Matthias Wanner; Guido Caniglia; Daniel J. Lang (2017): Reallabore im Kontext transformativer Forschung: Ansatzpunkte zur Konzeption und Einbettung in den internationalen Forschungsstand. IETSR Discussion papers in Transdisciplinary Sustainability Research. Lüneburg. Online verfügbar unter http://hdl.handle.net/10419/168596.

Schneidewind, Uwe (2014): Urbane Reallabore – ein Blick in die aktuelle Forschungswerkstatt. In: pndlonline 2014 (III). Online verfügbar unter https://epub.wupperinst.org/frontdoor/deliver/index/docId/5706/file/5706_Schneidewind.pdf.

Schneidewind, Uwe; Singer-Brodowski, Mandy (2015): Vom experimentellen Lernen zum transformativen Experimentieren: Reallabore als Katalysator für eine lernende Gesellschaft auf dem Weg zu einer Nachhaltigen Entwicklung. In: zfwu 16 (1), S. 10–23. https://doi.org/10.5771/1439-880X-2015-1-10.

Schymiczek, Marcus (2021): Zehn Jahre Metropolradruhr – neuer Rekord bei Ausleihen. In: WAZ, 16.09.2021. Online verfügbar unter https://www.waz.de/staedte/essen/zehn-jahre-metropolradruhr-neuer-rekord-bei-ausleihen-id233336287.html.

Weyer, Johannes (2022): Mobilitätspraktiken und Mobilitätsbedarfe. Ergebnisse einer Befragung von Angehörigen der UA Ruhr-Universitäten. Mobility Report 2/2022. InnaMoRuhr. Dortmund. Online verfügbar unter https://innamo.ruhr/wp-content/uploads/2022/06/Report_02_Befragung_250422_final.pdf, zuletzt geprüft am 01.07.2022.

Weyer, Johannes; Albert, Bernhard; Adelt, Fabian; Cepera, Kay; Hesse, Carsten; Hoffmann, Sebastian et al. (2023): Partizipative Gestaltung von Zukunftsszenarien nachhaltiger Mobilität. Ergebnisse der Szenario-Workshops im Projekt InnaMoRuhr. Mobility Report 6/2023. InnaMoRuhr. Dortmund.

Kay Kohaupt-Cepera, M.A., ist wissenschaftlicher Mitarbeiter an der Seniorprofessur Nachhaltige Mobilität und seit 2017 an der TU Dortmund tätig.

Elvira Domracev, ist seit 2022 studentische Hilfskraft am Institut für Soziologie der Universität Duisburg-Essen.

Marcus Handte, Dr. rer. nat. habil., ist Privatdozent und arbeitet am Lehrstuhl Networked Embedded Systems der Universität Duisburg-Essen.

Sebastian Hoffmann, M.Sc., ist wissenschaftlicher Mitarbeiter an der Seniorprofessur Nachhaltige Mobilität und seit 2012 an der TU Dortmund tätig.

Luca Husemann, ist seit 2022 wissenschaftliche Hilfskraft am Lehrstuhl für ABWL & Internationales Automobilmanagement der Universität Duisburg-Essen.

Lisa Drees, Dr. rer. pol., hat 2024 über das InnaMoRuhr-Projekt promoviert und war von 2019 bis 2024 wissenschaftliche Mitarbeiterin am Lehrstuhl für ABWL & Internationales Automobilmanagement der Universität Duisburg-Essen.

Pedro José Marrón, Prof. Dr. rer. nat. habil., ist Prorektor für Transfer, Innovation & Digitalisierung und Inhaber des Lehrstuhls Networked Embedded Systems an der Universität Duisburg-Essen.

Marlon Philipp, M.Sc., ist seit 2020 wissenschaftlicher Mitarbeiter an der Seniorprofessur Nachhaltige Mobilität der TU Dortmund.

Timo Leontaris, M.A., ist seit 2020 wissenschaftlicher Mitarbeiter am Institut für Soziologie der Universität Duisburg-Essen.

Michael Roos, Dr. rer. pol., ist Professor und Inhaber des Lehrstuhls für Makroökonomik der Ruhr-Universität Bochum.

Marvin Siegmann, M.A., ist seit 2020 wissenschaftlicher Mitarbeiter am Lehrstuhl für Makroökonomik der Ruhr-Universität Bochum.

Constantinos Sourkounis, Dr.-Ing., ist Professor und Leiter des Instituts für Energiesystemtechnik und Leistungsmechatronik der Ruhr-Universität Bochum.

Philipp Spichartz, Dr.-Ing., ist seit 2011 wissenschaftlicher Mitarbeiter am Institut für Energiesystemtechnik und Leistungsmechatronik der Ruhr-Universität Bochum.

Sebastian Willen, Dipl. Soz.-Wiss., ist seit 2012 wissenschaftlicher Mitarbeiter am Lehrstuhl für empirische Sozialforschung der Universität Duisburg-Essen.

Johannes Weyer, Dr. phil., ist seit 2022 Seniorprofessor für nachhaltige Mobilität an der Fakultät Sozialwissenschaften der TU Dortmund.

Heike Proff, Prof. Dr. rer. pol., ist Inhaberin des Lehrstuhls für ABWL & Internationales Automobilmanagement der Universität Duisburg-Essen.

Mit dem Rad oder mit dem Auto zur Uni?

Ein soziologisches Modell zur Erklärung des Mobilitätsverhaltens

Johannes Weyer und Sebastian Hoffmann

Inhaltsverzeichnis

1	Einleitung: Mobilitätsverhalten erklären	280
2	Mobilität der UA Ruhr-Angehörigen	281
3	Soziologische Modellierung des Mobilitätsverhaltens	282
4	Abgleich von modelliertem und realem Verhalten	287
5	Fazit: Das erweiterte Modell des Mobilitätsverhaltens	302
	Literatur	303

Zusammenfassung

In der Verkehrs- und Mobilitätsforschung sind Konzepte verbreitet, die das alltägliche Mobilitätsverhalten auf individuelle Einstellungen oder auf die Wohn- und Lebenssituation der Menschen zurückführen und dabei Zusammenhänge zwischen Bündeln unterschiedlicher Variablen aufzeigen. Der eigentliche Entscheidungsprozess, also die alltägliche Wahl zwischen den Verkehrsmitteln Privat-Pkw, ÖV, Fahrrad usw., bleibt jedoch eine Black Box. Der folgende Beitrag basiert auf der These, dass es erforderlich ist, den Prozess der subjektiv-rationalen Verkehrsmittelwahl zu entschlüsseln, um so zu einem vertieften Verständnis des Mobilitätsverhaltens der Menschen zu gelangen. Der Beitrag verwendet daher ein soziologisches Modell der Handlungswahl, das

---

J. Weyer (✉) · S. Hoffmann
Technische Universität Dortmund, Dortmund, Deutschland
E-Mail: johannes.weyer@tu-dortmund.de

S. Hoffmann
E-Mail: sebastian3.hoffmann@tu-dortmund.de

aus der analytischen Soziologie stammt und mit dem Algorithmus des subjektiv erwarteten Nutzens (SEU) arbeitet, der sich aus zwei Faktoren speist: der subjektiven Definition der Situation und den individuellen Einstellungen bzw. Präferenzen (z. B. Komfort und Umweltfreundlichkeit). Mithilfe von Daten aus dem Projekt InnaMoRuhr und unter Anwendung verschiedener statistischer Analyseverfahren (z. B. Korrelations- bzw. Regressionsrechnungen) werden verschiedene Modelle zur Verkehrsmittelwahl (Auto, Rad, ÖPNV) entwickelt sowie schrittweise erweitert und validiert. Hierbei wird gezeigt, dass ein soziologisches Handlungsmodell, wenn man es um zusätzliche Kontextfaktoren erweitert (z. B. Autobesitz, Kinder im Haushalt, Erreichbarkeit von ÖV-Angeboten etc.), eine große Prognosekraft hat, da sich eine hohe Übereinstimmung zwischen modelliertem und realen Mobilitätsverhalten erzielen lässt. Dies hilft zugleich, Ansatzpunkte für Veränderungen in Richtung Nachhaltigkeit zu identifizieren.

1 Einleitung: Mobilitätsverhalten erklären

Die sozialwissenschaftliche Mobilitätsforschung ist sich einig, dass das Mobilitätsverhalten der Menschen durch eine Reihe von Faktoren wie Wohnort, Einstellungen, Autobesitz etc. erklärt werden kann (siehe z. B. Scheiner/Holz-Rau 2007). Der Entscheidungsprozess selbst – z. B. bei der Wahl zwischen Auto, öffentlichem Verkehr (ÖV) und Fahrrad – sowie die Faktoren, die dabei eine Rolle spielen, sind hingegen oftmals eine Black Box. Zudem verschwindet in den statistischen Zusammenhängen die Individualität der handelnden Personen, die auf je eigene, manchmal eigenwillige Weise Entscheidungen treffen, die ihren subjektiven Bedürfnissen entsprechen und nicht immer perfekt rational sein müssen.

Es gibt nur vereinzelt Versuche, das mobilitätsbezogene Handeln der Menschen auf Grundlage einer allgemeinen Handlungs- bzw. Entscheidungstheorie zu modellieren (Bamberg 2012, Hunecke 2015) und sich auf diese Weise der Frage anzunähern, ob und wie eine Veränderung des Mobilitätsverhaltens möglich ist.

Der folgende Beitrag greift auf ein Handlungsmodell der analytischen Soziologie zurück und nutzt Daten aus dem Projekt InnaMoRuhr für die Modellierung von Handlungswahlen (vgl. Weyer/Hoffmann 2024). Der Beitrag zeigt, dass ein erweitertes soziologisches Handlungsmodell eine hohe Prognosekraft hat, wenn es neben zwei zentralen subjektiven Faktoren (Präferenzen, Situationsdefinition) auch den sozialen Kontext mit einbezieht. Auf diese Weise lässt sich eine hohe Übereinstimmung zwischen modelliertem und realem Mobilitätsverhalten erzielen. Damit ist es zugleich möglich, die „Stellschrauben" zu identifizieren, an denen man drehen könnte, um eine Veränderung des Mobilitätsverhaltens anzustoßen.

2 Mobilität der UA Ruhr-Angehörigen

Innerhalb des Projekts InnaMoRuhr wurden im Jahr 2021, also während des Corona-bedingten Lockdowns, sämtliche Studierende und Beschäftigte der drei UA Ruhr-Universitäten in Bochum, Dortmund, Duisburg-Essen zu ihrem Mobilitätsverhalten befragt; die Befragung ergab insgesamt 10.782 verwertbare Datensätze.[1] Tab. 1 zeigt den – rückwirkend erfragten – Modal Split des Jahres 2019, also vor Ausbruch der Corona-Pandemie, der als Referenz verwendet wird, um die Veränderungen während des Lockdowns abzubilden; zudem wurden die Befragten gebeten, ihre Wunschvorstellungen in Bezug auf Mobilität der Zukunft in Form einer detaillierten Wegekette an einem fiktiven Arbeitstag in der Zukunft darzustellen.

Die erste Spalte „vor Corona" zeigt eine Verteilung, die vom bundes- bzw. landesweiten Modal Split deutlich abweicht: Knapp die Hälfte der Universitätsangehörigen (49,8 %) nutzte den ÖV oder Sharing-Angebote, ein knappes Drittel (31,1 %) den eigenen Pkw und nur 11,8 % das Rad als Hauptverkehrsmittel für den Weg zur Universität.[2]

Während des Lockdowns (2. Spalte) ergab sich eine Verlagerung weg vom ÖV hin zu individuellen Formen der Mobilität (Pkw: 39,2 %, Rad: 15,5 %, Zu Fuß: 23,5 %) wie auch zu neuen Mustern eines partiellen oder vollständigen Arbeitens im Homeoffice. Fragt man die Universitätsangehörigen, wie sie sich ihre Mobilität der Zukunft vorstellen (Spalte „Wunsch" in Tab. 1), so hat der Pkw einen fast so großen Stellenwert wie in der Vergangenheit und büßt nur 2,9 Prozentpunkte ein. Der ÖV kann zwar wieder Anteile zurückgewinnen, bleibt aber mit einem Minus von 13,7 Prozentpunkten deutlicher Verlierer. Den höchsten Zuwachs verzeichnet das Fahrrad, das 16,1 Prozentpunkte hinzugewinnt und offenbar in den Vorstellungen der Menschen, wie sie in Zukunft mobil sein wollen, eine wichtige Rolle spielt.

---

[1] Das Projekt „Konzept einer integrierten, nachhaltigen Mobilität für die Universitäts-Allianz Ruhr" (InnaMoRuhr) wurde vom Ministerium für Umwelt, Naturschutz und Verkehr (MUNV) des Landes NRW im Zeitraum von 2020 bis 2023 unter dem Förderkennzeichen 2020 18.111 gefördert.

[2] Bei intermodalen Wegeketten (z. B. Rad/Bahn/zu Fuß) wurde das Verkehrsmittel gezählt, das für die längste Teilstrecke verwendet wurde.

Tab. 1 Model Split der UA Ruhr-Angehörigen auf Basis des Hauptverkehrsmittels (eigene Darstellung)

Verkehrsmittel	vor Corona	im Lockdown	Wunsch	Summen Wunsch	Veränderung
Pkw, Motorrad (ICE)*	**30,2 %**	37,8 %	11,0 %	28,2 %	-2,9 PP
Pkw (BEV, FCEV, HEV)*	0,9 %	1,4 %	17,2 %		
Fahrrad	**10,6 %**	15,5 %	19,9 %	27,9 %	+16,1 PP
E-Bike, E-Scooter	1,2 %	2,0 %	8,0 %		
Zu Fuß	7,0 %	23,5 %	7,4 %	7,4 %	+0,4 PP
ÖV	**49,1 %**	18,6 %	33,5 %	36,1 %	-13,7 PP
Sharing, MFG*	0,7 %	0,9 %	2,6 %		
Sonstiges	0,3 %	0,3 %	0,3 %	0,3 %	0,0 PP
N=	7.483	6.478	7.766		

* ICE – Internal Combustion Engine; BEV – Battery Electric Vehicle; FCEV – Fuel Cell Electric Vehicle; HEV – Hybrid Electric Vehicle; MFG – Mitfahrgelegenheit

Resümiert man die in Tab. 1 dargestellten Werte, so spiegelt sich darin der Wunsch nach individueller (Pkw/Rad), nachhaltiger (Elektroauto, E-Bike) und flexibler Mobilität, die nicht den starren Schemata des klassischen ÖV unterliegt.

3 Soziologische Modellierung des Mobilitätsverhaltens

Versucht man, dieses manifeste Mobilitätsverhalten zu erklären und Ansatzpunkte für Veränderungen zu identifizieren, so bietet sich ein Modell der analytischen Soziologie an. Der Begriff „analytische Soziologie" wurde von einer Gruppe von Forschern geprägt, deren Ziel es ist, das Alltagshandeln der Menschen systematisch als Ergebnis eines subjektiv rationalen Entscheidungsprozesses zu erklären, der sich durch einen mathematischen Algorithmus darstellen lässt, welcher für alle Akteure gleichermaßen gilt (Esser 1993, Coleman 1995).

Die Entscheidungen der Menschen werden als Resultat einer Wahl zwischen unterschiedlichen Handlungsalternativen beschrieben, wobei angenommen wird, dass in der Regel die Alternative gewählt wird, die – aus subjektiver Sicht – den

Abb. 1 Modell des Mobilitätsverhaltens. (Eigene Darstellung in Anlehnung an Esser 2000)

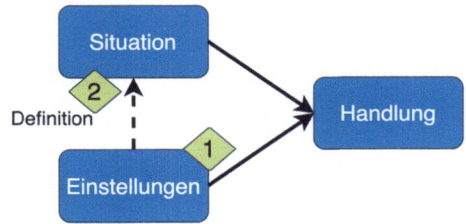

Abb. 2 Subjektive Nutzenkalkulation (Esser 2000: 250)

$$SEU\,(A_i) = \sum_{j=1}^{n} p_{ij} * U(O)_j$$

höchsten Nutzen hat bzw. – weniger ökonomisch formuliert – die eigenen Bedürfnisse am besten befriedigt. Denn Nutzen muss nicht ausschließlich monetärer Art sein; es können auch andere Faktoren wie beispielsweise die Anerkennung durch nahestehende Personen eine Rolle spielen – etwa wenn das eigene Verhalten den in der Gruppe geltenden Normen entspricht (z. B. umweltfreundlich zu reisen).

Anders als in konventionellen, ökonomisch kalkulierenden Rational-Choice-Konzepten basiert diese Nutzenkalkulation auf zwei Faktoren: den *individuellen* Einstellungen bzw. Präferenzen (Nr. 1 in Abb. 1) – was ist mir wichtiger: schnell oder umweltfreundlich zu reisen – und der *subjektiven* Definition der Situation (Nr. 2), was im Kontext von Mobilität insbesondere die Wahrnehmung der Wahrscheinlichkeit ist, mit einer der verfügbaren Handlungsalternativen (z. B. Auto oder Rad) das gewünschte Ziel zu erreichen (z. B. schnell oder umweltfreundlich zur Universität reisen).[3]

Der Nutzen (SEU – „subjective expected utility") verfügbarer Handlungsoptionen A („action") errechnet sich aus dem Produkt der Ziele O („objectives"), die durch individuelle Präferenzen U („utility") gewichtet werden, und den subjektiv wahrgenommenen Wahrscheinlichkeiten p („probabilities"), diese Ziele mittels der verfügbaren Handlungsoptionen zu erreichen (vgl. Abb. 2).

Diesem Modell zufolge sind die Handlungswahlen der Menschen individuell und von subjektiven Vorstellungen geprägt und lassen sich dennoch mithilfe eines allgemein gültigen Algorithmus modellieren, der in der Lage ist zu erklären,

---

[3] Die folgenden Ausführungen werden zeigen, dass dieses Modell um eine dritte Komponente, die Kontextfaktoren, ergänzt werden muss.

Tab. 2 Verkehrsmittelwahl einer fiktiven Person (U-Werte von 1 bis 10, p-Werte von 0 bis 100 %; eigene Darstellung)

Person A	Schnell Reisen	Günstig Reisen	Subjektiver Nutzen
Präferenzen (U)	10	4	
Auto (p)	80 %	30 %	9,2
Fahrrad (p)	30 %	80 %	6,2

warum zwei Akteure in der gleichen Situation – mit dem Rad oder dem Auto zur Universität – unterschiedliche Entscheidungen treffen.[4]

3.1 Der SEU-Algorithmus anhand eines fiktiven Beispiels

Tab. 2 veranschaulicht dieses Verfahren anhand einer fiktiven Person A mit folgenden Präferenzen (vgl. ausführlich Kap. 3 dieses Buchs): Sie reist gerne schnell (U-Wert = 10 auf einer Skala von 1 bis 10), kümmert sich aber wenig um die Kosten (U-Wert = 4). Die wahrgenommenen Wahrscheinlichkeiten der Zielerreichung (auf einer Skala von 0 bis 100 %) sind ebenfalls fiktiv, liegen aber dicht an den Werten, die in der Befragung des Projekts InnaMoRuhr erhoben wurden. Das Auto wird als schnell (80 %), aber wenig kostengünstig (30 %), das Fahrrad umgekehrt als langsam (30 %) und preiswert (80 %) wahrgenommen.

Gemäß der Berechnung mithilfe des SEU-Algorithmus entscheidet sich Person A für das Auto (subjektiv wahrgenommener Nutzen = 9,2) und gegen das Fahrrad (Nutzen = 6,2). Für eine Verhaltensänderung bedürfte es entweder einer Veränderung der Präferenzen oder der Wahrscheinlichkeiten. Da ein Wertewandel sich eher langfristig vollzieht, beschreibt Tab. 3 ein fiktives Szenario, das schneller realisierbar wäre und aus zwei Komponenten besteht: der Einführung eines Tempolimits, das den p-Wert für die wahrgenommene Geschwindigkeit des Autos um 20 Prozentpunkte auf 60 % senkt, und einer Verbesserung der Radinfrastruktur (+20 PP).

Der Effekt dieser beiden Maßnahmen ist in Tab. 3 erkennbar: Person A wechselt vom Auto zum Fahrrad. Eine derartige Modellierung der Handlungswahl hilft

---

[4] Die folgenden beiden Abschn. 3.1 und 3.2 überschneiden sich teilweise mit Kap. 3 dieses Buchs, wurden aber in diesem Kapitel belassen, um die Konsistenz des Argumentationsgangs zu erhalten.

Tab. 3 Verkehrsmittelwahl einer fiktiven Person bei geänderten Randbedingungen (eigene Darstellung)

Person A	Schnell Reisen	Günstig Reisen	Subjektiver Nutzen	Maßnahmen
Präferenzen (U)	10	4		
Auto (p)	60 % (-20 PP)	30 %	7,2	Tempolimit
Fahrrad (p)	50 % (+20 PP)	80 %	**8,2**	Radinfrastruktur

also nicht nur, das individuelle Alltagshandeln zu verstehen und zu erklären, sondern auch die „Stellschrauben" zu identifizieren, an denen man drehen müsste, um Verhaltensänderungen zu erzielen.

3.2 SEU-Werte auf Basis von Befragungsdaten

Die folgenden Berechnungen wenden dieses Verfahren auf die Daten an, die im Projekt InnaMoRuhr erhoben wurden. Die Befragten wurden gebeten, Angaben zu ihren persönlichen Präferenzen in sechs Dimensionen zu machen. Mithilfe eines Schiebereglers (von 1 bis 10) konnten sie angeben, wie wichtig es ihnen ist, schnell, umweltfreundlich, komfortabel, kostengünstig, zuverlässig und sicher zu reisen. Dabei war die Summe aller sechs Werte auf mindestens 30 und höchstens 40 fixiert, um Zielkonflikte zu provozieren und Abwägungen zu erzwingen.

Wie Tab. 4 (linker Teil) zeigt, wurde die Zuverlässigkeit mit 8,1 Punkten im Durchschnitt (Spalte MW) am höchsten bewertet und der Komfort mit 4,7 Punkten am geringsten. Die – teils erheblichen – Abweichungen nach oben und unten sind in den Spalten MIN und MAX ablesbar. Diese wurden genutzt, um fünf Akteurgruppen mit jeweils typischen Einstellungen zu unterscheiden: Risikoaverse Umweltbewusste, Indifferente, Pragmatiker, Komfortorientierte und Umwelt- und Kostenbewusste (vgl. Kap. 3 dieses Buchs).

Die Befragten wurden zudem gebeten anzugeben, für wie wahrscheinlich sie es halten, mit den drei Verkehrsmitteln Auto, ÖV und Rad die genannten Ziele zu erreichen (von 0 bis 100 %).[5] Die Werte zu den Wahrscheinlichkeiten (p) in

---

[5] Der Fußverkehr wurde nicht berücksichtigt, um den Umfang des Fragebogens zu begrenzen, aber auch, weil es merkwürdig gewesen wäre, nach den Kosten oder der Zuverlässigkeit des Fußverkehrs zu fragen.

Tab. 4 Präferenzen in sechs Dimensionen und durchschnittliche, verkehrsmittelspezifische Wahrscheinlichkeiten N = 10.782, vgl. Kap. 3 dieses Buchs, Tab. 5 und 11; eigene Darstellung)

Dimension	Präferenzen (U)			Wahrscheinlichkeiten (p)		
	MIN	MW	MAX	Auto	ÖV	Rad
schnell	6,2	7,8	8,8	79 %	38 %	36 %
kostengünstig	3,2	6,3	7,2	32 %	54 %	87 %
umweltfreundlich	3,8	5,9	8.0	23 %	74 %	94 %
komfortabel	2,5	4,7	7,5	83 %	42 %	42 %
sicher	3,5	6,2	7,9	68 %	65 %	44 %
zuverlässig	6,2	8,1	8,9	81 %	35 %	81 %

Tab. 4 (rechter Teil) sind nicht sonderlich überraschend, helfen aber, den SEU-Algorithmus auf Basis der Wahrnehmungen der Befragten zu kalibrieren (vgl. Abb. 2). Die Abweichungen nach oben und unten (in der Tabelle nicht dokumentiert) sind zudem deutlich geringer als bei den U-Werten. Es herrscht also offenbar ein gewisser Konsens bei manchen Wahrnehmungen, beispielsweise dass das Auto schnell und das Rad umweltfreundlich ist. Dies ließ sich größtenteils mit einer einfaktoriellen Varianzanalyse (ANOVA) bestätigen (siehe Exkurs 1). Dennoch haben bereits diese geringen akteurtypspezifischen Unterschiede in den Wahrnehmungen einen erkennbaren Einfluss auf den individuellen Nutzen (vgl. Kap.3 dieses Buchs).

> **Exkurs 1: ANOVA**
> Zwar unterscheiden sich die 18 wahrgenommenen Wahrscheinlichkeiten der Zielerreichung zwischen den fünf Akteurtypen signifikant voneinander (höchstes $p < ,014$), allerdings handelt es sich nur in einem Fall (wahrgenommener Komfort des ÖV) um einen mittelstarken Effekt (Eta-Quadrat $> ,06$; vgl. Field 2013: 738) – die anderen Bewertungen unterscheiden sich deutlich geringfügiger (größtenteils Eta-Quadrat von ca. ,03).
> Die Standardabweichungen aller wahrgenommenen Wahrscheinlichkeiten betragen im Schnitt 22 Prozentpunkte, d. h., dass zum Beispiel die wahrgenommene Wahrscheinlichkeit, mit dem ÖV schnell zur Universität

zu kommen, um 22 Prozentpunkte von der durchschnittlichen Bewertung von 38 % abweicht (vgl. Tab. 4).

Mithilfe des SEU-Algorithmus (vgl. Abb. 2) und der Befragungsdaten wurden die SEU-Werte für alle drei Verkehrsmittel berechnet und dann für jeden Datensatz das Verkehrsmittel (VM) mit dem höchsten individuellen Nutzen (SEU-Wert) bestimmt (vgl. Tab. 5).

Demzufolge bewertet fast die Hälfte der Befragten (48,6 %) das Rad am höchsten, gefolgt vom Auto (42,6 %), während der ÖV weit abgeschlagen bei lediglich 8,8 % der Menschen den ersten Platz einnimmt. Dies zeigt sich auch an den SEU-Werten (vorletzte Spalte), bei denen das Rad mit einem Mittelwert von 25,0 dicht vor dem Auto (24,3) und weit vor dem ÖV liegt (19,5). Selbst wenn man nur die Werte derjenigen betrachtet, die das jeweilige Verkehrsmittel am besten bewerten (letzte Spalte), wird deutlich, dass der ÖV selbst unter seinen Anhänger:innen etwas schlechter abschneidet (MW = 27,2) als die anderen beiden Verkehrsmittel in den Gruppen, die von ihnen jeweils präferiert werden (MW = 28,2 bzw. 27,8).

4 Abgleich von modelliertem und realem Verhalten

Wie Abb. 3 belegt, ist das basale soziologische Modell des Mobilitätsverhaltens mithilfe des SEU-Algorithmus in der Lage, das reale Mobilitätsverhalten einigermaßen treffsicher vorherzusagen – von einigen Abweichungen abgesehen: 52,6 % derjenigen, die das Auto am höchsten bewerten (Max_Auto), nutzen es tatsächlich, aber 38,9 % fahren mit dem ÖV zur Universität. Im Fall des ÖV (Max_ÖV) sind es fast drei Viertel (73,7 %) der (wenigen) Menschen, die ihn am höchsten

Tab. 5 Bestbewertetes Verkehrsmittel auf Basis des SEU-Algorithmus (SEU-Werte von 0 bis 40; eigene Darstellung)

Verkehrsmittel	Anzahl	Anteil	MW SEU (gesamt)	MW SEU (nur bestbewertetes VM)
Auto	2.660	42,6%	24,3	27,8
ÖV	551	8,8%	19,5	27,2
Rad	3.037	48,6%	25,0	28,2

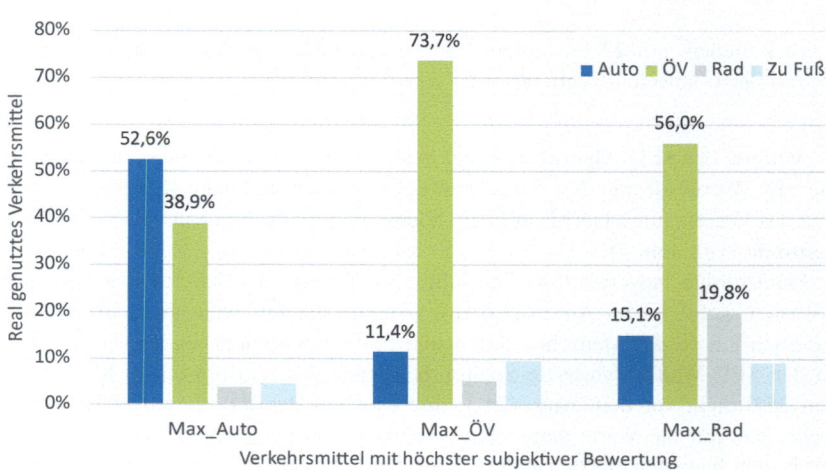

Abb. 3 Reale Nutzung und bestbewertetes Verkehrsmittel. (Eigene Darstellung)

bewerten und tatsächlich auch nutzen. Beides sind Werte, mit denen man im Prinzip zufrieden sein könnte. Beim Fahrrad sieht es jedoch deutlich schlechter aus: Nur knapp 20 %, der (zahlreichen) Personen, die das Rad am höchsten bewerten (Max_Rad), nutzen es tatsächlich; der überwiegende Teil (56,0 %) fährt hingegen mit dem ÖV zur Universität und ein kleiner Teil (15,1 %) mit dem Rad.

Diese Diskrepanzen zwischen dem realen und dem prognostizierten Verhalten, das mithilfe des SEU-Modells berechnet wird, lassen sich deutlich verringern, wenn man einen bislang nicht berücksichtigten Faktor in das Modell einbezieht: den sozialen Kontext, in dem sich die betreffende Person befindet. Denn es macht einen Unterschied, ob man in der Stadt oder auf dem Land wohnt, ob man Kinder hat, ob man einen Pkw besitzt, ob es ein gut ausgebautes Radwegenetz gibt oder ob der Wohnort gut an den ÖV angebunden ist oder nicht. Ergänzt man das Modell des Mobilitätsverhaltens mit seinen beiden subjektiven Faktoren um einen weiteren – eher objektiven – Faktor, den sozialen Kontext, nimmt die Prognosequalität erheblich zu.

Diese Einbeziehung der Kontextfaktoren geschieht in zwei Schritten: Zunächst werden mithilfe von Korrelationsrechnungen die Gründe identifiziert, die eine Person, die beispielsweise das Fahrrad präferiert, davon abhalten, es tatsächlich zu nutzen. In einem zweiten Schritt werden diese Kontextfaktoren in mehrere Regressionsmodelle eingespeist, um ihre Auswirkung auf das Mobilitätsverhalten zu überprüfen. Alle Berechnungen hierfür wurden mit der Statistiksoftware SPSS vorgenommen.

4.1 Korrelationsrechnungen

Die Ergebnisse der Korrelationsrechnungen finden sich in Abb. 4. Auf der x-Achse sind links die negativen und rechts die positiven Korrelationskoeffizienten nach Spearman (r) abgetragen – und zwar der besseren Übersicht halber nur die signifikanten Werte ($p < ,001$). Es wurde jeweils die Nichtnutzung eines Verkehrsmittels trotz bester SEU-Bewertung (Auto, ÖV, Rad; 2 Stufen; 1 = Nichtnutzung) mit neun Kontextfaktoren korreliert:

- dem Geschlecht (2 Stufen; 0 = männlich, 1 = weiblich),
- dem Alter (7 Stufen; 7 = 60 Jahre und älter),
- dem Vorhandensein von Kindern unter 12 Jahren im Haushalt (2 Stufen; 1 = Kinder im Haushalt),
- der mentalen Verfügbarkeit von Alternativen (11 Stufen; 0 = keine Alternative mental verfügbar),
- der Bewertung des lokalen ÖV-Angebots (5 Stufen; 5 = sehr gute Bewertung),
- der Kombination von Verkehrsmitteln (8 Stufen; 1 = nur Auto),
- dem Besitz eines Autos (2 Stufen; 0 = nicht vorhanden, 1 = vorhanden),
- der Entfernung zur Universität (metrisch in Kilometern) und
- der Bevölkerungsdichte des Wohnorts (metrisch in Einwohnern pro Quadratkilometer).

Die *Nichtnutzung des Rads* trotz bester Bewertung (graue Balken) erklärt sich vor allem aus der größeren Entfernung zur Universität (,205, N = 2.515) und dem Autobesitz (,093, N = 2.940). Auch Frauen nutzen das Rad seltener (,108, N = 2.986). Wer das Rad nicht nutzt, ist zudem eher jünger (-,179, N = 3.029), hat eher keine Kinder (-,086, N = 1.066), bewertet das ÖV-Angebot etwas schlechter (-,066, N = 2.997), kombiniert seltener unterschiedliche Verkehrsmittel (-,117, N = 1.976) und wohnt in Gegenden mit geringer Bevölkerungsdichte (-,090, N = 2.784), also auf dem Land.

Die *Nichtnutzung des ÖVs* trotz bester Bewertung (grüne Balken) erklärt sich vor allem aus einem höheren Alter (,132, N = 545) und dem Autobesitz (,162, N = 495), aber auch aus einem unzureichenden ÖV-Angebot am Wohnort (-,131, N = 544). Zusätzlich spielen die geringe Entfernung zur Universität (-,102, N = 460) sowie eine geringe Bevölkerungsdichte (,108, N = 506) eine Rolle. Wer (im

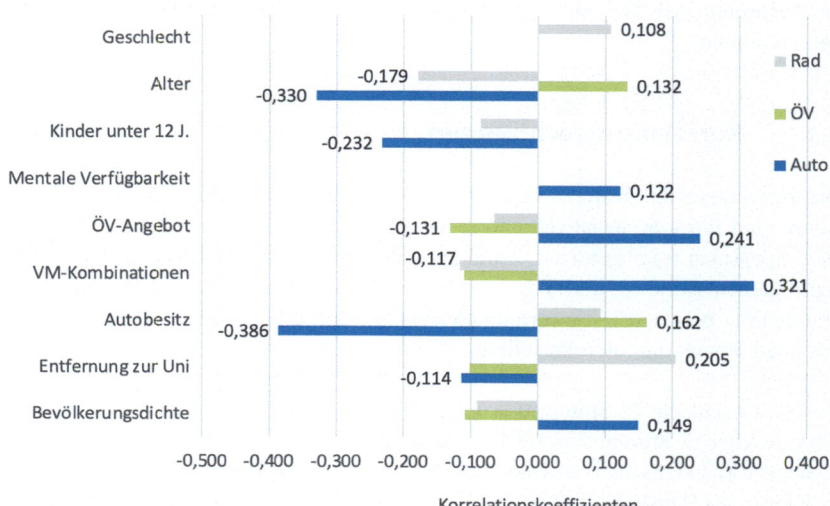

Abb. 4 Gründe für die Nichtnutzung des bestbewerteten Verkehrsmittels; grau = Nichtnutzung des Rads, blau = Nichtnutzung des Autos, grün = Nichtnutzung des ÖVs; Balken nicht beschriftet = geringe Korrelation (< ,100) oder nur schwach signifikant (< ,05); fehlende Balken = kein Effekt. (Eigene Darstellung)

ersten Fall) in der Nähe der Universität wohnt, geht zu Fuß oder fährt mit dem Rad; wer (im zweiten Fall) auf dem Land wohnt, nimmt das Auto.

Die *Nichtnutzung des Autos* trotz bester Bewertung (blaue Balken) erklärt sich vorrangig aus dem mangelnden Autobesitz (-,386, N = 2.591), der geringen Entfernung zur Universität (-,114, N = 2.057), dem niedrigeren Alter (-,330, N = 2.642) sowie dem Nichtvorhandensein von Kindern im Haushalt (-,232, N = 916). Dabei handelt es sich vermutlich überwiegend um Studierende, die mit dem Semesterticket unterwegs sind, aber möglicherweise spätestens mit dem ersten Kind ein eigenes Auto anschaffen werden. Zudem sind ein gutes ÖV-Angebot (,241, N = 2.603), die Gewohnheit, unterschiedliche Verkehrsmittel zu nutzen (,323, N = 1.353), und schließlich die Befassung mit Alternativen (,122, N = 1.886) Faktoren, die die Nichtnutzung des Autos erklären.

4.2 Regressionsmodell für die Autonutzung

Die genannten neun Faktoren (vgl. Abb. 4) wurden in drei binär logistische Regressionsmodelle übernommen und systematisch in verschiedenen Kombinationen getestet, um die Kontextfaktoren zu identifizieren, die die Nutzung des Autos, des Fahrrads und des ÖV erklären. Ziel war, das Delta zu verringern, das sich zwischen den SEU-Berechnungen auf Grundlage des basalen Modells und dem realen Mobilitätsverhalten aufgetan hat.

Alle drei Regressionsmodelle wurden stufenweise entwickelt und getestet. Im Fall des Autos reduzierten sich die Kontextfaktoren schließlich auf vier signifikante Faktoren (Autobesitz, Alter, ÖV-Angebot und mentale Verfügbarkeit), die bereits bei den Korrelationsrechnungen Werte von größer ,200 aufwiesen. Sämtliche in das Modell aufgenommene Variablen waren signifikant (p < ,001) und hatten damit Einfluss auf prädiktive Leistung des Modells (vgl. Tab. 6). Die Prüfung von Voraussetzungen und Ausreißern wird in Exkurs 2 beschrieben.

Tab. 6 Binär logistisches Regressionsmodell mit der abhängigen Variablen Hauptverkehrsmittel Auto (Dummy: 1 = Auto, 0 = andere); Variablenwerte für die verschiedenen Modelle bilden die Regressionskoeffizienten B ab; Odds-Ratio Exp (B) in Klammern (eigene Darstellung)

Variable	Skalierung	Modell 0	Modell 1	Modell 2	Modell 3	Modell 4	Modell 5
Konstante		-0,757	-1,741	-6,330	-7,216	-6,099	-5,516
Auto bestbewertet	1 = ja 0 = nein		1,845 (6,328)	1,637 (5,138)	1,722 (5,595)	1,629 (5,098)	1,616 (5,032)
Autobesitz	1 = ja 0 = nein			5,145 (171,534)	4,536 (93,312)	4,384 (80,134)	4,257 (70,598)
Altersstufen	1-7				0,408 (1,504)	0,398 (1,489)	0,389 (1,476)
ÖV-Angebot	1-5					-0,317 (0,728)	-0,326 (0,722)
Mentale Verfügbarkeit	0-10						-0,138 (0,871)
Adj. R^2 (Nagelkerke)			0,214	0,398	0,451	0,472	0,487
Chi^2			1.036,73	2.026,39	2.347,66	2.438,41	1.895,99
Richtig klassifiziert		68,1%	71,4%	76,6%	77,6%	78,4%	79,2%
N=		6.307	6.307	6.072	6.044	5.944	4.439

> **Exkurs 2: Prüfung von Voraussetzungen und Ausreißern (Auto-Modell)**
> Gemäß Box-Tidvell-Verfahren ist die Voraussetzung der Linearität für alle metrischen Variablen außer der Distanz zur Universität erfüllt.
> Die Korrelationen zwischen den einzelnen Faktoren waren gering (höchstes r = ,20), die „Variance Inflation Factors" (VIF) waren unter 10 bzw. im Schnitt nicht wesentlich größer als 1 (höchster VIF = 1,11) und die Toleranzwerte waren über dem kritischen Schwellenwert von 0,2 (kleinster Toleranzwert = 0,88), weswegen außerdem davon ausgegangen werden kann, dass keine Multikolinearität vorliegt (vgl. Backhaus et al. 2016: 108, Field 2013: 534).
> In allen Modellen wurden Ausreißer basierend auf den Empfehlungen Von Field (2013: 1151) identifiziert und von der weiteren Auswertung ausgeschlossen. Ausgeschlossen wurden Fälle mit auffällig hohen studentisierten Residuen (> = ±3) sowie übermäßig hohem Einfluss auf das Modell (Cooke-Distanz > 1 oder Hebelwert > 0,2); vgl. Field (2013: 1153, 1511) und Huber (1981). Es waren 6 (Modell 5), 8 (Modelle 4 und 3) bzw. 11 (Modell 2) Fälle betroffen.

Bereits Modell 1 unterstützt die Annahme, dass die ausschließliche Betrachtung der subjektiven Nutzenbewertung zu einer akzeptablen Varianzaufklärung (Nagelkerkes R^2 = 0,214) sowie einer korrekten Gesamt-Klassifizierung von 71,4 % aller Personen beiträgt. In den vier folgenden Modellen steigt der Klassifizierungswert sukzessive auf 79,2 %;[6] auch die Güte des Modells verbessert sich durch die Hinzufügung weiterer Faktoren: Modell 5 weist schließlich bei den Gütekriterien die besten Werte und – den Einschätzungen von Backhaus et al. (2016: 317 f., 340) und Field (2013: 1175) folgend – eine gute Varianzaufklärung auf (Nagelkerkes R^2: ,487, Chi^2: 1.895,993; df: 5; insgesamt richtig klassifiziert: 79,2 %). Neben der korrekten Gesamtklassifizierung liefert auch der sogenannte AUC-Wert („Area under Curve" der „Receiver Operating Characteristics Curve") einen Indikator für die Prognosegüte des Modells (vgl. Backhaus et al. 2016: 201): Dieser beträgt 0,867 für Modell 5 und kann gemäß Backhaus et al. (2016: 201) als „exzellent" eingestuft werden.

In Tab. 6 sind zudem die Odds-Ratios der verschiedenen Variablen festgehalten (in Klammern): Diese sagen aus, um welchen Faktor die Chance steigt (> 1) bzw. sinkt (< 1), dass eine Person für die Fahrt zur Universität ein Auto nutzt, wenn

---

[6] Der Mittelwert von 79,2 % ergibt sich aus der richtigen Klassifizierung der Nicht-Autonutzung (86,1 %) und der Autonutzung (64,5 %).

sich ein Merkmal (z. B. das Alter) um eine Stufe erhöht. Modell 5 zufolge sind die Bewertung des Autos (Faktor 5,032), der Autobesitz (70,598) sowie das Alter (1,476) die drei Faktoren, die die Nutzungswahrscheinlichkeit des Autos erhöhen, während die Bewertung des ÖV-Angebots vor Ort (,722) und die mentale Verfügbarkeit von Alternativen (,871) diese senken. Dies bestätigt die deskriptiv bereits entwickelten Befunde, erlaubt nun aber, den Einfluss zu gewichten, den die einzelnen Faktoren auf die Nutzung des Autos haben. Dabei sticht der Autobesitz mit einer Odds-Ratio von 70,598 in Modell 5 hervor: Der Besitz des Autos erhöht also die Wahrscheinlichkeit, es für die Fahrt zur Universität zu nutzen, um den Faktor 70.

Die Regressionskoeffizienten (siehe Tab. 6) wurden zudem genutzt, um die Wahrscheinlichkeiten der Autonutzung zweier fiktiver Personen gemäß der von Backhaus et al. (2016: 283) sowie Wentura/Pospeschill (2015: 60) vorgeschlagenen Formel zu kalkulieren (vgl. Tab. 7).

Person 1 bewertet das Auto am besten (1), besitzt ein Auto (1), ist zwischen 50 und 59 Jahre alt (6), schätzt das ÖV-Angebot als wenig zufriedenstellend ein (1) und hat sich noch nie mit Alternativen befasst (0). Die Wahrscheinlichkeit der Autonutzung liegt laut Modell bei 95,3 %.

Person 2 stellt einen Gegenentwurf zu Person 1 dar: Sie bewertet ein anderes Verkehrsmittel als das Auto am besten (0), besitzt selbst kein Auto (0), ist mit 25 bis 29 Jahren deutlich jünger (3), bewertet das ÖV-Angebot als recht gut (4) und hat sich bereits mit drei Alternativen befasst (3). In diesem Fall liegt die Wahrscheinlichkeit der Autonutzung bei 0,4 %.

Tab. 7 Wahrscheinlichkeit der Autonutzung zweier fiktiver Personen (Zelle durchgestrichen: Variable nicht veränderbar; eigene Darstellung)

Variable	Skalierung	Person 1	Person 2	Person 1a	Person 1b	Person 1c
Auto bestbewertet	1 = ja / 0 = nein	1	0	1	0	1
Autobesitz	1 = ja / 0 = nein	1	0	~~1~~	~~1~~	0
Altersstufen	1-7	6	3	~~6~~	~~6~~	~~6~~
ÖV-Angebot	1-5	1	4	4	4	4
Mentale Verfügbarkeit	0-10	0	3	3	3	3
Wahrscheinlichkeit		95,3 %	0,4 %	72,6 %	34,5 %	3,6 %

Will man Person 1 dazu bewegen, über Alternativen zum eigenen Pkw nachzudenken (Person 1a), so bietet es sich an, die beiden Kontextfaktoren entsprechend zu beeinflussen, z. B. durch Verbesserung des ÖV-Angebots vor Ort (Wert steigt von 1 auf 4) oder durch bessere Information, etwa über eine intermodale Mobilitäts-App, die die mentale Verfügbarkeit von Alternativen steigert (Wert steigt von 0 auf 3). Allein aufgrund dieser Maßnahmen würde sich die Wahrscheinlichkeit, dass Person 1 weiterhin ein Auto nutzt, um knapp ein Viertel verringern (von 95,3 % auf 72,6 %). Die anderen, in der Tabelle durchgestrichenen Faktoren (Alter und Autobesitz) lassen sich nicht durch externe Maßnahmen beeinflussen, zumindest wenn man die Idee verwirft, dass der Autobesitz verboten werden könnte.

Weiter gehende Effekte ließen sich daher nur erzielen (Person 1b), wenn der subjektive Nutzen des Autos sich derart verringern würde, dass ein anderes Verkehrsmittel erste Wahl wäre – so wie es in Abschn. 3.1 beispielhaft demonstriert wurde. In diesem Fall würde die Wahrscheinlichkeit der Autonutzung auf 34,5 % sinken – eine zwar denkbare, aber nicht kurzfristig realisierbare Option.

Das Auto ganz aus dem Kopf zu bekommen – wie es Weert Canzler (2000) und Andreas Knie immer wieder fordern – wäre nur möglich, wenn die Menschen aufgrund perfekter Rahmenbedingungen in der Lage wären, ihre Mobilitätsbedürfnisse auch ohne das eigene Auto zu befriedigen (Person 1c) – ein Gedankenexperiment, demzufolge es jedoch sehr unwahrscheinlich würde (3,6 %), dass diese fiktive Person das Auto nutzt.

Das um die Kontextfaktoren erweiterte Modell ist also in der Lage, das reale Mobilitätsverhalten im Fall der Autonutzung mit hoher Treffsicherheit zu prognostizieren und das Delta weitgehend zu schließen, das sich bei der Verwendung des basalen Modells, also ohne Kontextfaktoren, ergibt. Zudem zeigt es Optionen auf, wie eine Verhaltensänderung in Richtung nachhaltiger Mobilität angestoßen werden könnte.

4.3 Regressionsmodell für die Fahrradnutzung

In einem analog entwickelten Regressionsmodell für die Fahrradnutzung stellte sich eine Kombination von folgenden vier Kontextfaktoren als signifikant heraus: Alter, Autobesitz, Geschlecht und Entfernung zur Universität. Das ebenfalls schrittweise entwickelte Modell 5 ist in Tab. 8 abgebildet.

Die beiden Variablen, die beim Auto-Modell eine zentrale Rolle gespielt hatten (d. h. die Bewertung des ÖV-Angebots und die mentale Verfügbarkeit

Tab. 8 Binär logistisches Regressionsmodell mit der abhängigen Variablen Hauptverkehrsmittel Rad (Dummy: 1 = Rad, 0 = andere); Variablenwerte für die verschiedenen Modelle bilden die Regressionskoeffizienten B ab; Odds-Ratio Exp (B) in Klammern (eigene Darstellung)

Variable	Skalierung	Modell 0	Modell 1	Modell 2	Modell 3	Modell 4	Modell 5	Modell 6
Konstante			-3,115	-4,126	-3,843	-3,022	-2,739	-2,677
Rad bestbewertet	1 = ja 0 = nein		1,717 (5,569)	1,808 (6,101)	1,793 (6,007)	1,754 (5,778)	1,673 (5,329)	1,571 (4,809)
Altersstufen	1-7			0,269 (1,308)	0,271 (1,311)	0,343 (1,409)	0,380 (1,462)	0,226 (1,254)
Geschlecht	1 = Frau 0 = Mann				-0,575 (0,563)	-0,595 (0,552)	-0,597 (0,551)	-0,580 (0,560)
Entfernung zur Uni	km					-0,092 (0,899)	-0,089 (0,915)	-0,086 (0,917)
Autobesitz	1 = ja 0 = nein						-0,532 (0,587)	-0,529 (0,589)
Funktionsgruppe	1 = Beschäft. 0 = Stud.							0,783 (2,189)
Radwegeausbau	1 = gewählt 0 = nicht g.							0,443 (1,557)
Adj. R² (Nagelkerke)			0,117	0,147	0,160	0,249	0,262	0,280
Chi²			390,531	495,144	530,679	714,146	740,712	774,876
Richtig klassifiziert		88,3%	88,3%	88,2%	88,2%	87,3%	87,2%	86,6%
N=		6.307	6.307	6.274	6.160	5.006	4.835	4.611

von Alternativen) wurden nicht berücksichtigt, da sie nicht zu einer signifikanten Verbesserung des Erklärungsgehalts des Rad-Modells beitrugen. Dies ist einerseits plausibel, denn es gibt – anders als im Fall der Autonutzung bzw. -nichtnutzung – keinen zwingenden Zusammenhang zwischen dem ÖV-Angebot und der Radnutzung und, wie Abb. 4 bereits gezeigt hatte, nur eine sehr geringe Korrelation (r < ,1) zwischen diesen beiden Variablen.

Andererseits ist dies insofern bedauerlich, als damit zwei Ansatzpunkte zur Beeinflussung des Mobilitätsverhaltens in Richtung Nachhaltigkeit entfielen, wie dies zuvor im Rahmen eines Gedankenexperiments anhand einer fiktiven Person demonstriert wurde (vgl. Tab. 7). Die vier Faktoren, die sich beim Rad-Modell als signifikant erwiesen hatten (Alter, Geschlecht etc.), sind hingegen weitgehend invariant und lassen sich durch entsprechende Maßnahmen kaum beeinflussen – zumindest, wenn man von hypothetischen und sehr einschneidenden Optionen, wie beispielsweise einem Autoverbot, absieht.

Trotz dieser Einschränkungen weist das schrittweise entwickelte Modell 5 mit den genannten vier Kontextfaktoren bereits akzeptable Werte auf (Nagelkerkes

$R^2 = 0{,}262$; richtig klassifiziert: 87,2 %). Modell 1 belegt, dass die ausschließliche Betrachtung der subjektiven Nutzenbewertung – anders als im Fall des Autos – beim Fahrrad nicht einer akzeptablen Varianzaufklärung (Nagelkerkes $R^2 = 0{,}117$) führt. Hier liegt offenkundig ein großes, bislang ungenutztes Potenzial derart, dass viele Menschen das Rad zwar gut bewerten und es dennoch nicht nutzen.

> **Exkurs 3: Prüfung von Voraussetzungen und Ausreißern (Rad-Modell)**
> Die Voraussetzungen der Linearität und Nicht-Multikollinearität waren im Rad-Modell ebenfalls erfüllt (größter VIF = 1,97; kleinster Toleranzwert = 0,51): Zwar gab es eine hohe Korrelation zwischen dem Alter und der Funktionsgruppe (r = -0,644) – gemäß der von Field aufgeführten Faustregeln sind jedoch erst Werte ab ±0,8 als kritisch für die Nicht-Multikollinearität anzusehen (2013, S. 534).
> Analog zur in Exkurs 2 beschriebenen Ausreißer-Identifikation waren nur in den Modellen 4 und 5 jeweils 6 Fälle betroffen; im erweiterten Modell 6 gab es 5 Ausreißer.

Um Modell 5 weiter zu verbessern, wurden in den Daten, die im Rahmen des Projekts InnaMoRuhr erhoben worden waren, weitere, radspezifische Kontextfaktoren ausfindig gemacht: Die Forderung nach einem Ausbau von Radwegen, um die Reise zum Campus nachhaltiger zu gestalten, der Zugang zu einer Bikesharing-Station, der Besitz eines Bikesharing-Abos sowie die Funktionsgruppe (Beschäftigte oder Studierende). Modell 5 wurde zunächst explorativ um diese vier Faktoren erweitert; allerdings trugen nur die Forderung nach einem Radwegeausbau sowie die Funktionsgruppe signifikant zum finalen Modell 6 bei, das ebenfalls in Tab. 8 zu finden ist und für die folgenden Berechnungen genutzt wurde.

Analog zum oben beschriebenen Verfahren wurden auch hier zunächst Voraussetzungen und das Vorhandensein von Ausreißern geprüft (siehe Exkurs 3). Wie die Daten in Tab. 8 zeigen, wirken sich nicht nur die positive Bewertung des Fahrrads (4,809), sondern auch ein höheres Alter (1,254), die Zugehörigkeit zur Funktionsgruppe der Beschäftigten (2,189) sowie die Forderung nach mehr und besseren Radwegen (1,557) positiv auf die Nutzung des Rads als Hauptverkehrsmittel aus. Negativ wirken sich – wenig überraschend – die Entfernung zur Universität (0,917) sowie der Autobesitz (0,589) aus. Auch nutzen Frauen, selbst wenn sie das Rad positiv bewerten, dieses Verkehrsmittel weniger häufig als Männer (0,560).

Tab. 9 Wahrscheinlichkeit der Fahrradnutzung zweier fiktiver Personen (Zelle durchgestrichen: Variable nicht änderbar; eigene Darstellung)

Variable	Skalierung	Person 1	Person 2	Person 2a	Person 2b	Person 2c	Person 2d
Rad bestbewertet	1 = ja 0 = nein	1	0	0	1	1	1
Altersgruppen	1-7	6	2	~~2~~	~~2~~	~~2~~	~~2~~
Geschlecht	1 = Frau 0 = Mann	0	1	~~1~~	~~1~~	~~1~~	~~1~~
Entfernung zur Uni	km	3	10	~~10~~	~~10~~	~~10~~	5
Autobesitz	1/0	0	1	~~1~~	~~1~~	0	0
Funktionsgruppe	1 = Beschäftigte 0 = Studierende	1	0	0	0	0	0
Radwegeausbau	1 = gewählt 0 = nicht g.	1	0	1	1	1	1
	Wahrscheinlichkeit	77,2 %	1,5 %	2,3 %	19,8 %	29,6 %	39,2 %

Insgesamt liefert das erweiterte Modell 6 zufriedenstellende Ergebnisse (Chi^2: 774,876; df: 7; p: < ,001; Nagelkerkes R^2: ,280; insgesamt richtig klassifiziert: 86,6 %; N = 4.611), selbst wenn man es mit dem deutlich besseren Auto-Modell vergleicht.[7] Zudem liegt der AUC-Wert für die Prognosegüte bei 0,818 und kann demnach als „exzellent" eingestuft werden (Backhaus et al. 2016, S. 301).

Mit dem erweiterten Modell liefern Berechnungen, die zwei fiktive Personen kontrastierend gegenüberstellen, ebenfalls aussagekräftige Ergebnisse (vgl. Tab. 9).

Person 1 ist ein zwischen 50 und 59 Jahre alter (6) männlicher (0) Beschäftigter (1), der drei Kilometer von der Universität entfernt wohnt, kein Auto besitzt (0), das Rad am besten bewertet (1) und den Ausbau von Radwegen wünscht (1). Er wird mit einer Wahrscheinlichkeit von 77,2 % das Fahrrad nutzen. Person 2 ist eine weibliche (1) Studierende (0), die zwischen 20 und 24 Jahren alt ist (2) und 10 Kilometer zurückzulegen hat. Sie besitzt ein Auto (1), bewertet ein anderes Verkehrsmittel als das Rad am besten (0) und zeigt kein Interesse am Ausbau

---

[7] Die richtige Gesamtklassifizierung ergibt sich aus der richtigen Klassifizierung der Nicht-Radnutzung (98,2 %) und der Radnutzung (14,6 %). Die Sensitivität (Radnutzung richtig klassifiziert) ließe sich zulasten der Spezifität (Nicht-Radnutzung richtig klassifiziert) erhöhen, indem hier ein geringerer Schwellenwert für die richtige Klassifizierung der Radnutzung gewählt wird (z. B. ein „cut value" von 20 % anstelle von 50 %); an der Prognosegüte im Sinne des AUC-Wertes würde dies aber nichts ändern (vgl. Backhaus et al. 2016: 302).

von Radwegen (0). In diesem Fall ist es eher unwahrscheinlich (1,5 %), dass sie den Weg zur Universität mit dem Rad zurücklegen wird. Daran ändert sich auch nichts Wesentliches, wenn man sie für den Ausbau von Radwegen interessieren kann (Person 2a: 2,3 %) – leider die einzige Kontextvariable, die im Radmodell als „Stellschraube" zur Verfügung steht. Erst wenn sie aufgrund geänderter Rahmenbedingungen ihre Bewertung der drei Verkehrsmittel – wie im Experiment in Abschn. 3.1 gezeigt – zugunsten des Rads ändert, steigt die Wahrscheinlichkeit der Radnutzung auf knapp 20 % (Person 2b). Falls es gelingen sollte, ihre Mobilitätsbedürfnisse auch ohne den Besitz eines privaten Pkw zu befriedigen, stiege dieser Wert auf knapp 30 % (Person 2c), was konkret bedeutet: Sie nutzt mit hoher Wahrscheinlichkeit den gut ausgebauten ÖV, aber nicht das Rad. Selbst ein Umzug in die Nähe der Universität (Person 2d) lässt diesen Wert nur auf knapp 40 % steigen.

Als Fazit lässt sich somit festhalten, dass das Rad-Modell zwar ebenfalls gute und plausible Ergebnisse produziert, aber ein wenig darunter leidet, dass es zu wenige radspezifische Kontextfaktoren enthält, die helfen könnten, das Delta zwischen modelliertem und realem Mobilitätsverhalten zu schließen. Dies verweist auf Lücken in den (Befragungs-)Daten, die sich im Nachhinein nicht mehr schließen lassen. So wurde beispielsweise nicht nach Faktoren wie Wetter, Gesundheit, Zustand der Radwege etc. gefragt, die einen Einfluss auf die Bereitschaft zum Radfahren haben könnten.

4.4 Regressionsmodell für die ÖV-Nutzung

Schließlich wurde ein drittes Regressionsmodell für die ÖV-Nutzung entwickelt, das mit den Kontextvariablen des Automodells arbeitet (Autobesitz, Alter, ÖV-Angebot, mentale Verfügbarkeit von Alternativen) und zusätzlich die Entfernung zur Universität einbezieht (vgl. Tab. 10). Auch dieses Modell wurde hinsichtlich Voraussetzungen, Ausreißern und Gütekriterien überprüft (vgl. Exkurs 4) sowie stufenweise entwickelt; es weist ab Modell 4 zufriedenstellende bis gute Werte auf.

Im Folgenden wird Modell 6 verwendet, das in den meisten Punkten die besten Werte aufweist: Gütekriterien und Varianzaufklärung sind zwar nicht so gut wie im Auto-Modell (vgl. Abschn. 4.2), jedoch insgesamt noch zufriedenstellend (Nagelkerkes R^2: ,251, Chi^2: 764,302; df: 6). Mithilfe der sechs genutzten Variablen lässt sich die korrekte Klassifizierung der Proband:innen um fast 20

Tab. 10 Binär logistisches Regressionsmodell mit der abhängigen Variablen Hauptverkehrsmittel Öffentlicher Verkehr (Dummy: 1 = ÖV, 0 = andere); Variablenwerte für die verschiedenen Modelle bilden die Regressionskoeffizienten B ab; Odds-Ratio Exp (B) in Klammern (eigene Darstellung)

Variable	Skalierung	Modell 0	Modell 1	Modell 2	Modell 3	Modell 4	Modell 5	Modell 6
Konstante			-0,079	0,657	2,020	1,478	0,795	0,680
ÖV bestbewertet	1 = ja 0 = nein		1,108 (3,029)	1,005 (2,731)	1,035 (2,814)	0,998 (2,713)	0,993 (2,698)	0,952 (2,591)
Autobesitz	1/0			-1,018 (0,32)	-0,853 (0,426)	-0,750 (0,472)	-0,812 (0,444)	-0,841 (0,431)
Altersstufen	1-7				-0,450 (0,637)	-0,445 (0,641)	-0,476 (0,621)	-0,497 (0,608)
ÖV-Angebot	1-5					0,152 (1,164)	0,241 (1,272)	0,240 (1,271)
Mentale Verfügbarkeit	0-10						0,037 (1,079)	0,075 (1,078)
Entfernung Uni	km							0,038 (1,039)
Adj. R² (Nagelkerke)			,029	,085	,193	,200	,239	,251
Chi²			137,410	400,762	943,780	967,443	952,977	764,302
Richtig klassifiziert		50,3%	53,9%	61,7%	66,3%	66,6%	67,5%	68,9%
N=		6.307	6.307	6.083	6.052	5.952	4.819	3.657

Prozentpunkte – von 50,3 % (Modell 0) auf 68,9 % (Modell 6) – erhöhen.[8] Mit einem AUC-Wert von 0,75 ist die Prognosegüte des finalen Modells als „akzeptabel" einzustufen (vgl. Backhaus et al. 2016: S. 201).

> **Exkurs 4: Prüfung von Voraussetzungen und Ausreißern (ÖV-Modell)**
> Es lag keine Multikollinearität vor (höchster Koeffizient r in der Korrelationsmatrix = 0,284 zwischen Entfernung und ÖV-Angebot; größter VIF = 1,14; kleinster Toleranzwert = 0,88).
> Gemäß Box-Tidwell-Verfahren war die Linearität beim ÖV-Angebot nicht gegeben. Daher wurde das ÖV-Angebot testweise in eine Dummy-Variable umgewandelt (1 = zufriedenstellendes Angebot vorhanden, 0 = *kein* zufriedenstellendes Angebot vorhanden) und die Regression wiederholt. Der Effekt dieser umcodierten, binären Variable war immer noch signifikant (B = ,792; Exp (B) = 2,208; p < ,001) und es ergaben sich

---

[8] Der gewichtete Mittelwert von 68,9 % ergibt sich aus der korrekten Klassifizierung der Nicht-ÖV-Nutzung (66,2 %) und der ÖV-Nutzung (71,8 %).

kaum Änderungen am Gesamtmodell (z. B. AUC = ,750; R^2 = ,254; insgesamt richtig klassifiziert = 68,7), weswegen wir uns aus Gründen der Einheitlichkeit (vgl. Auto-Modell in Abschn. 5.2) dazu entschieden haben, die ursprüngliche Variable mit fünf Ausprägungen beizubehalten.

Weiterhin konnten gemäß den Empfehlungen von Field (2013) keine Ausreißer festgestellt werden (vgl. Exkurs 2).

Modell 6 zufolge wirkt sich neben der Bewertung des ÖVs als bestes Verkehrsmittel (2,591) insbesondere die Qualität des ÖV-Angebots am Wohnort (1,271) positiv auf die ÖV-Nutzung aus; darüber hinaus haben die mentale Verfügbarkeit von Alternativen (1,078) wie auch die Entfernung zur Universität (1,039) eine schwach positive Wirkung. Mit jeder Alternative (E-Mobilität, Sharing etc.) steigt die Wahrscheinlichkeit der ÖV-Nutzung von Stufe zu Stufe um ca. 7,8 % und mit jedem Kilometer Entfernung um ca. 3,9 %.

Der Autobesitz (0,431) sowie ein höheres Alter (0,608) wirken sich hingegen negativ auf die ÖV-Nutzung aus. Auch hier wurden die Regressionskoeffizienten (siehe Tab. 10) genutzt, um die Wahrscheinlichkeiten der ÖV-Nutzung zweier fiktiver Personen zu kalkulieren (vgl. Tab. 11).

Person 1 bewertet den ÖV am besten (1), besitzt kein Auto (0), ist zwischen 24 und 29 Jahre alt (2), kann auf ein gutes ÖV-Angebot am Wohnort zurückgreifen (4), der 10 Kilometer von der Universität entfernt liegt, und hat sich bereits mit

Tab. 11 Wahrscheinlichkeit der Nutzung des ÖVs durch drei fiktive Personen (Zellen durchgestrichen: Variable nicht veränderbar; eigene Darstellung)

Variable	Skalierung	Person 1	Person 2	Person 2a	Person 2b	Person 2c
ÖV bestbewertet	1 = ja 0 = nein	1	0	0	1	1
Autobesitz	1 = ja 0 = nein	0	1	~~1~~	~~1~~	~~0~~
Altersstufen	1-7	2	5	~~5~~	~~5~~	~~5~~
ÖV-Angebot	1-5	4	1	4	5	5
Mentale Verfügbarkeit	0-10	3	0	3	3	3
Entfernung Uni	km	10	10	~~10~~	~~10~~	~~10~~
Wahrscheinlichkeit		**90,1%**	**11,7%**	**25,3%**	**52,8%**	**72,2 %**

Alternativen befasst (3). Hieraus errechnet sich eine Wahrscheinlichkeit der ÖV-Nutzung von 90,1 %, die sich deutlich von Person 2 abhebt (11,7 %). Diese bildet insofern eine Kontrastfolie, als sie ein anderes Verkehrsmittel als den ÖV am besten bewertet (0), ein Auto besitzt (1), zwischen 40 und 49 Jahre alt ist (5), ein unzureichendes ÖV-Angebot am Wohnort hat (1), der ebenfalls 10 Kilometer entfernt liegt, und sich noch nie Gedanken über Alternativen gemacht hat (0).[9]

Person 2a stellt den Versuch dar, mehr Personen vom Typus 2 für den ÖV zu gewinnen und dabei vor allem die Faktoren zu ändern, die mit vertretbarem Aufwand gestaltbar sind: Ein attraktives ÖV-Angebot (Wert steigt von 1 auf 4) und eine verbesserte mentale Verfügbarkeit, z. B. durch Werbekampagnen, Mobilitäts-Apps, die Alternativvorschläge unterbreiten, etc. (Wert steigt von 0 auf 3). Alle anderen Faktoren wie der Autobesitz, das Alter und die Entfernung zur Universität sind nicht oder nur schwer änderbar (und daher in der Tabelle konstant gehalten und durchgestrichen).

Wie der Wert von 25,3 % für Person 2a andeutet, bewirken diese Maßnahmen, dass sich die Wahrscheinlichkeit den ÖV zu nutzen nunmehr verdoppelt hat (von 11,7 % auf 25,3 %) – ein kleiner Erfolg, wenngleich die Wahrscheinlichkeit insgesamt immer noch gering ist. Ein größerer Effekt ließe sich erzielen, wenn es gelänge, ein optimales ÖV-Angebot zur Verfügung zu stellen (5) und zudem Person 2b dazu zu bewegen, den ÖV besser zu bewerten (Wert ändert sich von 0 auf 1), so wie es in dem fiktiven Beispiel in Abschn. 3.1 demonstriert wurde. Dann stiege die Wahrscheinlichkeit auf 52,8 %, was konkret bedeutet, dass im Schnitt jeder zweite Weg zum Campus von Person 2b mit dem ÖV zurückgelegt wird. Noch höhere Werte – siehe Person 2c – ließen sich nur erzielen, wenn die Menschen es nicht mehr für erforderlich hielten, ein eigenes Auto zu besitzen, weil sie ihre Mobilitätsbedürfnisse auch auf andere Weise befriedigen können.

---

[9] Der ÖV taucht in den Berechnungen insofern zweimal auf, als er einerseits als subjektive Wahrnehmung des ÖV-Angebots in die SEU-Kalkulation eingeht (vgl. Abschn. 4), andererseits als quasi objektiver – wenngleich ebenfalls von den Probanden erfragter – Kontextfaktor berücksichtigt wird. Tatsächlich korrelieren die (eher subjektiven) p-Werte des ÖV mit der (eher objektiven) Variablen „ÖV-Angebot am Wohnort" (,260, p <, 001); aber dies kann akzeptiert werden und ist mit Hinblick auf eine mögliche Multikollinearität unkritisch.

5 Fazit: Das erweiterte Modell des Mobilitätsverhaltens

Als Fazit kann festgehalten werden, dass das soziologische Verhaltensmodell gute bis sehr gute Ergebnisse liefert, wenn man es um einen dritten, bislang wenig berücksichtigten Faktor ergänzt: den sozialen Kontext, also eine eher objektive Variable, die die beiden subjektiven Faktoren des basalen Modells (Präferenzen, Situationsdefinition) ergänzt. Die SEU-Formel muss demzufolge entsprechend modifiziert werden (vgl. Abb. 5), wobei angenommen wird, dass die Kontextfaktoren (Kf) vor allem die subjektive Wahrnehmung beeinflussen. Auf diese Weise lässt sich eine sehr hohe Übereinstimmung zwischen modelliertem und realem Verhalten erzielen – mit akzeptabler bis exzellenter Prognosegüte sowie richtigen Klassifizierungswerten von 70 bis knapp 90 %.

Gemäß dem erweiterten Modell (siehe Abb. 6) ist Mobilitätsverhalten somit geprägt durch:

- die individuellen Einstellungen,
- den sozialen Kontext (Wohnort, Kinder, Autobesitz etc.) sowie
- die subjektive Wahrnehmung der Situation, in der man sich befindet (etwa der verfügbaren Mobilitätsangebote).

Dies hat Konsequenzen für jeglichen Versuch, die Mobilitätswende voranzubringen. Denn es gilt nicht nur neue Mobilitätsangebote zu entwickeln, sondern

$$SEU\ (A_i) = \sum_{j=1}^{n} (p * \textbf{\textit{Kf}})_{ij} * U(O)_j$$

Abb. 5 Modifizierte SEU-Formel für die Nutzenberechnung. (Eigene Darstellung)

Abb. 6 Um Kontextfaktoren erweitertes Modell des Mobilitätsverhaltens. (Eigene Darstellung)

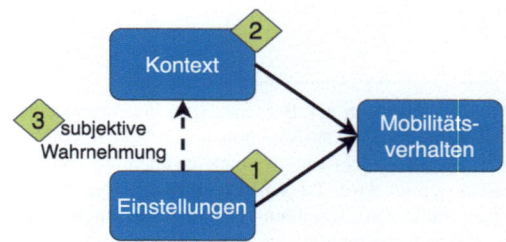

darüber hinaus auch entsprechende Informationen zur Verfügung zu stellen. Diese sollten aber nicht nach dem Gießkannenprinzip gestreut, sondern zielgerichtet auf individuelle Personen und deren subjektive Sicht der Dinge ausgerichtet werden. Anders als im Fall von Einstellungen, die sich nur sehr langsam wandeln, und neuen Bahntrassen, deren Bau Jahrzehnte benötigt, lässt sich die subjektive Wahrnehmung leichter beeinflussen und rascher verändern, z. B. durch innovative Mobilitäts-Apps, die maßgeschneiderte Angebote unterbreiten, welche an den individuellen Bedürfnissen der Menschen ansetzen.

Kritische Würdigung und Ausblick
Dennoch weisen die hier vorgestellten Modelle auch Limitationen auf. Zum einen hat sich etwa bei der Modellierung der Radnutzung herausgestellt, dass in zukünftigen Erhebungen weitere (extern) beeinflussbare Kontextfaktoren berücksichtigt werden sollten, mit deren Hilfe man Gedankenexperimente für verschiedene, fiktive Personen durchführen kann. Um nicht nur die Auswirkungen solcher Maßnahmen (z. B. einer Verbesserung des ÖV-Angebots) auf *individuelle* Personen, sondern auch größere *Populationen* abzubilden, bietet es sich ferner an, das erweiterte Modell des Mobilitätsverhaltens auch im Rahmen von agentenbasierten Simulationen anzuwenden und weiter simulativ zu erproben.

Außerdem gehen die hier vorgestellten Regressionsmodelle von separaten Einzelentscheidungen bei der Verkehrsmittelwahl aus („Nehme ich heute das Fahrrad oder nicht? Nehme ich heute das Auto oder nicht?" etc.), wenngleich jeweils Verkehrsmittel-übergreifende Faktoren berücksichtigt werden (z. B. Autobesitz, ÖV-Angebot). Folglich könnte das Modell durch die Anwendung einer multinominal-logistischen Regression verfeinert werden, um eine direkte Konkurrenz der Verkehrsmittel besser abzubilden („Nehme ich heute Fahrrad, Auto oder ÖV?").

Literatur

Backhaus, Klaus/Bernd Erichson/Wulff Plinke/Rolf Weiber, 2016: Multivariate Analysemethoden. Eine anwendungsorientierte Einführung. Berlin: Springer.
Bamberg, Sebastian, 2012: Wie funktioniert Verhaltensänderung? Das MAX-Selbstregulationsmodell. In: Mechthild Stiewe/Ulrike Reutter (Hg.), Mobilitätsmanagement – Wissenschaftliche Grundlagen und Wirkungen in der Praxis. Essen: Klartext Verlag, 76–101.
Canzler, Weert, 2000: Das Auto im Kopf und vor der Haustür: Zur Wechselbeziehung von Individualisierung und Autonutzung. In: Soziale Welt 51: 191-207.

Coleman, James S., 1995: Grundlagen der Sozialtheorie. Handlungen und Handlungssysteme. Band 1. München: Oldenbourg.
Esser, Hartmut, 1993: Soziologie. Allgemeine Grundlagen. Frankfurt/M.: Campus.
---, 2000: Soziologie. Spezielle Grundlagen, Bd. 3: Soziales Handeln. Frankfurt/M.: Campus.
Field, Andy, 2013: Discovering statistics using IBM SPSS statistics. London: Sage.
Huber, Peter J., 1981: Robust statistics. New York: Wiley.
Hunecke, Marcel, 2015: Mobilitätsverhalten verstehen und verändern: Psychologische Beiträge zur interdisziplinären Mobilitätsforschung. Wiesbaden: Springer Fachmedien.
Scheiner, Joachim/Christian Holz-Rau, 2007: Travel mode choice: affected by objective or subjective determinants? In: Transportation 34 (4): 487–511.
Wentura, Dirk/Markus Pospeschill, 2015: Multivariate Datenanalyse. Wiesbaden: Springer Fachmedien.
Weyer, Johannes/Sebastian Hoffmann, 2024: Bridging the Attitude-Behavior Gap. An explanation of travel mode choice using analytical sociology (Soziologisches Arbeitspapier Nr. 63). Dortmund: TU Dortmund, https://doi.org/10.17877/DE290R-24252.2.

Johannes Weyer, Dr. phil., ist seit 2022 Seniorprofessor für nachhaltige Mobilität an der Fakultät Sozialwissenschaften der TU Dortmund.

Sebastian Hoffmann, M.Sc., ist wissenschaftlicher Mitarbeiter an der Seniorprofessur Nachhaltige Mobilität und seit 2012 an der TU Dortmund tätig.

Agentenbasierte Modellierung und Simulation komplexer Systeme

Der Simulator SimCo als Tool zur Analyse der Mobilität im Ruhrgebiet

Johannes Weyer, Fabian Adelt und Marlon Philipp

Inhaltsverzeichnis

1 Einleitung 306
2 Modellierung komplexer Systeme 307
3 Simulationsmodelle im Überblick 312
4 Der Simulator SimCo 317
5 Simulation der Mobilität im Ruhrgebiet 319
6 Fazit 324
7 Epilog: Eine kritische Soziologie der Simulation? 325
Literatur 326

Zusammenfassung

Soziologisch fundierte Modelle komplexer Systeme können helfen, die Auswirkungen politischer Maßnahmen auf Individuen abzuschätzen und die daraus resultierenden Systemdynamiken zu erklären. Am Beispiel des Ruhrgebiets und der Mobilität der dort lebenden Menschen wird das Konzept der agentenbasierten Modellierung vorgestellt, das auf Annahmen der analytischen

---

J. Weyer (✉) · F. Adelt · M. Philipp
Technische Universität Dortmund, Dortmund, Deutschland
E-Mail: Johannes.Weyer@tu-dortmund.de

F. Adelt
E-Mail: Fabian.Adelt@tu-dortmund.de

M. Philipp
E-Mail: Marlon.Philipp@tu-dortmund.de

Soziologie zurückgreift und zwischen verschiedenen Akteurtypen unterscheidet. Die im Rahmen des InnaMoRuhr-Projekts durchgeführten Simulationsexperimente zeigen signifikante Unterschiede im Verhalten dieser Akteurtypen, insbesondere in ihrer Reaktion auf politische Interventionen. Dies sollte bei der Planung und Gestaltung politischer Maßnahmen zur nachhaltigen Transformation berücksichtigt werden (Kap. 11 basiert teilweise auf Arbeiten, die im Laufe des Projekts InnaMoRuhr an anderer Stelle publiziert wurden (Weyer 2024, Weyer et al. 2023)).

1 Einleitung

Ob Maßnahmen zur Förderung nachhaltiger Mobilität wirksam sind und die angestrebten Ziele erreicht werden (z. B. eine Verlagerung auf weniger klimaschädliche Verkehrsträger), kann in der Regel erst im Nachhinein nachgewiesen werden, also nach der Implementation derartiger Maßnahmen (z. B. Tempolimits) im Realbetrieb. Denn es ist – außer in der Science-Fiction – unmöglich, in die Zukunft zu schauen. Man kann zwar versuchen, künftige Entwicklungen gedanklich zu antizipieren, etwa mithilfe von Szenario-Techniken oder Delphi-Verfahren. Aber es ist nahezu unmöglich, folgende zwei Fragen vorab zu beantworten:

1. Wie werden die Menschen auf Interventionen reagieren? Werden sie ihr Verhalten in die gewünschte Richtung ändern?
2. Welche – möglicherweise nicht-intendierten – Nebenwirkungen ergeben sich, wenn eine Vielzahl von Menschen teils neue Optionen ausprobieren, teils an ihren Routinen festhalten und sich so mit ihren Handlungen wechselseitig beeinflussen? Wie wirkt sich das auf die Dynamik des gesamten Systems aus?

Dies führt zu einer dritten Frage und gewissermaßen zurück zum Ausgangspunkt von Transformationsforschung:

3. An welchen Stellen sollte Politik ansetzen, um mit ihren Maßnahmen möglichst optimale Ergebnisse zu erzielen, also Ergebnisse (z. B. in punkto CO_2-Reduktion), die eine positive Gesamtbilanz aufweisen und zudem bei vielen Betroffenen auf eine möglichst hohe Akzeptanz stoßen?

Anders als in den Naturwissenschaften kann man derartige Fragen, die das Verhalten von Menschen berühren, nicht bzw. nur in seltenen Fällen mithilfe von Laborexperimenten beantworten. Auch Probandenstudien bzw. Testreihen, wie sie beispielsweise bei der Erprobung neuer Medikamente oder neuer Flugzeugtypen üblich sind, kommen hier nur in begrenztem Maße infrage, etwa in Form von Realexperimenten, wie sie in Kap. 9 dieses Buchs beschrieben sind.

Die Modellierung und Simulation komplexer Sozialsysteme im Computer ist eine Möglichkeit, einen Blick in die Zukunft zu werfen und die Dynamiken des Gesamtsystems (z. B. des Verkehrssystems einer Metropolregion) systematisch zu erforschen. Wie dies im Detail funktioniert und zu welchen Erkenntnissen man auf diese Weise gelangt, ist Thema dieses Kapitels.

Die Methode der agentenbasierten Modellierung (ABM) ist insbesondere für die sozialwissenschaftliche Transformationsforschung von großem Wert, will sie doch (a) gedanklich antizipieren, wie ein künftiges, besseres Verkehrs- oder Energiesystem aussehen könnte, und (b) die Frage beantworten, auf welchem Weg man dorthin kommt und wie die Hürden, die dabei zu bewältigen sind, am besten genommen werden können. Antworten auf diese Fragen erhält man, wenn man ein komplexes System, bestehend aus einer Vielzahl autonomer Agenten, nachbaut und Simulationsexperimente mit ausgewählten Szenarien durchführt, wie etwa den in Kap. 8 dieses Buchs beschriebenen.

2   Modellierung komplexer Systeme

Modelle sind abstrakte Darstellungen realer Systeme. Sie überbrücken die Kluft zwischen theoretischen Konzepten und empirischer Realität. Ein soziologisch fundiertes, agentenbasiertes Modell eines sozio-technischen Systems, z. B. des Verkehrssystems, basiert auf drei Komponenten:

- den *Agenten,* die typische reale Akteure darstellen, sowie deren Entscheidungsregeln,
- dem *Kontext,* d. h. den sozialen, technischen, politischen und institutionellen Strukturen, die als Randbedingungen des Handelns der Akteure fungieren,
- und schließlich den *Regeln* der Interaktion von Agenten, aber auch von Agenten und Kontext. Als Beispiel mag die Interaktion von Radfahrer:innen und Ampel dienen: Inwieweit fühlen erstere sich verpflichtet anzuhalten, wenn die Ampel rot ist?

2.1 Agenten

Agenten haben Eigenschaften, Präferenzen und Strategien, die denen realer Akteure ähneln. Die Daten, die man für die Modellierung von Agenten benötigt, werden meist durch Umfragen erhoben. Mit dieser Methode lassen sich typische Agententypen konstruieren, wie z. B. umweltfreundliche oder komfortorientierte Agenten. Mit moderner Simulationssoftware kann man jeden Agenten unterschiedlich parametrisieren (in Bezug auf Alter, Geschlecht, Einkommen, Agententyp, Vorlieben, Routinen, Autobesitz, tägliche Aufgaben usw.), sodass große Populationen heterogener Agenten am Computer erzeugt und für Experimente genutzt werden können.

Die Entscheidungsregel ist in den meisten Modellen künstlicher Gesellschaften recht einfach: In Anbetracht mehrerer Alternativen (z. B. den Bus, das Auto oder das Fahrrad zu nehmen) wählen die Agenten die Option, die ihnen gemäß ihrer individuellen Präferenzen den größten Nutzen bringt (Konidari/Mavrakis 2007). Dieses Konzept des subjektiv erwarteten Nutzens (SEU) bezieht nicht nur situative Parameter, sondern auch individuelle Erwartungen und Präferenzen mit ein und macht das Modell somit realistischer (Esser 1993, Velasquez/Hester 2013). In vergleichbaren Situationen könnte sich der umweltbewusste Agent also für das Fahrrad entscheiden, während der komfortorientierte Agent das Auto wählt.

Es ist nicht erforderlich, unterschiedliche Entscheidungsregeln zu programmieren und zu implementieren; denn für alle Agenten gilt gleichermaßen die Regel, dass sie in den meisten Fällen – oftmals routinehaft – die Option wählen, die sie am ehesten zufriedenstellt. Es sind vor allem die jeweils spezifischen Parameterwerte, die dazu führen, dass die Entscheidungen zu unterschiedlichen Ergebnissen führen, so wie man es in ähnlicher Form bei realen Akteuren beobachten kann. Zudem lassen sich auf diese Weise Entscheidungen in Anbetracht konfligierender Ziele modellieren.

2.2 Kontext

Der zweite Bestandteil eines Simulationsmodells ist der Kontext bzw. die Umwelt, in der die Agenten sich bewegen. Er besteht zunächst aus der physischen Infrastruktur, also typischerweise aus *Knoten* wie Wohngebäuden, Arbeitsplätzen, Einkaufszentren, Kreuzungen, Bahnhöfen oder Bushaltestellen und *Kanten,* die diese verbinden, z. B. Straßen, Radwege, Trassen für den öffentlichen Verkehr. Wie dieses Netzwerk aus Knoten und Kanten gestaltet wird, hängt vom jeweiligen Untersuchungsgegenstand ab. Zusammen mit den verfügbaren Technologien (Auto, Fahrrad, öffentliche Verkehrsmittel, Carsharing, Zu-Fuß-Gehen usw.) gestaltet der Kontext den Handlungsspielraum der Akteure, indem er einerseits Optionen eröffnet (Fahrradverleih in der Nähe), aber auch Beschränkungen auferlegt (Fahrradverbot auf Autobahnen).

Ähnlich wie im Fall der Agenten hat jede Kontext-Komponente Eigenschaften, die teils inhärent sind wie die maximale Anzahl von Fahrzeugen auf einer Straße, teils politisch definiert wie der Grenzwert für CO_2-Emissionen oder die Höhe einer City-Maut. Diese Eigenschaften sind die „Hebel", die politische Entscheidungsträger für ihre Eingriffe nutzen können, z. B. durch Anhebung der City-Maut für Autos mit Verbrennungsmotoren (weiche Steuerung) oder ein Verbot der Nutzung derartiger Fahrzeuge (harte Steuerung).

Das Gleiche gilt für Technologien, die bestimmte Eigenschaften haben. So belasten Fahrräder die Umwelt weniger als Pkws, erlauben aber nur niedrigere Geschwindigkeiten. Auch Eigenschaften können durch externe Eingriffe beeinflusst werden, z. B. durch die Einführung von Tempolimits für Pkws oder durch die Erfindung neuer Technologien wie des E-Bikes, wodurch sich die durchschnittliche Geschwindigkeit und die Reichweite im Vergleich zum klassischen Fahrrad erhöhen.

2.3 Interaktion

Weitere Bestandteile einer ABM sind Regeln für die Interaktion zwischen Agenten, aber auch zwischen Agenten und Kontext. Agenten in Verkehrssystemen werden typischerweise auf ihrer Spur bleiben und Abstand halten, wenn sie sich anderen Agenten annähern. Eventuell tauschen sie Informationen aus – man denke an Szenarien der Car-2-Car-Kommunikation. Straßen können die Agenten beeinflussen, z. B. durch Geschwindigkeitsbegrenzungen oder Mautgebühren, während die Agenten den Zustand einer Straße nicht nur dadurch verändern, dass sie die verbleibende Kapazität vorübergehend verringern, sondern auch dadurch, dass sie sie abnutzen und Emissionen verursachen.

Jeder Agent, der das Verkehrssystem nutzt, trägt somit zur Systemdynamik bei, indem er Parameter (z. B. die Anzahl der Fahrzeuge auf einem Straßenabschnitt) verändert und damit indirekt andere Agenten beeinflusst, die aus einer Häufung von Staus möglicherweise die Konsequenz ziehen, auf öffentliche Verkehrsmittel umzusteigen. Je nachdem, wie stark die aktuelle Verkehrssituation das eigene Handlungskalkül beeinflusst, könnte sogar der komfortorientierte Agent, der normalerweise das Auto bevorzugt, sich für diese Option entscheiden.

2.4 Systemdynamik

Die Handlungen einer großen Zahl autonomer Agenten, die ihrerseits durch den aktuellen Systemzustand zum Zeitpunkt t beeinflusst werden, tragen in einem selbstorganisierten Prozess zur Systemdynamik bei. Die emergenten Effekte dieses Prozesses sind schwer vorherzusagen, bilden aber den Systemzustand zum Zeitpunkt $t + 1$. Die agentenbasierte Modellierung ist in der Lage, dieses dynamische Zusammenspiel von Mikroebene (Handlungen der Agenten) und Makroebene (Systemzustand) abzubilden – mit gelegentlich überraschenden Ergebnissen (z. B. Verkehrsstaus). Diese werden von den Agenten nicht strategisch erzeugt, sondern entstehen als nicht-intendierte Ergebnis ihrer autonomen, unkoordinierten Handlungen.

In komplexen Systemen finden oftmals nichtlineare Interaktionen statt, die durch Computerexperimente analysiert werden können – wobei es häufig nicht leicht ist, die teils überraschenden Effekte zu verstehen. So verändert die Senkung der Preise für öffentliche Verkehrsmittel das Verhalten der Akteure nicht in linearer Weise. Vielmehr gibt es mehrere Kipppunkte („tipping points"), die nur dadurch zu erklären sind, dass unterschiedliche Agentengruppen auf verschiedenartige Weise und zu unterschiedlichen Zeitpunkten auf Preissignale reagieren.

2.5 Governance

Wie bereits erwähnt, ist die agentenbasierte Modellierung komplexer soziotechnischer Systeme ein geeignetes Mittel zur Untersuchung von Governance-Themen, z. B. im Fall der nachhaltigen Transformation des Verkehrssystems. Mithilfe von Simulationsexperimenten können unterschiedliche Szenarien und Strategien getestet werden, z. B. Tempolimits für Autos, Erhöhung der Kraftstoffpreise, Straßenbenutzungsgebühren, Parkraumbewirtschaftung, Ausbau von Radwegen, Fahrradparkhäuser, Senkung der Preise für öffentliche Verkehrsmittel und vieles mehr (Philipp/Adelt 2018) – oder eine Kombination derartiger Maßnahmen. Bei den Strategien kann man unterscheiden zwischen einer weichen Steuerung durch monetäre oder nichtmonetäre Anreize (z. B. Mautgebühren) und einer harten Steuerung durch Verbote (z. B. für ältere Verbrennungsmotoren); oftmals findet man jedoch eine Mischung unterschiedlicher Maßnahmen bzw. Governance-Modi vor.

Will man derartige Eingriffe in komplexe Systeme softwaretechnisch umsetzen, so bedeutet dies in beiden Fällen, die Parametern entweder von Technologien oder von Kontextkomponenten zu verändern. Denn diese Parameter beeinflussen die Entscheidungen der Agenten. Eine Erhöhung oder Verringerung einzelner Werte kann folglich Auswirkungen auf das Nutzenkalkül der Agenten haben – allerdings nicht in deterministischer Weise, wie es ältere Konzepte einer interventionistischen direkten Steuerung möglicherweise unterstellt haben.

Die Einführung neuer Technologien, wie z. B. Elektrofahrzeuge, und die Erfindung neuer Mobilitätspraktiken, wie z. B. Carsharing oder On-Demand-Verkehr, können ebenfalls zu einer Mobilitätswende beitragen. Auch dies wird bei der Programmierung so umgesetzt, dass die Agenten diese neuen Optionen bei ihren Entscheidungen zusätzlich berücksichtigen können, z. B. bei der Wahl zwischen einem Auto mit Verbrennungsmotor oder mit Elektroantrieb.

2.6 Die soziologische Perspektive

Dieser Ansatz der Modellierung komplexer Infrastruktursysteme ähnelt der Vorgehensweise von Ingenieuren, wenn sie beispielsweise die Ursachen von Verkehrsstaus untersuchen (Schreckenberg/Selten 2013). In soziologischer Perspektive ist es jedoch sinnvoll, menschliche Akteure nicht als mechanisch agierende Komponenten zu betrachten, die sich allesamt gleichermaßen – und zudem vollkommen rational – verhalten, sondern als Individuen, die Entscheidungen auf Basis subjektiver Präferenzen treffen. Manche Entscheidungen mögen irrational wirken (z. B. mit dem Auto eine Strecke von nur einem Kilometer zu fahren), aber dies sind alltägliche Praktiken, die man berücksichtigen muss, wenn man die Dynamik sozio-technischer Systeme verstehen will, die sich aus dem Zusammenspiel von Mikro- und Makroebene ergibt.

Die soziologische Handlungstheorie und soziologische Makro-Mikro-Makro-Modelle sind somit unentbehrlich, will man künstliche Gesellschaften am Computer konstruieren, die ein realistisches Abbild realer Gesellschaften bzw. deren funktionaler Teilsysteme darstellen, z. B. des Verkehrssystems (Hedström/Swedberg 1996, Ostrom 2010; Esser 1993).

3 Simulationsmodelle im Überblick

In den vergangenen Jahrzehnten wurden verschiedene Verkehrssimulatoren entwickelt. Nicht alle sind agentenbasiert, und nur wenige beruhen auf soziologischen Handlungstheorien. Erst seit einigen Jahren wird das Mobilitätsverhalten sozialer Akteure, also deren alltägliche Handlungswahl beispielsweise bezüglich Verkehrsmittel und Route, stärker in Betracht gezogen.

3.1 Das Nagel-Schreckenberg-Modell (NaSch)

In den 1990er Jahren entwickelten Kai Nagel, Michael Schreckenberg und andere ein Verkehrssimulationsmodell, das mit dem Konzept des zellulären Automaten arbeitet (Nagel/Schreckenberg 1992). Es kann als Vorläufer etlicher Modelle angesehen werden, die in der Folgezeit entwickelt wurden. In diesem Ansatz besteht eine einspurige Autobahn aus einer Reihe von Zellen, von denen jede mit maximal einem Fahrzeug besetzt ist, das seine Geschwindigkeit in Abhängigkeit vom Zustand der folgenden Zelle erhöht oder verringert. Der gesamte Verkehrsfluss ergibt sich somit aus den Aktionen sämtlicher Autos sowie den Zustandsänderungen der Zellen und unterliegt typischen Schwankungen (z. B. Staus), wie sie auch in realen Verkehrssystemen beobachtet werden können.[1] Obwohl Nagel und Schreckenberg häufig auf „individuelles (wenn auch statistisches) Verhalten des Fahrers" (S. 2229) verweisen, untersuchen sie primär die technische Performance von Autos (mit menschlicher Fahrer:in), etwa in Bezug auf das Beschleunigen oder Abbremsen.

3.2 OLSIM

Später wurde das NaSch-Modell auf zweispurige Autobahnen ausgeweitet, um auch das Thema Spurwechsel untersuchen zu können (Knospe et al. 2002). Außerdem wurde es zur Modellierung des Autobahnnetzes in Nordrhein-Westfalen verwendet, einem dicht besiedelten Bundesland mit häufig überlasteten Straßen (Selten et al. 2004, Schreckenberg et al. 2005).

Im Jahr 2002 beschloss die nordrhein-westfälische Landesregierung, den Online-Verkehrsinformationsdienst www.autobahn.nrw.de einzurichten, der auf

---

[1] Eine einfache Verkehrssimulation, die dem NaSch-Modell ähnelt, findet sich in NetLogo (Wilensky 1997).

der Online-Simulation OLSIM basierte. OLSIM nutzt Echtzeitdaten von 4.000 Detektionsgeräten, um die aktuelle Verkehrssituation zu berechnen und daraus Prognosen abzuleiten – ebenfalls in Echtzeit (Schreckenberg et al. 2005, Weber et al. 2006). Es gab zudem Pläne, diesen Dienst auf Nebenstraßen auszuweiten und ein umfassendes Verkehrsinformationssystem namens „Ruhrpilot" zu etablieren. Inzwischen war jedoch eine starke Konkurrenz durch kommerzielle, frei verfügbare Dienste wie Google Maps entstanden, das 2011 auf den deutschen Markt kam. Der Dienst www.verkehr.nrw existiert zwar weiterhin, nutzt aber mittlerweile Daten von TomTom (Konrad et al. 2020).

3.3 Multi-Agenten-Transport-Simulation (MATSim)

Anders als Michael Schreckenberg, dessen OLSIM auf dem Konzept der zellulären Automaten basiert, entschied sich Kai Nagel, ein agentenbasiertes Modell (ABM) zu entwickeln. Zusammen mit anderen Kollegen entstand Ende der 1990er Jahre die Grundidee von MATSim, das 2004 fertiggestellt wurde und sich zunächst auf das Verkehrsmittel Auto beschränkte (Nagel 2004, Nagel/Axhausen 2016). Die Stadt Zürich in der Schweiz war der erste Anwendungsfall, anhand dessen der Wert einer Verkehrsnachfragemodellierung demonstriert werden konnte, die auf individuellen Plänen basiert und nicht auf Herkunft-Ziel-Matrizen wie bei anderen Verkehrsplanungswerkzeugen. MATSim ist Open Source und wird heute weltweit als Simulations- und Planungswerkzeug eingesetzt (Horni et al. 2016).[2]

MATSim ist eine mikroskopische Verkehrssimulation, die auf der Modellierung des Verhaltens einer großen Anzahl von Individuen und deren Tagesplänen basiert. Diese Pläne werden als temporär verfügbares Optimum vorab berechnet und bleiben während eines Tages fix; sie können aber am folgenden Tag verändert werden, falls bessere Optionen verfügbar sind (Horni et al. 2016: 3, 7, 37 ff.). Das Verkehrsflussmodell ist warteschlangenbasiert (vgl. Abb. 1): Kanten (z. B. Straßen) zwischen Knoten (z. B. Kreuzungen) fungieren als Warteschlangen, in denen die Autos so lange warten, bis sie auf die nächste Kante „springen" können (ebd.: 6–7). MATSim verzichtet darauf, die physische Bewegung der Verkehrsteilnehmer zu modellieren, wie dies etwa bei Fahrzeugfolgemodellen der Fall ist.

MATSim wurde entwickelt, um die (tägliche) Verkehrsnachfrage zu untersuchen, die sich als aggregiertes Ergebnis der Tagespläne sämtlicher Akteure ergibt.

---

[2] www.matsim.org

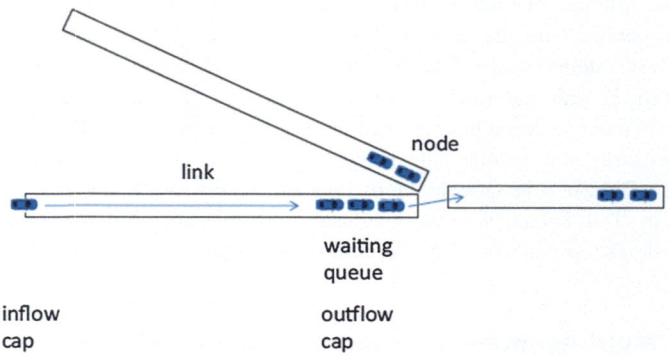

Abb. 1 Verkehrsflussmodell. (Quelle: Horni et al. 2016: 6; Lizenz CC-BY 4.0)

Typischerweise bilden MATSim-Szenarien reale Städte oder Regionen ab und verwenden Daten aus dem Zensus, aus Verkehrszählungen, aus OpenStreetMap (OSM) und anderen Quellen, um das Modell zu kalibrieren.

MATSim hat seine Wurzeln in der Physik und in der Forschung zu komplexen adaptiven Systemen (CAS); es mangelt jedoch an einer soziologischen und insbesondere an einer handlungstheoretischen Fundierung. Die Präferenzen der Agenten werden zwar modelliert, aber nur hinsichtlich der Parameter Zeit und Budget, was aus Perspektive einer soziologischen Handlungstheorie unterkomplex ist. Zudem folgen die Agenten stur den vorgefertigten Plänen und ändern ihr Verhalten nicht im Laufe des Tages, z. B. aufgrund situativer Ereignisse wie Staus oder Straßensperrungen.

3.4 Das Projekt NEMO

Im Projekt „Neue EmscherMobilität" (NEMO, 2017–2020) wurde MATSim genutzt, um die Mobilität im Ruhrgebiet zu modellieren. Aus dem Projekt NEMO kam zudem die Anregung, handlungs- und steuerungstheoretische Konzepte in MATSim zu integrieren.[3] Ähnlich wie im Fall von SimCo (siehe Abschn. 4) wurden individuelle Präferenzen bei der Modellierung des Mobilitätsverhaltens nunmehr stärker berücksichtigt. Zudem wurden unterschiedliche Szenarien und Interventionsstrategien implementiert, z. B. die Förderung des Radverkehrs

---

[3] Persönliche Mitteilung J. Alexander Schmidt (5. November 2019).

(Ziemke et al. 2019, Kaddoura et al. 2020). Schließlich kann MATSim mittlerweile unterschiedliche Verkehrsmittel (Rad, Auto, ÖV) abbilden, allerdings bislang noch keine multimodalen Wegeketten.

Im Rahmen des Projekts NEMO wurde MATSim verwendet, um die Effekte verschiedener Maßnahmen zu untersuchen, wie z. B. die Sperrung von Wohnstraßen für den Durchgangsverkehr, die Umwandlung von Autostraßen in Fahrradwege, aber auch neue Optionen wie Car-, Bike- und Ridesharing, je nach zugrunde liegendem Szenario. Im Fall von NEMO waren dies u. a. „Gesunde und nachhaltige Stadt", „Smart City" oder „Deurbanisierung". Mithilfe von Simulationsexperimenten konnte gezeigt werden, dass die meisten Maßnahmen zu einer Änderung des Nutzerverhaltens und damit zu einer messbaren Verbesserung der Umweltindikatoren und/oder der Lebensqualität geführt haben (Ziemke et al. 2019, Kaddoura et al. 2020).

3.5 SUMO

Simulation of Urban Mobility (SUMO) ist ein Verkehrssimulator, der seit 2000 vom Deutschen Zentrum für Luft- und Raumfahrt (DLR) entwickelt wird.[4] SUMO ist ein „mikroskopisches, raumkontinuierliches und zeitdiskretes Fahrzeugfolgemodell" (Krajzewicz 2010), das vor allem die physikalischen Bewegungen von Fahrzeugen berücksichtigt, z. B. bei Spurwechseln (Krauß 1998, Krajzewicz et al. 2012).

Forschern der TU Dortmund ist es gelungen, das Mobilitätsverhalten und insbesondere die individuelle Routenwahl in ein erweitertes SUMO-S zu integrieren (Adelt et al. 2014). SUMO-S bildet zudem die „Frame-Selektion" ab (Kroneberg 2014) – ein Konzept, das alltägliche Routinen, Gewohnheiten und Praktiken mit einbezieht, anstatt anzunehmen, dass sämtliche Handlungen einem streng rationalen Kalkül folgen. Adelt et al. haben SUMO-S jedoch vor allem deshalb nicht weiterentwickelt, weil der Aufwand der Erstellung neuer Szenarien für eine mikroskopische Verkehrssimulation zu hoch war. Da ihr Interesse primär darin bestand, steuerungstheoretische Fragen – anhand praktischer Anwendungsfälle wie Verkehr – zu untersuchen, entwickelten sie SimCo von Grund auf neu. SimCo ist ein abstraktes Simulationswerkzeug, das seine Grundlagen in

---

[4] Seit 2018 wird SUMO als Projekt der Eclipse Foundation weitergeführt: https://eclipse.dev/sumo/

der soziologischen Handlungstheorie hat (siehe Abschn. 4). Selbst die Entwickler von SUMO merken an, dass dessen Verwendung „im Vergleich zu anderen Simulationspaketen wenig komfortabel ist".[5]

3.6 IVV Venus, VISUM und VISSIM

Im Vergleich zu SUMO und MATSim, die primär akademische Ziele verfolgen, sind andere Simulationswerkzeuge eher auf den praktischen Einsatz in der Verkehrsplanung ausgerichtet. IVV Venus[6] beispielsweise ist ein makroskopisches Modell, das Strukturdaten unterschiedlichster Art zur Modellierung der Verkehrsnachfrage und zur Berechnung der Auswirkungen z. B. des Baus neuer Autobahnen oder neuer Radwege verwendet. IVV Venus ist wegebasiert, d. h. typische Wege (von zu Hause zur Arbeit usw.) sind die Komponenten, die für die makroskopische Modellierung genutzt werden.

Ähnliches gilt für kommerzielle Produkte wie VISUM,[7] das ebenfalls ein makroskopisches Bild erstellt und „die Auswirkungen geplanter Änderungen in der Struktur des Verkehrsnetzes vorhersagt" (Jacyna et al. 2017), z. B. wenn sich die Nachfrage verändert. Das ergänzende Verkehrsplanungswerkzeug VISSIM[8] bildet mikroskopische Situationen ab und liefert realistische, virtuelle Bilder des Verkehrsflusses und der Interaktion verschiedener Verkehrsträger, z. B. von Fußgängern und Fahrzeugen an einer Bushaltestelle.

VISSIM enthält zwar Verhaltensmodelle von Fußgängern und anderen Verkehrsteilnehmern, aber das Verhalten und die Interaktionen der Agenten werden unter rein technischen Gesichtspunkten betrachtet (Fellendorf/Vortisch 2010). VISSIM ist ein nützliches Werkzeug, das Verkehrsplaner:innen bei der Optimierung der Verkehrsinfrastruktur verwenden, wenn es z. B. darum geht, Bushaltestellen sicherer zu machen oder den intermodalen Verkehr zu fördern. Allerdings werden auch hier die Entscheidungen der Akteure, die eine soziologische Perspektive akzentuieren würde, nicht berücksichtigt.

---

[5] https://sumo.dlr.de/docs/SUMO_at_a_Glance.html#software_design_criteria
[6] www.ivv-aachen.de/produkte/softwareprodukte/detailseiten/venus.html
[7] www.ptvgroup.com/de/produkte/ptv-visum
[8] www.ptvgroup.com/de/produkte/ptv-vissim

3.7 Kommerzielle Dienste

Schließlich bieten kommerzielle Dienste wie TomTom, Apple Maps, Google Maps, Here und andere Echtzeitdienste für die Routenplanung an (Konrad et al. 2020). Damit unterscheiden sie sich von Verkehrsplanungstools, die eher eine langfristige Perspektive haben. Dennoch liefern die kommerziellen Dienste wertvolle Daten, die auch zur Verbesserung der Qualität anderer Simulationstools verwendet werden können.

4 Der Simulator SimCo

Das Simulationswerkzeug SimCo wurde ab 2012 an der TU Dortmund entwickelt. Wesentliches Ziel war es zunächst, die Governance-Forschung voranzubringen, also das Problem der Steuerbarkeit komplexer sozio-technischer Systeme zu einem Gegenstand evidenzbasierter, experimenteller Forschung zu machen. Die Governance-Forschung, deren Erkenntnisse zumeist auf Fallstudien basierten, befand sich damals, so Edgar Grande (2012), in einer „Governance-Falle": Ihr mangele es an Wissen über die Funktionsweise sozialer Systeme, über Ansatzpunkte für externe Eingriffe sowie über mögliche Wirkungen derartiger Interventionen in komplexe Systeme.

Da SimCo den Akzent auf diese ungeklärten theoretisch-konzeptionellen Fragen der Governance-Forschung legte, hatte die Abbildung physikalischer Details wie etwa der Größe von Bushaltestellen zunächst keine Priorität. Im Mittelpunkt standen vielmehr die sozialen Mechanismen, die das individuelle Verhalten prägen und beeinflussen (Adelt et al. 2018). Das Verkehrssystem wurde daher als ein abstraktes Netzwerk aus Knoten und Kanten konzipiert, deren Dimensionen frei programmierbar sind. So können Kanten als Straßen, Radwege oder ÖV-Trassen und Knoten als Arbeitsstätten, Wohnorte oder Einkaufszentren dargestellt werden.

SimCo war von Beginn an als ein Werkzeug konzipiert, das für unterschiedliche Anwendungsfälle verwendet werden kann. Ziel ist es, die Systemdynamik als Resultat der Interaktionen heterogener Agenten zu erklären, die autonome Entscheidungen treffen – und umgekehrt: das Verhalten der Agenten als Resultat individueller Präferenzen und situativer Constraints zu erklären. SimCo ist damit einer der ersten Versuche, ein soziologisches Makro-Mikro-Makro-Modell (Esser 1993) systematisch in ein agentenbasiertes Modell zu übersetzen und so Elemente der analytischen Soziologie, der Governanceforschung und der agentenbasierten Modellierung zu verknüpfen. Unter Rückgriff auf Konzepte der analytischen Soziologie erklärt SimCo die Systemdynamik (der Makroebene) als emergentes

Ergebnis der Interaktionen heterogener Agenten (der Mikroebene), die autonome Entscheidungen treffen.

SimCo wurde für Experimente genutzt, deren Zweck es war, das Risikomanagement und die nachhaltige Systemtransformation zu untersuchen, vor allem im Straßenverkehr (Philipp/Adelt 2018, Weyer et al. 2019, Weyer et al. 2020). Dabei wurden Was-wäre-wenn-Szenarien untersucht, in denen die Auswirkungen externer Interventionen auf das Verhalten unterschiedlicher Agententypen untersucht wurden, insbesondere auf die Verkehrsmittel- und Routenwahl (Adelt/Hoffmann 2017). Ein Ergebnis dieser Experimente lautet: Politische Interventionen, z. B. zur Minimierung von Risiken (Staus oder Emissionen) oder zur nachhaltigen Transformation des Verkehrssystems, zeigen die größte Wirkung, wenn der Governance-Modus der weichen Steuerung angewandt wird, der mit Anreizen und nicht mit harter Steuerung wie etwa Verboten arbeitet (Weyer et al. 2020).

Dies erklärt sich teilweise aus dem Experimentaldesign, demzufolge strikte Verbote nur temporär wirkten und automatisch wieder aufgehoben wurden, wenn unerwünschte Auswirkungen (z. B. Überschreitung von Emissionsgrenzwerten) nachließen; es erklärt sich aber auch aus dem Verhalten unterschiedlicher Agententypen, denen weiche Anreize eher die Möglichkeit zu langfristigen Lernprozessen und darauf basierenden Verhaltensänderungen boten als temporär wirksame Verbote, deren Aufhebung eine Rückkehr zu gewohnten Verhaltensmustern erlaubte. Alle folgenden Experimente, die ohne diesen Automatismus des ursprünglichen SimCo-Konzepts arbeiten, weisen jedoch in eine ähnliche Richtung (vgl. ausführlich Weyer 2022, Weyer et al. 2023).

Die Durchführung von Experimenten mit dem Simulationsframework SimCo hilft, die Echtzeitdynamik komplexer sozio-technischer Systeme besser zu verstehen und z. B. zu erklären, warum die Menschen in unterschiedlicher Weise auf politische Maßnahmen zur Förderung einer nachhaltigen Transformation reagieren (Weyer 2019). Dabei spielt das in Kap. 10 dieses Buchs entwickelte Modell des Mobilitätsverhaltens eine wichtige Rolle, da es die von subjektiven Wahrnehmungen und Kalkülen getriebenen Alltagshandlungen der Menschen erklärt.

Durch das Experimentieren mit verschiedenen Szenarien, z. B. der zukünftigen Mobilität, können die Experimentatoren die Erfolgswahrscheinlichkeit verschiedener politischer Maßnahmen analysieren, wie z. B. das Verbot von Autos mit Verbrennungsmotor (harte Steuerung) oder die Senkung der Preise für öffentliche Verkehrsmittel (weiche Steuerung). ABM kann somit als Methode zur Bewertung politischer Maßnahmen und ihrer – gelegentlich nicht-intendierten – Wirkungen verwendet werden sowie zur Vorhersage, welche politischen Strategien den größten Effekt haben, z. B. im Hinblick auf eine nachhaltige Transformation, und welche Ziele möglicherweise nicht erreicht werden.

5 Simulation der Mobilität im Ruhrgebiet

Das Simulationsframework SimCo wurde im Projekt InnaMoRuhr genutzt, um Szenarien künftiger Mobilität vor ihrer praktischen Implementation zu analysieren und zu bewerten. Dabei konnte das Projektteam auf Vorarbeiten zurückgreifen, die in den Jahren 2017 bis 2020 im Projekt NEMO geleistet wurden, das sich mit der Mobilität im Emschergebiet befasst und bereits ein agentenbasiertes Verkehrsmodell des Ruhrgebiets entwickelt hatte (Ziemke et al. 2019, Kaddoura et al. 2020).[9] Da NEMO mit dem weit verbreiteten Berliner Verkehrssimulator MATSim gearbeitet hat (Horni et al. 2016), ist das Dortmunder Team auf MATSim umgestiegen, hat dabei aber einige Grundideen der Eigenentwicklung SimCo beibehalten, insbesondere dessen in der Soziologie verankerten handlungstheoretischen Kern.

Anders als MATSim, dessen Fokus ursprünglich auf den *physikalischen* Aspekten von Transport lag, hat SimCo stets den Akzent auf das Mobilitätsverhalten der Menschen gelegt, also auf die *sozialen* Dimensionen von Mobilität und Verkehr. Während MATSim auf die Frage abzielte, ab wie vielen Pkws ein Stau auf einer Straße entsteht, hat SimCo auf die Frage abgestellt, warum die Menschen im Pkw und nicht auf dem Fahrrad sitzen. Mittlerweile haben sich die beiden Simulations-Frameworks jedoch so weit angenähert, dass es möglich ist, soziologische Fragestellungen einer nachhaltigen Transformation von Mobilität auch mithilfe von MATSim und entsprechenden soziologischen Erweiterungen zu bearbeiten.

5.1 Aufbau der Experimente

Das im Projekt InnaMoRuhr verwendete NEMO-Basismodell umfasst die gesamte Ruhrgebietsbevölkerung (ca. 5 Mio.), skaliert auf ein Prozent, was 50.000 Agenten ergibt, die sich nach der Logik von MATSim verhalten, die *nicht* soziologisch fundiert ist, sondern für alle Agenten gleichermaßen eine Nutzenkalkulation auf Basis der beiden Parameter Zeit und Kosten vornimmt. Diese globale

---

[9] NEMO steht für „Neue Emscher-Mobilität"; die Website nemo-ruhr.de existiert nicht mehr.

Population des Ruhrgebiets wurde durch eine hochschulspezifische Population ergänzt, die zwanzig Prozent der rund 130.000 Mitglieder der drei Universitäten Duisburg-Essen, Bochum und Dortmund repräsentiert. Diese 25.683 Hochschulangehörigen wurden auf die fünf Akteurtypen aufgeteilt, die in Kap. 3 dieses Buchs vorgestellt wurden, wobei zusätzlich noch nach Alter, Geschlecht, Beruf, Wohnort usw. variiert wurde. Diese „Uni-Agenten" verhalten sich ebenfalls nach der allgemeinen Logik von MATSim, aber ihre begrenzt rationale Entscheidungsfindung basiert, in Anlehnung an SimCo, auf ihren subjektiven Präferenzen und Wahrnehmungen. Abb. 2 zeigt einen Screenshot aus einer Simulation, in der die – farblich codierten – Mitglieder der vier UA Ruhr-Standorte und deren Nutzung der beiden Verkehrsmittel Rad und Auto zu erkennen sind.

Die ursprünglichen NEMO-Agenten dienen somit als eine Art „Hintergrundrauschen", das sich z. B. auf die Auslastung von Straßen oder öffentlichen Verkehrsmitteln auswirkt, die von beiden Gruppen von Agenten genutzt werden. Die simulierten Eingriffe innerhalb der untersuchten Szenarien (s. u.) wirken sich jedoch nur auf die Universitätsbevölkerung aus – den Hauptgegenstand der vorliegenden Studie.

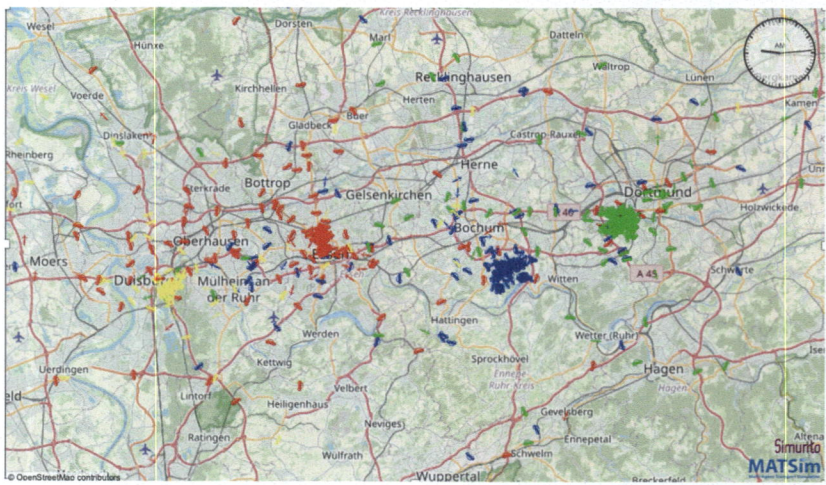

Abb. 2 Simulation des Mobilitätsverhaltens (Auto, Rad) der Angehörigen der drei UA Ruhr-Universitäten. (gelb: UDE Duisburg, rot: UDE Essen, blau: RUB Bochum, grün: TU Dortmund; eigene Darstellung)

Es wurden Experimente durchgeführt, um die Bereitschaft zur Verhaltensänderung zu testen, die den Umfragedaten zufolge recht hoch ist: Konfrontiert mit der Option, intermodal zunächst mit dem Fahrrad zum Bahnhof und dann mit dem Zug zur Universität zu fahren (auf einer Skala von $1 =$ Nein bis $5 =$ Ja), waren 73,7 % der Befragten bereit, von dieser Möglichkeit Gebrauch zu machen (Summe aus 4 und 5). Allerdings sind die Unterschiede zwischen den Agententypen bemerkenswert: Komfortorientierte Personen bewerten diese Option deutlich niedriger (Mittelwert: 3,32), umweltbewusste und preissensible Personen deutlich höher (4,46) als der Durchschnitt (4,00; vgl. Kap. 3 dieses Buchs).

Um das Szenario „Fahrradstation" zu testen, wurde der Komfort des Radfahrens als entscheidender Parameter definiert, dessen Veränderung das Verhalten der Menschen beeinflussen könnte, insbesondere ihre Bereitschaft, das Fahrrad für kurze oder mittlere Strecken zu benutzen. Die Diskussionen in den Szenario-Workshops hatten gezeigt, dass viele Menschen gerne Rad fahren, aber zögern, ihr eigenes Fahrrad – insbesondere teure Elektrofahrräder – zu benutzen, da eine sichere Unterbringung am Arbeitsplatz oder am Bahnhof nicht gewährleistet ist (vgl. Kap. 8 dieses Buchs).

Daher wurden Experimente durchgeführt, bei denen der Parameter „Fahrradkomfort", der sich aus der Umfrage ergab, als Basiswert (1,0) genommen und dann in Schritten von 0,2 erhöht wurde, bis der Maximalwert von 3,0 erreicht war. Da die Änderung von Mobilitätsmustern in der Regel eine Kombination verschiedener politischer Maßnahmen erfordert, wurden die Kosten der Pkw-Nutzung für den Arbeitsweg in einer separaten Versuchsreihe ebenfalls erhöht. Ausgangspunkt war der Basiswert von 1,0. Dieser Wert, der die subjektiv wahrgenommenen, in der Regel zu niedrig eingeschätzten Pkw-Kosten anzeigt, wurde in Schritten von 0,1 gesenkt, bis ein Wert von 0,0 erreicht war, der für sehr hohe Pkw-Kosten steht.

Schließlich wurden beide Maßnahmen kombiniert und die Auswirkungen einer simultanen Erhöhung des Fahrradkomforts, z. B. durch eine Fahrradstation, und der Autokosten, z. B. durch die Einführung von Parkgebühren, untersucht.

Jedes einzelne Experiment bildet einen typischen Tag ab, der morgens beginnt und abends endet und die täglichen Mobilitätsmuster sowohl der NEMO- als auch der Universitätsbevölkerung umfasst. Gemäß der Programmierlogik von MATSim ist der endgültige Tagesplan das Ergebnis von 500 Iterationen, bei denen jeder Agent seinen Tagesablauf durch Ausprobieren verschiedener Mobilitätsoptionen anpasst und optimiert.

5.2 Ergebnisse der Experimente

Das oben beschriebene Verfahren einer schrittweisen Steigerung der Eingriffsintensität wurde mit elf Parameterkombinationen pro Experiment durchgeführt. Abb. 3 zeigt die Ergebnisse von Simulationsexperimenten mit schrittweise erhöhtem Fahrradkomfort (x-Achse), die sich in Veränderungen bei der Verkehrsmittelwahl niederschlagen, die hier als Abweichung vom Basisszenario in Prozentpunkten (PP) dargestellt sind (y-Achse). Wie die Graphen zeigen, wirkt die Maßnahme; denn das Fahrrad verzeichnet einen Zuwachs (+2,5 Prozentpunkte bei Komfortstufe 3,0) zulasten der anderen drei Verkehrsträger. Dabei ist der Rückgang der Pkw-Nutzung (-1,4 Prozentpunkte) am stärksten.

Die Zahlen unterscheiden sich jedoch, wenn die verschiedenen Akteurtypen betrachtet werden (Abb. 4). Die Ergebnisse sind in gewisser Weise überraschend; denn es sind nicht die beiden Gruppen der Umweltbewussten, bei denen sich die meisten Veränderungen abspielen, wenn man die Intervention bis zur Stufe 3,0 steigert. Der Anstieg der Radnutzung liegt „nur" bei 1,9 bzw. 1,1 Prozentpunkten (blaue Säulen). Bei den Indifferenten (+3,0 PP) und den Pragmatikern (+4,1 PP)

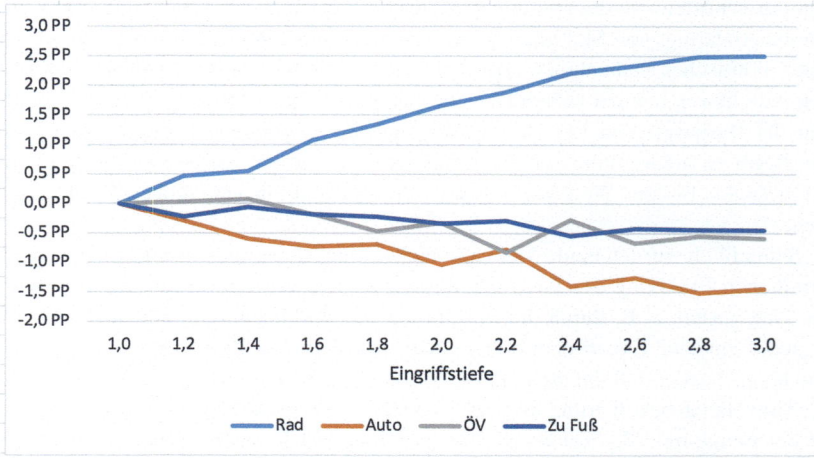

Abb. 3 Ergebnisse von Simulationsexperimenten zur Erhöhung des Fahrradkomforts, die die Veränderungen der Verkehrsmittelwahl im Vergleich zum Basisszenario in Prozentpunkten (y-Achse) in Abhängigkeit von der Eingriffstiefe (x-Achse) darstellen. (Eigene Darstellung)

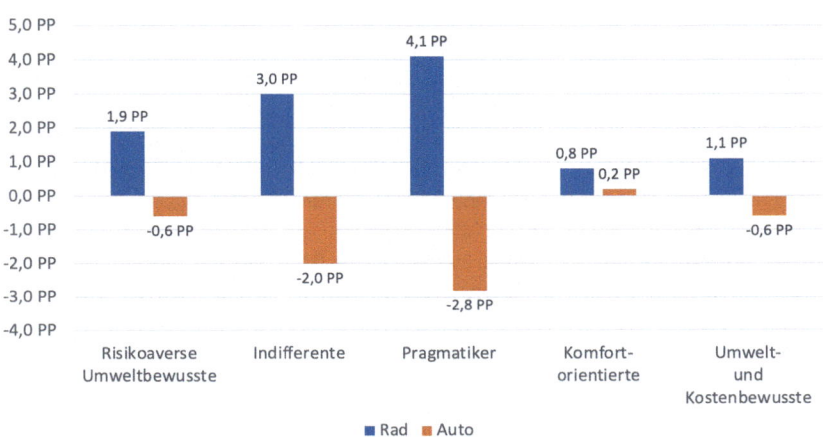

Abb. 4 Veränderungen der Verkehrsmittelwahl im Vergleich zum Basisszenario in Prozentpunkten (y-Achse) für fünf Akteurtypen (x-Achse) durch Erhöhung des Fahrradkomforts auf Stufe 3,0. (blaue Säulen: Fahrrad, orangene Säulen: Auto; eigene Darstellung)

ist die Verhaltensänderung viel deutlicher; sie verzichten zudem in weit stärkerem Maße auf das Auto (-2,0 und -2,8 PP – orangene Säulen). Auf den ersten Blick erscheint dies kontraintuitiv, aber wenn man bedenkt, dass umweltbewusste Menschen daran gewöhnt sind, das Fahrrad zu nutzen, auch wenn das Wetter schlecht ist, dann erscheinen die Ergebnisse plausibel.

Zudem besitzen die beiden Gruppen der Umweltbewussten deutlich weniger private Pkws: 63,6 und 58,5 %, gegenüber durchschnittlich 71,7 % und maximal 87,6 % in der Gruppe der Komfortorientierten. Die Komfortorientierten reagieren auf eine Erhöhung des Fahrradkomforts nur in sehr geringem Maße; sie sind zudem die einzige Gruppe, bei der diese Maßnahme zu einem geringen Anstieg der Autonutzung führt – ein kontraintuitiver Effekt, der sich aber dadurch erklären lässt, dass die Nutzung des Pkws (für bestimmte Gruppen) attraktiver wird, wenn andere Menschen das Fahrrad nutzen und sich dadurch die Staugefahr reduziert.

Aus all dem folgt, dass politische Maßnahmen zur Förderung nachhaltiger Mobilität nicht nach dem Gießkannenprinzip erfolgen, sondern gezielt an unterschiedliche Gruppen adressiert werden sollten. Anstatt Menschen anzusprechen, die ohnehin umweltbewusst sind und bereits klimafreundlich reisen, sollte die Politik einen genaueren Blick auf Menschen werfen, die indifferent oder pragmatisch sind, aber dennoch – im Gegensatz zu den Komfortorientierten – eine gewisse Offenheit derart haben, dass sie bereit sind, auf veränderte situative Bedingungen zu reagieren, z. B. auf neue Optionen (Fahrradstation) oder Restriktionen (Parkgebühren).

Zu leicht unterschiedlichen Ergebnissen gelangt man, wenn zwei Maßnahmen kombiniert und zusätzlich zur Erhöhung des Fahrradkomforts auch die (subjektiv wahrgenommenen) Autokosten erhöht werden (ohne Abbildung). In diesem Fall nimmt die Fahrradnutzung um 3,6 Prozentpunkte zu, während die Autonutzung um 2,1 Prozentpunkte sinkt. Auch hier lohnt ein Blick auf die unterschiedlichen Akteurgruppen. Die Fahrradnutzung der Pragmatiker ist bei Interventionsniveau 3,0 nochmals um 2,0 Prozentpunkte höher als im ersten Szenario (mit nur einer Maßnahme); auch die Autonutzung in dieser Gruppe geht um weitere 1,8 Prozentpunkte zurück. Komfortorientierte Agenten reagieren wiederum anders: Die Autonutzung steigt um 1,4 Prozentpunkte auf der Interventionsstufe 3,0, wo das Radfahren bequem und das Autofahren extrem teuer ist – der oben bereits erwähnte und hier nochmals verstärkte kontraintuitive Effekt.

Dies deutet auf zwei Dinge hin: Viele komfortorientierte Menschen sind bereit, einen hohen Preis für die Beibehaltung ihrer lieb gewonnenen Gewohnheiten zu zahlen. Und zweitens – was genauer zu validieren wäre – kann der Anreiz steigen, das Auto zu benutzen, wenn viele Menschen zum Fahrrad wechseln und dadurch weniger Staus entstehen. Dies ist ein typischer nichtlinearer Effekt, der nur mithilfe von Computersimulation untersucht werden kann.

6 Fazit

Die Kombination von analytischer Soziologie und agentenbasierten Modellen hilft, die Vielfalt individueller Entscheidungen, die daraus resultierende Systemdynamik und schließlich die unterschiedlich ausgeprägte Bereitschaft der Menschen, auf externe Eingriffe zu reagieren, besser zu verstehen. Agentenbasierte Modelle, die ihre Grundlage in der Soziologie haben, zeichnen ein realistischeres Bild als andere Modelle, da sie die Alltagspraktiken der Menschen erfassen, die von ihren subjektiven Präferenzen und Wahrnehmungen geprägt sind.

Simulationsexperimente helfen dabei, die Wirkung politischer Eingriffe abzuschätzen. Die Ergebnisse der Experimente mit dem MATSim-SimCo-Ruhrgebietsmodell zeigen, dass verschiedene Akteurtypen sehr unterschiedlich auf Maßnahmen reagieren, deren Ziel es ist, den Verkehr klimafreundlicher zu gestalten. Dieser Ansatz trägt zudem dazu bei, die Akteurgruppen zu identifizieren, die am meisten zu einer nachhaltigen Transformation beitragen können. Überraschenderweise handelt es sich dabei weder um umweltfreundliche Akteure, die gewohnt sind, mit dem Fahrrad zu fahren, noch um komfortorientierte Akteure, die gewohnt sind, mit dem Auto zu pendeln, sondern um zwei Gruppen von eher indifferenten oder pragmatischen Personen, die aber eine gewisse Bereitschaft besitzen, ihr Verhalten zu ändern, wenn die Rahmenbedingungen entsprechend sind.

7 Epilog: Eine kritische Soziologie der Simulation?

Die Methode der agentenbasierten Modellierung und insbesondere deren Anwendung im Kontext der sozialwissenschaftlichen Mobilitätsforschung sind nicht unumstritten. Der Mainstream der Soziologie arbeitet mit anderen, oftmals qualitativen Methoden und steht einem experimentellen Ansatz eher skeptisch gegenüber. Gewagte Thesen zu formulieren, wird in der Community stärker honoriert als deren empirische Überprüfung. Auch riskiert man gerne Prognosen über die Zukunft der Gesellschaft, ohne auf eine Methode zur Überprüfung derartiger Prognosen zurückgreifen können, wie sie die Simulation – trotz all ihrer Limitationen – bietet.

Nicole Saam et al. fordern beispielsweise eine „kritische Soziologie der Simulation", die eine Reihe von Frage stellt, z. B.: „Welcher Begriff von Gesellschaft liegt sozialwissenschaftlichen ... Simulationen zugrunde?" (2019: 14) Die Antwort wäre: Simulationen arbeiten mit – zweifellos vereinfachten, aber gerade deshalb hilfreichen – Modellen sozialer Systeme, deren Annahmen sich im Software-Code bzw. in der begleitenden Dokumentation oder in entsprechenden Fachpublikationen finden. Zudem werden oftmals Parametervariationen durchgeführt, um den Bereich gehaltvoller Annahmen systematisch einzugrenzen. ABM-Modelle erheben nicht den Anspruch, die Gesellschaft als Ganze zu erfassen, sondern die Mikro-Makro-Interaktionen in funktionalen Teilsystemen der Gesellschaft (im Sinne von Mayntz/Scharpf 1995) zu beschreiben und zu erklären, also Verkehr, Energie, Gesundheit etc. – oftmals eingegrenzt auf einzelne Sektoren oder Regionen, um den Untersuchungsgegenstand überschaubar zu halten.

Auch äußern Saam et al. den Verdacht, dass Simulationen „mit der Gefahr verbunden zu sein (scheinen), immer wieder darauf verengte und damit wenig zufriedenstellende Analysen vorzulegen" (ebd.). Derartigen unbewiesenen Vermutungen, aus denen eine Abneigung gegen evidenzbasierte Verfahren spricht, kann man entgegenhalten, dass die Stichhaltigkeit der Ergebnisse von Simulationsexperimenten gründlich überprüft und ggf. mit anderen Arbeiten abgeglichen wird, um deren Plausibilität einschätzen zu können.

Schließlich fordern Saam et al., die Methode der Simulation mit anderen Methoden, z. B. „statistischen Methoden" oder „Visualisierungen" oder gar dem „Roman", zu vergleichen (ebd.). Es wäre schwer möglich, diese Forderung umzusetzen, denn beim Roman handelt es sich nicht um eine wissenschaftliche Methode, sondern um eine literarische Form. Zudem ist ABM – so auch im Projekt InnaMoRuhr – in der Regel Teil eines umfassenden Forschungsprozesses, der typischerweise mit qualitativen Interviews beginnt, dann quantitative Daten erhebt, auf dieser Grundlage ein Systemmodell konstruiert, das sich visualisieren lässt, damit Experimente durchführt, deren Datenberge mit statistischen Methoden oder mithilfe von KI ausgewertet werden, um deren Plausibilität in Fokusgruppen zu überprüfen, auf deren Grundlage dann neue Experimente konzipiert werden usw. – ein iterativer Prozess, in dem eine Vielzahl von Methoden im Sinne eines Mixed-Methods-Designs angewendet werden (siehe dazu auch Kap. 1 dieses Buchs).

Neben Sensitivitätsanalysen, die helfen, die Qualität der Ergebnisse besser einzuschätzen, liefern historische Validierungen einen eindrucksvollen Beleg für die Leistungsfähigkeit von Simulationen: Verkehrsforscher:innen der ETH Zürich haben im Jahr 2017 ein Modell zur Nutzung von Elektrofahrzeugen konstruiert, um die Entwicklung bis 2030 durchzuspielen und Prognosen insbesondere zum Energiemanagement abzugeben (Schwarz et al. 2020). Zuvor hatten sie das Modell mit historischen Daten der Jahre 2005 bis 2017 abgeglichen und dabei einen hohen Match von simulierten und Realdaten erzielt, was ein Beleg für die Güte des Modells ist und dessen Überlegenheit gegenüber vermutungswissenschaftlichen Spekulationen bezeugt (siehe auch Kap. 10 dieses Buchs).

Ein Sinnieren über Simulationen wie bei Saam et al. trägt hingegen wenig zum Erkenntnisfortschritt bei und liefert vor allem keine Evidenzen, die dazu beitragen könnten, die Ergebnisse von Simulationsexperimenten infrage zu stellen.

Literatur

Adelt, Fabian/Sebastian Hoffmann, 2017: Der Simulator „SimCo" als Tool der TA: Experimente zur Verkehrssteuerung. In: TATuP – Zeitschrift für Technikfolgenabschätzung in Theorie und Praxis 26: 37–43, https://doi.org/10.14512/tatup.26.3.37.

Adelt, Fabian/Johannes Weyer/Robin D. Fink, 2014: Governance of complex systems. Results of a sociological simulation experiment. In: Ergonomics (Special Issue „Beyond human-centered automation") 57: 434–448, https://doi.org/10.1080/00140139.2013.877598.

Adelt, Fabian/Johannes Weyer/Sebastian Hoffmann/Andreas Ihrig, 2018: Simulation of the governance of complex systems (SimCo). Basic concepts and experiments on urban transportation. In: Journal of Artificial Societies and Social Simulation 21 (2), https://jasss.soc.surrey.ac.uk/21/2/2.html.

Esser, Hartmut, 1993: The Rationality of Everyday Behavior: A Rational Choice Reconstruction of the Theory of Action by Alfred Schütz. In: Rationality and Society 5: 7–31.

Fellendorf, Martin/Peter Vortisch, 2010: Microscopic traffic flow simulator VISSIM. In: Jaume Barceló (Hg.), Fundamentals of traffic simulation. New York: Springer, 63–93, https://doi.org/10.1007/978-1-4419-6142-6_2.

Grande, Edgar, 2012: Governance-Forschung in der Governance-Falle? – Eine kritische Bestandsaufnahme. In: Politische Vierteljahresschrift 53 (4): 565–592.

Hedström, Peter/Richard Swedberg, 1996: Social Mechanisms. In: Acta Sociologica 39: 281–308.

Horni, Andreas/Kai Nagel/Kay W. Axhausen, 2016: The multi-agent transport simulation MATSim. London: Ubiquity Press, https://doi.org/10.5334/baw. Lizenz: CC-BY 4.0.

Jacyna, Marianna/Mariusz Wasiak/Michał Kłodawski/Piotr Gołębiowski, 2017: Modelling of bicycle traffic in the cities using VISUM. In: Procedia engineering 187: 435–441, https://doi.org/10.1016/j.proeng.2017.04.397.

Kaddoura, Ihab/Janek Laudan/Dominik Ziemke/Kai Nagel, 2020: Verkehrsmodellierung für das Ruhrgebiet. In: Heike Proff (Hg.), Neue Dimensionen der Mobilität. Wiesbaden: Springer, 361–386, https://doi.org/10.1007/978-3-658-29746-6_31.

Knospe, Wolfgang/Ludger Santen/Andreas Schadschneider/Michael Schreckenberg, 2002: A realistic two-lane traffic model for highway traffic. In: Journal of Physics A: Mathematical and General 35 (15): 3369–3388.

Konidari, Popi/Dimitrios Mavrakis, 2007: A multi-criteria evaluation method for climate change mitigation policy instruments. In: Energy Policy 35 (12): 6235–6257.

Konrad, Julius/Johannes Weyer/Kay Cepera/Fabian Adelt, 2020: Echtzeitsteuerung komplexer Systeme. Eine Simulationsstudie (Soziologische Arbeitspapiere 57/2020). Dortmund: TU Dortmund, https://hdl.handle.net/2003/39082.

Krajzewicz, Daniel, 2010: Traffic simulation with SUMO – Simulation of Urban MObility. In: Barceló Jaume (Hg.), Fundamentals of traffic simulation. New York: Springer, 269–293, https://doi.org/10.1007/978-1-4419-6142-6_7.

Krajzewicz, Daniel/Jakob Erdmann/Michael Behrisch/Laura Bieker, 2012: Recent development and applications of SUMO – Simulation of Urban MObility. In: International journal on advances in systems and measurements 5 (3&4): 128–138, https://www.iariajournals.org/systems_and_measurements/sysmea_v5_n34_2012_paged.pdf.

Krauß, Stefan, 1998: Microscopic Modeling of Traffic Flow: Investigation of Collision Free Vehicle Dynamics (PhD thesis). Köln: Universität zu Köln, https://sumo.dlr.de/pdf/KraussDiss.pdf.

Kroneberg, Clemens, 2014: Frames, Scripts, and Variable Rationality: An Integrative Theory of Action. In: Gianluca Manzo (Hg.), Analytical Sociology: Norms, Actions, and Networks. Hoboken, NJ: Wiley, 97–123.

Mayntz, Renate/Fritz W. Scharpf, 1995: Der Ansatz des akteurzentrierten Institutionalismus. In: dies. (Hg.), Gesellschaftliche Selbstregelung und politische Steuerung. Frankfurt/M.: Campus, 39–72.

Nagel, Kai, 2004: Multi-agent transportation simulation. Berlin: TU Berlin, https://svn.vsp.tu-berlin.de/repos/public-svn/publications/kn-old/book/book.pdf.

Nagel, Kai/Kay W. Axhausen, 2016: Some history of MATSim. In: Andreas Horni/Kai Nagel/Kay W. Axhausen (Hg.), The multi-agent transport simulation matsim. London: Ubiquity Press, 307–314, https://doi.org/10.5334/baw.46.

Nagel, Kai/Michael Schreckenberg, 1992: A cellular automaton model for freeway traffic. In: J. Phys. I France 2: 2221–2229.

Ostrom, Elinor, 2010: Beyond markets and states: polycentric governance of complex economic systems. In: The American economic review 100: 641–672.

Philipp, Marlon/Fabian Adelt, 2018: Optionen der politischen Regulierung des Personenverkehrs (Soziologische Arbeitspapiere 52/2018). Dortmund: TU Dortmund, https://hdl.handle.net/2003/36806.

Saam, Nicole J/Michael Resch/Andreas Kaminski, 2019: Simulieren und Entscheiden: Entscheidungsmodellierung, Modellierungsentscheidungen, Entscheidungsunterstützung. Wiesbaden: Springer VS.

Schreckenberg, Michael/Andreas Pottmeier/Sigurður F. Hafstein/Roland Chrobok/Joachim Wahle, 2005: Simulation of the Autobahn Traffic in North Rhine-Westphalia. In: Ryuichi Kitamura/Maso Kuwahara (Hg.), Simulation Approaches in Transportation Analysis: Recent Advances and Challenges. Boston, MA: Springer US, 205–233, https://doi.org/10.1007/0-387-24109-4_8.

Schreckenberg, Michael/Reinhard Selten (Hg.), 2013: Human behaviour and traffic networks. Berlin: Springer.

Schwarz, Marius/Quentin Auzepy/Christof Knoeri, 2020: Can electricity pricing leverage electric vehicles and battery storage to integrate high shares of solar photovoltaics? In: Applied Energy 277: 115548.

Selten, Reinhard/Michael Schreckenberg/Thorsten Chmura/Thomas Pitz/Sebastian Kube/Sigurður F. Hafstein/Roland Chrobok/Andreas Pottmeier/Joachim Wahle, 2004: Experimental Investigation of Day-to-Day Route-Choice Behaviour and Network Simulations of Autobahn Traffic in North Rhine-Westphalia. In: Michael Schreckenberg/Reinhard Selten (Hg.), Human Behaviour and Traffic Networks. Berlin: Springer, 1–21.

Velasquez, Mark/Patrick T Hester, 2013: An analysis of multi-criteria decision making methods. In: International Journal of Operations Research 10 (2): 56–66, http://www.orstw.org.tw/ijor/vol10no2/ijor_vol10_no2_p56_p66.pdf.

Weber, Daniel/Roland Chrobok/Sigurdur Hafstein/Florian Mazur/Andreas Pottmeier/Michael Schreckenberg, 2006: OLSIM: Inter-urban Traffic Information. In: Thomas Böhme et al. (Hg.), Innovative Internet Community Systems. Berlin: Springer, 296–306.

Weyer, Johannes, 2019: Die Echtzeitgesellschaft. Wie smarte Technik unser Leben steuert. Frankfurt/M.: Campus.

Weyer, Johannes, 2022: Die Echtzeitgesellschaft. Theoretische und methodische Herausforderungen der Soziologie (Soziologisches Arbeitspapier 61/2022). Dortmund: TU Dortmund, https://hdl.handle.net/2003/41147.

Weyer, Johannes, 2024: Modellierung und Simulation von Mobilität und Verkehr. In: Weert Canzler et al. (Hg.), Handbuch Sozialwissenschaftliche Verkehrs- und Mobilitätsforschung. Berlin: Springer.

Weyer, Johannes/Fabian Adelt/Sebastian Hoffmann, 2019: Governance of transitions. A simulation experiment on urban transportation. In: Diane Payne et al. (Hg.), Social Simulation for a Digital Society: Applications and Innovations in Computational Social Science (Springer Proceedings in Complexity). Basel: Springer, 111–120, https://doi.org/10.1007/978-3-030-30298-6_9.

Weyer, Johannes/Fabian Adelt/Sebastian Hoffmann/Julius Konrad/Kay Cepera, 2020: Governing the Digital Society. Challenges for Agent-Based Modelling. In: Harko Verhagen et al. (Hg.), Advances in social simulation – Looking in the mirror. Cham/CH: Springer, 473–484, https://doi.org/10.1007/978-3-030-34127-5_47.

Weyer, Johannes/Fabian Adelt/Marlon Philipp, 2023: Modeling sustainable mobility. Impact assessment of policy measures. In: TATuP – Zeitschrift für Technikfolgenabschätzung in Theorie und Praxis 32: 56–62, https://doi.org/10.14512/tatup.32.1.56.

Wilensky, Uri, 1997: NetLogo Traffic Basic model. Evanston, IL.: Northwestern University, Center for Connected Learning and Computer-Based Modeling, https://ccl.northwestern.edu/netlogo/models/TrafficBasic.

Ziemke, Dominik/Ihab Kaddoura/Amit Agarwal, 2019: Entwicklung eines regionalen, agentenbasierten Verkehrssimulationsmodells zur Analyse von Mobilitätsszenarien für die Region Ruhr. In: Heike Proff (Hg.), Mobilität in Zeiten der Veränderung. Wiesbaden: Springer, 383–410, https://doi.org/10.1007/978-3-658-26107-8_29.

Johannes Weyer, Dr. phil., ist seit 2022 Seniorprofessor für nachhaltige Mobilität an der Fakultät Sozialwissenschaften der TU Dortmund.

Fabian Adelt, Dipl.-Inf., ist wissenschaftlicher Mitarbeiter an der Seniorprofessur Nachhaltige Mobilität und seit 2011 an der TU Dortmund.

Marlon Philipp, M.Sc., ist seit 2020 wissenschaftlicher Mitarbeiter an der Seniorprofessur Nachhaltige Mobilität der TU Dortmund.

The manufacturer's authorised representative in the EU is Springer Nature Customer Service Centre GmbH, Europaplatz 3, 69115 Heidelberg, Germany. If you have any concerns regarding our products, please contact ProductSafety@springernature.com

Printed and bound by CPI Group (UK) Ltd, Croydon, CR0 4YY
26/03/2026
02078943-0005